Eudaemonic Enterprises gewidmet

Thomas A. Bass

Der
Las Vegas-Coup
Computergenies sprengen die Bank

Aus dem Englischen
von Udo Breger

Birkhäuser Verlag
Basel · Boston · Berlin

Die Originalausgabe erschien 1990 unter dem Titel «The Newtonian Casino» bei Longman Group UK Limited, Harlow, Essex, England.
© 1990 by Thomas A. Bass

CIP-Titelaufnahme der Deutschen Bibliothek

Bass, Thomas:
Der Las Vegas-Coup : Computergenies sprengen die Bank / Thomas A. Bass. Aus d. Engl. von Udo Breger. – Basel ; Boston ; Berlin : Birkhäuser, 1991
    Einheitssacht.: The Newtonian casino <dt.>
ISBN 3-7643-2603-4

© 1991 der deutschsprachigen Ausgabe: Birkhäuser Verlag Basel
Umschlaggestaltung: Atelier Hanjo Schnug, Rosenheim
Printed in Austria
ISBN 3-7643-2603-4

Inhaltsverzeichnis

Danksagung

Diese Story gehört ihren Helden und Heldinnen. Ihre Stärken sind das Resultat der Geduld, mit der sie mich im Umgang mit Computern, im Glücksspiel und der eudämonischen Lebensweise unterwiesen; die Schwächen der Geschichte sind hingegen die meinen. Das Manuskript wurde ganz oder teilweise gelesen von Doyne Farmer, Norman Packard, Letty Belin, Lorna Lyons, Edward Thorp, Tom Ingerson, Ralph Abraham, Ingrid Hoermann, Marianne Walpert, Len Zane und Jim Crutchfield. Für die von ihnen aufgewandte Sorgfalt, die Tatsachen und alles übrige ins Lot zu bringen, bin ich ihnen von Herzen dankbar.

Mein Dank gebührt auch denjenigen meiner Freunde, die mir in den vier Jahren bis zu seiner Vollendung bei diesem Projekt behilflich waren: Bill Pietz, der das Buch zu einer Zeit unterstützte, wo es ohne ihn nicht existiert haben mochte; Dana Brand, der einer frühen Version der Geschichte sein kritisches Auge lieh; Wendy und Jeremy Strick für ihre angenehme Gesellschaft in Paris während der Arbeit an einer späteren Fassung.

Unter den ehemaligen und gegenwärtigen Fürsprechern beim Verlag Houghton Mifflin möchte ich Jeffrey Seroy danken, der von Anfang an wußte, worum es in diesem Buch ging; Gerard van der Leun, der durchweg mit gutem Rat zur Seite stand; Sarah Flynn, die es bis zum Schluß betreute, und Nan Talese, deren Ratschlag und Ermutigung sich als unschätzbar erwiesen. Mein Dank für die britische Ausgabe gebührt Richard Dawkins, einem Freund von Eudaemonic Enterprises, und Michael Rodgers, unserem verständnisvollen Verleger. Schließlich möchte ich meinem Agenten, Nat Sobel, und Bonnie Krueger, meiner Frau und besten Lektorin danken.

Prolog

GLITZERSCHLUCHT

Wie ich im Bois de Boulogne spazierengeh'
Geldgespickt und unbeschwert,
Kann man die Mädchen sagen hörn:
Das ist einer von den Millionärn!
Man hört sie seufzen, hört sie den Tod sich wünschen,
Man sieht sie hoffnungsvoll mit den Augen blinzeln
zu dem Mann, der sprengt' die Bank von Monte Carlo!
«The Man Who Broke the Bank at Monte Carlo»

Wir fahren ins Parkhaus hinter «Benny Binion's Horseshoe Club» und kurven die Rampe hinauf zur dritten Etage.

«Niemand sollte uns miteinander sprechen sehen», sagt Doyne, «nicht einmal auf der Straße. Falls es irgendwelche Pannen gibt, treffen wir uns später im «Golden Nugget». Warum gehen wir nicht nochmal die Signale durch?»

«Setzen auf Rot heißt, ich mache einen Fünf-Minuten-Spaziergang. Pair heißt, sich an den Tisch setzen und spielen. Ein Jeton auf die ersten zwölf Zahlen und ich erhöhe den Einsatz.»

Dies ist eine Methode, mit deren Hilfe wir während der nächsten zwei Stunden miteinander kommunizieren werden, ohne ein Wort zu sprechen. Die andere läuft über die Computer.

Wir stellen den Wagen ab und nehmen zwei Paar Schuhe vom Rücksitz. Erstklassige Lederhalbschuhe mit Kreppsohlen. Erst wenn man hineinschaut, stellt man fest, daß die Sohlen ausgehöhlt sind. Ein siebeneinhalb Zentimeter breiter und eineinhalb Zentimeter tiefer Hohlraum erstreckt sich vom großen Zeh bis zum Spann. Eine zweite Aushöhlung ist in den Absatz eingeschnitten. Hier war ein Profi am Werk. Oberleder und Sohlen wurden aufgetrennt und wieder zusammengenäht, ohne eine Spur zu hinterlassen.

Wir langen nach hinten, nach zwei Schuhkartons. In dem einen befindet sich unsere Energieversorgung, unsere «Batterie-Boote»; so genannt, weil sie aussehen wie Modell-Kähne mit aufgeschraubten Deckeln. Die andere Schachtel enthält unsere Computer, die orthopädischen Einlagesohlen mit am vorderen Ende montierten Zehendruckschaltern ähneln. Computer und Boote passen, wie fehlende Teile eines Puzzles, in die aus den Schuhen herausgeschnittenen Höhlungen. Die Boote gleiten mit dem Bug nach hinten in den Absatz. Die Computer kuscheln sich unter unsere Fußballen in den vorderen Teil des Schuhs.

Nimmt man sie aus den Schuhen heraus, könnte man die einzelnen Bestandteile für Fußwärmer oder außerirdische Tonbandkassetten halten. Ihre Schönheit liegt aber in dem, was sie tun: Das Verblüffende ist ihre Funktion. Die aus transparentem Kunstharz gegossenen Batterie-Boote beherbergen achtzig im äußeren Rand untergebrachte Windungen haarfeinen Antennendrahts. Im Innern sind eine 15-Volt-Batterie und vier 1,5-Volt-Stabbatterien zu einem Schaltkreis zusammengeschlossen. Vom hinteren Ende eines jeden Bootes hängt ein Flachbandkabel herab, an dem ein Stecker für Modellflugzeuge befestigt ist. Ein Miniaturstecker mit acht Stiften, die acht verschiedenen Funktionen im Computer entsprechen – für den die Boote gleichzeitig als Empfänger, Energieversorgung und Meldekopf fungieren.

Die Boote sind mit Deckeln aus Lexan, oder «Knastglas», zugeschraubt. Sie sind mit zwei metallenen Solenoiden in der Größe von Bleistiftradiergummis versehen, die in in den Kunststoff geschnittene Löcher eingepaßt sind. Diese mechanischen, durch Schwachstrom aktivierten Puffer sind so angeordnet, daß sie unter der Hacke und dem Rist vibrieren. Durch Variieren der Stelle und der Frequenz dieser Klopfzeichen vermag ein die Solenoiden steuernder Computer Dutzende von unterschiedlichen Signalen zu erzeugen. Doyne und ich schrauben das Knastglas ab und laden frische Batterien in die Boote. «Wir werden die Kohlenstoffbatterien verwenden», sagt er. «Das mag unseren Aktionsradius verringern, erzeugt aber weniger Lärm.»

Mit Batterien, Antennendraht, einem Kondensator, einem Widerstand, zwei Solenoiden und drei Dioden beladen, sind die Boote bis auf den letzten Millimeter vollgepackt.

«Gib mal Saft. Dann testen wir den Aktionsradius und machen uns auf die Socken.»

Wir führen die Modellflugzeugstecker in den hinteren Computerteil ein. Die Computer – halbdurchscheinende, zur Erhöhung des Gehkomforts mit Klebeband umwickelte Rechtecke – sind der Kopf des Unternehmens. Durch das Klebeband hindurch lassen sie oben und unten die silbrigen Linien gedruckter Schaltungen erkennen. Für die Auserwählten, die diese mit Kupfer und Lötzinn kolorierten Manuskripte lesen können, stellen sie in der prächtigen City of Computation glitzernde Promenaden und Plätze dar. Unter den Schaltungen liegen, kaum erkennbar, eine Unzahl Kondensatoren, Widerstände und Dioden, eine den Zeiger der Zeit treibende Quarzuhr sowie düstere Festungen aus Silikon, in denen die von einem einzigen erinnerungsfähigen Chip kontrollierten Mächte der Sprache und der Logik residieren.

Ein geübtes Auge wäre von der Anordnung dieser Silikonboxen überrascht. Die Chips, die die zwei Grundfunktionen des Computers steuern – Logik und Merkfähigkeit, Wille und Geschick –, wurden voneinander getrennt auf Leiterplatten montiert. Diese wurden, mit den Oberseiten zueinander, zusammengefügt. Man stelle sich vor, man nähme Tokio mit seinen Wolkenkratzern und paßte es, auf den Kopf gestellt, in die Avenuen von New York ein. Es ergibt sich eine elegante Lösung für ein topologisches Problem – und eine ausgezeichnete Paßform. Des weiteren stelle man sich vor, Manhattan rundum mit Plastik abzudichten und die Insel mit mikrokristallinischem Wachs auszufüllen – einem Petroleumderivat, das hart wie Kunststoff ist, bei 150 Grad Celsius allerdings die Konsistenz von Melasse annimmt. Man kühle die Zutaten auf Zimmertemperatur, schon hat man ein Tokio/New York-Computer-Sandwich, das hart genug ist, um einen Schlag mit dem Hammer auszuhalten.

Technisch gesprochen schieben wir einen CMOS-6502-Mikroprozessor mit einem Fünf-Kilobytes-RAM (*r*andom *a*ccess *m*emory, Speicher mit direktem Zugriff) in unsere Schuhsohlen. Apple-Computer sind mit dem gleichen Chip ausgerüstet. Weitere 4000 Bytes Merkfähigkeit tragen wir, in ein Programm gepackt, das intelligent genug ist, das Roulette zu schlagen, mit uns herum. Dieses Programm bietet immerhin einen Gewinnvorteil von 44 Prozent. Es besteht aus einer Serie mathematischer Gleichungen, die jenen ähneln, mit denen die NASA Raumschiffe auf den Mond schickt, und es folgt einer Kugel auf ihrer Umlaufbahn um eine rotierende Zahlenscheibe. Während der zehn bis zwanzig Sekunden, die das Spiel von Anfang bis Ende dauert, berechnet der Computer die Koeffizienten von Reibung und Luftwiderstand, gleicht Geschwindigkeitsveränderungen aus, trägt relative Positionen und Flugbahnen in ein Koordinatensystem ein und gibt nachher an, wo, in diesem himmlischen Kosmos, eine Roulettekugel auf einem sich immer noch drehenden Rotor voraussichtlich liegen bleiben wird. Seine voraussagende Kraft liegt darin, daß der Computer in unseren Schuhen innerhalb von Mikrosekunden ein Spiel zu Ende spielt, das in Wirklichkeit einemillionmal länger braucht.
Ein Gewinnvorteil von 44 Prozent ist wesentlich mehr, als jedes andere Glücksspielsystem bietet. Die höchste Auszahlung beim Roulette geschieht im Verhältnis fünfunddreißig zu eins. Für jede investierten hundert Dollar – fünfzigmal pro Stunde gestaffelt – kann man mit dem nicht unerheblichen Gewinn von stündlich 2200 Dollar rechnen. So verlockend das Geld ist, so verlockend ist der Ruhm, das Roulette zu schlagen.
Nachdem wir die Boote und Computer-Sandwiches in unsere Schuhe gela-

den haben, decken wir die Ausrüstung mit Einlegesohlen aus Leder ab, in die Löcher für die Solenoiden gestanzt sind. Von diesen Vibratoren gibt es zusammen drei Stück: zwei auf dem Boot und einen vorn auf dem Sandwich. Darauf programmiert, unsere Fußsohlen an drei verschiedenen Stellen mit drei verschiedenen Frequenzen zu kitzeln, erzeugen die Solenoiden insgesamt neun unterschiedliche Signale. Auch unsere Socken wurden fein säuberlich mit Löchern versehen.

Doyne stopft in seinen linken Schuh ein zweites Batterie-Boot und ein Stück Hardware von ähnlicher Form, aber ein wenig kleiner als ein Computer-Sandwich. Dies ist der Modusschalter, ein mit Invertern, Transistoren und einem Sender gefülltes Polykarbongehäuse. Bedient man die aus dem vorderen Ende des Schalters herausragende Taste, lenkt man den Computer – via Funkverbindung von Schuh zu Schuh – zwischen den verschiedenen Modi seines Programms hin und her.

Doyne klettert aus dem Auto und stellt sich hin, die großen Zehen hat er über den Mikroschaltern im linken und im rechten Schuh in Stellung. Sein linker Zeh ist Experte im Aufrufen der Unterprogramme des Programmes. Sein rechter Zeh ist darauf trainiert, Daten einzugeben. Während Doynes Computer angeschlossen ist und Voraussagen trifft, sorgt eine weitere Funkverbindung dafür, daß er mit dem Computer und den Vibratoren in *meinem* rechten Schuh in Verbindung steht. So sind wir mit einem dreifüßigen System und mit Funktionen ausgerüstet, die zwischen Datennehmer und Spieler aufgeteilt sind. Da ich unter meinen Zehen keine Mikroschalter habe, beschränkt sich meine Rolle darauf, die von Doynes Computer ausgesandten Signale aufzufangen und auf dem Tableau Einsätze zu plazieren. Ich bin der Strohmann der Unternehmung, eine Folie – nicht mehr als ein Interpret der auf meine Fußsohlen tätowierten Zeichen.

Ich binde meine Schuhe und steige aus dem Auto. Ich gehe auf fünf Jahren harter Arbeit und trete auf Soft- und Hardware im Wert von mehreren tausend Dollar: auf einen Computer, wie es fortschrittlicher keinen gibt. Trotz alledem trägt er nicht gerade viel zu meiner Körperhaltung bei. Die Schuhe sind so starr, daß ich mit steifen Füßen einhermarschiere. Dieses neueste Modell unter den «Cadillacs der Roulettesysteme», wie Doyne es nennt, soll also in wenigen Minuten seine erste Tauglichkeitsprüfung bestehen.

«Checken wir mal den Aktionsradius», sagt er und geht vorn ans Auto. «Ruf einfach nur die Signale auf, wie du sie hereinkriegst.»

Die Wüstenluft im November ist sogar abends warm genug, damit wir in Hemdsärmeln herumlaufen können. Doynes längliches Gesicht schimmert hell unter seiner Bräune. Die Haut über den Wangenknochen ist beinahe durchsichtig. Sein dünnlippiger Mund ist vor gespannter Aufmerksamkeit gespitzt. Seine tiefliegenden blauen Augen vermitteln den Eindruck, als blickten sie nach innen, über eine von der Stirn nach hinten ausgebreitete Landkarte oder ein Schaltschema.

Mit dem blonden, über die Ohren reichenden Lockenschopf wirkt Doyne wie ein Farmerboy aus West-Texas, der im Begriff ist, die Stadt unsicher zu machen. Bekleidet mit Baumwollhosen und langärmeligem knallbuntem Hemd, lehnt er seine hochgewachsene Gestalt gegen das Auto. Ich muß schon sehr genau hinsehen, um wahrzunehmen, wie sich das Schuhleder über seinen Zehen kräuselt. «Hast du's empfangen?» fragt er.

Scheinwerfer wischen an uns vorbei. Wir wenden unsere Gesichter ab, während ein anderer Wagen aufs nächste Parkdeck kurvt.

«Drei», sage ich, indem ich das Signal, ein Hochfrequenzsurren des vorderen Vibrators empfange.

«Stimmt. Und dies?»

«Neun.»

«Und das?»

«Fünf. Vielleicht auch sechs.»

«Dann mal los. Wir sind nicht fünfhundert Meilen weit von der Küste hergefahren, um hier herumzustehen und elektronisch mit den Füssen zu schäkern.»

Er greift in seine Hosentasche und zieht eine Rolle Hundertdollarnoten hervor. «Wechsel drei oder vier davon. Sobald ich dir das Zeichen gebe, den Einsatz zu erhöhen, wechsle ein paar mehr.»

«Wie fühlst du dich?» will er wissen. «Wird das Glück dich heut' verwöhnen?» Sein Gesicht entspannt sich zu einem schiefen Lächeln. «Laß mir eine halbe Stunde, um die Parameter zu setzen. Bleib dann am Tisch, ich werd' dir ein Signal für einen der Nebeneinsätze schicken. Solltest du mich nicht im «Sundance» finden, bin ich weitergezogen zum «Golden Gate». Und sollte ich aus irgendeinem Grund dort auch nicht sein, halt' im Café des «Nugget» Ausschau nach mir. Paß aber auf, es gibt zwei. Wir treffen uns in dem hinter der Bar. Bis später», sagt er und macht sich, mit der besonderen Gehweise eines Mannes, der einen Computer im Schuh trägt, auf den Weg zum Fahrstuhl.

Ich gehe die Treppen hinab und biege nach rechts in die Fremont Street oder Glitzerschlucht ein, wie die drei Häuserblocks mit Casinos, die das Geschäftsviertel von Las Vegas bilden, genannt werden. Anders als der Strip, dessen Vergnügungspaläste von gestrüppüberwuchertem Ödland umgeben sind, die man, als eilte man von Oase zu Oase, nur mit dem Wagen erreicht, kann man die Fremont Street zu Fuß bewältigen.

Sie ist mit den älteren Glücksspiel-Establishments der Stadt bestanden. Opulent und verblichen wie das «Golden Nugget» und das «Mint» oder einfach nur verblichen wie das «Golden Gate» und der «Horseshoe Club». Bei Nacht ist die Straße ein faszinierender, sich rasch ergießender Fluß aus Neonlicht. Elektrischer Strom surrt über den Köpfen, dazu das *pop, pop, pop* des An und Aus der Schaltkreise. Die Gesichter in der Menge färben sich rot, weiß und blau. Junge Männer bleiben stehen, den Mund geöffnet. Junge Mädchen kichern. Die Luft ist geladen. Allein das Atmen elektrisiert die Leute, als könne man das dumpfe Pochen der hinter fünfunddreißig Meilen Wüste pulsierenden Turbinen des Hoover-Staudamms vernehmen.

Bei genauerer Betrachtung der Casinos, vom «Binion's» bis zum «Union Plaza», stelle ich fest, daß sie alle in konzentrischen Kreisen angelegt sind, nicht unähnlich denen, die Dante unter der Führung Vergils passierte. Zuerst tritt man in einen dunklen Forst einarmiger Banditen, in dem Frauen mit prallgefüllten Wechselgeldschürzen patrouillieren. Andere Frauen werfen sich in die Arme dieser Maschinen, deren metallene Umarmung mittels farbiger, durch kleine Fenster sich auf ihren Gesichtern spiegelnder Symbole – Orangen, Limonen und Kirchenglocken – ein wenig freundlicher erscheint. Großmütter mit blaugefärbtem Haar greifen – eine wahnwitzige Parodie einer Mutter – in Pappbecher mit Wechselgeld, um eine, zwei, drei Maschinen gleichzeitig zu füttern. Inmitten des Getöses der Sirenen und Gongs und silberner, in Metallschüsseln rasselnder Münzen hört man sie die Maschinen liebkosen: *Recht so, mein Junge. Du schaffst das schon. Und noch einmal. Jaaa, so ist es richtig! Laß kommen, mein Kleiner!*

Der nächste, rauchgeschwängerte Kreis ist dem Keno-Glücksrad vorbehalten, dem elektronischen Bridge, der Kasse und den den Sportwetten geweihten Räumlichkeiten. Eine Anzeigetafel, wie man sie von Flughäfen kennt, informiert über die Bahnbedingungen von Bayview und gibt neueste Informationen über ein Fohlen, das erstmals in Aqueduct startet.

Wo sich der Forst zum Hauptgeschoß hin lichtet, nimmt das Getöse ab. Nun bestimmen Plüsch und Kronleuchter die Atmosphäre sowie die mit sicherem Instinkt ausgewählten Farben. An dieser Stelle wird häufig eine Schwelle überschritten – ein paar wenige Schritte nur, die den endgültigen Abstieg markieren. In Kreisen oder Quadraten oder zu einem einzigen großen Kreis arrangiert, stehen hier unten die für Siebzehnundvier reservierten Nierentische. In einem anderen Teil lehnen sich Männer über etwas, das aussieht wie gigantische Särge: Sie spielen Craps. Sie schütteln die Würfel, hoffen lauthals auf ihre Zahlen. Eine ruhigere Gruppe sitzt beim Roulette. Man schiebt Jetons aufs Tableau, starrt auf den Roulettekessel und schlürft seine Drinks, indes die Kugel um die noch nicht erwählte Nummer kreist. In den nobleren Casinos klicken weiter hinten elfenbeinerne Dominosteine, und Bankhalter und Pointeure in Abendgarderobe wechseln sich beim Geben der Bakkarat-Karten ab. Eine Gruppe von Besuchern schaut den um große Einsätze Spielenden zu, wie sie ihre Jetons durch die Finger gleiten lassen, derweil andere Umstehende – die verschiedenen Croupiers in Rüschenhemden mit schwarzen Fliegen – mit strenger, geschäftsmäßiger Miene über die grüne Filzbarriere starren. Die Männer in den dunklen Anzügen mit den massigen Gesichtern und zu Knorpel gewordener Augenmuskulatur gehören zur Aufsicht. Mitten unter ihnen, ein wenig erhöht auf einem kleinen Podest steht der für den Schichtwechsel Verantwortliche.

«The Eye in the Sky», das hinter Einwegspiegeln unter der Decke versteckte Himmelsauge, konstituiert eine weitere, aus Videorekordern und Bandschlaufen bestehende und von einer zentralen Konsole aus kontrollierte Überwachungsebene. Diesem geübten Auge entgeht keine Bewegung. Die Angestellten haben sich ihm vollständig unterworfen. Kein Kartengeber oder Croupier, kein Mitglied der Aufsicht berührt Jetons od~r Geld, ohne anschließend in die Hände zu klatschen und die Handflächen nach oben zu drehen. Kein Mischen, Teilen, Geben, Kugelrollen oder Kesseldrehen, ohne daß das Auge sich erinnert, wo und unter welchen Umständen es ein Gesicht das letzte Mal sah.

Man verspürt ein Kitzeln im Bauch, eine Art unumgänglichen Rausch, sobald man in den Hauptsaal eines Spielcasinos steigt. Als Bunnies oder Haremsdamen hergerichtete Kellnerinnen bahnen sich einen Weg durch das Gedränge. Die Luft ist schwülstig und voll von kultivierten Blicken der Verfügbarkeit. Die Farben, das Spektakel und die Präzision eines Casinos sind jedoch auf etwas anderes gerichtet, auf Silber und Goldstücke, auf Papier, Plastik oder was immer sonst benutzt wird, um Geld darzustellen. Eine Menge Geld. Stapel von Scheinen mit den Porträts von Madison und Grant. Berge von Jetons mit dem Gegenwert von 25, 100 oder 500 Dollar. Flüssig gemachtes Geld, das über die Tische strömt und wirbelt wie der Neonfluß der Fremont Street.

Ich habe noch eine halbe Stunde totzuschlagen und schlendere durch das «Golden Gate», das «Nugget», das «Mint». Ich gehe an Männern vorbei, die alle möglichen Gutscheine austeilen, und an Kellnerinnen, die Drinks anbieten; ich bleibe im Gedränge um die Roulettekessel stehen. Immer wieder schaue ich zu, wie die Kugel fällt und in bogenförmigen Sprüngen ihrem Rendezvous mit einer vom Glück erwählten Zahl entgegeneilt.

Ich spaziere bis zum Ende der Straße und gehe ins «Sundance», ein zweitklassiges Kasino, ein Sägemehl-Schuppen mit der üblichen Mischung von Spielautomaten und Crapstischen, aber mit weniger «Action» als in anderen Casinos. Um die wirklich großen Spieler zu sehen, muß man sich in den Teppich-Schuppen auf dem Strip umsehen. Aber das «Sundance» hat einen Roulettekessel, der reif zum Ernten ist. Der Croupier hält den Rotor in gleichmäßiger Bewegung und dreht eine schnelle Kugel ab. Doch der Kessel sollte sich für in magische Schuhe eingebaute Computer-Sandwiches als nicht ebenbürtiger Gegner erweisen.

Ich drehe eine Runde im Saal und begebe mich in den rückwärtigen Teil des Casinos. Von dort aus beobachte ich Doyne, der an einem der zwei im Spiel befindlichen Kessel steht. Er verharrt am Kopfende des Tableaus, kritzelt etwas in ein Notizbuch, blickt ab und zu auf den Kessel und scheint dann seinen ganzen Mut zusammenzunehmen, um hier und da auf Rot oder Schwarz zu setzen. Für einen Doktor von der philosophischen Fakultät der University of California sieht er entschieden naiv aus.

Doyne agiert heute unter dem Pseudonym Clem aus New Mexico. Dies ist eine Rolle, die er erlernte, als er als Poker-Hai die einschlägigen Etablissements von Montana unsicher machte – und er verkörpert sie perfekt. Er gibt sich als ein in seinen Bart brummelnder Trottel, eine unschuldige Seele, die es aus der Wüste hierher verschlagen hat. In Las Vegas wimmelt es nur so von Spielern, die sich mit Hilfe der Mathematik einen Vorteil über eines der Spiele zu errechnen suchen. Die Casinos helfen dabei, indem sie Bleistifte, Notizblöcke, Zahlensequenzen und graphische Darstellungen der Spielfelder und Chancen zur Verfügung stellen. Und wie Doyne neben dem Roulettekessel steht und Eintragungen in seinem Notizbuch vornimmt, wirkt er wie jeder beliebige Do-it-yourself-Mathematiker beim Versuch, ein Zahlenmuster vorauszusagen, wo keines existiert.

Trotz aller zum Thema angebotenen Bücher gibt es kein mathematisches System – keine Progression, kein Wettmuster, kein Martingale- oder d'Alembert-System, um den Einsatz zu verdoppeln oder zu halbieren –, das in der Lage wäre, den Ausgang beim Roulette vorauszusagen oder die Chancen der Spieler zu erhöhen. Es ist vielmehr so, daß Systemspieler, vor allem jene, die meinen, sie hätten den fehlenden Kode geknackt, dazu neigen, schneller Geld zu verlieren als der gewöhnliche Unverbesserliche, der sich auf sein Glück verläßt. Dies erklärt, weshalb die Casinos mit kostenlosen Bleistiften und Notizblöcken so großzügig sind.

Man schlägt Roulette nicht aufgrund mathematischer, sondern aufgrund *physikalischer* Voraussagen. Man muß die exakten, *bei jedem einzelnen Spiel* auf Kugel und Rotor einwirkenden Kräfte kennen. Dies verlangt einen mit einem Algorithmus – einer allgemeinen, die Physik des Roulettes beschreibenden Gleichung – programmierten Computer, in den man die den Kessel bestimmenden Variablen eingibt. Ist der Kessel geneigt, werden die hohe Seite und der Schatten auf der Bahn lokalisiert. Die durchschnittliche Geschwindigkeit wird errechnet, bei der die Kugel dazu neigt, zu fallen. Man rechnet die Ziffer aus, mit der der zentrale Rotor seine Geschwindigkeit verringert. Sind alle diese allgemeinen Parameter bekannt – die von Kessel zu Kessel bedeutend differieren –, erlangen Computer und Algorithmus prophetische Fähigkeiten.

Allerdings ist man dabei auf weitere Informationen angewiesen, die nur während des Spielablaufs gesammelt werden können. Sie werden von einem Datennehmer geliefert, der zwei Drehungen des Rotors an einem vorher am Kesselrand bestimmten Fixpunkt eingibt sowie zwei oder mehr Durchgänge der Kugel vor demselben Fixpunkt. Für einen Computer ist es nun ein Leichtes, die relativen Geschwindigkeiten und die Position auszurechnen, den vorgesehenen Zeitpunkt des Fallens der Kugel, ihre über die abschüssigen Wände des Kessels verlaufende Bahn und schließlich ihr Niedergehen auf die sich drehende Zahlenscheibe.

Als ich das «Sundance» betrete, ist Clem aus New Mexico damit beschäftigt, Parameter zu setzen. Um das Computer-Programm auf einen bestimmten Kessel abzustimmen, führt Doyne eine Art Dialog zwischen seinen großen Zehen. Der Mikroschalter in seinem linken Schuh steuert den Computer in die Unterprogramme seines Programms, während der Mikroschalter im rechten Schuh die Kugel- und die Rotor-Umläufe stoppt. Eine den linken und rechten Zeh kombinierende Folge von Steppschritten verändert die Parameter selbst. Um den Algorithmus auf die vorliegenden Bedingungen zu trimmen, sind ein gutes Auge und pfeilschnelle Reflexe erforderlich. Der gesamte Vorgang dieser Festlegung der Rahmenbedingungen dauert von zehn Minuten bis zu einer halben Stunde.

Nach fünf Jahren fortwährenden Übens ist Doyne mittlerweile ein As beim Steuern des Computers. Er gleicht Variable durch bloßes Hinsehen aus – beziehungsweise durch seinen unterdessen in den großen Zehen entwickelten sechsten Sinn. Die übrigen Variablen werden durch Probieren abgestimmt: Bewegt sich die Kugel weiter oder nicht so weit wie vorausgesagt? Gibt es ungewöhnliche Umstände, wie etwa atmosphärischen Druck, die ihr Verhalten beeinflussen? Doyne notiert solange, was der Computer gegenüber dem, was die Kugel tatsächlich tut, ausrechnet, bis die zwei Datensets im Idealfall als eine im Mittel säuberlich symmetrische Bell-Kurve übereinander in ein Koordinatensystem eingezeichnet werden könnten. Dieser laminar angeordnete, deutlich über die x-Achse aufsteigende Höcker aus Meßpunkten ver-

wandelt sich in unseren 44prozentigen Vorteil und zu einem Haufen Geld –
unserer letzten Schätzung zufolge hunderttausend Dollar im Monat.
Sind die Parameter abgestimmt und ist der Computer in seinen Spielmodus
geschaltet, legt Doynes linker Zeh eine Pause ein. Der rechte Zeh erledigt
das übrige, das einfache Abstoppen von Kugel und Rotor entlang eines
Fixpunktes. In diesem Stadium kann Doyne das Spiel aus den Augenwinkeln
spielen. Während sein rechter Zeh zu einer autonomen Einheit wird und über
seinem Mikroschalter zuckt wie das Bein eines Frosches an einer Galvani-
siermaschine, wird Clem aus New Mexico lebhafter und schwatzt über das
Wetter und flirtet mit den Hostessen.

Ich trete an den Roulettetisch und stelle mich hinter den Spielenden auf. Von
der Markierungstafel des Croupiers kann ich ablesen, daß der Wert von
Doynes grünen Jetons auf fünfundzwanzig Cents festgesetzt ist, das Haus-
Minimum. Drei andere Spieler sitzen auf Barstühlen. In der Mitte eine
pompöse Blondine mit einer Flügel-Frisur. Ihre roten Jetons sind mit fünfzig
Cents gekennzeichnet. Neben ihr sitzt ein Gentleman mit Stetson und
schmaler Krawatte, der mit schwarzen Ein-Dollar-Jetons spielt. Am Ende
des Tisches hockt ein Filipino in einem Kammgarnanzug hinter einem Stapel
blauer Jetons für fünf Dollar das Stück. Sein Gesicht ist in einer Wolke
Zigarrenrauch verborgen.
Der Croupier setzt mit einem Griff den Rotor in Schwung und die Nummernfächer gegen den Uhrzeigersinn in Bewegung. Er dreht die Kugel in
entgegengesetzter Richtung ab und verkündet mit klangloser Stimme: «Bitte, das Spiel zu machen, Ladies and Gentlemen.» Die Blondine schiebt ihre
Jetons mit den Fingerspitzen über den Tischüberzug wie eine auf spirituelle
Fürsprache hoffende Ouija-Spielerin. Sie lehnt sich zurück und äußert, ohne
jemanden anzusprechen, kichernd: «O Gott, ein bißchen Glück könnte
wahrhaft nichts schaden.»
Mr. Schnurschlips setzt auf Carrés und Kolonnen und schnippt dann ein paar
Extra-Jetons auf seine Glückszahl, die 9. Der Filipino macht einen späten
und raschen Einsatz, er verteilt Dutzende von Jetons über das Tableau,
immer drei oder vier übereinander. Zum Abschluß häuft er einen Stapel
Jetons auf die ersten Fünf – 00, 0, 1, 2 und 3, die aussichtsloseste Chance
am Tisch.
Doyne plaziert einen Jeton auf Rot. Die Kugel rollt mit dem Geräusch einer
Murmel auf einem Parkettfußboden. Sie gleitet von der Bahn, macht zwischen zwei der wie Diamanten aussehenden Metallwiderstände mehrere
bogenförmige Sprünge, hüpft ein wenig, als sie auf den Rotor trifft, und fällt
schließlich auf das grüne Nummernfach 00.

«Doppel-Null», ruft der Croupier, dieweil er die Gewinnzahl auf dem Tableau mit einer gläsernen Pyramide überdeckt.

«O Gott», sagt die Blondine. «Es gibt Leute, die haben immer Glück.»

«Hübsches Spiel», sagt Mr. Schnurschlips zu dem Filipino, der eifrig an seiner Zigarre saugt.

Der Croupier benutzt einen hölzernen Râteau, um die Einsätze der Verlierer abzuräumen. Er sortiert und stapelt die Jetons wieder in die an der Schutzvorrichtung hinter dem Kessel untergebrachte Jeton-Bank. Er klatscht in die Hände, und die Aufsicht kommt herüber, um die Auszahlung zu überwachen. Es ist ein breitschultriger Mann mit Bürstenschnitt und braunem Anzug, den der Anblick der kristallenen Pyramide und der blauen, auf dem Tisch verbliebenen Jetons traurig stimmt. Für Einsätze auf 00 zahlt der Croupier fünfunddreißig gegen eins und sechs gegen eins für die Carrés. Er benutzt seinen Râteau und schiebt dem Filipino einen Haufen Jetons über den Tisch.

«Bin ich jetzt an der Reihe?» fragt die Blondine, wieder an niemanden direkt gerichtet.

Hinter dem Gewinner drängen sich die Zuschauer; Voyeure, die einem Besuch der Glücksfee als Zeugen beiwohnen.

Doyne macht einen frühen Einsatz auf Rot: mein Signal, fünf Minuten lang spazierenzugehen. Ich schlendere durch den Saal und studiere, was läuft. Drei Craps-Spieler in Leinenanzügen und Hemden mit durchgeknöpften Kragenspitzen müssen Teilnehmer einer Tagung sein. An einem Siebzehnundviertisch, an dem gerade nicht gespielt wird, fängt ein weiblicher Croupier meinen Blick auf und wedelt mit aufgedeckter Hand wie mit einem Fächer auf dem Tischüberzug.

Ich begebe mich in den hinteren Teil des Casinos und setze mich vor das Keno-Board. Die Maschine, die die Pingpongbälle ausspuckt, läuft warm. Ein pneumatisches Rohr saugt einen Ball nach dem anderen aus einem Glasbehälter. Ein Casino-Angestellter spricht die Gewinnzahlen in ein Mikrophon, während ein anderer die Lampen des Keno-Boards anschaltet. Eine Kools paffende Kettenraucherin, ihre Tochter und ich sind die einzigen, die zusehen.

Ich strecke meine Zehen und atme einmal tief durch, bevor ich an den Roulettetisch zurückkehre. Die Blondine ist in der Zwischenzeit geschröpft worden. Sie läßt ihre Geldbörse zuschnappen und rutscht von ihrem Barstuhl. Mr. Schnurschlips hat nur noch ein Dutzend Jetons und wird ihr bald an die Bar folgen. Von der Glücksfee verlassen zu werden, ist fürchterlich. Du wirst völlig teilnahmslos. Du fängst an, dich für dich selbst zu entschuldigen. Du fingerst lieblos mit deinen Jetons herum, bis du, voller Ekel und total resigniert, die letzten paar hinwirfst, ohne hinzusehen. Der Filipino, der eine zweite Zigarre entzündet, hält seine Jetons zurück. Aber die Zuschauer sind weitergezogen.

Doyne setzt auf Pair: mein Signal zu spielen. Ich setze mich auf den von der Blondine geräumten Platz und reiche dem Croupier dreihundert Dollar. Er klatscht in die Hände, und die Aufsicht sieht zu, wie meine Scheine mit einem Gerät, das wie ein hölzernes Fleischermesser aussieht, in die Cagnotte geschoben wird. Der Croupier klatscht erneut in die Hände und schiebt drei Stapel roter Jetons über den Filz, die der kupfernen Anzeige an der Jeton-Bank zufolge diesmal fünf Dollar wert sind das Stück. Die Aufsicht mißt mich mit einem prüfenden Blick.

Nun ist es soweit: Der große Bankraub. Mein erster Griff zum großen Geld. Das Tableau vor mir kenne ich auswendig, von vorne bis hinten. Ich kenne die Anordnung aller korrespondierenden Zahlen auf dem Kessel. Ich habe sie rundherum in Sektoren unterteilt, acht Gruppen von jeweils vier oder fünf Zahlen, die wiederum mit einem von acht verschiedenen Vibratorsignalen korrespondieren, die per Computer auf meine Fußsohlen tätowiert werden. Ich habe Tage damit zugebracht, diese Signale zu erkennen und Einsätze auf dem Tableau zu plazieren. Stundenlang habe ich trainiert, meine Finger um die Jetons geschmeidig zu machen. Ich beherrsche die Kunst, sie in meiner Handfläche aufeinanderzustapeln und mit dem Wert nach oben auf den Tischüberzug zu setzen, ohne das Handgelenk zu bewegen. Ich spiele instinktiv, ohne einen Gedanken an das Spiel zu verschwenden, sogar ohne auf den Kessel zu blicken, cool und rasch, während ich im übrigen aussehe wie ein gewöhnlicher Durchschnittsbürger, der im Begriff ist, ein wenig Erspartes durchzubringen.

Mein Haar ist kurzgeschnitten und gestylt. Ich bin mit einer hübsch geschneiderten Hose aus Köperstoff, einem Sportsakko, Krawatte und einem oben offenen Hemd bekleidet. Sollte überhaupt jemand danach fragen, so bin ich Restaurantbesitzer in Capitola, Kalifornien. Teilhaber, um genau zu sein. Für eine französische Vorspeise zahlt man um die fünfzehn Dollar. Die Spezialitäten des Hauses reichen von *moules marinières* bis zu *bœuf bourguignon*. In Las Vegas halte ich mich auf, um einen draufzumachen. Ein paar Tage nur, bis das Weihnachtsgeschäft beginnt.

Die Cocktail-Kellnerin berührt meine Schulter. «Wie wär's mit einem Drink auf Kosten des Hauses?» fragt sie.

Der Croupier dreht die Kugel ab. «Bitte, das Spiel zu machen, Ladies and Gentlemen», sagt er, ohne daß irgendeine Dame anwesend wäre.

Mr. Schnurschlips schiebt seinen letzten Jeton auf die Nummer 9 und steht auf, um sich zu recken. Der Filipino streckt seinen beringten kleinen Finger über das Tableau und bedeckt den grünen Filz mit einem überstürzten Einsatz von Jetons auf Carrés, Kolonnen, auf Dutzende und Transversalen. Es sieht aus, als hätte er mehr Geld auf dem Tisch, als irgendein Gewinn wieder einbringen könnte. Doyne setzt fünfundzwanzig Cent auf Schwarz. Die Kugel wirbelt in glattem Lauf um die Rinne und verringert ihre Geschwindigkeit für die letzten Umdrehungen. Die Nummernfächer drehen sich abwechselnd rot, schwarz und grün. Ich warte darauf, daß Doyne Daten eingibt und eine Voraussage seines Computers zu meinem funkt. Wie Zeitmaschinen, die die Gegenwart auf Touren bringen, werden unsere Computer nun in die Zukunft blinzeln und, ein paar entscheidende Sekunden, bevor es gespielt wird, die Bahnkurve des Spiels aufzeichnen. Ich empfange ein hochfrequentes Vibrieren vom vorderen Solenoiden auf meinen Fußsohlen. Eine Drei. Das ist der dritte Sektor auf dem Rotor mit den Zahlen 1, 13, 24 und 36. Ich beuge mich über den Tischüberzug und setze meine Jetons auf die ersten drei Zahlen. Die 36 am unteren Ende des Tableaus lasse ich aus und setze statt dessen auf 00, die gleich daneben und näher zu meinem Platz liegt.

Wie ein Basketball-Spieler, der zusieht, wie ein Freiwurf durch die Luft segelt und im Korb landet, lehne ich mich auf meinen Hacken zurück und warte. Ich drehe mich um zur Cocktail-Kellnerin und bestelle einen Tequila Sunrise. Ich schaue zu, wie der Filipino seine Zigarre pafft. Ich lächle der Aufsicht zu. Ich schaue nicht einmal hin, als der Croupier die Nummer 13 ausruft und seine Pyramide auf meinen Einsatz stellt. *Warum sollte überhaupt irgend jemand Roulette spielen*, denke ich bei mir, *ohne einen Computer in seinem Schuh?*

Silver City

Voraussagen sind äußerst schwierig, vor allem auf die Zukunft gerichtete.

Niels Bohr

Tief unten im roten Wüstenland des südwestlichen New Mexico ist Silver City in mehrerlei Hinsicht berühmt oder zumindest bekannt. Geronimo versteckte sich in den nahebei gelegenen Bergen, während Billy the Kid hier den ersten von vielen Männern niederschoß. Herbert Hoover, frisch aus Stanford, begann seine Karriere als Bergbauingenieur in Silver City. Fünfzig Jahre später wurde der Kampf der Minen-Arbeiter von Empire Zinc und ihrer Familien in Herbert Bibermans klassischem Film, *Salt of the Earth,* dargestellt. Eine ganz andere Gewalt als die von Cowboys und Indianern brachte die Einwohner am 16. Juli 1945 durcheinander. Sie erwachten durch eine Explosion und blinzelten durch klirrende Fenster, um das Glühen der ersten Atombombe der Welt zu sehen, die gerade zweihundert Meilen weiter nördlich, auf den Lavabetten der Jornada del Muerto, zur Explosion gebracht wurde.

In sechstausend Fuß Höhe sitzt Silver City, auf dem südlichen Rand der Gila-Wildnis, rittlings auf der Schwelle zwischen Wäldern und Wüste. Die kontinentale Wasserscheide verläuft, nachdem sie durch die Black-Range-Bergkette der Mogollan Mountains gewandert ist, auf ihrem Weg nach Süden, in die Wüste von Sonora, mitten durch die Stadt. Silver – wie seine Einwohner es nennen – liegt mit seinen zwölftausend Seelen, dem Sitz des Grant County und der größten Durchgangsstation im Umkreis von hundert Meilen ziemlich genau im Zentrum von Nirgendwo.

Tausend Jahre ist es her, daß die Mimbreño-Indianer in dieses freundliche Gebiet hochgelegenen Wüstensands gezogen kamen und es forthin Heimat nannten. Das Land hatte einiges zu bieten. Die mit Goldkiefern und Douglastannen bestandenen, zehntausend Fuß hohen Mogollans brachten die drei größten Nebenflüsse des Gila River hervor, an deren Ufern die Mimbreños Höhlen bezogen und sie mit Darstellungen fruchtbarer Felder und Jagdszenen ausmalten. Die Indianer bebauten die Täler und trieben das Wild nach Süden, in eine Landschaft, die von trockenem – mit Trockeneichen, Zuckerbirken, Wacholder und Piniennuß bestandenem – Waldgebiet in buschigeres Gelände mit Kreosotsträuchern, Feigenkakteen und Yucca-Palmen überging, bevor sie schließlich in eine schaurige Wüste trockener Playas und Salztonebenen abfiel. Am Fuß der Berge befand sich ein bevorzugtes Lager dieser Jagdgesellschaften, ein Landstrich mit Quellen und natürlicher Prärie, den die Spanier bei ihrer verspäteten Ankunft, La Cienaga de San Vincente, das Moor des St. Vincent, nannten.

Das Vergeben von heiligen Ortsnamen begleitete schwerwiegendere Streifzüge der Spanier in die Gila-Wildnis. Sie verkauften die Mimbreños in die Sklaverei und ordneten an, daß alle Widerstand Leistenden in einem Vernichtungskrieg getötet wurden. Ein an dieser zivilisatorischen Mission beteiligter spanischer Offizier entdeckte, was die Indianer hinsichtlich des Reichtums an Bodenschätzen lange gewußt hatten – daß man hier mächtige unterirdische Kupferadern ausbeuten konnte. 1804 kehrte er zurück, um die Santa-Rita-Kupfermine zu gründen, ein erster Gründungsakt, der von aufeinanderfolgenden Wellen von Bergarbeitern aus Mexiko, Goldgräbern aus Boston, vom Goldrausch Besessenen aus Leadville und einer späteren Bande von Enthusiasten nachgeahmt wurde, deren Metallfieber so weit stieg, daß sie das Moor des St. Vincent 1870 auf den vielversprechenderen Namen Silver City umtauften.

Die Stadt hat ihre besten Tage hinter sich und ist, mit ihren Einkaufszentren und neuerschlossenen Wohngebieten, an den Rändern ein wenig ausgefranst; gleichwohl erscheint noch heute vieles so wie in ihrer Blütezeit vor hundert Jahren. Kunterbunt über Hügel verteilt und an von Ulmen gesäumten Straßen stehen die Backsteinhäuser alter Grubenarbeiter, die auf eine Ader stießen und sich fortan Banker nannten. Diese Häuser, beeindruckende Bauwerke mit viktorianischen Veranden, Mansardendächern, romantischen Türmchen und Dachplattformen, gewähren Ausblicke über das Wüstengestrüpp bis hin zu den Hängen des Geronimo Mountain.

Blickt man aus den im zweiten Stockwerk dieser Häuser gelegenen Fenstern, so nimmt man, wohin man auch sieht, das Vorhandensein von Mineralien wahr. Genau nach Osten, unterhalb eines als Kneeling Nun bekannten Monolithen, erstreckt sich die eine Meile Länge messende Grube der Santa-Rita-Kupfermine. Ursprünglich wurde ihr – von Anfang an multinational gefördertes – Erz mit Maultieren vierhundert Meilen nach Chihuahua geschafft. Heutzutage durch Kennecott und Mitsubishi abgebaut, geht die Lieferung nach Japan. Die Zwillingsschlote der Schmelzerei erheben sich auf dem Hintergrund der nahegelegenen Stadt Hurley, und gen Norden ducken sich die gleichermaßen staubigen Häuser von Hanover. In Silver City selbst sind die Hügel übersät von Fördertürmen und den Abraumhalden verlassener Erzadern, während gleich hinter dem Bezirksgericht eine immer noch aktive Mangan-Mine sich in den Bear Mountain hineinfrißt.

Weit jenseits des Scharrens und Buddelns, auf das ihre Reichtümer sich begründeten, geht der Blick von den höhergelegenen Stadtteilen von Silver

City hinaus auf unbesiedelte Prärie. Dies ist der Boden, auf dem große Träume gedeihen. Er bringt selbstbewußte Menschen hervor. Als alter Teil des Landes, entdeckt und besiedelt lange bevor die Pilgerväter von Bord der *Mayflower* gingen, gehört die Gegend von Silver City doch zugleich auch zu den neuesten Teilen des Landes – ein Neuland, ein unberührtes Grenzgebiet, wo jeder sein Glück versuchen kann. Hier findet man auch heute noch die letzten Vertreter des amerikanischen Mythos – Cowboys und Indianer, Bergleute und Barmädchen. Es gibt noch immer genügend Platz für sie, um sich zu recken und zu strecken und den alten Traum von Freiheit und Unabhängigkeit zu träumen.

James Doyne Farmer, 1952 in Houston, Texas, geboren, der beim zweiten Vornamen gerufen wird – ausgesprochen wie eine veränderliche Tonreihe, *Do-ähn* –, war sechs Jahre alt, als er und seine Familie nach Silver City zogen. Sie ließen sich in einem ruhigen, mit Mexikanern und College-Studenten gewürzten Viertel nieder, indes James Doyne Farmer, Sr., der beim *ersten* seiner zwei Vornamen gerufen wird, sich als Bauingenieur zur Arbeit in der Santa-Rita-Mine meldete. Doyne hatte gerade seinen ersten Roman, *Robinson Crusoe,* gelesen. In den nächsten Jahren verleitete ihn Mrs. Lynch, die Stadtbibliothekarin, zu einer Attacke auf den Rest der Weltliteratur. Im Verlauf ihrer sommerlichen Lesewettbewerbe standen die Auszeichnungen, die er für seinen Textekonsum erlangte – von Dostojewski über Hemingway und Huxley zu Tolstoi –, lediglich an zweiter Stelle hinter Kitty Kelley.
«In der sechsten Klasse dann», erzählte mir Doyne eines Tages, als wir auf dem Weg zum Roulettespiel den Las Vegas Boulevard hinabfuhren, «war ich erledigt. Als kleiner Junge war ich ein pummeliger Kerl mit hitzigem Gemüt gewesen und kam mit den anderen nicht gut zurecht. Ich entschied, daß ich an meiner Persönlichkeit arbeiten mußte.»
Der Wendepunkt war etwas früher in jenem Sommer gekommen. Doyne war mit Rheumafieber auf Monate hinaus, verdammt zu totaler Untätigkeit, ans Bett gefesselt und litt gleichermaßen an der Kur wie an der Erkrankung.
«Ich wurde sehr depressiv. Als mich kein Mensch besuchen kam, folgerte ich daraus, daß mit mir etwas nicht stimmen mußte. Ich durchlief eine vollständige Neubewertung meiner selbst und legte etliche Schwüre ab. Stellte der Lehrer eine Frage, wollte ich mich nicht mehr melden. Ich wollte alles tun, um beliebt zu werden. War ich bis dahin laut und unbändig gewesen, wurde ich jetzt still und schüchtern. Die sechste Klasse verbrachte ich damit, die Technik zu lernen, und die siebte und achte, sie zu vervollkommnen. Bis zur neunten Klasse hatte ich wieder eine Art Gleichgewicht gefunden, in der Zwischenzeit jedoch eine Menge Freunde gewonnen.»

In der sechsten Klasse hatte Doyne sich überdies dem Pazifismus verschrieben, obwohl es diesem Projekt weniger gut erging. Es traf auf unüberwindliche Hindernisse unten in der Papiermühle, wohin er sich allmorgendlich um fünf Uhr begab, um die Tagesauflage der *El Paso Times* zusammenzulegen. Die einzigen Leute, die zu dieser Stunde in Silver City wach sind, sind die Zeitungsjungen, der Bäcker, Mr. Shadel, die Polizisten (die in Wirklichkeit in ihrem Streifenwagen sitzen und schlafen) und die weiblichen Mieter drüben bei «Millie's», einem viktorianischen Gebäude in der Hudson Street, welches bis zu seiner kürzlichen Schließung als das beste Freudenhaus in Neu-Mexiko galt.

Da die Route 180, die Hauptstraße durch Silver City, von Nirgendwo im Norden nach ziemlich genau Nirgendwo im Süden führt, war jeder, der morgens um 5 anhielt, um einen Zeitungsjungen nach dem Weg zu fragen, höchstwahrscheinlich unterwegs zu «Millie's». Bis dahin waren es nur zwei Häuserblocks, aber eine Besonderheit der örtlichen Geographie machte die Stadt zu dieser frühen Stunde unübersichtlich für Besucher. Das Moorgelände, auf dem Silver City errichtet worden war, bot eine Oase am Rande der Wüste. Aber jeden Sommer, wenn es regnete, gab es plötzliche Überschwemmungen, und Wassermassen aus den Mogollon Mountains rauschten mitten durch die Hauptstraße.

Gezwungen, diese an einer falschen Stelle plazierte Wasserstraße aufzugeben, sah die Stadt zu, wie sie sich in etwas Big Ditch oder Großer Graben Genanntes verwandelte. Heute ist der Graben ein bis auf das Grundgestein ausgewaschener Cañon, sechzig Fuß unterhalb jener Gebäude, die immer noch nicht hineingestürzt sind. «Viele Jahre lang», berichtete die örtliche Tageszeitung, «war der Graben buchstäblich der ‹Ort des Absprungs› für Gelegenheitsdiebe und Bösewichter auf der Flucht vor dem Gesetz, und mehr als ein unseliger ‹Trunkenbold› hat die Abgeschiedenheit seiner dunkelgrünen Schatten gesucht.» Millie stand der östlichen, weniger appetitlichen Seite der Schlucht vor. In jener Richtung lagen «Madame Brewer», das Hexenhaus, das offene Land, die Müllhalde und die Wüste. Nicht, daß es auf der anderen Seite des Grabens besser gewesen wäre. Auch hier gab es mexikanische Häuser aus luftgetrockneten Ziegeln und Wüstengestrüpp, obwohl oberhalb davon, hoch auf einem Hügel thronend, der Campus der Western New Mexico University war. Der einzige «bessere» Teil der Stadt lag gegen Norden, in Silver Heights. Aber keine der Personen in dieser Story stammt aus jener Gegend.

Morgens um 5 Uhr meldete sich Doyne, wenn er nicht gerade den Verkehr um den Big Ditch umleitete, zu seiner täglichen Lektion Satyagraha. Die anderen Zeitungsjungen bildeten sich ein, harte Burschen zu sein. Die beiden bockigsten waren James Wetsel, der mit einem Wagen durch die Stadt gurkte, den er seinen «Pussy-Schlitten» nannte, und Herbie Watkins, Wetsels Gefolgsmann.

«Ihr großes Ding war es, mich jeden Morgen windelweich zu schlagen», sagte Doyne. «Ich kam herein, und schon fing einer von beiden an, mich zu packen. Sie zogen mir alle Kleider aus und warfen sie hinaus in den Schnee. Da ich zu jener Zeit Pazifist war, ließ ich, wann immer sie mir etwas taten, alles hängen und baumeln. In der sechsten Klasse hatte ich etwas gelesen, das mich überzeugt hatte, daß dies die beste Antwort auf Gewalt war. Aber es funktionierte nicht besonders gut.»

Es war in demselben ereignisreichen Jahr, als Doyne die wichtigste Begegnung seines Lebens machte. Er nahm gerade an einem wöchentlichen Pfadfindertreffen teil, als einer aufstand und sich als Tom Ingerson vorstellte, Physikdozent an der Universität, der bei der Truppe aushelfen wollte.

«Sofort steuerte ich automatisch auf ihn zu», sagte Doyne. «Zu jener Zeit wußte ich nicht, was ein Physiker war, aber ich wußte, es war eine Art Wissenschaftler, und ich wußte auch, daß es das war, was ich werden würde.»

Auf dem anschließenden Nachhauseweg mit Ingerson erzählte Doyne ihm, wie er Physiker werden wollte. Beide – ein zwölfjähriger Junge und ein fünfundzwanzigjähriger frischgebackener Dozent – fühlten sich unmittelbar zueinander hingezogen: die Anziehungskraft zweier gleichermaßen unruhiger Geister. Sie begannen mit, wie Ingerson es ausdrückte, «Hunderten und Hunderten von Diskussionen über alles unter der Sonne. In einer Stadt, wo jeder beliebige Durchschnittsschüler allein daran dachte, im Bergbau zu arbeiten oder Kleinhändler zu werden, langweilten Doyne und ich uns aus ziemlich genau denselben Gründen.»

Irgend etwas an diesem Mann fesselte Doyne und, als er später Toms Haus besuchte, erhielt er einen Hinweis, was es war. «Das Haus war innen und außen ein einziges Durcheinander, überall Bücher und die gesamte Einrichtung aus dem Brockenhaus. Irgendwie war ich davon zutiefst beeindruckt.» Die anomale Präsenz eines Mannes wie Tom Ingerson in Silver City ging auf eine Mischung aus Romantik und politischer Fehlkalkulation zurück. Nachdem Ingerson, ebenfalls Sohn eines Ingenieurs, die High-School in El Paso, Texas, abgeschlossen hatte, verbrachte er vier gestörte Jahre in Berkeley, bevor er an der University of Colorado seine Ausbildung zum Physiker fortsetzte. Und während er sich dem Ende einer Dissertation über Einsteins Kosmologie und der Allgemeinen Relativitätstheorie näherte, begann er, sich nach einem Job umzusehen. Dies war 1964. Der russische Sputnik und der kalte Krieg hatten das Land verrückt gemacht auf Wissen-

schaftler. Sie brauchten lediglich mit den Fingern zu schnippen und in die
Labors von Boeing bis Bell einzusteigen. Colorado war eine gute Fakultät,
Ingerson ein aufgeweckter Bursche. Er hätte sich in der Welt umsehen sollen.
Statt dessen begab er sich nach Nirgendwo.

Seine Schreiben blieben unbeantwortet. Niemand führte mit ihm ein Einstellungsgespräch. Naiv, wie er war, nahm der das persönlich und wurde
depressiv. Erst Jahre später zeigte ihm ein Freund bei Motorola die schlechten Nachrichten in seiner Akte. Ein Einzelgänger wie Ingerson mochte
unwissend gewesen sein, oder er mochte sich gar Mißbilligung eingehandelt
haben, als er als Referenz Frank Oppenheimer benannte. Selbst zu diesem
späten Zeitpunkt noch machte ihn der Ruf von Robert Oppenheimers Bruder
zu einem Aussätzigen. Frank Oppenheimer als Referenz zu haben, der einen
künftigen Mitarbeiter empfahl, war, als mache man eine ansteckende Krankheit bekannt.

Somit fand Ingerson sich ins Hinterland des südwestlichen New Mexico
verbannt. Das einzige Job-Angebot von der Western New Mexico University, der ehemaligen Territorial Normal School, die trotz ihres neuen Namens
in erster Linie nach wie vor eine Lehrerausbildungsstätte war, kam spät. Als
Ingerson seine Pflichten an der WNMU als einziges Mitglied der Physik-
«Abteilung» aufnahm, tröstete er sich mit einer Reihe von Gedanken, die
seine Situation erleichterten. Er war mit der rauhen Natur der Mesas und
Wüstenstriche aufgewachsen, und dies war ein Land, das er bereits kannte
und liebte. War er erst einmal mitten drin, konnte er sich bei guter Laune
halten. Er stellte eine lange Liste von Projekten und Plänen auf, deren
romantischste sich mit einer Goldmine in den Jefferson Davis Mountains in
West-Texas befaßten. Der Claim, eine spanische Mine des sechzehnten
Jahrhunderts, war über seinen Onkel Jim in Ingersons Besitz gekommen.
Dieser grauhaarige Goldsucher, ausgezeichnet mit einem akademischen
Grad im Garnspinnen, hatte seinem Neffen von sagenhaften Reichtümern
berichtet. Nicht weniger als neunzehn Tonnen Gold wären vermutlich vor
einem Überfall in Sicherheit gebracht und irgendwo unter seinem Berg
vergraben worden.

Ingersons anderer Onkel, Earl, ein Geologe der Universität Texas, nannte
diese Story dummes Zeug, aber der soeben mit akademischer Würde ausge-
stattete Doktor der Physik glaubte fest genug an sein goldenes Vermächtnis,
um es als «den Grund, weshalb ich in erster Linie nach Silver City zog» zu
beschreiben.

Ingerson ist der perfekte Physiker. Im Besitz einer volltönenden, ein wenig
nach Lehrer klingenden Stimme ist er in der Lage, über jede Materie und
Bewegung betreffende Frage ausführlich zu sprechen. Es gibt kein mecha-

nisches, elektrisches, rechnerisches oder kosmologisches Problem, auf das er nicht schon seine Fähigkeit zu Schlußfolgerungen gerichtet hätte. Die einfachste Untersuchung fesselt seine *gesamte* Aufmerksamkeit. Eine beiläufige Bemerkung zu den Unterschieden bei Farbfilmen, zum Beispiel, würde ihn anfeuern, eine Mini-Vorlesung über Spektroskopie und die Psychologie der Farbwahrnehmung zu halten. Im Verlauf einer solchen Diskussion, die, sagen wir zwölf Stunden lang, durch andere Fragen unterbrochen würde, würde Ingerson den Faden an exakt der Stelle wieder aufnehmen, an der er unterbrochen wurde. «So bin ich nun mal», würde er sagen. «Ich schließe einen Gedankengang gerne ab.»

Ingersons blaue Augen strahlen aus einem breiten Gesicht, das sich unversehens rötet, wenn es lustig wird. Doch weist ihn sein ganzes Auftreten, von der gewölbten Stirn bis zu seinem Schuhwerk, als einen Mann aus, der von Rationalismus geprägt ist. Sein gedrungener und kräftiger Körper sieht aus, als könne er nach klang-energetischen Prinzipien entworfen worden sein. Ingerson kleidet sich in Schichten lang- und kurzärmeliger Baumwollhemden, die jahreszeitlich angepaßt werden können, und kein gesellschaftlicher Anlaß verdient die geringfügigste Veränderung seines Aufzugs. Er geht mit Ruck- und Schlafsack auf Reisen und empfiehlt bei Platzmangel, alles Unwesentliche wie Zahnbürstenstiele und Zahnpasta daheim zu lassen.

«Ich bin Physiker», sagte er, «weil jede andere Methode, die Welt zu schauen, für mich zu schwierig ist. In der Physik abstrahieren wir die Dinge in einfache Systeme, und wenn die Welt nicht paßt, schneiden wir kurzerhand etwas von ihr ab und machen sie einfach genug für unsere Modelle. Dies ist wirklich sehr leicht getan, auch wenn die meisten Leute meinen, Physik sei schwer.»

An jenem Abend, da er und Doyne sich das erste Mal begegneten und vom Pfadfindertreffen gemeinsam den Heimweg antraten, sprachen sie über Ingersons Goldmine, und wie man mit so wenig wie siebzehn Millionen Dollar Erlös eine Rakete bauen und zum Mars fliegen könnte. «Tom war der Meinung, das Raumfahrtprogramm würde völlig falsch gemanagt», sagte Doyne. «Alte Puper wie Wernher von Braun bauten schlechte Raketen, aber er wußte, wie man das billiger und effizienter tun könnte.» Schon als Schüler hatte Ingerson mit Hilfe von Chemikalien, die er über Anzeigen aus den rückwärtigen Seiten von *Popular Science* beschaffte, Dutzende von Raketen gebaut und für Starts bis zu fünf Meilen hoch über die Wüste gezündet. Später im College hatte er im Sommer stets auf dem Raketenversuchsgelände von White Sands gearbeitet und größere Raketen getestet. «Man darf nicht vergessen», sagte Doyne, «daß Tom wußte, wovon er sprach.»

Doyne fand sich schon bald als Gründungsmitglied einer Sache wieder, die Ingersons wichtigster Zeitvertreib in Silver City werden sollte. Eines schönen Tages taufte er sein Domizil «Explorer Post 114» und erklärte es als eröffnet. In Ingersons, im Schatten einer Gruppe chinesischer Ulmen stehendem Zweifamilienhaus wimmelte es binnen kurzem von Jungen, die Radios flickten, Morsen übten, Geländeräder auseinandernahmen und die Maschine eines Dodge-Transporters frisierten. Dieses «Blue Bus» getaufte Fahrzeug würde den wanderlustigen Ingerson und seine erweiterte Familie viele tausend Meilen von Alaska bis zu den Anden tragen.

Ihr erster Trip führte sie nach Boulder, Colorado, wohin die Explorer Ingerson zur mündlichen Verteidigung seiner Dissertation begleiteten. Danach verbrachten sie, von Wanderlust gepackt, jede freie Minute mit Touren in die Gila Wildnis und die Wüste von Sonora. Zu Weihnachten reisten sie nach Mexiko, und im Lauf des Sommers unternahmen sie ausgedehntere Reisen nach Yucatán, Panama und Peru. Waren sie nicht unterwegs, verbrachten sie ihre Zeit in Silver City und beschafften Geld mit Versteigerungen, mit Taubenschießen, Autos waschen, Stock-Car-Rennen und einem jährlichen, als «Gold Rush Days» bekannten Jahrmarkt. Dort bildeten die Explorer eine Stadt voller Indianer, Prüfer, Sheriffs, Goldsucher und Halunken, die widerrechtlich fremde Claims in Besitz nahmen und nach geheimen Goldlagern suchten, nach. «Meine Persönlichkeit ist im wesentlichen eine synergetische», sagte Ingerson. «Von mir aus tue ich nicht sonderlich viel. Aber zusammen mit jemand anderem läuft's. Mein größtes Vergnügen besteht darin zu sehen, daß es andern gutgeht.»

Neben dem Reisen spezialisierte sich Explorer Post 114 auf Elektronik-Basteleien. Ingerson zog Jungen mit wissenschaftlichen Neigungen an oder regte dieses Interesse überhaupt erst an. «Mein Einfluß auf diese Jungen hat mich stets verwirrt», sagte er. «Ich habe niemals etwas unternommen, sie zu Physikern zu machen. Was sie wurden, war mir völlig egal. Ich genoß ihre Gesellschaft und dachte, ich könne ihnen helfen, bessere Erwachsene zu werden, als sie es sonst geworden wären.»

Die Truppe eignete sich auch andere charakteristische Eigenheiten ihres Anführers an, darunter eine Geringschätzung gesellschaftlicher Bestätigung. «Solange es den Explorer Post gab», sagte Doyne, «waren wir stolz darauf, daß kein einziger von uns Verdienstmedaillen erhielt oder bei den Pfadfindern rangmäßig aufstieg.» Als Johnny Reynolds äußerte, er dächte daran, das letzte erforderliche Abzeichen zu machen, mit dem er Pfadfinder auf Lebenszeit würde, wurde er mittels einer Kombination von physikalischen Argumenten wie Auskitzeln, Nierenschläge und anderen Formen von jugendlichem Sadomasochismus davon abgebracht.

Nachdem sich Doyne eine Honda 50 und Tom eine Yamaha 100 zugelegt hatten, kamen Motorräder als eine der wichtigen Aktivitäten des Post 114 hinzu. «In meinem Haus», erinnerte sich Ingerson, «verwahrlost wie es war, wurde alles noch viel schlimmer mit im ganzen Wohnzimmer verteilten Motorradmotoren, mit Kurbelgehäusen im Spülbecken und Schmierölbehältern, wohin man trat. Es war fürchterlich.» Und während sie in der Einfahrt mit trägem Metall hantierten, unterhielten Ingerson und die Boys sich stundenlang über Motorräder und das Leben. «Wir redeten», sagte Doyne, «über Physik, sexuelle Sitten, Geschichte, Politik, über alles.»

«Ich nehme alle Fragen ernst», sagte Ingerson, «auch wenn ich sagen muß, daß niemand die Antwort kennt. Diese Jungen, die nach der Anzahl der Sterne in unserer Galaxie oder nach dem Ursprung des Universums fragten, hatten Eltern und Lehrer, die keinen blassen Schimmer davon hatten, ob *irgend jemand* die Antwort wußte oder nicht.»

In seinem ersten Jahr in der High-School bezog Doyne ein nichtbenutztes Schlafzimmer in Ingersons Haus. Seine Familie, unterdessen um einen kleinen Bruder erweitert, verließ Silver City und ging nach Peru, wo sein Vater eine Stelle als Bergwerksingenieur gefunden hatte. Die Farmers zogen noch einmal um und vertauschten die peruanische Wüste gegen eine im Dschungel von Venezuela gelegene Eisenerzmine. Sie verbrachten die folgenden sieben Jahre in Südamerika. In den Ferien besuchte sie Doyne und arbeitete zuweilen als *obrero*. Während seiner beiden ersten Jahre in der High-School wohnte er hauptsächlich bei Tom.

«Unser Verhältnis zueinander habe ich niemals als eine Beziehung zwischen einem Erwachsenen und einem Kind betrachtet», sagte Ingerson. «Doyne war eigentlich stets mein bester Freund. Es war wie eine kleine WG. Ich kam mir meistens wie Doynes älterer Bruder vor. Irgendwelche Regeln habe ich niemals aufgestellt. So etwas wie väterliche Ratschläge gab es nicht. Mir kam er immer wie ein Erwachsener vor. Doyne war Doyne, und er tat, was er für das beste hielt.»

Er mochte durchaus der Aufgeweckteste in seiner Klasse sein, trotzdem hatte Doyne immer wieder Schwierigkeiten mit Lehrern, die sein offenkundiges Gelangweiltsein vom Schulbetrieb übelnahmen. «Um zweitklassige Noten zu bekommen, mußte man blöd sein. Drittklassige Noten waren für Schüler reserviert, die kein Englisch sprachen. Das hieß, daß jeder, der nicht vollkommen verblödet war und Englisch sprach, die besten Noten einheimste.» Doyne hatte andere Interessen, die ihm wichtiger waren als die Schule. Er spielte Bratsche und Gitarre und fing später auch noch mit Blues-Harfe an. Er legte die Prüfung für eine Amateurfunkerlizenz ab und arbeitete mit Tom an Wissenschaftsprojekten, darunter an dem erfolglosen Versuch, eine Faksimile-Maschine zur Funkübermittlung von Bildern zu konstruieren. Er schauspielerte bei Schüleraufführungen und erlangte den Ruf eines Draufgängers. Bei einem anläßlich eines Alles-was-Sie-essen-können-Abends im Holiday Inn durchgeführten Hähnchenverzehr-Wettbewerb gewann er ohne weiteres, indem er zweiunddreißig gebratene Hähnchenteile verdrückte. «Und ich bin mir ziemlich sicher, daß wir uns hinterher auf die Suche nach einem Nachtisch machten.»

Als schlaksiger, in die Höhe geschossener Bengel hatte Doyne einen unersättlichen Appetit auf Abenteuer, Bücher und Freunde – auf alles, womit sein Geist in Berührung kommen und was er absorbieren konnte. Auch hatte er eine Art, das, was ihn begeisterte, zur allgemeinen Mode zu machen. «Wir blickten auf zu Doyne und seinem Kreis», äußerte eine frühere Mitschülerin. «Während sie auf Abenteuer in Alaska und Südamerika unterwegs waren, gab es für uns Mädchen hier nichts Vergleichbares zu tun. Ohne es zu wissen, brach Doyne eine Menge Herzen in Silver City.»

An Mittwochabenden traf Explorer Post 114 zu einer Runde Räuber und Gendarm und zu regelmäßigen Vorträgen über ein alle interessierendes Thema zusammen. Eines Abends wurde die Ansprache von einem Zwölfjährigen namens Norman Packard gehalten. Er diskutierte Kristallempfänger, ihre Bauform und Konstruktion, und sprach dabei mit einer kaum hörbaren, piepsigen Stimme. Im Besitz eines übergroßen, auf spindeldürrem Körper sitzenden Kopfes war Norman derjenige, den man fragen mußte, wollte man irgend etwas über Radios im besonderen oder Elektronik im allgemeinen erfahren.

Zwar fehlten ihm zwei Jahre, um offiziell Explorer zu werden, trotzdem wurde er aufgenommen. Dies war Doynes erste bewußte Begegnung und der Beginn einer dauerhaften Freundschaft mit seinem jüngeren Protégé. Der Akzent liegt auf *bewußt*, weil in Silver City sowieso jeder jeden kennt. «Wenn ich Bilder aus meiner Jugend betrachte, habe ich das Gefühl», sagte Norman, «daß mein Kopf schon immer zu groß war für meinen Körper. Er betonte die zerebrale Qualität, die von vornherein ein gesellschaftliches Stigma bedeutete.» Norman erinnerte sich, daß er auf seinem Weg über die 1,80 m-Marke die Schwierigkeit hatte, «ein wenig zu wachsen und dann herausfinden zu müssen, wo meine Hand war. Mein Vater nannte mich Faulpelz, einfach nur, um mich daran zu erinnern, daß ich nicht alle Tassen im Schrank habe.»

Norman Harry Packard wurde als erstes von sechs Kindern 1954 in Billings, Montana, geboren, wo sein Vater die Sears-Roebuck-Niederlassung leitete, «obwohl er nicht recht ins Geschäftsleben paßte», sagte Norman.

Mr. Packard wurde mit dem Versprechen einer neuen Karriere nach Silver City gelockt, wo seine Schwiegereltern eine Reihe von Billigläden zu einem größeren Unternehmen ausgebaut hatten. «Mein Großvater war in jenen Jahren Eigentümer der Hälfte aller von Unterschichten und Mittelklasse bewohnten Häuser in Silver City. Mein Vater sollte ins Hausbesitzergeschäft einsteigen, indem er die Wohnungen verwaltete, aber das war nicht seine Sache.»

Normans Eltern fingen ein weiteres Mal von vorne an. Sie beschlossen, erneut die Schulbank zu drücken, machten ihr Lehrerexamen und zogen mit der ganzen Familie nach Süden, nach Hachita, einer nahe der mexikanischen Grenze gelegenen Stadt von zweiundsiebzigtausend Einwohnern, alle acht Packards eingeschlossen. Über ein weitflächiges, zwischen Hatchet und Cedar Mountains gezwängtes Wüstenplateau verteilt, war dies ein Gebiet für Viehwirtschaft. «Es war einigermaßen isoliert», sagte Norman, «auch wenn es toll war, von so viel Raum umgeben zu sein. Unser Vorgarten bestand aus einer Bergkette mit mehr unbebauten Meilen Land, als man je hätte zu Fuß bezwingen können.»

In jenen Tagen, da Norman seine erste Vorlesung im Explorer Post abhielt, war seine Familie zurück nach Silver City gezogen, wo seine Mutter die Unterstufe unterrichtete und sein Vater Mathematik in der Mittelschule gab. Die Packards bewohnten ein Backsteingebäude an der Ecke Bayard und Broadway, der alten Hauptgeschäftsstraße der Stadt. Ihnen gehörte das größte private Wohnhaus in Silver City, obwohl seine dreiundzwanzig Zimmer beträchtliche Verwüstungen erlitten hatten, unter anderem die Unterteilung in zahlreiche Apartments. Die wachsende Familie beanspruchte die meisten für sich, auch wenn ihre Politik des Laisser-faire verschiedene Mieter wohnen ließ, bis sie das Zeitliche segneten oder fortzogen. In einem Haus, das so groß war, daß man seine Zimmer numerierte, wurden von einer oder zwei Personen mehr, die sich die Eingangstreppe hinauf- oder hinabschlängelten, kaum Notiz genommen. Doyne wohnte während seines letzten Schuljahres selber dort.

Dem Haus der Packards direkt gegenüber lag die Post, bis man sie vor wenigen Jahren an einen günstigeren Ort verlegte. Fußgängerverkehr gab es jedoch noch genug, und Norman nutzte die gute Lage, um hier zwei seiner drei erfolgreichen Unternehmen zu starten. Auf einer verglasten, auf den Broadway gehenden Veranda führte er die größte Zierfischhandlung von Grant County. Die Öffnungszeiten des «Silver Aquariums» waren mit «Nach der Schule» angegeben; zur gleichen Zeit reparierte Norman auch Fernseher. Noch als Schüler der siebten Klasse hatte er den Fernsehhändler Colby überzeugt, ihn als Mechaniker einzustellen. Offiziell sollte er dem Mann behilflich sein, den Laden zu betreuen, aber genaugenommen war es Norman, der die Geräte reparierte. Als Mr. Colby sich nach anderthalb Jahren weigerte, sein Gehalt auf mehr als einen Dollar fünfzig in der Stunde zu erhöhen, wandelte Norman sein Zimmer in eine Elektronikwerkstatt um, komplett mit Mehrfachstromanschlüssen und einer Werkbank voller ausgeschlachteter Fernsehgeräte.

Zusätzlich begab er sich noch jeden Morgen zur Papiermühle, wo James Wetsel und die anderen hartgesottenen Burschen gegen eine eher nüchterne Mannschaft ausgewechselt worden waren. Norman bewertet den Erfolg seiner frühen kaufmännischen Unternehmungen so: «Ich war ein elender Zeitungsjunge – das heißt, elend in bezug aufs Geldverdienen. Zum ersten Mal machte ich Erfahrungen mit einem monetären System, das theoretisch gut aussah, sich in Wirklichkeit aber als trostlos herausstellte. Vierzig Dollar die Woche waren abgemacht, aber ich kam niemals auch nur in die Nähe dieses Betrages. Die tropischen Fische machten mir Spaß, und wahrscheinlich verkaufte ich auch so viel Kies und Fischfutter, daß ich mit meinen persönlichen Ausgaben gerade so hinkam. Das TV-Business war lukrativer und, abgesehen von gelegentlichen Fehlern, die sich einfach nicht aufspüren ließen, auch ziemlich einfach.»

Zu Tom Ingerson hatte Norman Kontakt geschlossen, indem er ihn zu einem Radio befragte, das er baute. Aber schon lange, bevor er Tom kennenlernte, wußte Norman, daß Physik seine Sache war. «Seit der zweiten Klasse stand fest, daß ich Wissenschaftler werden würde. Dem galt mein brennendes Interesse. Ich kann mich erinnern, wie mich in der vierten Klasse eine junge Lehrerin nach der Stunde zu sich rief und fragte, was ich mal werden wollte, und ich sagte, ohne einen Augenblick zu zögern: ‹Atomwissenschaftler›. Ich war bereits auf dem Weg zum Physiker, bevor ich Tom kennenlernte, aber es war hilfreich, ihn um sich zu haben, um diese Seite meiner Existenz zu kultivieren. Aus der Perspektive eines Teenagers gesehen, wußte Tom alles über Physik, was es zu wissen gab.»

Ingerson hielt es vier Jahre in Silver City aus. Sein hauptsächliches Motiv, so lange zu bleiben, war, nach eigener Aussage, sich um seine Explorer zu kümmern. Danach ging er an die University of Idaho, wo es in einem richtigen Physikinstitut sogar Kollegen gab. Aber er ließ in Silver City den Keim einer Idee zurück, die schon bald auf unerwartete Art und Weise zur Blüte kommen sollte.

Ingerson ist ein komplexer Bursche. Er spricht mit einer derartigen Transparenz über sich selbst, daß man gar nicht daran denkt, daß er von Widersprüchen redet. «Als Physiker bin ich Yin-Yang», sagte er. «Ich verfüge über das praktische Wissen, Dinge zu tun. Wissen über Computer, Elektronik, Teleskopie, Mechanik. Ich kann Sachen bauen und sie veranlassen, das zu tun, was ich von ihnen erwarte. Aber andererseits bin ich im Grunde genommen ein Theoretiker, der gerne mit Ideen spielt, allerdings nicht auf Kosten anderer Dinge im Leben. Ideen allein öden mich an. Hätte ich zu wählen zwischen Ideen und Leuten, könnte ich auf die theoretische Physik verzichten.»

Ingerson ist fast eine Karikatur eines rationalen menschlichen Wesens. Er spricht in einem fort von Berechnungen, Variablen und Theorien. Er quantifiziert seine Emotionen und die dem allgemeinen Stand der Dinge zugeordneten Wahrscheinlichkeiten. In einem an Doyne gerichteten Brief, mehrere Jahre, nachdem er Silver City den Rücken gekehrt hatte, spekulierte Ingerson über seine Goldmine in West-Texas: «Ich glaube nicht, daß es in diesem Loch Gold im Wert von 10^8 Dollar gibt. 5×10^6 Dollar wäre ich bereit zu glauben. Mit Glück und bei guter Organisation könnten wir in der Lage sein, den verschiedenen Regierungen ein Fünftel des Betrages abzuluchsen. Folglich könnte man damit rechnen, daß die Chance besteht, eine Million Dollar da herauszuziehen.» Ein weniger rigoroser Geist hätte eine Million Dollar *geschätzt*. Ingerson *leitete es ab*.

Auch wenn er sich mit vollem Eifer auf seine Physikstudien stürzte, ließ er ein gesundes Maß an Mißtrauen gegenüber dieser Profession mit einfließen. Ingersons eigene Neigungen zum rebellischen Einzelgängertum, gepaart mit der schlechten Behandlung seitens der akademischen Mandarine, verliehen ihm eine intellektuelle wie auch physische Rastlosigkeit, die ihn von Idee zu Idee, von Ort zu Ort auf Trab hielt. Viele tausend Meilen legte er im Blue Bus zurück und zog dann weiter in die Ferne hinaus nach Europa und Rußland. Für ein Studienjahr lang machte er sich über Land auf die Socken nach Chile und schlug sich von dort aus nach Neuseeland durch, nach Thailand, Nepal und weiter rund um die Welt herum.

Noch während Ingerson sich auf dem Weg zu professoraler Würde nach oben arbeitete, begannen Zeitungen und Zeitschriften ihn als Experten planetarischer Syzygien und anderer astronomischer Phänomene zu zitieren. Bei seinen Kollegen machte er sich als der Techniker unentbehrlich, der von Raketen bis zu Sonnenkollektoren alles bauen konnte, was sie benötigten. Auf der Ebene des Umgangs mit technischen Ideen und Maschinen gibt es wenige Leute, die sich im zwanzigsten Jahrhundert heimischer fühlen als Ingerson.

Bei allen seinen Überlegungen, wie er sich den Lehrverpflichtungen entziehen und auf eigene Faust weitermachen könnte, stieß er immer wieder auf das Hauptproblem der finanziellen Unabhängigkeit. «Geld ist der Schlüssel zur Freiheit», sagte er zu Doyne und Norman. «Es gibt zwei Wege, es zu erlangen: Kapitalismus und Diebstahl.» Das Risiko, bei einem Diebstahl erwischt zu werden, war zu groß. Also blieb der Kapitalismus. Ingerson stellte sich vor, eine Gesellschaft zu gründen, eine Art Kapitalisten-Retorte, in der er und seine Freunde Ideen zu Gold umwandeln würden. Man würde Erfindungen, Konzepte und neue Produktionsmethoden gewinnbringend ausnutzen – Ideen dazu besaß Ingerson im Überfluß.

Nachdem er mögliche Geldquellen, Finanzaufsicht, Firmengesetzgebung, Steuer- und Patentrecht untersucht hatte, stellte er eine Liste von Ideen zusammen, die von seiner Gesellschaft wirtschaftlich genutzt werden sollten. Zunächst gab es die Familiengoldmine. Danach kamen, in keiner bestimmten Reihenfolge, Raketen zum Mars, digitale High-Fidelity-Verstärker, via Radiowellen übertragene Slow-Scan-Television, Computer-Software zum Programmieren von Isaac Asimovs «Positronisches Gehirn», Desktop-Laser-Bibliotheken, unterirdisch gebaute «systemunabhängige» Häuser, computerisierte Mikrokarten, Luftschiffe und mit Helium gefüllte Würfel, die in der Luft schweben sollten. «Ich habe ein ganzes Notizbuch voll verdammt guter Ideen», schrieb er Doyne aus Chile. «Darunter ein paar äußerst einträgliche.»

Ingerson und seine jungen Freunde diskutierten viele Stunden lang, wie sie ihre Erfindungen zu Geld machen könnten. Wenn sie eine Gesellschaft gründeten, wie würden sie die Arbeitsteilung handhaben? Welche Organisationsform würde sowohl demokratisch als auch effizient funktionieren? Ingerson schwebte vor, dies Unternehmen würde um eine Gemeinschaft herum aufgebaut werden, ein anti-entropisches, «dem kernspaltenden Druck der Gesellschaft» widerstehendes Zentrum. «Ich glaube, daß der Mensch eine Stammenseinheit ist», sagte er. «Innerhalb von Familien leisten wir Besseres als in Großstädten.» Seine Gesellschaft gedachte er weitab an einem autarken Ort zu gründen, sie sollte aber immer dem Technologiefluß und den Ideen zugänglich bleiben, die Ingerson als «Supertechnokrat» für diesen gefahrvollen Abschnitt in unserer Existenz als notwendig zum Überleben erachtete.

Mitte der siebziger Jahre schrieb er in einem Brief an Doyne: «Unheilspropheten hatte es schon früher zu allen Zeiten und Orten gegeben. Ich sollte nicht zu pessimistisch sein, aber ich bin gewiß nicht sonderlich optimistisch, was die Zukunft unserer Zivilisation angeht. Allmählich hege ich den Verdacht, daß man in Zukunft die sechziger Jahre als den Punkt betrachten könnte, an dem die Welt den Höhepunkt überschritt. Diese Zivilisation haben wir geleitet, indem wir annahmen, über unendliche Reserven an billiger Energie, billigen Rohmaterialien und Platz genug für immer mehr Menschen auf dem Planeten zu verfügen. Alle diese Annahmen sind augenblicklich eindeutigen Spannungen ausgesetzt. Dies in sich ist nicht weiter schlimm, denn ich glaube, daß die Technik über Mittel verfügt, Dinge in Ordnung zu bringen. Aber, ich glaube nicht, daß die politische Entwicklung in irgendeinem Land der Welt in der Lage ist, die Technologie zum Vorteil der Menschen zu nutzen.»

Er schrieb weiter: «In wenigen Jahren wird die Welt um uns herum zusammenbrechen, und wenn sie es tut, wäre ich gern in der Lage, in mir selbst zu spüren, daß ich wenigstens *versucht* habe, den Untergang aufzuhalten, selbst wenn ich versage, was ich sicherlich werde.»

Ingerson begriff, daß er seinen Freunden, wenn schon nichts anderes, so doch eine Herausforderung bieten konnte. Was würden *sie* angesichts dieser Widersprüche tun? «Ich realisiere in zunehmendem Maße, was es heißt, ein Träumer zu sein. Wir denken gerne über Dinge nach, träumen, haben unsere eigenen Vorstellungen. Wenn es aber hart auf hart geht, macht die wirkliche Anstrengung, etwas Größeres zu tun, zu viel Mühe, weil an allem, was sich anzupacken lohnt, so viel Scheiße hängt, daß es keinen Spaß mehr macht. Ein kleiner Junge denkt sich die tollsten Projekte aus und schert sich nicht groß darum, wenn er nichts zustande kriegt. Einem Erwachsenen geht das wegen des praktischen Problems, seinen Unterhalt verdienen zu müssen, irgendwann verloren, was wirklich ein Verbrechen ist. So wird er schließlich alle seine Träume aufgeben und ein alter Philister werden. Was das angeht, habe ich ein Riesenglück gehabt», schloß Ingerson, «denn ich bin an einen Job geraten, der mir erlaubt, mich ziemlich so wie ein kleiner Junge zu bewegen, denn die Universität zahlt mir genug, daß ich es mir leisten kann, einfach drauflos zu wurschteln. Das Ergebnis ist, daß ich Jungs um mich schare, die wie ich kleine Jungen bleiben möchten, aber bislang hat keiner überlegt wie.»

Als Ingerson nach Idaho ging, unternahm der Explorer Post 114 weniger Reisen und verlegte sich mehr auf Motorräder. Aber es war für alle an der Zeit, sich Gedanken über die Zukunft zu machen. Die University of Idaho liegt auf der westlichen Staatsgrenze zu Washington und beherrscht die Stadt Moscow, einen Außenposten in den Clearwater Mountains auf halbem Wege zwischen Spokane und Walla Walla. Ingerson hatte, nach einer Fahrt an der Teton Range vorbei und über die Bitterroot Range hinweg zum Oberlauf des Snake River, Moscow erreicht, indem er den Blue Bus zwölfhundert Meilen die kontinentale Wasserscheide entlang nach Norden gesteuert hatte. Doyne hielt das für eine gute Fährte, der man folgen konnte.

Als High-School-Oberkläßler war er früh zur University of Idaho zugelassen worden, obwohl seine Mutter, die meinte, ein wenig «Schliff» könne ihm nicht schaden, ihn überzeugte, statt dessen eine katholische Internatsschule in Tulsa, Oklahoma, zu besuchen. Doyne hielt es vier Tage in Tulsa aus, bevor er nach Moscow flog, wo er bei Tom eine Dachkammer bezog und sein Studium am College aufnahm.

Aber seine Mutter hatte recht. Doyne besaß keinen Schliff. Er pflegte in der Öffentlichkeit laut zu furzen und verschlang bei Tisch unmäßige Mengen. Einmal verkonsumierte er bei einer Einladung zwölf Schweinskoteletts und eine Schüssel mit für den Hund vorgesehenen Speiseresten. Was er anstelle von guten Manieren besaß, war ein extrem weiter Horizont. Er konnte sich für eine Idee begeistern und sie mit messianischem Eifer verfolgen. Wie ein Freund es beschrieb, war der Motor dieser rastlosen Energie «die Angst vor Langeweile, die Angst, nicht nach allem zu greifen, was das Leben bereithält, es zu berühren und auszuprobieren, eine panische Angst, an der Oberfläche zu verharren und Jahre oder Jahrzehnte später zu erwachen und verpaßte Gelegenheiten bedauern zu müssen».

In Idaho studierte Doyne erstmals Physik nach allen Regeln der Kunst. Es ergab sich, daß sein Kurs in jenem Jahr von Ingerson abgehalten wurde. Gleichzeitig war er Schüler der Oberklasse in der örtlichen High-School; Doyne fand das «ein schizophrenes Leben. Ich ließ mein Haar wachsen, rauchte Marihuana und traf mich mit Mädchen sowohl von der High-School als auch vom College. Was die Mädchen angeht, war das ein großartiges Jahr. Es waren die klassischen Geschichten: Man ging ins Kino oder tanzen und hinterher in den Blue Bus. Ich aber beging den Fehler und verliebte mich in ein Mormonen-Mädchen, und es bedurfte stundenlanger Bemühungen, auch nur einen Kuß zu ergattern.»

Der Bus, ein Dodge Sportsman mit frisiertem 6-Zylinder-Motor, der sich zum zweiten Mal dem Anschlag des Kilometerzählers näherte, war grundlegend umgebaut worden, so daß er zu diesem Zeitpunkt seines Lebens wie eine Kreuzung zwischen einem Künstleratelier und einem Mülltransporter aussah. Das Dach war zu einem zweiten Stock ausgebaut, eine Küche war hinten angebaut worden. Das Innere war mit Kojen, Teppichboden und Vorratsfächern ausgestattet worden. Acht Personen konnten problemlos darin schlafen, was einmal zwei Monate lang funktionierte; alle Rekorde wurden jedoch gebrochen, als einmal nicht weniger als siebenunddreißig Pfadfinder hineingepfercht worden waren.

Man schrieb das Jahr 1969, es gab Demonstrationen im ganzen Land, so daß sogar ein so weit abgelegenes Nest wie Moscow, Idaho, sich gegen den Vietnam-Krieg stellte. Es wurde ein Bombenanschlag auf das Trainingszentrum für Reserveoffiziere verübt. «Ich wußte, das war unbedeutend», sagte Doyne. «Jedenfalls verspürte ich nach einem Jahr Idaho den Drang, mich von dort abzusetzen und die Welt zu erleben, dorthin zu gehen, wo sich *wirklich* was bewegte. Ich wollte degenerierte, Drogen konsumierende Hippies und Intellektuelle kennenlernen. Auch wurde mir klar, daß ich von Tom weg mußte, eigene Wege gehen und meine eigene Identität entwickeln.» Für Doyne war Ingerson Vater, Bruder, Lehrer und Freund gewesen. Man kann sich also vorstellen, was für emotionale Tiefenströmungen es gab.

In jenem Sommer kaufte Doyne eine 250er Ducati und frisierte die Maschine. Er verwendete ein Paar Bergstiefel als «chinesische Fußbremse» und donnerte in zehn Tagen von Idaho nach Los Angeles, wo er ein Flugzeug nach Venezuela nahm. Den Sommer über arbeitete er in der Eisenerzmine seines Vaters und kehrte im Herbst zurück, um als College-Student, als Nichtgraduierter sein Studium in Stanford aufzunehmen.

Die Bucht von San Francisco war 1970 zweifellos die beste Gegend, um Hippies und Intellektuelle zu treffen, die Drogen konsumierten. «Ich verbrachte mein erstes Jahr dort mit Pot-Rauchen, lernte jede Menge Leute kennen, lief den Weibern nach, war Existentialist, frustriert, deprimiert, durchlief eine schwere Identitätskrise und ließ mein Haar wachsen.» Eine weitere Ablenkung war seine Blues-Harfe, die er in einer lokalen Rock-Band spielte.

«Das erste Jahr in Stanford versaute ich mir so gründlich, daß man mir eine Bewährungsfrist setzte, und ich erwog auszusteigen. Dan Browne, ein Freund von mir, und ich dachten daran, nach San Francisco zu gehen und einen Milkshake-Stand zu eröffnen oder mit Häuserstreichen Geld zu verdienen. Danach kam uns die Idee, Motorräder zu schmuggeln.»

Bei seiner Ankunft in Stanford war Doyne ins Jordan House gezogen, das alte Gebäude der Delta-Delta-Delta-Schwesternschaft, das die Universität an «einen Haufen aufsteigender Hippies vermietet hatte. Wir waren fünfunddreißig und lebten in einer Art Wohngemeinschaft. Man konnte es durchaus eine Kommune nennen. Wir kochten unser eigenes Essen und sorgten uns um unsere eigenen Geschäfte.» Als es während der Sommerferien geschlossen wurde, zog die gesamte Mannschaft ins benachbarte Ecology House. Um die Miete zu sparen, kampierten Doyne und Dan Browne auf dem rückwärtigen Parkplatz und leiteten die erste Phase des Motorradschmuggels ein: das Aufmotzen einer BSA 250. Noch im selben Sommer fuhr Doyne die Maschine nach Guadalajara, wo sie den Geist aufgab und gegen eine reparaturbedürftige Vincent Black Shadow eingetauscht wurde, die in Kisten verpackt und an Norman nach Juàrez verschifft wurde. Soviel zum Motorradschmuggel.

Kurz vor seinem Trip nach Mexiko, als Doyne gerade damit beschäftigt war, das Kupplungsgetriebe der BSA umzubauen, wurde er von jemandem angesprochen, der sich als frühere Bewohnerin des Jordan House vorstellte, die, nachdem sie das Studium für ein Jahr unterbrochen und in New York City gearbeitet hatte, nach Stanford zurückgekehrt war. Der Name Letty Belin war ihm bereits bekannt. Das erste Mal hatte er ihn beim Aufräumen eines Schranks gesehen, als er eine umfangreiche Hausarbeit im Fach Computer-Programmieren entdeckte. Die Hausarbeit stammte von Letty. Sie war durchweg mit Einsen zensiert. Darüber hinaus hatte Doyne andere Sachen von diesem gescheiten blondhaarigen Mädchen gehört, und auch sie wußte einiges über diesen wilden Typen, der auf dem Parkplatz kampierte. «Es war eine dieser Situationen», berichtete Letty von dieser ersten Begegnung, «wo von Anfang an alles stimmte. Der ganze Sommer ist mir ziemlich verschwommen in Erinnerung.» Ein aufstrebender Motorradschmuggler und eine Aristokratentochter aus Boston, die sich auf dem Parkplatz des Ecology House ineinander verliebten ... das waren ungewöhnliche Zeiten.

Letty sah eher wie Doyne aus, wie jemand, der im goldenen Westen geboren wurde. Hochgewachsen, mit einer knabenhaften Figur und glattem blondem Haar, das ein Gesicht von klassischen Proportionen und einen sinnlichen Mund einrahmte, bewegte sie sich mit Charme und Anmut durchs Leben. Die Einsen auf ihrer Computer-Hausarbeit waren lediglich ein Glied in einer langen Kette von Fertigkeiten, die von Rodeo-Preisen in Sommerlagern bis hin zur Mitgliedschaft bei Phi Beta Kappa, einer studentischen Vereinigung wissenschaftlich hervorragender Akademiker, reichten. Hatte schon ihr neuer Freund keine Umgangsformen, so besaß sie überreichlich davon.

In Blue jeans, Baumwollhemd und Turnschuhe gekleidet, brachte Letty es fertig, stets hübsch, wenn auch ein wenig zerfranst auszusehen, wie ein einst kurzgehaltener Rasen, der zu seinem Urzustand zurückgekehrt ist. 1951 als jüngstes von fünf Kindern geboren und ein Qualitätserzeugnis der Shady Hill School in Cambridge und St. Timothy's bei Baltimore, versuchte die aus einer Familie von Anwälten, Lehrern und Staatsdienern in den Gefilden der höheren Politik stammende Alletta d'Andelot Belin von dem loszukommen, was sie ihre «Oststaatlichkeit» nannte.

Letty und Doyne gaben zusammen ein eindrucksvolles Paar ab. Sie lebten ein bewußtes Leben und kümmerten sich um die Gemeinschaft und Politik. Sie waren gewillt, alte, auf Klassenunterschiede und Vorurteile zielende Werte wie auch die alten Modelle der Geschlechtertrennung über Bord zu werfen. Auf der Suche nach neuen Formen gesellschaftlichen Zusammenlebens stand alles zur Debatte, konnte alles neu durchdacht werden. Sie warteten nur auf eine gute Gelegenheit, etwas Mutiges und Pfiffiges auf die Beine zu stellen.

Also zog Doyne, anstatt auszusteigen, mit Letty zurück ins Jordan House

und verbrachte das vorletzte Jahr vor der Graduierung und das letzte Jahr in
Stanford damit, «die Dinge ernst zu nehmen. Ich war im Begriff, der Physik
ein Trimester harter Arbeit zu widmen, um zu sehen, wie gut ich war.
Entweder Bestnoten in allen Fächern oder Aufgabe war mein Motto.» Diese
späte Entscheidung zur Physik als Hauptfach bedeutete für Doyne, daß er
jedes Trimester fünf der erforderlichen Wissenschaftskurse belegen mußte.
Er war der hartnäckigste Student auf dem Campus. Und indem er sich durch
Quantenmechanik und Statistik quälte, fand er die anderen «unglaublich
konkurrenzbewußt. Niemand sprach mit einem über Hausaufgaben und kein
Mensch stellte im Unterricht Fragen. Das galt als nicht cool. Wieder einmal
kam ich mir schizophren vor. Ich lebte zwar in einer Kommune, aber in der
Uni befand ich mich inmitten von gelehrten Strebern. Abends hing ich mit
Künstlern herum und tagsüber mit Beschränkten.»
1973, am Tage seines Diploms in Stanford, trug er ein Gorilla-Kostüm. Dies
sollte eine ironische Anspielung auf das Wort Vietkong darstellen, aber der
San Francisco Chronicle begriff das Wesentliche nicht. Man brachte sein
Bild als Beispiel studentischer Leichtfertigkeit auf der ersten Seite. «Ich bin
ein Yippie», sagte er später einmal zu mir. «Meine globale Strategie besteht
darin, alles ins Lächerliche zu ziehen. Ich glaube, es ist unmöglich, innerhalb
des Systems zu arbeiten und gleichzeitig eine reine Weste zu behalten.»
Doyne hatte gut genug abgeschnitten, um zu mehreren Instituten Zutritt zu
erlangen. Aber eine Runde auf dem Motorrad über den Campus der University of California (UC) in Santa Cruz überzeugte ihn, fünfzig Meilen weiter
nach Süden an die Gestade der Bucht von Monterey zu ziehen. «Ich plante,
Astrophysiker zu werden, obwohl ich immer noch meine Zweifel hatte, als
ich im Institut anfing. Wollte ich Physiker werden oder nicht? Ich war mir
in keiner Weise sicher, ob das die richtige Sache für mich war.» Wieder
einmal stand ihm eine Tretmühle bevor, diesmal mit den Fächern Differen-
tialgeometrie, Allgemeine Relativitätstheorie und andere, die Bewegung
inter- und extragalaktischer Körper betreffende Themen.
«Ich bin ein Mensch, der vierundzwanzig Stunden lang ein Problem behandeln kann, bis schließlich der richtige Schalter in meinem Gehirn umgelegt
wird und ich die Lösung habe. Manchmal finde ich sie auch im Traum. Aber
ich gerate in totale Panik, wenn mir einer ein Stück Papier vor die Nase
schiebt und mir eine Stunde gibt, um die Lösung niederzuschreiben.» Die
erste Hürde zur Erlangung der Doktorwürde in Physik bestand in einer
Batterie von Examina, die an einem Tag bewältigt werden mußten. Doyne
verbrachte ein Jahr mit den Vorbereitungen zu diesen Pseudotests und lernte
sie auch zu bestehen. Gegen Ende seines zweiten Jahrs in Santa Cruz war
er der einzige aus einer Gruppe von sechs, der alle Prüfungen meisterte.

«An diesem Punkt fühlte ich mich wirklich obenauf; mit Physik war alles
klar, mit mir war alles klar. George Blumenthal nahm mich als Schüler an,
und der Weg, wie er Astrophysiker zu werden, war vorgezeichnet, als ich im
selben Sommer aufbrach, um einen Job bei den Forstbehörden von Libby,
Montana, anzutreten. Es stellte sich heraus, daß dies der Start zu einem
unsteten, einem dem Spiel geweihten Leben war.»

Unterdessen war Norman Packard von Silver City aus in die große Welt
gestartet. Stipendien von Cal Tech (California Institute of Technology) und
Stanford hatte er ausgeschlagen und wählte statt dessen das Reed College
in Portland, Oregon. «Ich war fasziniert», sagte er, «von dem Gedanken, ein
Mann wie ein Renaissancemensch zu werden.» Doch einen Piano spielenden
Physiker und Interpreten gregorianischer Gesänge schien die kleinere Wis-
senschaftsgemeinde von Reed lieber willkommen zu heißen. Als bereits
vollendeter Musiker fand Norman in Bachs Goldberg-Variationen das perfekte Gegenmittel zu gelegentlichen Anfällen von Depression. Während
eines Studiums fernöstlicher Philosophie nahm er sich vor, ein Zen-Selbst
ohne Ego zu entwickeln.
Im letzten Sommer vor Reed war Norman nach einem Stones-Konzert in
Albuquerque auf dem Weg zurück nach Silver City von der Straße abge-
kommen und hatte einen beinahe tödlichen Unfall erlitten. Sechs Wochen
später verließ er das Krankenhaus mit einem ins Bein eingepflanztem Stück
Metall und dem ausgemergelten Gesicht eines Wunderkindes, das Amok
gelaufen war. Er wog keine siebzig Kilo mehr und humpelte immer noch
mit einem Gehstock herum, als er zu seinem ersten College-Jahr erschien.
«Wie ich so übers Campus-Gelände hinkte, löste ich sofort zahllose Gerüch-
te darüber aus, wer ich war. Das erste Jahr Physik hatte ich ausgelassen, und
überall sprach man davon, ich sei ein Genie. Einem schmächtigen Krüppel
wird es nicht gerade leichtgemacht, in einem College Fuß zu fassen, aber
Reed hat eine hohe Toleranzgrenze für Eigenbrötler im allgemeinen. Somit
war ich nicht allzu fehl am Platz.»
Am Ende seines dritten Jahrs in Reed lichtete Norman – wie Doyne in der
Erwartung, sein Glück in den Kartenspielzimmern des Westens zu machen
– die Anker für einen Sommer unsteten Gammelns, um sein Glück auf die
Probe zu stellen.

Ein Leben ohne Ziel, ein Leben mit dem Spiel

Auf keinen Fall bringt es einer fertig, beim Roulette zu gewinnen,
es sei denn, er stiehlt Geld vom Tisch, wenn der Croupier nicht hinsieht.

Albert Einstein

Im August 1975 machte sich Doyne Farmer im Oxford-Kartenspielzimmer in Missoula, Montana, mit der Welt des Glücksspiels bekannt. Nominell arbeitete er in jenem Sommer als Gebäudeinspizient für die U.S. Forstbehörde – eine Aufgabe, für die er weder Sachkenntnis hatte noch eine Veranlassung, sich diese zu eigen zu machen. In Wirklichkeit studierte er A.H. Moreheads Buch *Complete Guide to Winning Poker*. Nachdem er es von Buchdeckel zu Buchdeckel auswendig gelernt hatte, tauchte er aus seinem Biwak am Lake Koocanusa als vollendeter Poker-Hai auf. Als einer, der das Spiel niemals gespielt hatte, bestand sein Problem darin, daß seine Fertigkeiten im Umgang mit den mechanischen Gegebenheiten nur schwach ausgebildet waren. Er hatte Mühe, die Karten zu halten oder zu mischen, und teilte sie in der falschen Richtung aus. Aber in fünf Spielnächten im «Oxford» gewann er mehr beim Poker, als er im gesamten Sommer im Dienst der Forstbehörde verdiente.

Auf seiner Tour durch die Kartenspielzimmer von Montana saß neben Doyne stets sein Freund Dan Browne, ehemaliger Motorradschmuggler und Idaho-Moskowit, der ihm den Morehead ursprünglich ausgeliehen und ihn überzeugt hatte, daß mit Gammeln und Glücksspiel Geld zu machen war. Dan ist der geborene Spielzimmer-Schwätzer. Man gewähre ihm Stille, und er wird sie füllen. Als guter Klarinette- und Schachspieler finanzierte er sein Physikstudium an der University of Idaho, indem er an Wochenenden zwischen Spokane und Moscow hin- und herpendelte, um Poker zu spielen; stets darauf bedacht, rechtzeitig abzuräumen, damit er montags um elf pünktlich zu seinen Kursen erschien.

Bevor sie den Fuß ins «Oxford» setzten, einigten sich Browne und sein junger Protégé auf eine Strategie. «Du kannst niemandem erzählen, daß du Physikstudent bist», sagte Browne. «Dann spielt einfach keiner mit dir.» Mit Jacke und Wollmütze bekleidet, nahm er sein Pseudonym aus Kindheitstagen wieder an, George «Bug» Browne, kurz Bug. Mit Strohhut, Hosenträgern und der näselnden Redeweise des Südwestens perfekt getarnt, taufte

Doyne sich um in «Clem». So spazierten sie ins «Oxford» und nahmen zu beiden Seiten einer Frau mit tief ausgeschnittenem Kleid Platz. Als Browne ihr sagte, sein Name sei Bug, kicherte sie schon; als Doyne sich dann als Clem vorstellte, lachte sie hellauf. Er blickte ihr voll ins Gesicht und fragte: «Was ist, Lady? Gefällt Ihnen irgendwas an meinem Namen nicht?» Sie wurde rot und entschuldigte sich.

«Danach widmete New Mexico Clem sich ganz dem Spiel», sagte Browne. «Wenn man ihn so sah, hätte man ihn für einen ahnungslosen Burschen halten können. Er quälte sich mit den Karten herum, und die Jetons rutschten ihm aus den Fingern. Er hatte keine Ahnung, wie man mischt, und teilte die Karten aus wie einer, der gerade das Zählen lernt. *Eins* und *zwei* und *drei* und *vier*. Zum großen Kummer aller Anwesenden, ich ausgenommen, entpuppte sich Clem als ziemlich gewitzter Spieler. Schließlich kannte er jedes Wort, das Morehead jemals übers Pokern geschrieben hatte, und brachte sein Wissen überaus nutzbringend an.»

Im Anschluß an die durchspielten Nächte fuhren Clem und Bug nach Lolo Hot Springs, um sich zu regenerieren, transzendental zu meditieren und um die Sonne über den Rockies aufgehen zu sehen. «Alles wurde zeitlos», erinnerte sich Browne. «Taten wir doch nichts anderes als essen, schlafen und Poker spielen.» Ein Beinaheunglück machte ihrer Tour ein jähes Ende. Auch wenn Clem ein gutes Pokerspiel hinlegte, so hatte er doch bei den Feinheiten, mit denen Bug seine Gewinne zu verbergen wußte, noch einiges zu lernen. «Als ich meine Karriere als Pokerspieler begann», sagte Browne, «pflegte ich nur dann zu spielen, wenn die Chancen zu meinen Gunsten standen. Wenn man anderen Leuten Geld aus der Tasche zieht, kann's passieren, daß sie sich ärgern. Einmal wurde ich hinausgeworfen, als ich zu knauserig spielte; was für mein Spiel übrigens eine gute Sache war. Es machte mich lockerer, ich kam ins Scherzen und Witzemachen, spielte hier und da, wenn die Chancen gut standen, warf eine Karte an die Wand und rief ihre Farbe auf, oder ich gab mal eine Runde aus. Als ich danach in Spokane zu spielen begann, wurde ich rasch Stammgast, ein guter alter Knabe, bei dem es ihnen niemals in den Sinn kommen würde, ihn hinauszuwerfen.»

An seinem letzten Abend im «Oxford» war New Mexico Clem nicht ein einziger Laut über die Lippen gekommen, indes er zwei geschlagene Stunden auf seinen Karten saß. Das Blatt, das er am Ende spielte, war ein Straight – As-2-3-4-5 –, die niedrigste Straße, die man beim Low Poker erzielen kann. Er sahnte gut ab und stand sofort auf, um seinen Gewinn zu kassieren. «Schwindler», «Betrug» murrte es um den Tisch, als ein Ex-Profi-Ringer namens Emo sich hinunterbeugte und unter Clems Stuhl eine Kreuz Neun aufhob. «Ich habe keine Ahnung, wo sie herkam», sagte Browne, «aber es waren eine Menge erklärender Worte notwendig, um diese Karte weniger als tödlich aussehen zu lassen. Außerdem war es höchste Zeit, ins Seminar zurückzukehren.»

Auch Norman Packard widmete diesen Sommer dem Glücksspiel, und auch er spielte nach einem Buch – nach Edward Thorps *Beat the Dealer*, welches einen Überblick über ein Kartenzählsystem gibt, das Norman und ein Partner dann an den Blackjack-Tischen unten in Las Vegas zu Hilfe nahmen. Nachdem Norman das Projekt mit Ingerson diskutiert und Wahrscheinlichkeiten berechnet hatte, erwartete er mit zwei Monaten Spiel locker zehntausend Dollar einzustreichen.

Die Stärke von Thorps Kartenzählsystem liegt in seiner Vielfältigkeit, die Thorp durch umfangreiche Anwendung von Computersimulationen erlangt hatte. Als Dozent des MIT (Massachusetts Institute of Technology) hatte er einen Mainframe-IBM-704 darauf programmiert, die wechselnden Wahrscheinlichkeiten auszurechnen, bei Blackjack zu gewinnen, wenn die Karten von oben nach unten gegeben werden. «Mit Hilfe einer Rechenmaschine hätte es ungefähr zehntausend Menschen-Jahre gebraucht, um dieselben Berechnungen auszuführen», schrieb Thorp über diese Maschine, die den Job in drei Stunden für ihn erledigte.

Thorps System vertraut auf die Tatsache, daß die Gewinnchancen eines Spielers beim Blackjack entsprechend den in vorangegangenen Spielen ausgeteilten Karten variieren. Beispielsweise wird das Haus häufiger gewinnen, wenn die Asse bereits ausgespielt wurden. Thorp erdachte ein «Punktezählsystem» und eine «grundlegende Strategie» optimaler Reaktionen, die den Spielern gestattete, diese wechselnden Wahrscheinlichkeiten zu ihrem Vorteil zu nutzen. Bei perfektem Erinnerungsvermögen und einwandfreiem Spiel reicht Thorps Kartenzählstrategie aus, «um dem Spieler lässige 3 Prozent Vorteil zu verschaffen!»

Thorp brachte sein Buch Anfang der sechziger Jahre mit großem Rummel unter die Leute. Indem er auf Kapital zurückgriff, das professionelle Spieler ihm zur Verfügung stellten, hatte er sich, mit einem Reporter von *Time* und *Life* an der Seite, an den Blackjack-Tischen von Las Vegas niedergelassen. «Ein Professor schlägt die Profis» war ein Artikel im *The Atlantic Monthly* überschrieben, obwohl der *Science American* in seiner Würdigung der Thorpschen Leistung weniger schwärmerisch war. «Das System wird ausschließlich reichen Müßiggängern zugute kommen», hieß es da. «Die Gewinnchance, die es dem Spieler verschafft, ist so gering, daß er ein enormes Anfangskapital und viel Zeit benötigt, um nennenswerte Gewinne zu machen.» «Reiche Müßiggänger» gab es offensichtlich genug auf der Welt, um Thorps Buch zu einem Bestseller zu machen und die Casinos Vorkehrungen gegen Kartenzähler treffen zu lassen. Die Besitzer führten das Spiel mit mehreren Packs ein, mischten die Karten nach jedem Austeilen neu, und jeder, den man des Kartenzählens verdächtigte, wurde mit Gewalt hinausbefördert – Thorp eingeschlossen.

Thorps System in Las Vegas anzuwenden würde ein «non-triviales Problem» ergeben, wußte Norman. Er besprach sich mit Len Zane, Ingersons Schwager und erfolgreicher Kartenzähler, der zufälligerweise ebenfalls Vorsitzender eines Physikinstituts war, und zwar an der University of Nevada in Las Vegas. Zane machte Norman mit einem unter dem Pseudonym Lawrence Revere geschriebenen, verbesserten Kartenzählsystem bekannt, das speziell auf seine Anwendbarkeit in Casinos zugeschnitten war. «Wie man sich gegenüber der Casino-Aufsicht verhält, wie man gewinnt, ohne sich die Geschäftsleitung zum Gegner zu machen, dies», riet Zane, «sind die entscheidenden Elemente bei jedem System.» Schließlich half er Norman, eine Kostümierung zu entwickeln, die sein bärtiges Gesicht mit Sonnenbrille und einem Strohhut mit pinkfarbenem Hutband maskierte.

Als Systemspieler hielten weder Norman noch Doyne sich für einfache Spieler. Sie waren Wissenschaftler, die sich die Vorteile stochastischer Fluktuationen zunutze machten. Ein gut durchdachtes Spielsystem ist anti-entropisch. Es lokalisiert fluktuierende Wahrscheinlichkeiten – Verschiebungen hinsichtlich der Vor- und Nachteile im Verlauf eines Spiels – und legt sie in kleinen, aber beständigen Gewinnen an.

«Wenn man ein System anwendet», sagte Norman, «kann man nicht spielen. Jeder Hinweis, daß du's doch tust, bedeutet, daß du dein System nicht benutzt. Deshalb ist ein solches Vorgehen für richtige Spieler langweilig, sinnlos, dumm und verdirbt den Spaß am Spiel. Für sie besteht der Kitzel darin, Glück zu haben, für einen Systemspieler gibt's keinen Talisman zu drücken oder nach einem Gewinn auszuflippen. Er hat sein Verhalten vor Spielbeginn vollkommen festgelegt. Ein Systemspieler sollte spielen wie ein Automat.»

Norman und sein Partner in Las Vegas, der frühere Studienkamerad in Reed, Jack Biles, stellten ihre täglichen Fortschritte im Casino graphisch dar. «Es gab völlig verrückte Schwankungen», entdeckte Norman. «Fünf Tage hintereinander stieg die Gewinnkurve nach oben. Also gingen wir über zu hohen Einsätzen, und die Kurve ging noch schneller nach oben! Aber dann fiel sie, langsam, aber unweigerlich, ab.»

Gegen Ende des Sommers statteten sie dem «Gambler's Book Club» einen Besuch ab und «kauften alles, was es zum Thema Kartenspielen in Las Vegas gab. Nach und nach dämmerte uns, daß wir beschissen wurden. Dergleichen kann man an bestimmten Manipulationen des Croupiers ablesen, und als wir wußten, worauf es zu achten galt, fanden wir unsere Verdachtsmomente bestätigt.

«Als wir das letzte Mal die Bank hielten, kamen wir gerade noch ungeschoren davon. Das bedeutet, daß unser System bis zu einem bestimmten Grad funktionierte. Der typische Blackjack-Spieler geht an den Tisch und verliert bei einer Rate von zwölf Prozent, das ist riesig. So schnell verloren wir zwar nicht, aber Gewinne machten wir auch keine.»

Niedergeschlagen wie sie waren, spielten Norman und Jack ihr letztes Spiel und nahmen in einem der Casinos auf dem Strip einen Drink. Sie hockten an der Bar und besprachen Möglichkeiten, andere Spiele als Blackjack zu schlagen. Biles, ein Texaner mit goldgefaßter Brille, zwinkerte bei neuen Ideen aufgeregt mit den Augen und geriet ins Stottern. Er sprudelte über vor Anregungen und Vorschlägen, die er ebenso rasch vergaß, wie er sie äußerte, und erklärte: «Ich wette, man kann auch Roulette schlagen, wenn man die Physik zu Hilfe nimmt.» Es gab eine lange Pause, während der Norman seinen Bart kraulte. «Du hast recht», sagte er schließlich. «Nimm Newtons Gesetze und füttere sie mit Anfangsdaten. Der Rest ist klassische Physik.»

«Hinten im Buch», erinnerte sich Norman, «spricht Thorp in zwei, drei kryptischen Bemerkungen, daß er ein System erdachte, aber nicht zum Einsatz brachte, mit dem Roulette schlagbar ist. Als ich das las, dachte ich, das sei kompletter Blödsinn. Roulette ist ein Zufallsspiel. Niemand bringt es fertig, ein Gewinnsystem zu ersinnen, mit dem man gewinnt. Als wir Thorps Buch aber ein zweites Mal lasen, wurde uns klar, daß man durchaus in der Lage sein mochte, eine Methode zur *Voraussage* zu entwickeln, und daß es genau *das* war, von dem er die ganze Zeit gesprochen hatte.»

Jack und Norman machten sich sofort daran, ihre Vermutung zu verifizieren; sie liehen ein Tonbandgerät, stopften es in eine Plastiktüte und durchstreiften mehrere Casinos. Dort bezogen sie neben den jeweiligen Roulettekesseln Stellung und klopften jedesmal, wenn die Kugel an einem Fixpunkt vorüberrollte, aufs Mikrophon. Nachdem sie diese Werte in ein graphisches System übertragen hatten, stellten sie fest, daß die Kugel tatsächlich regelmäßig langsamer wurde, auf den Rotor fiel und liegenblieb. Hingerissen von ihrer Entdeckung, kamen sie rückblickend überein, daß Blackjack und Poker naive Ideen gewesen waren. Eindeutig stand fest: Es galt, das Roulette zu schlagen.

«Es war vereinbart, daß Norman und ich uns Ende des Sommers treffen und Aufzeichnungen unserer Spielerfahrungen vergleichen wollten», sagte

Doyne. «Als ich ihn am Greyhound-Busbahnhof in Portland traf, trug er immer noch seinen Strohhut und seinen Kartenzähleraufzug. Statt seine Verluste beim Blackjack zu beklagen, hatte er nichts anderes im Kopf, als Roulette zu schlagen. Ich entgegnete, das sei reine Zeitverschwendung, aber er blieb hartnäckig und überzeugte mich schließlich, mir ein paar eigene Gedanken darüber zu machen.

«Ich stellte mir vor, wie einer auf den Roulettekessel starrt und jedesmal, wenn die Kugel an einem festgelegten Punkt vorüberrollt, eine Taste drückt. Die Genauigkeit, mit der ein Mensch dies bewerkstelligen kann, setzte ich bei einer Zehntelsekunde an. Anschließend rechnete ich auf einem Stück Papier aus, welche Abweichungen sich für die Voraussage ergeben, wo der Ball auf den Rotor treffen wird. Der Abweichungswinkel breitet sich im Laufe der Zeit aus, aber zu meiner großen Überraschung sahen die Berechnungen gut aus. Theoretisch war es möglich, die endgültige Position der Kugel innerhalb weniger Zahlen vorauszusagen. Mit dieser Entdeckung war mein Interesse an Roulette geweckt.»

Drei Tage lang widmeten sich Norman, Jack und Doyne diesem Problem. Wie sollten sie die Kugel abstoppen und Daten eingeben? Würden sie, die Hände in den Taschen, einen Schalter bedienen oder die Zehen verwenden? Würde es gelingen, mit infrarotem Laserstrahl den Weg der Kugel zu kreuzen? Würde sie in einer Art Doppler-Effekt Ultraschall hinter sich herziehen? «Wir dachten uns alles mögliche aus», erinnerte sich Doyne, «und beschlossen, nach und nach das Projekt in Angriff zu nehmen.»

Im Anfangsstadium wurde die Arbeit so aufgeteilt, daß Jack und Norman sich daran machten, eine elektronische Uhr zu bauen, die ihre auf Tonband gespeicherten Daten analysieren sollte. Zurück in Santa Cruz sollten Doyne und Dan Browne das Projekt auf seine Durchführbarkeit untersuchen. Dabei konzentrierten sie sich zunächst auf die Probleme des *Streuens* und *Springens*. Das Streuen rührt daher, daß der weitere Lauf einer Roulettekugel, hat sie erst einmal die Kreisbahn verlassen, durch Metalldiamanten gestört wird, die auf der abschüssigen Seite, auf dem *Stator* des Roulettekessels, angebracht sind. Das Springen bezieht sich auf den Moment des Auftreffens der Kugel auf die mittlere Scheibe oder *Rotor*, wenn sie, bevor sie endlich liegen bleibt, von Nummernfach zu Nummernfach hüpft. Streuen und Springen sind die Elemente, die Roulette zu einem vom Zufall beherrschten Spiel machen, und jedes einzelne konnte, trat es zu ausgeprägt auf, Doynes im übrigen ermutigende Berechnungen verzerren.

Um gespieltes Roulette näher in Augenschein zu nehmen, fuhren Doyne und Dan Browne von Santa Cruz nach South Lake Tahoe. «Auf unserer Jungfernfahrt in die Casinos», erinnerte sich Browne, «ging es uns hauptsächlich darum, erstens exakt herauszufinden, was an einem Roulettetisch in einem Casino vor sich geht, und zweitens, ein paar Beobachtungen anzustellen – flüchtiges Datennehmen, wenn man so will, was die Streuung der Kugel angeht. Wie viele Nummernfächer würde sie überspringen, bis sie liegen blieb? Also schlichen wir uns mit unseren Notizblöcken von Casino zu Casino, beschauten uns die Roulettekessel und nahmen Daten auf. Doyne notierte ganz genau, wo die Kugel auf die Nummern traf, und ich schrieb auf, in welchem Nummernfach sie schließlich landete. Danach tauschten wir die Rollen und wiederholten den Vorgang, bis wir, einer von uns oder beide, so viele rotierende Kessel, rote und schwarze Nummern beobachtet hatten, von den Keno-Girls ganz zu schweigen, daß wir nicht mehr in der Lage waren, klar zu sehen.»

«In den Casinos Daten zu sammeln, machte uns ziemlich paranoid», sagte Doyne. «Wir merkten uns jeweils zehn Zahlen, verdrückten uns in die Toilette und schrieben sie auf. Erst später merkten wir, daß viele Leute mit Notizbüchern herumstanden und mittels mathematischer Systeme Berechnungen anstellten, so daß wir, rein in die Toilette, raus aus der Toilette, uns um so verdächtiger verhielten.»

Beim Auswerten, zurück in Santa Cruz, fanden sie heraus, daß es möglich war, einen klaren Vorteil über die Bank zu gewinnen. Zwar wird aufgrund von Streuen und Springen der Lauf der Kugel dem Zufall unterworfen, aber nicht in dem Maße, daß die Voraussagbarkeit deshalb eliminiert würde. Viele Kugeln vollenden ihren Lauf, ohne von den Metallwiderständen des Stators behindert zu werden. Andere landen praktisch ohne Verzögerung in einem Nummernfach. Sogar die Kugeln, deren Lauf Beeinflussungen erfährt, bleiben einigermaßen voraussagbar.

«Obwohl sie eher oberflächlich waren», sagte Browne, «waren diese ersten Daten sehr wichtig. Sie zeigten, daß die Kugel im Durchschnitt nicht mehr als ein Viertel oder ein Drittel ihres Weges um den Kessel sprang. Wenn es uns gelang, eine Maschine zu bauen, die vorauszusagen vermochte, wann eine laufende Kugel eine kreisförmige Bahn verließ – ein unkompliziertes, wenn auch schwieriges physikalisches Problem –, dann konnten wir das Roulette schlagen. Vergiß nicht, daß wir meilenweit davon entfernt waren, eine solche Maschine tatsächlich zu haben, aber wir wußten, daß sie existierte, wenigstens im Bereich der Möglichkeiten.»

Im folgenden Frühjahr 1976 unternahmen sie einen weiteren Trip nach Nevada. «Doyne und ich setzten uns in meinen Opel Kombi und steuerten ‹Paul's Gaming Devices› in Reno an. Wir hatten davon gehört, daß Paul professionelle Roulettekessel baute und alte wieder aufmöbelte und daß seine Kessel die in Reno und Las Vegas benutzten Standardmodelle waren.

Früh am Morgen fuhren wir in Santa Cruz los, kamen gegen Mittag in Reno an und gingen sofort zu Pauls Werkstatt. Wir erzählten ihm eine windige Geschichte, daß wir einen Roulettekessel für die Party einer örtlichen Bruderschaft benötigten. Ich bezweifle, daß er uns die Story abkaufte, obwohl ich sicher bin, daß er nicht die geringste Ahnung hatte, wofür der Kessel wirklich gedacht war. Er zeigte uns alles, was er hatte, und danach zeigten wir auf das beste der wiederhergestellten Modelle und sagten: «Wir nehmen dieses hier.»

Mit Einlegearbeiten aus Teak, Ebenholz, Mahagoni und anderen exotischen Hölzern war dies ein regulärer B.C.Wills-Roulettekessel. Für diesen Kessel, ein von Paul überarbeitetes Top-Modell, plus einer Versandkiste zahlten sie fünfzehnhundert Dollar auf die Hand. «Er hielt uns für seltsame Vögel», erinnerte sich Doyne, «weil alles, worauf es uns ankam, die Beschaffenheit des Stators war.»

«Paul zog alle Register», sagte Browne, «und erklärte uns umständlich, was für einen erstklassigen Kessel wir gekauft hätten, seine Herkunft, die Präzisionsarbeit aus immerhin zwölf afrikanischen Holzarten usw. – obwohl ich immer noch meine, daß er für soviel Kohle mit vier Reifen und einem Lenkrad hätte ausgestattet sein müssen.»

Zurück in Santa Cruz packten sie den Kessel in eine Kiste und schickten ihn nach Portland, Oregon, wo Jack und Norman ihn mit ihrer elektronischen Uhr studieren sollten. Der Kessel gelangte nicht weiter als nach Oakland, von wo aus die Speditionsfirma anrief und mitteilte, es gäbe ein Transportproblem. Doyne fuhr mit dem Wagen hinauf in die Bay Area und wurde an der Laderampe von zwei FBI-Agenten begrüßt; sie sagten, dem Verschicken von Spielgeräten über Bundesstaatsgrenzen hinweg gelte ihr besonderes Interesse. Ein solcher mit Einlegearbeiten aus zwölf verschiedenen afrikanischen Hölzern versehener Kessel sei nichts weiter als ein Sammlergegenstand, protestierte Doyne und überredete sie schließlich, ihn das gute Stück wieder nach Santa Cruz mitnehmen zu lassen.

Nachdem er im vergangenen Frühjahr die entsprechenden Prüfungen bestanden hatte, sollte Doyne sich nun hinter seine Dissertation in Astrophysik klemmen. «Ich versuchte der Frage einer Galaxie-Formation in der Hoyle-Narlikar-Kosmologie nachzugehen. Man fängt mit einem gegebenen Universum an, und prompt geht es schief. Man hat überall gleichförmig verteilte Materie, die man zu Galaxien verklumpen will. Wenn man aber berechnet, wie schnell das Verklumpen vor sich gehen soll, geht es bei weitem nicht schnell genug. Dies ist der Knackpunkt jeder Kosmologie, zu sehen, ob sie eine Galaxie-Formation zuläßt, ohne auf irgendeinen Spuk wie uranfängliche Schwarze Löcher zurückgreifen zu müssen.»

Das Studium der Physik ist unterteilt in verschiedene von Anlage und Intellekt unterschiedliche Sparten. «Wenn man an vorderster philosophischer Front stehen will», sagte Doyne, «so geht man in die Teilchenphysik. Dies ist der esoterische Zweig, der gleichzeitig mörderisch und fest etabliert ist. Praktisch ist er nicht. Leute mit praktischer Veranlagung beschäftigen sich mit der Physik fester Körper.» Der am wenigsten praktische und romantischste von allen physikalischen Bereichen ist die Kosmologie. In seiner späteren Laufbahn sollte Doyne Gelegenheit haben, von der Romanze zur Revolution überzuwechseln. Er und verschiedene Kollegen in Santa Cruz sollten sich im Zentrum dessen wiederfinden, was Thomas Kuhn als Paradigmenwechsel bezeichnete: ein radikales In-Frage-Stellen genau jener Kategorien, in denen man gewöhnt war, über Physik nachzudenken. Dabei ging es im Augenblick nicht einmal mit der Romanze besonders gut. Doyne ödete der Lernbetrieb an, und er war unkonzentriert. Was ihn weit mehr interessierte als Hoyle-Narlikar, war die Frage einer Galaxie-Formation im Roulettekosmos.

Als Angehöriger des Lehrpersonals am Cowell College, eine der unter den Redwood-Bäumen der UC Santa Cruz verstreuten, angeschlossenen Institutionen, wohnte Doyne in einem dem Studentenwohnheim angegliederten Zwei-Zimmer-Apartment. «Ein großes Problem beim Experimentieren in Doynes Zimmer», sagte Browne, «bestand darin, wie man den Kessel verstecken sollte. Wir wollten niemanden dahinterkommen lassen, was wir im Schilde führten. Aber bei den vielen Leuten, die ein- und ausgingen, war es schwierig, einen Aschenbecher zu verstecken, der dreieinhalb Fuß im Durchmesser maß.»

Das Problem wurde weiter kompliziert durch den einwöchigen Besuch von Doynes Mutter. Sie kam aus Fort Smith, Arkansas, wo sie und ihr Ehemann hingezogen waren, um mit einem Backwarenladen ihre Geheimrezepte und seine Neuerungen auf kulinarischem Gebiet zu Geld zu machen. Als Plaudertasche, die eine andere Plaudertasche zu schätzen weiß, charakterisierte Dan Browne Mrs. Farmer als «eine nette, freundliche Frau, wer weiß wie übergeschnappt, dabei äußerst intelligent, die redet, was das Zeug hält, bis hinauf in den Miniwellenbereich; folglich waren wir uns gar nicht sicher, ob es die richtige Zeit war, sie in unser Projekt einzuweihen, zumal es sich um etwas so Bizarres handelte.»

Allabendlich schleppten Doyne und Browne den Kessel hinüber ins Physiklabor, zu dem Doyne als für den Aufbau der täglichen Experimente verantwortlicher Assistent jederzeit Zugang hatte. Dort arbeiteten sie jeden Abend von acht bis morgens um zwei oder drei. Unter Verwendung von Normans elektronischer Uhr und von Infrarot-Detektoren und Hochgeschwindigkeits-

Filmen maßen sie die beim Roulette wirkenden physikalischen Kräfte. Der Lauf der Kugel, Verlangsamung, Streuen, Springen und die relative Position vis-à-vis dem sich drehenden Rotor wurden in den numerischen Stoff physikalischer Voraussagbarkeit hinein quantifiziert.

«Ich erinnere mich gern an jene Nächte im Physik-Labor», sagte Browne. «Anschließend pflegten wir im Swimming-Pool der Uni noch ein wenig nackt zu baden und fuhren danach zu Ferrell's Doughnut Shop, gerade zur rechten Zeit, wenn das Zimtgebäck aus dem Ofen kam. Nachdem wir begonnen hatten, mit unserer Kiste auf dem Campus herumzulaufen, wurden wir nur einmal beinahe erwischt. Ein Hausmeister namens Fred Faria, der Doyne stets ‹Mr. Professor› nannte, verging fast vor Neugierde, was wir allnächtlich im Physik-Labor trieben. Irgendwann überraschte er uns auch mit unverhülltem Kessel. Er war beeindruckt, aber nicht sonderlich aus der Fassung gebracht. Er glaubte, wir würden einen Spieler-Ring organisieren, um die Studiengebühren zusammenzukriegen. Keine große Sache.»

Als Doynes akademische Benotung von «Ausgezeichnet» auf «Befriedigend» herabrutschte, schenkte er seinem Studienberater reinen Wein ein. «Ich erzählte ihm, was vor sich ging, daß ich kein Interesse hatte, Astrophysik zu studieren, sondern ein Jahr freinehmen wollte, um Roulette zu spielen. Ich erklärte ihm, daß der Grund für die Schlampereien der vergangenen vier Monate einfach die Tatsache gewesen war, daß ich meine ganze Zeit damit zugebracht hatte, am Roulette zu arbeiten.»

George Blumenthal, Doynes Studienberater, zeigte Verständnis. Er sah die Gleichungen durch und war der Meinung, die Sache sähe erfolgversprechend aus. Danach erzählte er Doyne von seiner eigenen Karriere als Blackjack-Zähler, die abrupt geendet hatte, als ein betrügerischer Kartengeber ihn ausgenommen hatte.

Im Spätfrühjahr versammelte sich in Doynes Apartment der harte Kern der Leute, die den Sommer über an einem Voraussage-Gerät zum Sprengen der Bank bauen wollten. Norman Packard und Jack Biles kamen von Portland, um sich Dan Browne anzuschließen, der bereits auf Doynes Etage Quartier bezogen hatte. Ein weiterer Physikstudent reiste aus Moscow, Idaho, an. Der einsame Humanist unter ihnen war Steve Lawton, ein Freund Doynes und Lettys aus Studententagen in Stanford.

Hochgewachsen mit zurückweichendem Haaransatz, gesellig und athletischer, als sein ausgeflipptes Benehmen vermuten lassen würde, war Lawton ein Spezialist für utopische Literatur. In jenem Frühjahr leitete er eine Lesegruppe zum Thema, und wenn er nicht gerade als Laufbursche zwecks Einkaufs im Silicon Valley unterwegs war, leitete er Diskussionen darüber, wie man am besten utopische Gemeinschaften organisierte. Diese Mischung aus Theorie und Praxis bestimmte das Leben in Doynes Apartment im Frühstadium eines Projektes mit dem Kodenamen Rosetta Stone, auch kurz das Projekt genannt.

«Ich dachte damals viel über Gemeinschaft nach», sagte Doyne. «Wie man Leute zusammenbrachte und Dinge in Bewegung setzte. Wir hatten im Sinn, ein Netzwerk von Leuten zu errichten, auf die man sich verlassen konnte, und eine gute Ausrüstung zu beschaffen. Wir starteten das Projekt, weil wir glaubten, daß wir mit seiner Hilfe eine solche Gemeinschaft ins Leben rufen könnten. Diese würde eine Art von Heimat für alle finanzieren. Auch wenn ich nicht oft nach Hause komme, muß es irgendwo einen Ort geben, an den ich zurückkehren kann. Andernfalls ist es unerträglich in einer Gesellschaft, wo es Leute nach Timbuktu oder Philadelphia verschlägt, nur weil sie dort Arbeit finden. Es muß eine bessere Möglichkeit für die Leute geben, zu bestimmen, wo sie leben wollen und wie sie in Kontakt mit den anderen bleiben wollen.»

«Das Roulette-Projekt stellten wir uns als einen Dukatenscheißer vor, der unsere anderen Interessen finanzieren würde», sagte Norman. «Vom ersten Tage an hatten wir damals in Silver City den Gedanken gehegt, zur Finanzierung unserer Elektronik-Projekte eine Firma zu gründen, in ferne Länder zu reisen und uns dem Studium der Physik zu widmen. Eine Gemeinschaft zu begründen, die es uns gestatten würde, von den Früchten unserer Ideen zu leben, war ein langjähriges Hirngespinst von mir.»

Tom Ingerson, der sich zu dieser Zeit auf Studienurlaub am Cerro-Tololo-Observatorium im chilenischen La Serena aufhielt, war eifrigst damit beschäftigt, über die Nachthimmel der südlichen Hemisphäre eilende und Seyfert-Galaxien genannte Himmelskörper aufzuspüren. Während dieser frühen Phase der Diskussionen beschworen wir oft seinen Geist; sein praktischer Rat brauchte länger, bis er per Post eintraf. In geschlossenen Episteln, die fünf oder mehr schreibmaschinegeschriebene Seiten füllten, ließ er Philosophie mit Physik verschmelzen und machte zahllose praktische Vorschläge, die später von dem Team übernommen wurden.

Die unmittelbaren Aufgaben reichten von der Grundlagenforschung bis zu Entwurf und Konstruktion eines Computers. Man brauchte Investoren, Kreditverbindungen, ein Bankkonto, Briefpapier. Wer sollte das Projekt leiten, und wie würde man schließlich alle diejenigen, die entweder Zeit oder Geld investierten, entlohnen? Die Gruppe begann damit, daß sie sich einen Firmenstatus erwirkte. Trotz ihres offiziellen Status sollte diese Firma demokratisch geführt werden, alle Entscheidungen sollten durch Abstimmung gefällt und alle zukünftigen Gewinne zu gleichen Teilen zwischen Investoren und Ausführenden aufgeteilt werden.

«Wir brauchten etwas zum Vorweisen, um mit der Außenwelt verhandeln zu können, beispielsweise, um Elektronik einzukaufen», sagte Norman. «Wir mußten einen Namen ausdenken, unter diesem Namen ein Konto eröffnen und genau Buch führen, weil wir mit Geld gewissenhaft sein wollten. Was Geld betraf, hatten wir ein sehr lebhaftes Bild vor Augen. Die Buchführung sollte uns jederzeit Auskunft geben, wer was erhielt, damit es später, wenn das Projekt erst einmal Hunderttausende von Dollar abwarf, nicht zu Konflikten kam.»

Eines Tages blätterte Doyne in einem Wörterbuch und stieß auf das Wort *Eudämonie*. Aristoteles postuliert die Existenz vieler Dämonen oder höherer Mächte, aber seine Vorliebe galt dem *Eu*dämon oder Geist der Vernunft. Eudämonie beschreibt jenes spezifische Glücksgefühl, das aus einem aktiven, vernunftmäßigen Leben resultiert. Doynes Wörterbuch definierte den Begriff als «Zustand der Glückseligkeit oder der Wonne, der durch ein in Übereinklang mit der Vernunft gelebtes Leben erreicht wurde». Als Eudaemonic Enterprises (das erste Wort wird etwa wie ein Wagnerisches Rezitativ, *Juh-dai-mohn-ick* ausgesprochen) gegen Utopian Ventures und Amphibian Productions zur Abstimmung gelangte, wurde dieser Name als der passendste für die neue Firma einstimmig angenommen.

Da Eudaemonic Enterprises in dieser Phase ihrer Existenz über kein Kapital verfügte, über keine Ersparnisse oder sonstige Posten auf der Haben-Seite, war das beste, was man Arbeitern/Besitzern honorarmäßig anbieten konnte, ein Anteil an zukünftigen Gewinnen. Dieser Anteil würde aus einem sogenannten eudämonischen Kuchen geschnitten werden. Der mit den gesamten zukünftigen Einnahmen gefüllte Kuchen würde in Portionen serviert werden, die nach Stundenzahlen oder in das Projekt investierten Geldbeträgen bemessen würden. Alle Aufgaben, vom Konstruieren von Mikroschaltkreisen bis zum Abdrehen der Roulettekugeln, würden gleich entlohnt werden. Vorschläge von außen, die die Konstruktion des Geräts betreffen, die technische Überprüfung der dazugehörigen Physik eingeschlossen, Ratschläge, wie das Projekt einzusetzen sei – diesen und anderen Ideen würden ebenfalls Stundenlöhne beigemessen und somit ein Stück des Kuchens überlassen werden. Niemand zweifelte daran, daß dieses konzeptionelle Backwerk eines Tages nahrhaft genug sein würde, um jeden zu sättigen, der geholfen hatte, es zu bereiten.

Eudaemonic Enterprises schwebte letzten Endes vor, eine Anzahl von Kuchen zu entwickeln. Das Projekt Rosetta Stone würde Kapital bereitstellen, um andere Unternehmungen zu starten, vom Entwurf von Luftschiffen und mit Helium gefüllten, schwebenden Würfeln bis zur Konstruktion von energie-effizienten Häusern und einer utopischen Leihbibliothek. Geld würde auch eingesetzt werden, um in den Küstengebirgen Washingtons und Kaliforniens Land zu kaufen. Dort würde E.E. ihr eigenes Utopia aufbauen: eine technologische Gemeinschaft von Freunden und Gerät, die sich zusammenfanden, um Wissenschaft zum Wohl der Menschheit anzuwenden. Zwischen Abstechern nach Timbuktu und Philadelphia würden alle Eudämonen einen Ort haben, den sie ihr Zuhause nennen konnten.

«Das Zusammenstellen des Teams war eine ekstatische Angelegenheit», sagte Norman. «Wir waren wie elektrisiert und brannten darauf, dieses verheißungsvolle Unternehmen zu starten; dies war keine weitere schrullige Methode, den Sommer zu verbringen, sondern potentiell ein Tor zu neuen Ufern.»

Während sie sich die Früchte ihrer eudämonischen Arbeit ausmalten, machte sich die Gruppe auch sofort daran, das Roulettespiel zu studieren. «Wir fingen mit einer gründlichen Durchführbarkeitsstudie an», sagte Doyne. «Wir mußten den Lauf der Kugel berechnen. Dann war es wichtig, die Probleme des Springens und Streuens in den Griff zu bekommen. Gleichzeitig mußte man die zur Vollendung des Systems notwendige Hardware erforschen. Welche Art von Computer sollten wir bauen, um Daten zu füttern und Voraussagen zu erlangen?» Es stellte sich das grundlegende Problem der Gleichungen an sich. Welcher Algorithmus würde alle im Spiel wirkenden Kräfte mit ausreichender Genauigkeit integrieren, um sein Ergebnis vorauszusagen?

Wenn sie ihre Nächte nicht mit Arbeit im Physik-Labor zubrachten, schliefen die Mitglieder des Teams bei Doyne auf dem Fußboden oder draußen unter den Redwood-Bäumen. Tom Ingerson hatte Doyne den Blue Bus zum Examen geschenkt, und nun bezog ihn Norman gemeinsam mit Lorna Lyons, einer Freundin, die auf Besuch aus Portland angereist war. Lorna hat ein Gesicht, das aus bestimmten Blickwinkeln wie ein Porträt von Leonardo aussieht. Was sie zu sagen hat, ist allerdings eher amerikanisch geprägt. Man stelle sich einen Bericht von Chicagoer Schrot und Korn über Sexismus und bewußtseinsverändernde Drogen vor. Auf der Suche nach Kurz- und Langzeitparkplätzen stets auf dem Campus unterwegs, legten Lorna und Norman den Grundstein zu einer lang anhaltenden Liebesaffäre.

Im weiteren Verlauf des Sommers, als Professor Nauenberg von der physikalischen Fakultät sein Haus in der Laurent Street an Doyne vermietete, bezog die Mannschaft ein weiträumigeres Quartier mit Ausblick über die Stadt und die Monterey Bay. Die einzelnen Aufgaben wurden folgendermaßen aufgeteilt: Dan Browne, Steve Lawton und John Boyd sollten Studien über den Lauf und das Springen der Kugel anstellen. Norman Packard und

Jack Biles sollten sich mit Computern und Hardware befassen. Doyne Farmer sollte Daten analysieren und die Rouletteformeln ableiten. «Wir hofften, Ende des Sommers fertig zu sein», sagte Norman. «Zum nächsten Weihnachtsfest, so unsere Planung, wollten wir die ganze Sache funktions- und einsatzfähig haben, um in die Casinos zu gehen.» Roulette zu schlagen sollte sich jedoch als schwieriger erweisen, als Norman es sich vorstellte. Seine Schätzung war um gut zwölf Monate zu optimistisch. Erst das *darauffolgende* Weihnachten sollte es soweit sein, daß die Gruppe mit ihrem ersten Computer Nevada erreichte.

Sorgfältig gearbeitet und gut geölt, erfährt die zentrale Scheibe eines Roulettekessels nur eine geringfügige Geschwindigkeitsabnahme. Andererseits wird die Roulettekugel mit zahlreichen Gelegenheiten zu entropischer Degradation konfrontiert. Sie passiert, indem sie aus ihrer Umlaufbahn fällt und in bogenförmigem Lauf dem Rendezvous mit dem sich drehenden Rotor entgegeneilt, ein wahres Minenfeld galaktischer Sprengfallen. Sie trifft auf Reibung von der Bahn, auf der sie sich dreht. Sie hat es mit Luftwiderstand, Strömungswiderstand und dem unausweichbaren Einwirken der Schwerkraft zu tun. Die Bahn einer Kugel zu analysieren, wäre dennoch relativ einfach, gäbe es nicht weitere Komplikationen. Mehrere entweder horizontal oder vertikal befestigte, diamantförmige Metallwiderstände schmücken den Stator eines Roulettekessels. Wie das Team bereits herausgefunden hatte, wird eine auf einen Diamanten treffende Roulettekugel aus ihrer Bahn geworfen. Sie mag in ihrem Lauf weiter nach oben gehoben oder geradewegs auf den Rotor zugetrieben werden, wo sie auf weitere störende Beeinflussung durch die die Nummernfächer voneinander trennenden Metallstege trifft.

«Es gibt mehrere Fragen zu lösen, ob das Spiel voraussagbar ist oder nicht», erklärte Norman. «Zunächst muß man fragen, ob der Roulettekessel selbst voraussagbar ist. Das heißt, wenn man zwei abgestoppte Zeiten in den Computer eingibt, vermag er dann zu sagen, an welcher Position der Rotor sich ein paar Umdrehungen später befinden wird? Es ist klar, daß der Computer es kann, wenn man die Werte exakt eingibt. Aber dann muß man ermitteln, ob das Abstoppen *plus* die Abweichungen, die wir verursachen, weil wir menschliche Wesen und deshalb ein wenig spastisch sind, *immer noch* genau genug für Voraussagen sind.

Anschließend muß man dieselbe Frage in bezug auf die Kugel stellen. Verlangsamt sich die Kugel, indem sie ihre Kreisbahn durchläuft, gleichmässig? Wenn die Bahnoberfläche rauh oder unregelmäßig ist, mag dies nicht der Fall sein. Die letzte und wichtigste Frage: Wenn wir die Rotorbewegung und die Kugelbewegung vorausbestimmen können, so daß wir genau wissen, *wo* und *wann* die Kugel herabfallen und *wo* genau sie auf den Rotor auftreffen wird – angenommen, wir sprechen uns soviel Voraussagekraft zu –, was passiert dann? Klar, die Kugel wird erheblich springen. Wenn sie zu viel herumspringt, dann ist all unsere Voraussagekraft bis zu diesem Punkt nutzlos.»

Der B.C. Wills-Roulettekessel, im Keller aufgestellt und über und über mit elektronischem Zubehör behängt, wurde einer Reihe von Tests unterworfen, nach denen er aussah wie ein Herzpatient auf Intensivstation. Der experimentelle Flügel des Projekts nahm seine Arbeit auf, indem er Photowiderstände rund um den Kessel in Stellung brachte. In Verbindung mit winzigen, auf die Bahn leuchtenden Glühlampen registrierten die Widerstände den rollenden Abschnitt des Kugellaufs. «Unsere Experimente wurden bei Nacht durchgeführt», sagte Doyne, «und es sah aus wie am Abend vor Allerheiligen, aber immer noch waren die Signale nicht klar genug, um den Timer in Normans Uhr auszulösen.»

Schließlich entdeckten sie Optronen: Winzige infrarot-empfindliche Geräte, die im Nahbereich wie Radar arbeiten. Diese vereinigten lichtabsondernden Dioden, die rubinrot funkelten, sobald die Kugel an ihnen vorüberrollte. «Wir bauten sie an acht Stationen um den Kessel auf», sagte Doyne. «Mit dem ganzen Wirrwarr von Drähten, die von den Optronen zu einem Verstärker und dann zu Normans Uhr führten, war jede Station ungefähr so groß wie eine Zigarettenschachtel. Die Optronen wurden jedesmal, wenn die Kugel vor ihnen vorüberrollte, aktiviert. Indem wir nun den Zeitverlauf der Kugel zwischen einer und der nächsten Station niederschrieben, konnten wir ohne weiteres ihre Geschwindigkeit errechnen.»

Das Streuen und Springen der Kugel wurde mittels eines Geräts gemessen, das sie Guillotine nannten. Dies bestand aus einer über dem Kessel angebrachten Halterung, an der eine Kamera und ein Stroboskop befestigt waren. Kamera, Blitz und Normans Uhr wurden von einem zweiten Verstärker ausgelöst, der das Geräusch der auf Metall auftreffenden Kugel registrierte. Diese Photos hielten das erste Aufschlagen und die nachfolgende Landung der Kugel auf dem Rotor fest. Indem man nun dies Verhältnis zwischen *Aufschlag* und *Landung* in ein Koordinatensystem übertrug, konnte man die durchschnittliche Verschiebung der Kugel entlang des Kessels, zurück oder nach vorn, graphisch darstellen.

Diese graphische Darstellung einer Häufigkeits-Verteilung ist Statistikern als Histogramm geläufig. Abweichendes Verhalten wird auf der x-Achse eingezeichnet und die Häufigkeit seines Auftretens auf der y-Achse. Neben dem *Aufschlagen*/*Landung*-Histogramm gab es eine weitere Variante abweichenden Verhaltens von offensichtlichem Interesse für das Team, vor allem, nachdem die Computer fertiggestellt waren – die Verschiebung der Kugel, zurück oder nach vorn, hinsichtlich der vorausgesagten Zahl. Im Laufe der Entwicklung des Projekts sollte die Gruppe Hunderte dieser *Vorausgesagt/tatsächlich*-Histogramme anfertigen.

Bei den ersten Histogrammen, wo einzig das Verhalten der Kugel untersucht wurde, war es irrelevant, wie weit und in welche Richtung sie sprang. Alles, was für das Projekt von Bedeutung war, war die Beständigkeit. «Was wir bei den Daten zu sehen wünschten», sagte Norman, «war ein klarer Scheitelpunkt, eine Tendenz seitens der Kugel, sich mit Regelmäßigkeit in die eine oder andere Richtung zu bewegen. Statt dessen erhielten wir etwas, was eher wie ein Buckel aussah. Voraussagbarkeit beim Roulette ist umgekehrt proportional zur Breite jenes Höckers. Sobald der Höcker sich über mehr als neunzehn Zahlen ausbreitet, das heißt, über mehr als den halben Kessel, wird es äußerst schwierig, vorauszusagen, wo die Kugel landen wird.»

Die Gruppe untersuchte auch die Kugeln als solche. Sie werden aus Substanzen gefertigt, die von Elfenbein bis zu Menschenknochen reichen, obwohl gebräuchlichere Materialien wie Nylon, Teflon, Azetat und das Material, aus dem Billardkugeln bestehen, ebenfalls vorkamen. Was das charakteristische Verhalten dieser Substanzen angeht, variieren sie erheblich. Teflon verlangsamt die Geschwindigkeit der Kugeln um 100 Prozent schneller als Billardkugel-Material, indes Nylon mehr springt als die anderen. In Las Vegas ist die Standard-Kugel aus Azetat, was für das Experimentier-Team ein glücklicher Umstand war. Als gute Reflektoren von Infrarotlicht sind Azetatkugeln einfach zu verfolgen.

«Neben dem Sammeln von Daten dachte ich viel nach über die Theorie des Roulettespiels», sagte Doyne. «Welche Art von Gleichungen befriedigen die Roulettekugel? Eine rollende Kugel auf kreisförmiger Bahn stellt kein Problem dar, aber in den meisten Physikkursen wurde Reibung nicht groß beachtet. Man gelangt selten über ein unglaublich simplistisches Modell hinaus, das entweder statische Reibung oder gleitende Reibung einbezieht. Ich hatte angenommen, die hauptsächliche Reibung würde zwischen Kugel und Bahn auftreten, bis ich darauf kam, über die *Luft*-Reibung nachzudenken, die proportional zum Quadrat der Geschwindigkeit auftritt. Ich schätzte, welches dieser Reibungskoeffizient sein würde, und stellte zu meiner Überraschung fest, daß in der Hauptsache allein der Luftwiderstand verantwortlich ist für die Verlangsamung der Kugel.»

Als nächstes entdeckte das Team den Einfluß der *Schräglage*. Der ideale Roulettekessel dreht sich auf einer perfekten waagerechten Ebene, obwohl eine solche Oberfläche in den Casinos dieser Welt nicht existiert. Das Team hatte seinen Kessel auf ein Gestell aus rostfreiem Stahl montiert und viele Stunden damit verbracht, ihn in eine annähernd perfekte Lage zu bringen. «Danach rechnete ich ein wenig», sagte Doyne. «Angenommen man geht für die Schräglage der Bahn von einem Wert X aus, welchen Unterschied ergibt das bei der Fallgeschwindigkeit der Kugel im Unterschied zu einer geraden Bahn? Es stellte sich heraus, daß eine Schräglage von einem Zehntel Inch ausreichte, um schon einen sehr wesentlichen Unterschied beim Fall der Kugel von der Bahn zu bewirken. Einen Kessel auf ein Zehntel Inch genau in der Waagerechte zu justieren, ist sehr schwer. Somit stand von dem Augenblick an fest, daß Schräglage oder Neigung des Kessels bei der Voraussage ebenfalls eine gewichtige Rolle spielen würde.»

Außer diesen Abweichungen bei Schräglage, Springen, Streuen und Schwerkraft beobachtete die Gruppe, als sie in einem Novelty Shop in San Francisco einen zweiten Kessel mietete, weitere Störfaktoren im Roulettekosmos. Zum Hochgeschwindigkeits-Filmen unter der Guillotine aufgestellt, offenbarte der Kessel zwei weitere Eigentümlichkeiten. Der San-Francisco-Kessel war nur noch ein Schatten seiner selbst. Die Spindel, auf der der Rotor ruht, war leicht verbogen und verlangsamte ihn rascher als den B.C.-Wills-Kessel. Überdies war die Innenwand des Kessels wie mit Schlaglöchern übersät, was den Lauf der Kugel zusätzlich beeinträchtigte und sie schneller hinabfallen ließ. Dies bedeutete, daß der endgültige Algorithmus zur Voraussage beim Roulette, wenn er flexibel genug wäre, derartige Unterschiede in Betracht zu ziehen, das benötigen würde, was in der Physik als *regulierbare Parameter* bekannt ist.

«Als wir uns den zweiten Kessel zulegten», sagte Doyne, «entdeckten wir, daß die Parameter für Kessel, auf denen wir einst spielen würden, unterschiedlich sein würden. Das bedeutete, daß ich mich hinsetzen und mathematische Funktionen für diese Parameter, die regulierbar sein müßten, ableiten mußte. Und dann galt es, eine Methode auszudenken, um mit dem Computer-Programm in Interaktion zu treten, damit es diese Parameter jedesmal ändern konnte, wenn wir gegen einen neuen Kessel spielten.»

Doyne isolierte nicht weniger als fünf Variable, die dringend reguliert werden mußten. Es gab zwei für die Kugel selbst: eine zum Messen der Geschwindigkeit, mit der sie sich verlangsamte, und die zweite zum Bestimmen der mittleren Geschwindigkeit, bei der sie aus der Kesselrinne fiel. Die erste Variable bezeichnete er als *Kugel-Verlangsamungs-Parameter*. Die andere war als *Zeitpunkt-des-Fallens-Parameter* bekannt. Diese verschoben sich, je nachdem, welche Art von Kugel sich im Spiel befand, oder entsprechend der Krümmung und des Zustands der Bahn selbst. Eine andere Variable maß die Geschwindigkeit, mit der die Nummernfächer auf dem Rotor sich langsamer drehten. Bei den zwei letzten Parametern ging es um die Schräglage. Sie approximierten ihre Größe und verlegten die Voraussage des Computers auf die hohe Seite des Kessels, an die Stelle, wo eine Roulettekugel am ehesten von der Bahn herabfällt.

Während die Roulette-Gleichungen im Detail ausgearbeitet wurden, untersuchte ein anderes, von Norman Packard und Jack Biles geleitetes Team die Möglichkeit ihrer Anwendung. Einen Kessel mit funkelnden Optronen zu haben, war eine Sache, aber in Las Vegas Roulette zu spielen, verlangte nach etwas Subtilerem. In der Technik zum Exotischen hingezogen, schlug Jack den Einsatz von Laser oder Radar vor. Eine einfachere Lösung lag jedoch in von Fingern oder Zehen bedienten Mikroschaltern. Würde man den Lauf der Kugel entlang eines Fixpunktes zweimal hintereinander abstoppen, könnte man ihre Position, Geschwindigkeit und den Grad ihrer Verlangsamung festlegen. «Vorausgesetzt», wie Norman es ausdrückte, «daß wir beim Betätigen der Mikroschalter nicht zu spastisch waren.»

Die Gruppe stellte eine Reihe von Mensch-gegen-Maschine-Experimenten zusammen, die mit einem Auge/Zeh-Koordinierungsgerät durchgeführt wurden, das gleichfalls als Biofeedback-Maschine fungierte, um menschliche Reflexe zu verbessern. Während sie die Kugel auf ihrer Bahn abstoppten, wurden Mikroschalter bedienende Menschen gegen Optronen ausgespielt. Die Menschen verloren natürlich. Aber ihre Leistung schien verbesserungsfähig. Daß die athletischeren unter ihnen bessere Ergebnisse zeigten als die reinen Kopfmenschen, legte nahe, daß Mikroschalter bedienende Menschen mit dem richtigen Training der Aufgabe gewachsen sein würden.

Ohne zu wissen, wie ein Roulette-Computer oder der endgültige Inhalt seines Programms aussehen würde, beschloß die Gruppe, daß das System mittels eines Zwei-Mann-Teams zum Einsatz gelangen sollte. Ein in der Nähe des Kessels stehender Spielbeobachter würde ein paar Minuten darauf verwenden, die notwendigen Parameter zu setzen und dann Kugel und Rotor zu stoppen. Ein augenscheinlich unbeteiligter Spieler, der weiter unten am Tisch stand, aber via Funk oder irgendeiner anderen Verbindung mit dem Computer Kontakt hielt, würde die Voraussagen empfangen und sie zu einem Spiel mit hohen Einsätzen nutzen.

Derweil sie sich die Köpfe über Output-Gerät und verschiedene Methoden der Kommunikation zwischen Spielbeobachter und Spieler zerbrachen, schrieb das Team an Hersteller von Hörgeräten und sammelte Broschüren über Ultraschall-Technologie. Sie besuchten eine Firma, die Krankenhäuser ausrüstet, um sich Elektroschockgeräte vorführen zu lassen. Sie zogen polarisierte Brillengläser in Erwägung, Laser-Detektoren, in Armbanduhren eingebaute lichtabsondernde Dioden sowie Radiowellen jeder denkbaren Frequenz. Um die perfekten Kommunikationswege auszuklügeln – zuverlässig, für die Casinos aber unaufdeckbar –, war einiges Geschick erforderlich.

Die Gruppe arbeitete rund um die Uhr an Guillotine und Hochgeschwindigkeits-Photos, Optronen und Histogrammen und trug eine Fülle Daten zu allem möglichen, von Luftwiderstand bis zur Wahrnehmung des Menschen, zusammen. Von Doyne als Chef-Theoretiker erwartete man, daß er herausfand, was das alles bedeutete. Seine Aufgabe war es, die Bewegungsgleichungen zu isolieren, die die individuellen Teile des Rouletts beherrschten, und diese anschließend in eine synthetische Gleichung, einen Algorithmus zu integrieren, der fähig war, Voraussagen zu machen. Genau an diesem Punkt nahm Doyne zum ersten Mal in seinem Leben Zuflucht zur Anwendung eines Computers.

«Als Student hatte er es sich zum Grundsatz gemacht», sagte Norman, «niemals einen Computer zu benutzen. Das war eine Ehrensache. Physiker verachteten Computern zugewandte Leute, exemplifiziert durch die Ingenieurskaste. Diese Verachtung wurzelt in der Tatsache, daß das wahre Verständnis der Physik eines Problems nicht von den darin einbezogenen Zahlen abhängt. Doyne hatte bei seinen Labortests nicht einmal einen Taschenrechner benutzt. Er hatte stets Bleistift und Papier vorgezogen.»

Andere Gruppenmitglieder, die verschiedene Computersprachen, wenn auch nicht perfekt, beherrschten, gaben Doyne den entscheidenden Anstoß. Er arbeitete an einem von der Digital Equipment Corporation gebauten PDP 11/45 der Universität und benötigte eine Woche, um sich das Programmieren in BASIC selbst beizubringen. Später sollten Doyne und andere Physiker als Meister der neuen Technologie auftreten, aber selbst in jenem Stadium war er beeindruckt, was Computer vermochten. Einfache, aber dennoch grundlegende Dinge wie etwa menschliche Fehler zu simulieren.

So machte die eudämonische Forschung ihre Fortschritte mit jener, diesem Teil der Erde eigenen zwanglosen Manie. Nacktes Sonnenbaden auf dem rückwärtigen Flachdach war verbunden mit regem Telephonverkehr mit Advanced Kinetics in Costa Mesa, American Laser Systems in Goleta, Automation Industries in Danbury, Connecticut, Arenberg Ultrasonics in Jamaica Plain, Massachusetts, und Hewlett-Packard in Sunnyvale, Kalifornien, wo der Cousin von Norman Packard als Verwaltungsratsvorsitzender tätig war. Der Clou bestand darin, diese Anrufe während der Mittagspause zu machen, in der Hoffnung, daß die zum Essen abwesenden Angestellten auf ihre eigenen Kosten zurückrufen würden. Eudaemonic Enterprises konnte, so spekulierten die Geschäftspartner, eine schnell wachsende Computer-Firma sein, die sich über das Silicon Valley hinaus ausbreiten würde. Und da diese leitenden Angestellten Bombengeschäfte witterten, argwöhnten sie nicht im geringsten, daß sie am anderen Ende der Leitung mit einem nackten, dem Roulette verfallenen Physiker sprachen.

Bis zum Ende des Sommers war Professor Nauenbergs Haus von oben bis unten in ein funktionierendes Physiklabor verwandelt worden. Tag und Nacht konnte man die dort wohnenden Forscher über ihren Roulettekessel gebeugt finden, der beladen war mit einer Guillotine, Stroboskoplampen, Kameras, Optronen, Mikroschaltern, einer elektronischen Uhr und Roulettekugeln in allen Größen und Zusammensetzungen. Ein weiteres Problem angewandter Physik – zwei Teilchen am Kollidieren zu hindern – führte zu einem Aufteilen des Hauses in zwei getrennte Zonen: eine für Rembrandt, den Deutschen Schäferhund des Professors, und die andere für Pate, Jack Biles dreizehnjährigen Stöber, der einen entscheidenden Sieg im sommerlichen Hundegefecht davontrug.

Die Hunde fielen brutal übereinander und ihre jeweiligen Bereiche her. Der Rasen verfärbte sich braun und ging ein. Das Haus geriet allmählich in einen Zustand von Chaos. «Kuchen, Spaghetti und Eiskrem, alles, was da war», sagte Lawton, «wurde zum Frühstück verspeist. Es war, als lebte man neben einer gähnenden Leere, in der alle Nahrungsmittel verschwanden. Es gab auch jene grundsätzliche Vergeßlichkeit der Physiker. Sie konnten ein Schälchen Kaviar oder Potato-Chips leeren und das eine Stunde später nicht mehr auseinanderhalten.»

Die Gruppenmitglieder lernten, indem sie unter einem Dach lebten und arbeiteten, einander besser kennen, als sie sich gewünscht hatten. Als die anwendungsbezogenen Experimente sich dahin ausweiteten, daß die Unterschiede beim Springen von Nylon- und Teflonkugeln gemessen wurden, wurde Jack Biles ungeduldig. Er hatte es eilig, mit einem Taschenrechner in einer Plastiktüte in die Casinos zu stürmen und seine Anwendungsexperimente mit einem Stapel Jetons vor sich zu betreiben. «Jack war bereit, hier und da eine brillante Bemerkung zu machen», sagte Lawton, «aber er war keine große Hilfe, das Ganze in den Griff zu bekommen. Er zog es vor, über Ideen zu reden, statt sie in die Tat umzusetzen.»

«Gedanklich gab es im Sommer 1976 zwei Richtungen», sagte Norman. «Die ‹Seid-vorsichtig-Schule›, unter deren Auspizien die Tests durchgeführt wurden, wollte herausfinden, ob Voraussagen beim Roulette theoretisch möglich waren, bevor wir uns daran machten, einen Mikrocomputer zu bauen. Die andere Schule sagte: ‹Dafür haben wir keine Zeit. Daß das Spiel voraussagbar ist, läßt sich aus der Regelmäßigkeit im Verhalten der Kugel ersehen. Laßt uns einen Computer bauen und unseren Vorteil daran messen, wie gut er funktioniert.›

Das Problem bei Jacks Vorgehensweise ist, daß man im Prinzip nicht erfahren würde, ob Voraussagen praktikabel sind. Das heißt, man könnte niemals unterscheiden zwischen einem Computer, der nicht funktioniert, und einem Spiel, das von vornherein gar nicht voraussagbar ist. Derlei Dinge bereiteten uns einiges Kopfzerbrechen.»

Immer aufgedreht und begeistert von neuen Ideen, der typische Schüler mit Erfindergeist und unkonventionellem Enthusiasmus, gab sich Jack zunehmend desillusioniert. «Er fühlte sich im Stich gelassen», sagte Norman. «Das Projekt war ihm aus den Händen genommen worden. Am Ende des Sommers ging er nach Portland, und je länger sich das Projekt in Santa Cruz hinzog, desto mehr entfernte er sich auch innerlich davon.»

Wenn Jack Biles es dauernd eilig hatte, so war John Boyd, gemeinhin als Juano bekannt, genau das Gegenteil. Hochgewachsen, klapperdürr, mit verschmierter schwarzer Brille und strähnigem, ins Gesicht hängendem Haar «war Juano ein eher stiller Vertreter», wie Lawton berichtete. «Hatte man ihn erst einmal für eine Sache begeistert, war er ein unermüdlicher Arbeiter. Er war Jack genau entgegengesetzt. Einmal in Bewegung, blieb er in Bewegung, wenn er aber stehenblieb, mußte er neu aufgeladen werden.»

Was die beiden Dynamos des Projekts, Doyne und Norman, anging, so berichtete Doyne: «Wir wirbelten nur so. Wir arbeiteten wie verrückt und genossen es in vollen Zügen. Vor allem Norman verblüffte mich. Ich konnte es nicht fassen, wie einer so viele Stunden am Tag arbeiten und so sympathisch dabei sein konnte. In jenem Sommer brachte er es überdies fertig, seine Romanze mit Lorna zu starten. Meiner Meinung nach war es Norman, der das Tempo angab.»

Wo Norman als Arbeiter unerschütterlich und beharrlich war, war Doyne manisch. Seine Gedanken schnellten wie ein Jo-Jo zwischen Newtonscher Mechanik und den Einzelheiten einer Transistor-Bestellung bei Zwischenhändlern in Sunnyvale hin und her. «Sein Organisationstalent gewann die Oberhand», sagte Lawton. «Er brachte es fertig, fünf Leute auf einmal zu organisieren, die Mühe hatten, sich selber zu organisieren. Er besaß die Fähigkeit, die Initiative zu ergreifen und trotzdem anderen Raum zum Agieren zu lassen.»

Gegen Ende des Sommers zeigten die Experimente zu Springen, Streuen, Reibung, Luftwiderstand, Neigung und anderen Parametern endgültig, daß das Spiel voraussagbar war. Ein wirksamer, zur Integration dieser Kräfte fähiger Algorithmus würde Eudaemonic Enterprises bestätigen, daß man enorme 44 Prozent Vorteil über die Casinos gewinnen konnte. Alles, was jetzt noch zu tun blieb, war, den Algorithmus zu formulieren und das Voraussagegerät selbst zu konstruieren.

Jack Biles schlug vor, eine elektronische Rechenmaschine auseinanderzunehmen und neu zu programmieren, obwohl er später eingestand, daß dies zu sehr nach Eigenbau ausgesehen hätte – eine Holzfällermethode für ein Problem, das nach einer eleganteren Lösung verlangte. Das Team einigte sich statt dessen auf eine relativ neue und esoterische Technologie. Sie wollten ein Programm für einen Mikroprozessor ersinnen und es in einen Computer einbauen, der klein genug war, um damit, ohne entdeckt zu werden, in den Casinos zu arbeiten. Soweit ihnen bekannt war, würde ihr Mikroprozessor der erste sein, der einen Weg vom Silicon Valley an die Roulettetische der Glitzerschlucht ebnete.

«Geht man von der vorhandenen Technologie aus», sagte Norman, «ist der Computer, den wir bauten, die maximale Voraussage-Maschine. Man konnte jeden fortgeschrittenen Elektronik-Ingenieur bitten, so etwas zu konstruieren, und er wäre zu genau diesem Ergebnis gelangt. Wir bieten das seltene Beispiel, wie eine Aufgabe durch ein exaktes Optimum an Technologie gelöst wurde.»

«Als der Sommer zu Ende ging», sagte Doyne, «hatten wir eine vage Vorstellung, welche Bauteile wir benötigten, um den Computer zum Funktionieren zu bringen. Wir zählten die Chips zusammen, und es sah so aus, als ob wir, indem wir unser eigenes System ohne irgendwelche überflüssigen Chips für ein Keyboard, einen Kassettenrekorder oder eine LED-Anzeige (*l*ight-*e*mitting *d*iode, Leuchtdiode) entwarfen, einen Computer bauen könnten, der nicht größer war als eine Zigarettenschachtel. Und genau das sollte sich als wahr erweisen.»

Außer dem Roulettekessel war alles für das Projekt Benötigte selbstgemacht. Das galt auch für den ersten Computer. Aus einem Versandhauskatalog bestellte Eudaemonic Enterprises einen Mikroprozessor und eine ausführliche Bauanleitung, die alles versprach, was zur Konstruktion eines Computer-Gerippes notwendig war. Seine Schönheit lag in seiner Flexibilität. Dieser Chip konnte programmiert werden, alles Beliebige zu tun. Der Horror war seine Unwissenheit. Da er ohne jegliches Programm eintraf, hätte er nicht einmal vermocht, eins mit eins zu multiplizieren. Bevor man ihn für die höhere Mathematik des Roulettes in Anspruch nehmen konnte, mußte ihm jemand Arithmetik beibringen.

Das Herumkutschieren auf der Modus-Karte

Berlin ist eine schöne Stadt, und es gab für einen Studenten viele Gelegenheiten,
seine Zeit auf angenehme Art und Weise zu verbringen, zum Beispiel mit hübschen Mädchen.
Aber statt dessen mußten wir enorme und schreckliche Berechnungen durchführen.

Konrad Zuse

Es ist eine seltsame Tatsache, daß die theoretischen Voraussetzungen des Computers, das Roulettespiel und die grundlegenden Wahrscheinlichkeitsgesetze allesamt dem französischen Mathematiker und Philosophen aus dem siebzehnten Jahrhundert, Blaise Pascal, zugeschrieben werden. Pascal war auch der Spieler, der in seiner berühmten «Wette» auf die Existenz Gottes empfahl, daß «man auf ihn wetten muß». Es war ein weniger existentieller Pascal, der 1642, im Alter von neunzehn Jahren, die mechanische Additionsmaschine erfand. Sein Vater, ein provinzieller Verwaltungsbeamter in Rouen, hatte ihn dazu herangezogen, die Einkommenssteuer des Jahres zu errechnen. Für Pascal junior war das die reinste Schinderei, aber dieser Mischung aus Notwendigkeit und Langeweile entsprang seine erste große Erfindung.

Pascal realisierte, daß numerische Zahlen auf einem Rad so angeordnet werden konnten, daß jedes Rad, indem es eine vollständige Umdrehung vollführte, das benachbarte Rad veranlaßte, ein Zehntel einer Umdrehung mitzudrehen. Und indem man den Mechanismus durch ein Fensterchen betrachtete, wählte man die Antwort auf Probleme der Addition und Subtraktion. Das Geniale bei Pascals Erfindung – welche, bis auf den heutigen Tag, das grundlegende Konzept aller mechanischen Rechenmaschinen geblieben ist – lag in der Verlagerung arithmetischer Funktionen auf die physikalischen Orte einer Maschine. Um von dort zu einem modernen Computer zu gelangen, fügt man einfach Elektrizität hinzu und wandelt die Zahnräder einer Pascaline in elektronische, in der kristallinen Struktur von Silikon gespeicherte Ladungen um.

Dreißig Jahre nach ihrer Erfindung brachte Gottfried Wilhelm von Leibniz die ersten wesentlichen Verbesserungen an, indem er das später unter diesem Namen bekannt gewordene Leibniz-Rad hinzufügte. Dies versetzte die Maschine in die Lage, Multiplikation und Division wie auch Addition und Subtraktion durchzuführen. Der nächste bedeutende Versuch einer Weiter-

entwicklung wurde im neunzehnten Jahrhundert von Charles Babbage unternommen, dem inspirierten Erfinder des Tachometers und der ersten zuverlässigen Lebenserwartungstabellen. Die letzten siebenunddreißig Jahre
bis zu seinem Tod im Jahre 1871 verbrachte Babbage mit dem Schmieden
von Zahnrädern und Gestänge einer großartigen Analytischen Maschine. In
ihrer wesentlichen Konstruktion besaß dieses Gerät alle Merkmale eines
modernen Computers. Diese bestanden aus einem Logikzentrum, das Babbage die «Mühle» nannte, einem als der «Laden» bekannten Gedächtnis,
einer Kontrolleinheit zum Ausführen von Instruktionen sowie einem Loch-
kartensystem, vergleichbar dem, wie es Joseph-Marie Jacquard zum Eingeben von Daten an seine Webstühle benutzte. Aber im Zeitalter der Dampf-
kraft und der mechanischen Getriebe war es verfrüht, eine derart komplizierte Maschine zu realisieren, und Babbage starb, ohne einen wesentlichen
Teil seines Projekts vollendet zu haben.

In diesem Stadium seiner Geschichte verknüpft der Computer sein Schicksal
mit dem Kriegsgeschick. Im Zeichen Athenas geboren – der Patronin des
Spinnens, Webens, der Städte und Bürokratien –, wächst der Computer auf
als Stiefkind des Mars. Babbages Traum wurde allein zum Zweck der
Verteidigung nationaler Interessen beiderseits der Maginot-Linie Wirklichkeit. 1936 stellte der junge Ingenieur Konrad Zuse die Berliner Wohnung
seiner Eltern mit einem aus gebrauchtem Material und einem Stabilbaukas-
ten konstruierten Computer voll. Die unter Verwendung elektromagneti-
scher Telephonrelais gebauten, zuverlässigeren Nachfolger von Zuses Z-1-
Computer wurde von der Kriegsmaschinerie der Nazis bei der Konstruktion
von Flugzeugen und Raketen eingesetzt, wo ihr überragendes Können beim
Bewältigen von Zahlen die Aufmerksamkeit Adolf Hitlers erregte. Von
seinen Beratern bedrängt, einem Sofortprogramm zum Bau von weiteren
Zuse-Computern zuzustimmen, beging der Führer einen taktischen – und für
uns glücklichen – Fehler, indem er dachte, den Krieg ohne sie gewinnen zu
können.

In der Zwischenzeit hatten die Briten in den ersten Kriegstagen ein Team
von Top-Mathematikern und Schachspielern in einem als Bletchley Park
bekannten Landhaus in Hertfordshire zusammengezogen. Ihr Auftrag war,
die von der sogenannten Enigma-Maschine (von denen eine erobert und vom
polnischen Geheimdienst nach England geschafft worden war) erzeugten,
deutschen Kodes zu knacken. Nur ein Computer konnte so komplizierte
Kodes wie die der Enigma entschlüsseln, und der Mannschaft von Bletchley
Park gelang es auf bewundernswerte Weise, eine Reihe grober, aber durchaus brauchbarer Dekodierungs-Apparate zu bauen. Darunter waren der Co-
lossus und seine zehn Nachfolger, die die ersten Computer waren, bei denen

statt Schaltern und Relais zum Hin- und Herbewegen der An/Aus-Ladungen, mit deren Hilfe moderne Computer denken, Vakuum-Röhren verwendet wurden. Anders als Pascal, Leibniz und Babbage hatten beide, Zuse und die Bletchley-Park-Leute – von denen Alan Turing der bemerkenswerteste war – die Grundzahl zwei durch die Grundzahl zehn als Hauptrecheneinheit in ihren Computern ersetzt. Dies ermöglichte einen gewaltigen Sprung, was die Geschwindigkeit anging, mit der Information verarbeitet werden konnte. In Serien von Einern und Nullen von Röhre zu Röhre geblitzt, ließ sich die Konstruktion von Raketen und das Knacken von Kodes mit der Geschwindigkeit von zweihundert logischen Entscheidungen pro Sekunde durch die elektronischen Schaltkreise jagen.

So wie Zuse und die Briten begriffen auch die Amerikaner die weitreichenderen Anwendungsmöglichkeiten von Computern im Krieg. 1943 stellte der Marineangehörige auf Urlaub, Howard Aiken, in Harvard den Mark 1 fertig. Hierbei handelte es sich um eine elektromechanische Maschine, deren «sanft klickendes Geräusch der Relais» einem Beobachter vorkam «wie ein Zimmer voller strickender Damen». Aikens für die Berechnung ballistischer Tabellen vorgesehener Computer wurde schnell überholt von einer weitaus effizienteren, mit Vakuumröhren gebauten Maschine an der University of Pennsylvania. Der dreißig Tonnen schwere und achtzehntausend Röhren enthaltende ENIAC, oder «Electronic Numerical Integrator and Calculator», verbrachte seine frühe Kindheit mit dem Erstellen von Ballistiktabellen für den Schießplatz Aberdeen in Maryland.

Die Ankunft des Computers wird gemeinhin als «Revolution» bezeichnet, und wir vergessen oft, was er anfänglich revolutionierte. Joseph Weizenbaum, Professor der Computer-Wissenschaft am MIT drückte es so aus: «Der Computer wurde in seiner modernen Form aus dem Mutterleib des Militärs geboren. Wie bei so vielen anderen modernen Technologien gleicher Abstammung hat fast jeder technologische Fortschritt auf dem Gebiet der Computer, eingeschlossen der durch die Forderungen des Militärs motivierten, einen gewissen Bodensatz – Fallout – im Zivilbereich hinterlassen. Trotzdem wurden Computer in erster Linie gebaut, um genaue Berechnungen darüber anstellen zu können, wie sich am präzisesten und wirkungsvollsten Granaten verschießen ließen, um Menschen umzubringen. Wahrscheinlich liegt man nicht falsch in der Annahme, daß, obgleich man das nicht mit Sicherheit zu sagen vermag, auch heute noch ein beträchtlicher Teil der auf eine spezielle Aufgabe zugeschnittenen Computer diejenigen sind, die mit immer billigeren, noch unfehlbareren Methoden darauf ausgerichtet sind, eine stets größere Anzahl Menschen zu töten.»

Von den vierziger Jahren bis zu den siebziger Jahren wurden Computer von der Bürokratie in Gewahrsam gehalten; aber irgendwann im Laufe der Zeit – ihre endgültige Flucht läßt sich von der Erfindung des Mikroprozessors an datieren – schüttelten sie das Kriegsrecht ab. Der Mikroprozessor, nichts weiter als ein mit der Geometrie des Erinnerungsvermögens geätzter Chip aus Silikon, entwischte also den Behörden und ihren Zentraleinheiten. Die neue Technologie bewirkte eine fundamentale Verschiebung weg von Mainframe, zentralisierten, stationären und von Protokoll-Hierarchien geschützten Computern, hin zu handlichen, transportablen, unabhängigen und demokratischen Computern, die in der Lage waren, völlig auf sich selbst gestellt zu funktionieren. Mit der Ankunft des Mikroprozessors im Jahre 1970 konnte, zumindest in der Theorie, jedermann mit dem in einen Schuh gepackten Vermögen eines ENIAC herumlaufen. Wäre der Computer erst einmal freigelassen für die Beschäftigung des Eros und freien Spielens, könnte er ein Talent entfalten für Spiele, Poesie, Musik und – wie es sich für seine Pascalsche Herkunft schickt – das Roulettespiel.

Die Vorbedingung für den Einbau eines ENIAC in einen Schuh war die Miniaturisierung des Computers. Dies stellte eine weitere technologische Verschiebung dar, die im Zuge militärischer, insbesondere die Raumfahrt betreffender Forschung abgefallen war. Als NASA und Air Force sich aufmachten, Sputnik und anderen galaktischen Bedrohungen nachzusetzen, benötigten sie einen Computer, der leicht genug war, um in den Weltraum geschossen werden zu können. Die wichtigsten Vertragspartner des Militärs erfüllten diese Vorgaben, indem sie die Größe ihres Produkts in drei bemerkenswerten Vorstößen in ebensovielen Jahrzehnten reduzierten – und es war der dritte dieser Vorstöße, der es dem Computer ermöglichte, den letzten, endgültigen Schritt in die Freiheit zu tun.

In den fünfziger Jahren wurde die Vakuumröhre durch den Transistor ersetzt. Zwischen in der Struktur von Silikon-Kristallen lokalisierten Verbindungspunkten hin- und herbewegt, vermochte eine durch einen *Trans*fer *Resistor* oder Transistor geschickte Spannung, Klang- oder Schaltsignale in einem Hundertstel des Raums der alten Röhrentechnologie zu verstärken. Der zweite Durchbruch gelang mittels «Large-Scale Integration» (LSI), einer neuen Technik, die Schaltungen möglich machte, die aus *Tausenden*, auf hauchdünne Silikonscheiben von der Größe eines Fingernagels geätzten Transistoren bestanden. Der letzte Befreiungsschritt kam, als Ted Hoff, Ingenieur bei der Intel Corporation in Santa Clara, Kalifornien, daran tüftelte, wie man die *gesamte* Mathematik und die logischen Schaltungen eines Computers auf einem *einzigen* Silikon-Chip unterbringen konnte. Robert Noyce, Miterfinder des integrierten Schaltkreises und einer der Gründer von Intel, beschrieb diesen Höhepunkt als «eine wahre Revolution. Als qualitative Veränderung innerhalb der Technologie hat der integrierte mikroelektronische Schaltkreis eine qualitative Veränderung innerhalb menschlicher Fähigkeiten bewirkt.»

Als Hoff den Mikroprozessor erfand, war er dreiunddreißig Jahre alt. Stanford hatte er noch nicht lange hinter sich – einer von Hunderten aufgeweckter Studenten, die ihr Physikstudium abgeschlossen hatten und in die High-Tech-Fabriken entlang des Camino Real strömten. Hoff war eifrig bemüht, wie er sagte, «hinauszuziehen in die große Welt des Kommerz und herauszufinden, ob meine Ideen nicht einen gewissen kommerziellen Wert besaßen». Noyce hatte ihn auf ein von irgendwelchen japanischen Rechenmaschinen-Produzenten aufgeworfenes Problem losgelassen. Sie wollten eine Rechenmaschine mit Mathematik und logischen Schaltkreisen, die auf nicht mehr als elf Chips geätzt waren. Im Labyrinth der Entwürfe zu einem solchen Schaltkreis verloren, stieß Hoff auf eine neue Methode, über die Geometrie von Silikon selbst nachzudenken.

Und indem er einem bereits infinitesimalen Universum gesonderte Dimensionen hinzufügte, sah er, wie sich die elf Chips auf *einen* mikroelektronischen Chip zusammendrängen ließen, der die Zentraleinheit oder CPU (*c*entral *p*rocessing *u*nit) eines neuartigen Computers bilden würde. Dieser «Computer auf einem Chip», wie Intel ihn propagierte, benötigte die Unterstützung zusätzlicher, ihn mit Gedächtnis und einem Programm ausstattender Chips sowie Input/Output-Schaltkreise und einer Uhr, um seine Arbeitsgänge zu synchronisieren. Hoffs Mikroprozessor aber – auf einem einzigen, ein Achtel mal ein Sechstel Inch messenden Silikon-Chip montiert und nicht weniger als 2250 mikro-miniaturisierte Transistoren enthaltend – trat als das vollentwickelte Gehirn eines funktionierenden Computers ins Leben.

Zuerst wußte nicht einmal das Militär etwas mit dem Mikroprozessor anzufangen. Sie mußten überhaupt erst einmal begreifen, was Noyce meinte, als er prophezeite, daß «die Zukunft offenbar in der *Dezentralisierung* der Computer-Macht besteht».

Die Intel Corporation, die sich bis dahin auf Halbleiter-Speicher für Computer spezialisiert hatte, wurde rasch zu einem der größten Computer-Hersteller. Ohne eine Ahnung zu haben, wer ein derart exotisches Gerät kaufen könnte, tauften sie ihren ersten Mikroprozessor 4004, montierten ihn auf eine Plastikplatte von der Größe eines Taschenbuchs, fügten eine Uhr, Kontrollmechanismen und vier weitere Speicher-Chips hinzu und brachten den MCS 4 als der Welt ersten «mikro-programmierbaren Computer auf einem Chip» auf den Markt.

Seine Schönheit lag in seiner Vielfalt. Man lehre einen Mikroprozessor das Addieren, unterweise ihn im Lösen von Differentialgleichungen, programmiere ihn mit einem zur Integration der Newtonschen Bewegungsgesetze fähigen Algorithmus, und er ist in der Lage, ein Raumschiff auf dem Mars zu landen oder Roulette zu spielen. «Ein einzelner, auf einem vielleicht ein Viertel-Inch im Quadrat messenden Chip integrierter Schaltkreis», schrieb Noyce, «kann jetzt mehr elektronische Elemente aufnehmen als die komplizierteste elektronische Ausrüstung, die 1950 gebaut werden konnte. Der heutige, vielleicht 300 Dollar kostende Mikroprozessor verfügt über eine größere Rechenkapazität als der erste große elektronische Rechner, ENIAC. Er ist zwanzigmal schneller, hat ein größeres Gedächtnis, ist tausendmal zuverlässiger, verbraucht die Strommenge einer Glühbirne und nicht die einer Lokomotive, nimmt 1/30.000 des Volumens ein und kostet nur 1/10.000. Man kann ihn in Versandhäusern oder jedem beliebigen Hobby-Shop bestellen.»

Am 8. September 1976 erhielt Eudaemonic Enterprises per Post ihren ersten, an Mr. «Dwang» Farmer adressierten Computer. Das Paket stammte von der MOS Technology, Inc. in Norristown, Pennsylvania, und enthielt einen KIM-, oder *K*eyboard *I*nput *M*odule, Computer-Bausatz. Er kostete zweihundertfünfzig Dollar und bestand aus einem Intel-6502-Mikroprozessor – derselbe, den man später zum Bau von Apple-Computern verwendete –, einem zweiten, als Speicher dienenden Chip, aus zwei weiteren, auf Input und Output spezialisierten Chips, einer Quartzuhr, einem Interface, das es ermöglichte, das Computer-Programm auf Tonband zu speichern, einer primitiven koreanischen Tastatur, einer Vertiefung mit genügend lichtabsondernden Dioden, um eine Zahlenreihe anzuzeigen – und aus einer Plastikplatte, auf der man alle diese Teile zusammenlöten konnte. Mit zusätzlichen vier Gedächtnis-Chips hatte Eudaemonic Enterprises für insgesamt vierhundert Dollar einen Computer erstanden, der intelligent genug war, den Newtonschen Kosmos zu befahren.

Der KIM-Computer übernahm die bis dahin vom PDP 11/45 der Universität übernommene Arbeit und sollte als Mutter-Computer des Projekts dienen. Für ein paar Hunderter mehr konnte das Team ein Zusatzgerät auf den KIM montieren, mit dem sich Sekundär-Chips *brennen* ließen. Fähig, sich selbst ad infinitum zu reproduzieren, konnte der KIM, war er erst einmal erfolgreich mit einem Roulette-Algorithmus programmiert, zu den kleinen Computern geklont werden, die schließlich in die Casinos getragen wurden. Der KIM sollte die Große Mutter des Unternehmens werden und, während sie sich unter den Redwood-Bäumen in Santa Cruz erholte, die Arbeit ihrer Computer-Lieblinge in Las Vegas aus dem Verborgenen leiten.

Nachdem er auf seine Plastikplatine gelötet worden war, funktionierte der KIM als ein Acht-Bit-Mikroprozessor mit einem Fünf-Kilobytes-RAM.

Man erinnere sich, daß Digital-Computer beim Erlernen der Bits-und -Bytes-Sprache in der rudimentären Welt der Grundzahl-zwei-Mathematik operieren. Sie verarbeiten binäre Zahlen (*binary digits = bits*). Sie denken in langen, dünnen Reihen aus Einern und Nullen, die wiederum die symbolische Darstellung von Elektronen sind, die die Transistoren durchlaufen. Tausende von transistorisierten Orten sind in ein winziges Stück Silikon eingeätzt. Jeder dieser Orte kann nun auf entweder «An» oder «Aus» ausgerichtet werden, auf 1 oder 0. Danach lege man die magnetische Ladung, die diese Transistoren orientiert, auf Dauer fest, und schon hat man einen Chip, der als ROM (*read-only memory*, Festspeicher) arbeitet. Wenn man den Transistoren zusätzlich eine Neu-Orientierung erlaubt, erhält man einen interaktiveren, als RAM oder *random-access memory* bekannten Chip.

Von einer mit einer Million oder mehr Perioden pro Sekunde oszillierenden Quartzuhr reguliert, pulsieren Elektronen durch Silikon-Schaltkreise, um die binären Zahlen zu produzieren, die die kleinste und, in gewisser Weise, einzige Dateneinheit konstituieren. Dieses Pulsieren wird in Nanosekunden gemessen – das ist ein Tausendmillionstel einer Sekunde; um aber den Prozeß weiter zu beschleunigen, ballen Computer Bits zusammen und schieben sie in Päckchen zu vier, acht, sechzehn, vierundsechzig oder, in letzter Zeit, gar zweihundertsechsundfünfzig Bits auf einmal hin und her. Die Zuwachsgrößenbestimmung dieser Päckchen ist auf die kristallinen Geometrien von Silikon zurückzuführen. Eine Gruppe von acht nahe beieinanderliegenden binären Zahlen, die zusammengeballt und als Einheit herumgeschoben werden, ergeben ein *Byte*. Was ein Byte so wichtig macht, ist die Tatsache, daß ein alphabetisches Zeichen von einem Byte dargestellt werden kann. Ein Kilobyte entspricht 2^{10}, gleich 1024 Bytes, obwohl diese Zahl auf gut deutsch abgerundet wird; in diesem Fall auf tausend Bytes, oder 1 K.

Der KIM – ein Acht-Bit-Mikroprozessor mit 5 K RAM – beförderte acht elektronische Impulse gleichzeitig durch einen bis zu fünftausend Bytes fassenden Speicher. Diese Zahlen allein sind nicht beeindruckend. Schon das Spiel Space-Invaders arbeitet in nur geringfügig kleinerem Rahmen. Aber während das Video-Spiel in andauerndem intergalaktischem Hader mit dem ROM liegt, steht der Speicher im KIM weitoffen zum freien Zugriff. Innerhalb der Grenzen der Computer-Logik konnte der KIM programmiert werden, alles Erdenkliche zu tun.

Im Anschluß an ihren Sommer bei Professor Nauenberg bezog das Team im folgenden Herbst ein eigenes Haus. Doyne, Norman und Letty hatten sich

in der Gegend nach einem Ort umgesehen, der geräumig genug war, den
ersten eudämonischen Haushalt aufzunehmen. Sie fanden schließlich ein
weiträumiges, aus Holz errichtetes Gebäude in 707, Riverside Street, wenige
hundert Meter vom Strand entfernt und gleich hinter den Deichen, die
Überschwemmungen der an den Ufern des San Lorenzo erbauten Stadt
verhindern sollten. Das Haus und die dazugehörige Scheune waren einst die
alleinigen Anlieger an diesem Uferabschnitt gewesen. Aber das Weideland
war bereits vor langer Zeit zwecks Errichtung von Strand-Bungalows und
Wohnhochhäusern verkauft worden, die Scheune befand sich in baufälligem
Zustand, und das Haus selbst hatte kosmetische, wenn nicht gar strukturelle
Reparaturen dringend nötig.

In der unmittelbaren Nachbarschaft fand man ein Plätzchen für jede in dieser
sonnendurchfluteten Stadt von fünfzigtausend Einwohnern vorkommende
Art von Leuten. Touristen luden Kinder und Liegestühle in Landhäusern ab,
die man wochenweise mieten konnte. Im Ruhestand lebende Ehepaare
verwandelten ihre Gärten in Mini-Zitrushaine oder in von Bougainvilleen
und Fuchsien überwucherte Shangri-las. High-Tech-Mitarbeiter von Intel
rollten, nach einer Stunde Arbeitsweg durchs Gebirge, mit ihrem Porsche
auf die Vorhöfe der sonst schmucklosen Apartmenthäuser. Andere Bürger,
die es irgendwie fertigbrachten, in einer von Fisch, Rosenkohl, der Universität, Wrigley's Kaugummifabrik, Sozialhilfe, Silikon-Chips und Tourismus
abhängigen Wirtschaft zu überleben, nutzten den Rasen vorm Haus, um
Erbsen zu pflanzen, Dachfenster in Dodge-Kombis zu bauen, Windsurfbret-
ter aufzutakeln, über japanischem Hibachi Gemüse zu grillen oder *Good
Times* zu lesen, die lokale Tageszeitung, deren zutreffender Slogan lautete:
«Leichter als Luft.»

Die blumengeschmückte Einkaufspromenade und die Cafés von Santa Cruz
liegen genau auf der anderen Seite einer den San Lorenzo überspannenden
Brücke. Man könnte aber ebensogut zum Hafen schlendern, einer ausge-
dehnten blauen Wasserfläche, die sich dort erstreckt, wo die Monterey Bay
ein letztes Stückchen Küstenlinie anknabbert, bevor sie sich am Lighthouse
Point wieder mit dem Pazifik vereinigt. Die Surfer draußen vorm Point
tummelten sich in der Steamer Lane, der besten Surf-Brandung vor der
ganzen Küste, während es weiter hinten, in den stilleren Wassern der Bucht,
einen Jachthafen gab und einen Landesteg, wo Fischhändler den Fang des
Tages verkauften, sowie eine hölzerne Strandpromenade mit Arkaden, einer
Achterbahn und allem Drum und Dran. Das einzige Störende in dieser
friedlichen Nachbarschaft – das von den neuen Bewohnern schon bald
überhört wurde – war das Kreischen der Achterbahnfahrer, wenn sie die
große Sturzfahrt antraten.

Vom Standort abgesehen, hatte 707 Riverside auch sonst einiges zu bieten: Massive Grundmauern aus Stein, die bereits zahllose Erdbeben überstanden hatten und eine Treppe stützten, eine von Säulen getragene Veranda und ein Fenstergeschoß, dessen überhängende Konstruktion und sein nach oben gewölbtes Dach dem Haus das unbestimmte Aussehen einer chinesischen Pagode verlieh. Trotz ihrer Weiträumigkeit besaß die Behausung nur ein bewohnbares Stockwerk, wiewohl ein so ausgedehntes, daß es entlang seiner äußeren Begrenzungslinie sechs Schlafzimmer aufwies sowie, großzügig angelegt, Wohnzimmer, Eßzimmer und Küche. Im Keller gab es zwei weitere Räumlichkeiten, deren Fenster auf einen weitläufigen Hof und die Scheune zeigten. Letty studierte damals in ihrem dritten Jahr an der juristischen Fakultät von Stanford und bezahlte etwas über fünfzigtausend Dollar für das Haus. «Norman und ich hatten selber überlegt, es zu kaufen», sagte Doyne, «aber die Leute von der Bank hätten uns nicht mal die Uhrzeit gegeben. Auch bei Letty waren sie mißtrauisch, bis sie ihre Aktienzertifikate aus der Tasche zog. Von da an stand der Wind günstig.»

Norman zog in jenem Herbst von Portland nach Santa Cruz und begann sein erstes Jahr als graduierter Student an der Universität. Letty kam, so oft es ging, von Palo Alto herunter. Juano, nachdem er als Pokerspieler in den Kartenspielzimmern von Montana mehr als Pech gehabt hatte, kehrte in die Stadt zurück. Das Haus füllte sich auch mit anderen Bewohnern, über die Jahre hinweg unter anderem mit Wissenschaftlern, Lehrern, Rechtsanwälten, einem Pianisten, einem Volleyball-Coach, zwei holländischen Film-Stars und einem Mitglied der italienischen Linken aus Mailand. Als Durchgangsstation für Reisende und Hauptquartier der Eudaemonic Enterprises erlangte 707 Riverside den Ruf einer Kommune, eines Physiklabors und eines Casinos alles in einem.

Die eudämonische Familie errichtete einen Zaun um das Grundstück und legte einen Garten an. Sie baute Tische und Betten und kaufte weiteres Mobiliar auf dem Sky-View-Drive-In-Flohmarkt. In einem kleinen weißen Zimmer neben der Eingangshalle, das als Projekt-Raum bekannt werden sollte, stellte Doyne den neuen Computer auf. Er brachte vom Fußboden bis zur Decke Regale an und füllte sie mit Schuhkartons voller elektronischer Bauteile, technischen Handbüchern, zusätzlichen Chips, Schaltplänen und anderem, für das Zusammenbauen und Programmieren des KIM unerläßlichem Zubehör.

Die Filigranarbeit aus Silikon in einem Computer, seine Tastatur, die elektronischen Schaltkreise sowie die Uhr nennt man Hardware. Die zweitstufige Abstraktion eines Computer-Programms – die Instruktionen, die die Hardware mit Gedächtnis und Logik ausstatten – wird Software genannt.

Der KIM und andere frühe Mikroprozessor-Bausätze wurden von der Fabrik ohne Software angeliefert. Und es existierte auch keine.

Als Computer war der KIM ein unbeschriebenes Blatt, der nichts wußte von Sprache und Zahlen oder ihrer symbolischen Handhabung. Dies hieß, daß man ihn auf der ungebildeten Ebene der Elektronen ansprechen mußte. In seinem Zustand annähernder Idiotie konnte man mit dem Computer lediglich in Maschinensprache sprechen, einer Kombination aus elektronischen Bits, die nicht artikulierter sind als ein oder zwei Finger, die man vor dem Gesicht eines wohlig Gurgellaute ausstoßenden Babys hin- und herbewegt. Aber bei genügender Wiederholung bringt es sogar eine dumpfe Maschine fertig, ihre Synapsen auf Muster bildendes Erkennen von Namen und Zahlen zu trimmen. Indem er zehn Stunden täglich, sieben Tage die Woche mit dem Computer spielte, hatte Doyne dem KIM einen Monat später das Multiplizieren beigebracht.

«Zuallererst mußte ich ihm zeigen, wie man bis zehn zählt und zurück», sagte er. «Der 6502-Mikroprozessor verarbeitet Daten zu jeweils acht Bits auf einmal, das heißt, er erkennt nur 2^8 oder 256 Zahlen zwischen 0 und 255. Dies macht es kompliziert, wenn man 256 mit 257 multiplizieren will. Auch muß man sich klarmachen, daß ‹Multiplizieren› für den frühen Mikroprozessor keine Instruktion war. Die verstanden nur ‹addiere› und ‹subtrahiere›. Folglich mußte man in der Lage sein, den Computer dahinzubringen, jede Zahl, die multipliziert oder dividiert werden sollte, in Addition oder Subtraktion von Zahlen zwischen 0 und 255 zu zerlegen. Und das ist keine triviale Aufgabe. Dazu brauchte ich einen Monat. Danach mußte ich den Computer lehren, ganze Sequenzen von Rechenoperationen mit variablen Daten durchzuführen, was zum Lösen von Gleichungen erforderlich ist. Es verlangte noch mehr Zeit, dem Computer den Umgang mit Logarithmen beizubringen, mathematische Funktionen, die nicht exakt von irgendeiner Kombination aus ‹addiere›, ‹substrahiere›, ‹multipliziere› und ‹dividiere› ausgedrückt werden, obwohl sie durch eine Reihe dieser Schritte approximiert werden können. Ich mußte lernen, einen Computer zu programmieren, denn Software gab es sowieso keine; also war es sinnvoll, meine eigenen Unterprogramme aufzuschreiben. Was mich ebenfalls beschäftigte, war die Geschwindigkeit. Als ich die Ordnungsgröße berechnete, um so etwas wie einen Logarithmus hervorzubringen, war ich einigermaßen besorgt, sah es doch so aus, als bräuchte das ziemlich viel Zeit. Ich wußte, daß ich die endgültige Antwort in weniger als einer Sekunde haben mußte, und ich arbeitete auf eine Zehntelsekunde hin. Wie sich herausstellte, gelang es mir problemlos, unter eine Zehntelsekunde zu gelangen.»

Doyne erstellte einen «globalen Plan», um seine Arbeit im Projekt-Raum zu organisieren. Mehrere Stunden des Tages widmete er dem Studium der Roulette-Theorie, aber den Großteil seiner Zeit brachte er damit zu, den Umgang mit Computern zu erlernen. Nachdem er den KIM zusammengelötet und ihn Arithmetik gelehrt hatte, mußte er ihn als nächstes in der Logik des Denkens unterweisen.

«Mikroprozessoren hatte es bereits seit ein paar Jahren gegeben, aber der von uns verwendete Chip war nicht länger als fünf oder sechs Monate erhältlich gewesen. Das dazugehörige Handbuch war soeben erst erschienen, es steckte voller Fehler, und kein Mensch hatte jemals irgendwelche Programmiersprachen, Assembler oder Software-Hilfen geschrieben. Ich mußte das Programmieren lernen, indem ich binäre Zahlen direkt in den Computer eingab. Ein Computer-Programm ist ja nichts weiter als eine Sequenz dieser Zahlen. Die erste besteht aus einer Instruktion, die mit einem der zweihundertsechsundfünfzig Dinge, die ein Computer auszuführen vermag, übereinstimmt. Er versteht jetzt, was er von der nächsten Zahl, mit der er etwas anfangen soll, zu erwarten hat. Sie wird entweder eine weitere Instruktion oder eine Datenangabe sein. Im weiteren Verlauf der Sequenz kann der Computer Entscheidungen treffen, arithmetische Berechnungen anstellen oder seine Input/Output-Einrichtungen streicheln. Er wird auch mit ‹Unterbrechungen› fertig, die ihn instruieren, im Programm herumzuspringen und andere Instruktions-Sets zu suchen. Der Computer bewegt sich nicht notwendigerweise linear durch sein Programm. Er kann sich in Schlaufen und Verästelungen bewegen und auf reichlich komplizierte Art und Weise zwischen den Zahlen hin- und herspringen. Deshalb vermögen Computer, non-triviale Dinge zu erledigen.»

Wie auf seinem globalen Plan eingezeichnet, stellten Doynes Bemühungen, den KIM zu programmieren, lediglich einen kleinen, wenngleich wichtigen Teil der Gruppen-Attacke auf das Roulettespiel dar. Er mußte aber auch die Gleichungen lösen, die man zum eigentlichen Sprengen der Bank benötigte. «Es war ein fortlaufender Denkprozeß, auf welche Weise man Voraussagen treffen könne, einhergehend mit sorgfältiger Ableitung der Formeln und ihr Testen auf Fehleranalysen hin. Allein die Grundidee des Programms zu formulieren, kostete eine ganze Menge Zeit.»
Roulette, mit seiner um eine rotierende Scheibe laufenden Kugel, ist nichts anderes als ein von Newtons Gesetzen der Mechanik beherrschtes Modelluniversum. Planetarische Kugel umkreist Sonnenscheibe, bis Schwerkraft sie aus ihrer Umlaufbahn saugt und hinabzieht zu Stillstand. Die Bewegungsgleichungen, die dieses galaktische Schauspiel beherrschen, sind je-

dem Studienanfänger in Physik zugänglich, der die Bedeutung von $F = ma$ begreift. Aber der Berechnung dieses himmlischen Rendezvous standen verschiedene Stolpersteine im Weg und gestalteten es, von Pascals Tagen, der Newtons Zeitgenosse war, bis in die Gegenwart zu einem klassischen Physikproblem.

Obwohl der Roulettekosmos den Gesetzen der Schwerkraft und planetarischer Bewegungen gehorcht, ändern sich die Anfangsbedingungen jedes Mal, wenn das Roulette gestartet wird. Dies ist dem Gott in Newtons Uhrmacher-Universum vergleichbar, der fünfzigmal in der Stunde nach unten greift, um am Mechanismus herumzupfuschen. Um in einer derart unbeständigen Welt Voraussagbarkeit zu erzielen, muß man die Geschwindigkeiten von Kugel und Rotor zu Beginn eines jeden Spiels abstoppen, ihre relativen Positionen verzeichnen, und dann, innerhalb der zehn bis zwanzig Sekunden zwischen dem kosmischen Start der Kugel und ihres Falls aus der Umlaufbahn, das schließlich erfolgende Rendezvous errechnen.

Da Menschen nicht schnell genug sind, ist das einzige für diesen Akt himmlischer Navigation kompetente Gerät ein Computer. Aber wenn man sich dies alles genau überlegt, wird das Programmieren dieses Computers zu einer entmutigenden Aufgabe. Man muß die das Roulette lenkenden Bewegungsgleichungen ableiten und, sofern möglich, lösen. Die Funktionen, die die einzelnen Abschnitte des Spiels beschreiben, müssen in eine einzige umfassende Funktion, einen Algorithmus integriert werden, der in Bruchteilen von Sekunden Voraussagen zu treffen mag. Andere Hemmnisse machen das Konstruieren eines Computers zu einer noch größeren Herausforderung.

Die Maschine benötigt, selbst in abgeschwächter Form, sogenannte periphäre Interface-Geräte. Dies ist die Gattungsbezeichnung für Tastaturen, Terminals, Joysticks, Thumpers, Mikroschalter, Stimmsimulatoren, LED-Anzeigen und andere Methoden, mittels deren Menschen mit der Zentraleinheit oder dem Gehirn eines Computers kommunizieren können. Auf dem Weg über ein solches Gerät oder eine Kombination von Geräten muß der Computer bei jedem neuen Spiel über dessen Anfangsbedingungen informiert werden. Schließlich braucht der Computer, nachdem er die Kreisbahn der Kugel und den endgültigen Rotorkontakt berechnet hat, eine Möglichkeit, diese Information mitzuteilen. Der Computer mitsamt Peripherie muß batteriebetrieben werden, er muß lange halten, er muß zu verstecken sein, leise, zuverlässig, unentdeckbar und intelligent.

Der französische Mathematiker und Astronom Pierre Simon, Marquis de Laplace, behauptete, daß alles, was man benötigte, um die Zukunft vorauszusagen und deren Geheimnisse bis ans Ende der Zeit zu entrollen, Position und Geschwindigkeit von Materie im Universum in *einem Augenblick* in der Zeit sei. Dasselbe Prinzip gilt für die Geheimnisse des Roulettes. Um seine Laplacesche Intelligenz zu werden – Laplaces Gott der Voraussagbarkeit –, muß man vier Dinge tun. Man muß zunächst voraussagen, welche Strecke die Kugel zurücklegen wird, bis sie aus ihrer Kreisbahn fällt. Ferner ist es notwendig zu bestimmen, wann die Kugel dies tut. Drittens sind Voraussagen, welche Strecke die Nummernfächer des Rotors zu dem Zeitpunkt, da die Kugel in eines von ihnen hineinfällt, zurückgelegt haben werden, nötig. Die Distanz, die die Kugel zurücklegt, und die Distanz, die der Rotor zurücklegt, müssen viertens addiert werden, um die relative Bewegung und das Timing ihrer abschließenden Vereinigung zu korrelieren.

Die richtigen Gleichungen und Variablen vorausgesetzt, reicht viermaliges Betätigen des Zehenschalters aus, um alles für die Roulette-Voraussage durch die Laplacesche Intelligenz Notwendige zu speichern. Man stoppe das Passieren eines Punktes auf dem Rotor – zum Beispiel die 00 – vor einem auf dem Rand der Schüssel befindlichen Fixpunkt. Man registriere den zweiten Umlauf des Rotors vor dem Fixpunkt. Man markiere das Passieren der Kugel vor demselben Fixpunkt. Man notiere die zweite und die folgenden Umdrehungen der Kugel. Je mehr Kugel-Daten man eingibt, desto größer wird die Genauigkeit bei der Voraussage ihrer Verlangsamung. Allerdings genügt auch ein zweimaliges Eingeben, nachdem man die beiden Daten für den Rotor bereits eingegeben hat.

«Während ich die Roulette-Gleichungen ableitete, nahm ich mir alles vor, was ich bereits am Campus-Computer gerechnet hatte», sagte Doyne, «und was in der Programmiersprche BASIC geschrieben war, und übersetzte es in die Maschinensprache. Danach mußte ich mir eine Methode ausdenken, um das Feedback-Zeug zu programmieren. Welche Parameter brauchten wir, und wie sollten wir sie setzen? Wenn man via Mikroschalter unter dem Zeh Daten eingibt, wie entwirrt er diese Signale, wie entscheidet er, was jedes von ihnen bedeutet?

Ein Programm zur Roulette-Voraussage zu schreiben, ist keine leichte Aufgabe, auch wenn man weiß, wie man es geschrieben haben will. Den Computer soweit zu bringen, daß er die Berechnungen durchführte, dauerte lediglich ein Viertel der Zeit, die ich für das Programm brauchte. Der Rest der Zeit ging damit drauf, den Computer zu lehren, was die eingegebenen Signale bedeuteten und wie man im Austausch die gewünschten Informationen aus ihm herausbekam. Allein die Garantie dafür, daß den Computer das von ihm Erwartete nicht verwirrte, verlangte große Sorgfalt.»

Ein wesentlicher Teil von Doynes Programm befaßte sich mit dem Identifizieren der Parameter, die von einem Roulettekessel zum anderen variieren.

«Im Grunde genommen will man fünf Zahlen kennen. Unsere Methode, diese fünf Parameter zu setzen, entdeckten wir auf dem Weg des Ausprobierens. Der Computer wird mit idealen Werten vorausprogrammiert. Man gibt mit seinem Zeh Daten ein und vergleicht sie mit dem, was der Computer herauszufinden erwartet. Dann spielt man mit diesen Voraussagen ein bißchen herum, bis man jede einzelne dazu bringt, mit der Realität übereinzustimmen.»

Für dieses Herumspielen unterteilte Doyne das Computer-Programm in acht spezialisierte Bereiche oder Modi, von denen fünf dazu bestimmt waren, die Parameter für Kugel, Rotor und Schräglage des Kessels zu kalibrieren. Zwei weitere Modi wurden als mathematische Notizblocks verwendet, um über Histogramme zu verfügen, die Auskunft darüber gaben, wie gut der Computer funktionierte. Ein letzter Modus – der alle regulierbaren Parameter bereithielt – war für das eigentliche Spiel reserviert.

Es ist nicht schwer, sich in einem solchen Programm zu verlieren, vor allen Dingen dann, wenn man über seinen großen Zeh mit dem Computer kommunizieren muß. Also dachte Doyne sich etwas aus, das er Modus-Karte nannte. In einer Serie ineinandergreifender Schlaufen stellte diese die Beziehung zwischen den acht Modi schematisch dar. Ein spezifischer Zehendruck steuerte den Computer von einem Modus in den anderen; eine Prozedur, die unter dem Begriff «Herumkutschieren auf der Modus-Karte» berühmt wurde.

Um die Modus-Karte abzufahren, waren tatsächlich zwei große Zehen erforderlich. Der linke Zeh steuerte den Computer von Modus zu Modus, während der rechte Zeh die Parameter vergrößerte oder verkleinerte. Eine komplette Rundreise auf der Karte, mit Pausen hier und da, um Variable zu regulieren, dauerte etwa fünfzehn Minuten und endete damit, daß der Computer in den Spielmodus geschaltet wurde. Waren die Parameter erst einmal auf das betreffende Roulettespiel abgestimmt, war das Voraussagevermögen des Computers ungeheuer. Sogar Laplace wäre überrascht gewesen von der einem großen Zeh zu Gebote stehenden Intelligenz.

Radios von anderen Planeten

Die Story mit den Gefühlen kann einem der Computer nicht erzählen.
Die mathematisch exakte Zeichnung bringt er zustande,
was aber fehlt, sind die Augenbrauen.

Frank Zappa

War der eudämonische KIM ein für Fortpflanzung bestimmter Mutter-Computer, so sollte der erste Sproß, relativ gesprochen, ein Riesenbaby sein. Vier mal fünf Inches messend – etwa so groß wie eine Postkarte –, sollte der Prototyp des Roulette-Computers selbst zu späteren Versionen geklont werden, die nicht größer waren als ein Karteikärtchen. Für die anfängliche Größe gab es einen praktischen Grund: Transistoren lassen sich, über Oberflächen verteilt, die größer sind als ein Stecknadelkopf, schlichtweg einfacher zählen.

Dem Einvernehmen nach war Juano mit dem Bau des Prototyp-Computers betraut, wenngleich Doyne und Norman beim Entwurf halfen und Jack Biles beim Zusammenbau assistierte. Sie machten es zur Regel, ihre neuen Computer auf die zweiten Vornamen des jeweils verantwortlichen Erbauers zu taufen. Somit sollte der erste, von John «Juano» Raymond Boyd in Heimarbeit gebaute Computer auf den Namen Raymond hören.

Raymond war von Anfang an ein Sorgenkind. Sein Mikroprozessor und die Chips stammten aus den Regalen von Zubehörläden im Silicon Valley, und das zeigte sehr deutlich, daß eine Menge zu lernen war, wenn aus den bunt zusammengewürfelten Einzelteilen Computer werden sollten. «Den Händlern im Valley waren wir schon bald ein vertrauter Anblick», sagte Norman, «da wir uns einen netten Vorrat an ausgebrannten Chips zusammenkauften.» Selbst unter der Anleitung von Dan Browne hatte Juano als Pokerspieler sein letztes Hemd verloren. Bei seiner Rückkehr nach Santa Cruz hielt er eigentlich Ausschau nach einem Job, doch sah er mit seinem über seine Brille und ein gutes Stück des Rückens hängendem schwarzen Haar aus wie ein Flüchtling aus dem Haight-Ashbury-Drogenkrieg; dabei war Juano eine der harmlosesten Seelen überhaupt. Im Anschluß an einen Job als Telephon-Inspizient und einem weiteren in einer Elektronikfirma in Santa Cruz, wo er Bauelemente sortierte, versuchte er aus seinem akademischen Grad in Physik Nutzen zu ziehen, indem er sich als Techniker ans Silicon Valley zu verdingen suchte. Und während er zu Vorstellungsgesprächen auf der anderen Seite der Santa Cruz Mountains hin- und herreiste, machte er im Valley

Besorgungen: Chips, Widerstände, Kondensatoren, Dioden, Kristalle und die übrigen, für Eigenbau-Computer erforderlichen Zutaten standen auf seiner Einkaufsliste.

Der Mikroprozessor im Raymond war identisch mit dem im Keyboard Input Module. Der Hauptunterschied zwischen den beiden Computern lag in ihrem jeweiligen Gedächtnis. Während der KIM sein Programm auf einer Tonbandkassette speicherte, benötigte Raymond etwas Kompakteres. Um als tragbarer Roulette-Computer ins Leben zu treten, mußte er einen PROM (*programmable read-only memory*, programmierbarer Festspeicher), enthalten. Um diesen neuen Gedächtnis-Chip zu programmieren, war das Projekt auf ein PROM-Brenner genanntes Gerät angewiesen, welches das Gedächtnis eines Chips – seine Orientierung auf Einsen und Nullen – kopieren und auf einen anderen brennen konnte.

Doyne baute einen PROM-Brenner auf den KIM. Juano fuhr hinüber ins Valley, um eine weitere Handvoll Chips zu kaufen. Sie montierten die Bestandteile auf eine Leiterplatte und schafften es schließlich, das Roulette-Programm von KIM auf Raymond zu übertragen. «Von diesem Augenblick an», so Doyne, «war Raymond erst ein richtiger Computer und einsatzbereit.

In unserer Freizeit hatten Norman und ich die Hardware für den Computer entworfen. Hat man erst einmal ein Programm zur Hand, kommt es darauf an, einen Schaltkreis auszutüfteln, um ihn zum Funktionieren zu bringen, und die entsprechende Input/Output-Methode dazu. Also vertieften wir uns ins Pläne-Zeichnen. Aber noch im Januar und Februar, ja sogar bis in den Frühling 1977 hinein, hatten wir die größte Mühe, Raymond in Gang zu bringen.»

Das Auffinden und Beseitigen von Fehlfunktionen eines Computers nennt man Debugging. Anthony Chandor definiert das in seinem *The Penguin Dictionary of Microprocessors* als «den Prozeß, ein Programm zu testen und Mängel zu beseitigen. Im Idealfall eine einzige Phase bei der Entwicklung eines Programms, in der das Programm mit Testdaten gefüttert wird, um alle Verzweigungen und Bedingungen, die im Programm existieren mögen, zu testen. Unglücklicherweise kann sich das Debugging häufig über die gesamte Lebensdauer eines Programms erstrecken.»

Das damit verbundene Elend deutet Chandor nur an. Er unterschlägt nämlich die Angst vor dem Debugging eines Programms, für das es keine Testdaten gibt, oder die abscheuliche Tatsache, daß Störungen in der Hardware selbst existieren können. In Computern kann es von solchen Störungen nur so wimmeln, und zwar in einem Ausmaß, daß man, und das ist der schlimmste aller Alpträume, befürchten muß, sie pendelten zwischen Soft- und Hardware hin und her. In der menschlichen Pathologie ist dies dem Geist-Körper-Problem vergleichbar, wo Störungen in einem Bereich ein Vergnügen daran finden, in den anderen überzuwechseln. Es gibt Philosophen, die diese Tatsache anführen, um gegen die kartesische Unterscheidung zwischen Geist und Körper zu argumentieren. Auch Hacker tun das, wenn sie, mit den Mysterien des Debugging konfrontiert, der Identität von Software und Hardware so manches Mal mißtrauen.

Doyne sagte es gerade heraus: «Das Debugging von Raymond war die Hölle. Ich erinnere mich, daß ich mindestens einen Monat damit verbrachte und praktisch nichts anderes tat. Es war einfach nervenaufreibend.»

Norman war ebenfalls nicht sonderlich begeistert. «Es war eine schreckliche Zeit, bis wir die technischen Mängel dieses Idioten ausfindig gemacht hatten. An einem Punkt wurden wir wirklich depressiv; es sah so aus, als ob der Computer überhaupt nicht funktionierte. Also bauten wir eine zweite Maschine, klemmten sie Raymond drauf und ließen sie, Schritt für Schritt, sein Programm durchtesten. Dabei entdeckten wir dann, daß wir einen Widerstand für drei Cent vergessen hatten. Das war das ganze Problem. Wir bauten ihn ein, und schon lief er einwandfrei.»

Raymond war nun kerngesund, und das Team wandte sich mit aller Energie dem Bau seines ersten casino-tauglichen Mikrocomputers zu. «Raymond war unser Prototyp», sagte Doyne. «Er war als etwas gedacht, an dem man das Debugging üben konnte. Für einen Einsatz in den Casinos schien er uns zu groß, obwohl er später tatsächlich mit hineingenommen wurde.»

Um einen Computer zu bauen, benötigt man mehr als eine Handvoll Chips. Ohne Elektronen, die sie durchfluten, sind sie träge. Um diesen Fluß zu erzeugen und zu kontrollieren, muß der Chip an einen elektronischen Schaltkreis aus Transistoren, Widerständen und anderen Bestandteilen angeschlossen werden. Zerbrechlich und wenig größer als ein Stecknadelkopf, werden Silikon-Chips in DIPs (dual in-line packages, Parallelseitengehäuse) genannten Plastik- oder Keramikkapseln verkauft. Diese sehen aus wie schwarze Tausendfüßler mit goldenen Beinchen. Elektronen fließen an den Beinchen hinauf und hinunter, aber erst nachdem die DIPs auf Leiterplatten aufmontiert wurden, die sie in Position halten und den Stromfluß unter ihnen organisieren.

Es gibt verschiedene Möglichkeiten, Chips auf eine Platte zu laden. Für Raymond hatte das Team die sogenannte «Wire-wrap-Technik» (Drahtspirale auf Vierkantkontakt) angewandt. Nachdem die DIPs mit ihren eigenen Stiften in Sockeln befestigt worden waren, steckte man sie auf eine Leiterplatte; danach wurde ein Spinnennetz untereinander verbundener Drähte auf der Unterseite der Platte von Nadel zu Nadel gewickelt.

«Den zweiten Computer wollten wir viel kleiner gestalten», sagte Doyne, «und wir glaubten nicht, daß die «Wire-wrap-Technik» hier hinhauen würde.

Für einen Prototyp war das okay, aber nicht fürs Produzieren. Genau an dem Punkt erfuhren wir von einer neuartigen Technik, einer Art Wunderdraht, der so dünn war, daß dessen Isolation bei der Berührung mit einem Lötkolben schmelzen sollte. Das tat sie denn auch, nur gab es darüber hinaus Kurzschlüsse, das Zeug schmolz und verschmierte die Leiterplatte. Man brauchte nur zu niesen, schon gingen die Drähte kaputt, so lächerlich dünn waren sie. Am Ende hatten wir ein undurchdringliches Durcheinander von Draht um den Computer herum. Mit diesem Ding schossen wir weit übers Ziel hinaus.»

Raymonds erste Nachkommenschaft – auf den Chip-Haufen geworfen, ohne daß er ein Lebenszeichen von sich gegeben hätte – wurde gar nicht erst getauft. Das Team kehrte zur Technik des Wire-wrap zurück und baute den nächsten Computer. Indem es die Chips dichter aneinanderrückte und die Stifte an der Unterseite der DIP-Sockel abkniff, sparte es ein halbes Inch oder mehr an Außenmaßen ein. Mehrere Wochen vergingen mit Löten und Debugging, bis die Gruppe den ersten Funken Leben im neuen Computer entdeckte, der nach seinem Familienvater, Norman Harry Packard, Harry getauft worden war. Raymond und Harry sollten in ihrer Familiengeschichte die ersten sein, die als eudämonische Computer die Grenzen überquerten und den Roulette-Tischen von Nevada gegenübertraten.

Über das Bauen und Programmieren von Computern hinaus blieb ein dritter Bestandteil des «globalen Plans» bestenfalls unscharf in seinen Umrissen. In der Meinung, ihre Gegenwart in den Casinos wäre weniger mißtrauenerregend, wenn man die zu bewältigenden Aufgaben aufteilte zwischen einem nahe bei dem Kessel stehenden Spielbeobachter und einem weiter unten am Tisch stationierten Spieler, hatte das Team sich für ein Zwei-Personen-System entschieden, das Computer im Tandem-Betrieb einsetzte. Während der Spielbeobachter Parameter setzte und Kugel und Rotor abstoppte, sollte er mit Penny-Einsätzen spielen, vielleicht sogar auf aussichtslose Felder setzen. Der zweite Spieler, mit einem Computer verbunden, der die Daten des Spielbeobachter-Computers empfing und dekodierte, sollte die Spiele mit großen Einsätzen spielen. Weitab von dem Kessel stehend und einen unanständig großen Haufen Geld zusammenraffend, konnte der Spieler mit einer Vielzahl unschuldiger Verkleidungen jegliches Mißtrauen zerstreuen.

Die Jetons im Roulettespiel besitzen ihre ureigene Anziehungskraft. Sie saugen Energie auf wie ein Kurzschluß. Man muß nur genug vor einem Spieler aufstapeln, und eine gaffende Menge wird ihn umstehen. Dies ist der Augenblick, wo das Management hellhörig und die Kontrollorgane aktiv werden. Links und rechts tauchen die Augen von Croupiers, Aufsichtspersonal, Saalchefs und der übrigen Kontrollorgane auf. Sie bearbeiten einen mit Alkohol, lenken mit Fragen ab, kauen Kaugummi, niesen, reiben sich den Schritt. «Was», fragen sie sich, «bewirkt diesen ungehörigen Erfolg? Ist dieser Kerl ehrlich, oder tut er uns eine Gemeinheit an?»

Zwar ist ein Zwei-Personen-System, was die Sicherheit anbelangt, von großem Vorteil, allerdings erfordert es einiges an technischem Geschick. Es macht z.b., via Radiosender oder andere Methoden, den Austausch von Signalen zwischen zwei Computern notwendig. Sind diese Signale einmal ausgesandt, müssen sie in eine für Menschen verständliche Form umgewandelt werden – etwa in eine in einer Brille untergebrachte LED-Anzeige, in im Ohrkanal wahrnehmbare Töne oder Schocks oder Pochzeichen an verschiedenen Körperstellen. Die beim Konstruieren eines derartigen Zwei-Personen-Systems auftauchenden Probleme – verlangt werden Kommunikation sowohl von Computer zu Computer als auch von Computer zu Mensch – gehören in den Bereich der Elektrotechnik. Der einzige aus der Gruppe, der in seiner Kindheit als TV-Mechaniker in Silver City Erfahrungen auf diesem Gebiet gesammelt hatte, war Norman.

Zuallererst ging Norman das Problem der Kommunikation zwischen Computern an. Er befand, daß eine Funkverbindung zwar leicht herzustellen, gleichzeitig aber auch zu auffällig war. Die großen Casinos sind von einem Ende zum andern mit Detektoren für Bomben, Kameras, Handfeuerwaffen und andere Gegenstände versehen, die im normalen Radiofrequenzbereich identifizierbar sind; außerdem konnte man damit rechnen, im Himmelsauge über jedem Roulette-Tisch Sensoren zu finden.

Nachdem er eine Funkverbindung ausgeschlossen hatte, untersuchte Norman andere Optionen, darunter Ultraschall, der ohne spezielle Sensoren nicht aufspürbar ist, und ein optisches System, bei dem es um Infrarot-Laser ging. In einen Schuhabsatz eingebaut, konnte ein Laser mittels einer dem menschlichen Auge unsichtbaren Infrarotlichtmasse Signale übertragen. «Sowohl Ultraschall als auch Laser funktionierten ausgezeichnet», berichtete Norman, «solange niemand im Weg stand.»

Es war Tom Ingerson, der eine Lösung für Normans Problem vorschlug. Während er in Chile sein Urlaubsjahr verbrachte, blieb er doch in regelmäßigem Briefkontakt mit Santa Cruz und schrieb über alles mögliche, von philosophischen Dingen bis hin zu schematischen Darstellungen von Schaltplänen. «Ich schlage die James-Bond-Tour vor», schrieb er: «Montiert einem von euch einen Radioempfänger in den Zahn. Schwierigkeiten bereitet das heutzutage nicht: Man kann durch Aufeinanderbeißen Signale senden und über die Leitfähigkeit der Knochen aktuelle Zahlen empfangen, um Einsätze zu machen, und kein Mensch kann das hören.»

Als Alternative zur James-Bond-Tour schlug Ingerson dem Team vor, Signale mittels Faradayscher oder magnetischer Induktion zu übermitteln. Dies funktioniert nach demselben Prinzip wie ein Transformator, wo ein durch eine Drahtspule geleiteter Strom das Magnetfeld verändert und dadurch in einer zweiten Drahtspule Strom erzeugt. Der Spannungsfluß durch benachbarte Drähte wird durch das Induktionsgesetz beschrieben; daher der Name dieser Art von Signal.

Anders als elektromagnetische Wellen, die sich in einem Strahlenfeld durch Raum fortpflanzen, erzeugt magnetische Induktion langsam sich verändernde magnetische Felder, die sehr wenig Energie an die Außenwelt abgeben. «Sie schwächen sich so schnell ab», entdeckte Norman, «daß man sie über zehn oder fünfzehn Fuß hinaus nicht mehr feststellen kann, auch mit den besten Instrumenten nicht. Dies war in jedem Fall ein großes Plus. Unsere Signale wären für das Himmelsauge faktisch unsichtbar. Und in den Casinos müßte schon jemand direkt neben uns stehen, um sie zu entdecken.»

Norman ging alle seine Bücher über Elektrizität und Magnetismus durch und machte sich daran, verschiedene Transformatoren und Empfänger zu bauen. Er hatte keine Ahnung, daß dies auf Jahre hinaus an seinem Lebensnerv nagen würde. Tausende von Stunden sollte er damit zubringen, all die geheimnisvollen Störungen zu finden und zu beseitigen, die seine Schaltkreise heimsuchten. Was als eine glänzende Idee gedacht war, um die Sicherheitsvorkehrungen der Casinos zu unterlaufen, sollte Normans beispielhafte Geduld auf eine harte Probe stellen.

Gleichzeitig arbeitete er an seiner zweiten Aufgabe: der Kommunikation zwischen Mensch und Computer. Normalerweise geschieht dies über Tastaturen und Bildschirme, unser Team aber brauchte Geräte, die weniger auffällig waren. Um in den Computer Daten einzugeben, hatten sie die Tastatur bereits durch Mikroschalter ersetzt, die sie mit Zehen bedienten. Jetzt galt es, eine Methode zu finden, um Informationen auch wieder aus dem Computer herauszubekommen. Die Norman zur Verfügung stehenden Möglichkeiten schlossen visuellen, hörbaren, elektrischen und taktilen Output ein.

Visuellen und hörbaren Output verwarf Norman als zu auffällig. Armbanduhren mit LED-Anzeigen oder Hörgeräte, die Töne im Ohrkanal erzeugen, wären gleichermaßen leicht zu entdecken. Um taktile Möglichkeiten auszuloten, nahm er Kontakt auf zu einer Firma in Palo Alto, die Hilfsgeräte für Blinde herstellte. Ihr vielversprechendstes Erzeugnis war eine Maschine, die Text in mit den Fingerspitzen lesbare Signale verwandelte. Aber Norman fand das Gerät zu empfindlich und, was die unterschiedlichen Spannungen anging, die sie benötigte, zu unflexibel.

Nachdem er visuelle, hörbare und taktile Geräte verworfen hatte, richtete Norman sein Augenmerk auf den elektrischen Output. «Die perfekte Lösung unserer Meinung nach waren Schocker, die, völlig flach, gut zu verbergen sein würden.»

Auf den Körper geschickte Elektroschocks konnten als Signale entziffert werden, die einen bestimmten Sektor auf dem Rotor bezeichneten. Günstig war, daß Roulettekessel mit schwarzen Linien versehen sind, die den Rotor in acht wie Tortenstücke geformte Sektoren unterteilen. Die achtunddreißig Nummernfächer auf dem Rotor werden nicht einheitlich durch acht geteilt: Somit entfallen auf jede Sektion vier oder fünf Zahlen. Ein Computer, der den Ausgang eines Spiels auf einen bestimmten Sektor begrenzte und Zeit genug ließ, auf diese vier oder fünf Zahlen zu setzen, würde einem Spieler einen todsicheren Vorteil über das Roulette verschaffen – sofern er Normans Elektroschocks überlebt hätte.

Er benutzte einen Blechdosendeckel, der mit einer «speziellen, in der Medizin verwendeten klebrigen und leitfähigen Substanz» bestrichen war, brachte auf seinem Kreuz eine Erdung an und befestigte vier über seinen Körper verteilte Schocker: einen an jedem Bein und zwei auf seinem Bauch. Die gleichzeitig vibrierenden Schocker boten Kombinationen, mit denen er mehr als genug Signale erzeugen konnte, um die acht Sektoren sowie ein neuntes Signal für «Nichtsetzen» zu unterscheiden.

«Die Idee bestand darin, einen Stromfluß durchs System zu schicken, der eine Sinneswahrnehmung hervorrief, eine vermutlich nicht unangenehme Wahrnehmung, wenngleich es nicht einfach war, die richtige Voltzahl einzustellen.» Dies war Normans sanftmütige Art einzugestehen, daß der Projekt-Raum, in dem sich Menschen als Versuchskaninchen wiederfanden, die sich im Frühstadium der Hinrichtung durch elektrischen Strom am Boden krümmten, eines schönen Tages den Todeszellen von Sing-Sing gleichen sollte.

Nachdem Norman die Idee mit den Dosendeckeln aufgegeben hatte, bestellte er bei Hewlett-Packard spezielle medizinische Sensoren, die zur Erstellung von EEGs und Kardiogrammen eingesetzt werden. «Diese Dinger taugten überhaupt nichts», erklärte er, «selbst nachdem wir unsere Haut rasierten und jede Elektrode einzeln erdeten. Der Stromfluß über unsere Körper ließ sich einfach nicht richtig kontrollieren. War er einmal eingeschaltet, floß er sonstwohin und kam an allen möglichen Stellen wieder heraus. Nachdem also einige Monate vergangen waren, gaben wir diese Idee endgültig auf.»

Trotz aller Vorkehrungen, daß nicht zu viel darüber geredet wurde, begann das Projekt, eine Gruppe von interessierten Freunden um sich zu scharen. Diejenigen, die Ahnung vom Glücksspiel hatten, boten ihren Rat an, was die

Casinos betraf. Andere meldeten sich als potentielle Spieler. Und wieder andere, bis zu denen sich unser Vorhaben herumgesprochen hatte, sowie Zufallsbekanntschaften halfen mit Fachwissen aus. Einer von diesen war Jonathan Kanter, ein elektronisches Talent, der wie ein Geschenk Gottes auftauchte, um das Problem der Schocker zu lösen.

Eines Tages befand sich Doyne mit dem Blue Bus auf dem Weg zur Universität, als er anhielt, um einen Autostopper mitzunehmen. Es war Kanter. Ein schlaksiger, empfindsamer Mensch mit langem, braunem, zu jamaikanischen Locken gewickeltem Haar, «sah er aus wie ein weißer Rastafari», sagte Doyne, «mit einem Wust von Haaren auf dem Kopf, die bestimmt drei Jahre lang nicht gekämmt worden waren».

Im Spektrum der Computer-Freaks stand Kanter weit links. Er ging barfuß und lachte, als wäre er immerzu stoned. Er war New Yorker und hatte die High-School an den Nagel gehängt, um nach Westen zu gehen. So lebte er in einer mit Elektronika vollgestopften Garage und ernährte sich vom Bau von Telephon-Blue-Boxes. Als einer, der bis mittags zwei Uhr schlief und dann bis zum Morgengrauen arbeitete, hielt er den klassischen Lebensrhythmus eines Computer-Freaks ein.

Sie kamen ins Gespräch, und Doyne fragte Kanter: «Was machst du denn an der Uni?»

«Roulette», kam die prompte Antwort. Doyne war überrascht zu erfahren, daß er durch Thorps Buch darauf gekommen war und daß er sich gegenwärtig damit beschäftigte, mit einem Professor Ralph Abraham einen Roulette-Computer zu konstruieren.

«Ralph habe ich 1975 kennengelernt», sagte Kanter: «Damals war er dabei, eine Maschine zu bauen, um den Glückskessel zu schlagen. Mit einem simplen Analog-Gerät wollte er auf Grund der Geräusche voraussagen, wo der Kessel anhalten würde. Jedesmal, wenn es ein Klicken hörte, verpaßte einem das Gerät einen Stromstoß, und danach konnte man die Rate der Geschwindigkeitsabnahme errechnen. Ein Drummer und ein Baßspieler mit absolutem Gehör hatten durch bloßes Hinhören bereits dasselbe versucht.

Als ich soweit in Ralphs Projekt einbezogen war, daß ich mit einem Kassettenrekorder nach Tahoe fuhr, war ich gerade zwanzig geworden. Das war die Zeit, als ich Thorp las und vom Computereinsatz für die Roulette-Voraussage erfuhr. Als erstes erzählte ich Ralph davon, und er sagte: ‹Nein, das ist zu kompliziert.› Aber wir machten uns gleichwohl ans Werk.

Er dachte sich die Sache mit stroboskopischen Sonnenbrillen aus, die wir mit einem Stroboskop und einem Fahrrad testeten, das so schnell wie ein Roulettekessel rotierte. Wir fanden heraus, daß die Kugel sich zu schnell verlangsamte, damit dies hätte funktionieren können. Danach fing ich mit der Konstruktion einer Analog-Maschine an, die ihre Voraussagen nach dem Geräusch der rollenden Kugel machte. Je nachdem, ob sie sich nähert oder entfernt, verändert sich ihre Lautstärke. Ich nahm meine Aufnahmen mit ins Forschungsinstitut für Akustik und Musik in Stanford, um Spektralanalysen zu machen. Ich wollte wissen, ob sich die Kugel-*Frequenz* veränderte, indem sie langsamer wurde. Aber die *Schwingungs*-Tests zeigten eindeutige Ton-Höchstwerte an. Sobald die Kugel sich nähert, nimmt ihre Lautstärke zu. Was wir demnach brauchten, war ein Höchstwerte-Detektor.»

Ohne daß Eudaemonic Enterprises etwas davon wußte, hatte Kanter im selben Laden an der Market Street in San Francisco ein Roulettespiel gemietet. Er versuchte, den Lauf der Kugel auf Video zu bannen, gab aber auf, als er feststellte, wie hoffnungslos verzerrt die Bilder waren. Anschließend wandte er sich Hochgeschwindigkeits-Filmaufnahmen mit einer im Hintergrund aufleuchtenden Digital-Anzeige zu.

«Ich dachte immer noch über das Arbeiten mit Sound nach, machte mich aber schon bald mit dem Gedanken vertraut, daß Ton allein nicht ausreichte. Ton allein würde es einem lediglich gestatten, die Kugel zu verfolgen. Und dann kam ich auf Radar und den Doppler-Effekt.»

Kanter bestellte ein Doppler-Radargerät aus Westdeutschland: ein Valvo MDX 0520, das zweihundertsechsundfünfzig Dollar kostete. Preisgünstigere, als Warnanlagen benutzte Modelle findet man in jeder Eisenwarenhandlung, aber sie sind mit seitlichen Antennen versehen, die aussehen wie Ohren aus Metall oder Trichtern. Der Valvo hingegen war vollständig flach mit einer aus Kupferdrahtwicklungen bestehenden gedruckten Schaltung als Antenne. In Größe und Farbe war das Gerät einem Eishockey-Puck ähnlich und maß mittels Radar die Geschwindigkeit eines Gegenstands, der sich auf das Gerät zu oder von ihm weg bewegte. Dies bewirkte es auf Grund des Doppler-Effekts, der an seinem berühmtesten Beispiel verdeutlicht, weshalb der Pfiff einer Lokomotive seine Tonlage verändert, wenn der Zug näherkommt und sich an einem vorbei wieder entfernt.

Nachdem Doyne Kanters Story gelauscht hatte, erzählte er von seiner eigenen Arbeit mit Roulette und lud ihn nach 707 Riverside ein, wo der Roulettekessel, gemeinsam mit KIM, Raymond und Harry auf einem Picknick-Tisch in seinem Zimmer aufgebaut standen. Und während er die Computer gegen das laufende Spiel antreten ließ, legte er letzte Hand an das Programm an. Kanter war «wirklich beeindruckt», als er das Mini-Casino und die elektronische Werkstatt besichtigte. «Die Kessel, die ich in San Francisco gemietet hatte, waren in vergleichsweise schlechtem Zustand; ihres blitzte wie ein nagelneuer. Auch hatten sie eine imponierende Sammlung verschieden großer Kugeln, was, soviel wußte ich unterdessen, von Wichtigkeit war. Doyne zeigte mir die Meßergebnisse, die sie mit um die Kesselseiten angeordneten Photodioden gewonnen hatten. Dies war eine eindeutig bessere Methode, um Daten zu sammeln, als meine vorangegangenen Versuche in San Francisco. Nie in meinem Leben war ich Leuten begegnet, die so auf Draht waren.» Schließlich schaffte Kantor sein Valvo-Radargerät herbei, und sie fanden heraus, daß es für das Roulette wie geschaffen war, da es die metallgefaßten Nummernfächer, die sich auf dem Rotor drehten, verfolgen konnte. Zum Stoppen der Kugelgeschwindigkeit war es allerdings weniger geeignet, vor allem bei den Kugeln aus Teflon, die für Mikrowellen nahezu transparent sind. Daraufhin beschloß Eudaemonic Enterprises, beim Zeitstopp-System von durch große Zehen bedienten Schaltern zu bleiben. Was dieser Art Input an Genauigkeit mangelte, glich er durch Vielseitigkeit wieder aus.

Während Eudaemonic Enterprises sich mit mathematischen und elektrischen Problemen herumschlug, gab es andere psychologischer Natur. Bedenkt man die Ablenkungsmöglichkeiten in einem Casino, wie konnten Spielbeobachter ihre Zehen auf Genauigkeit beim Bedienen der Schalter trainieren? Und wie konnten die Spieler angesichts der Casino-Kontrollorgane cool bleiben?
Es war Doyne, der das erste dieser Probleme in Angriff nahm, die Auge/Zeh-Biofeedback-Apparatur installierte und einen Stundenplan für regelmäßige Sitzungen der Team-Mitglieder aufstellte, die hofften, in den Casinos zum Einsatz zu kommen. Als Hauptgewinn für den Gewinner dieses Riviera-Totos – demjenigen, der die beste Auge/Zeh-Koordination erzielen könnte – winkte eine Reise zu den Roulette-Tischen von Monte Carlo.
Die Biofeedback-Apparatur bestand aus zwei Teilen: einer auf die Kugelbahn eines Roulettespiels gerichteten Infrarot-Photozelle und einem auf Sandalen aufmontierten, vom großen Zeh bedienten Mikroschalter; sie war an den KIM-Computer angeschlossen, der bei jedem Umlauf der Kugel einen Zehendruck und die Messung einer Photozelle registrierte. Nachdem er die von Menschen und Photozellen gemessenen Werte verglichen hatte, ließ der KIM den Unterschied auf einer LED-Anzeige aufleuchten. Auch trug er die laufenden Unterschiede zusammen.
«Es gab erhebliche Unterschiede», sagte Doyne. «Die Besten bewegten sich bei einer Abweichung von einer Dreihundertstelsekunde, während andere nicht einmal eine Zehntel- oder gar eine Viertelsekunde schafften. Dies hing weitgehend davon ab, wie geschickt man war, und Männer waren, typischerweise, besser als Frauen. Waren wir müde, fielen wir ab, und war man stoned, verschlechterte sich der Durchschnitt mit jedem Zug. Andererseits gelang es einigen von uns, sich unter Einfluß von Alkohol zu steigern. Folglich überleg-

ten wir, welches die optimale Alkoholmenge wäre. Das Entscheidende war, konzentriert, dabei aber entspannt wie beim Tennisspielen zu sein.»

Der Gewinner beim Riviera-Toto war Steve Lawton, schon immer ein guter Athlet, der später professioneller Volleyball-Trainer werden sollte. Mit einer durchschnittlichen Abweichung von weniger als einer Dreihundertstelsekunde wurde er vom Team fortan «Zehen-Stevie» genannt.

Doyne war zwar offiziell immer noch beurlaubt, kehrte aber in jenem Frühjahr als Lehrassistent im Elektronik-Einführungskurs für Physiker an die Universität zurück. «Das Geld war mir ausgegangen. Mein Bankauszug zeigte null Dollar an.»

«Für Doyne war es ein einsames, schwieriges Jahr», sagte Letty. «Während seiner Abwesenheit von der Universität zehrte er alle seine Reserven auf. Seine finanziellen Reserven. Seine Reserven an Selbstvertrauen und Initiative. Jeder andere, der sich auf das Projekt eingelassen hätte, wäre schon seit langem auf und davon, und diejenigen, die wußten, was er trieb, waren von seiner Beharrlichkeit und seinem Drive mehr als beeindruckt.»

Doyne hatte zweitausend Dollar in das Projekt investiert und weitere fünfzehnhundert an Norman ausgeliehen, damit er das College abschließen und die Graduierten-Kurse in Santa Cruz besuchen konnte. «Norman», sagte Doyne, «hatte jede mögliche Zeitgrenze für ein Stipendium weit überschritten. Er war so sehr verschuldet, daß er jahrelang Zahnklammern trug, die weder festgezogen noch entfernt wurden, weil er sich einen Besuch beim Zahnarzt einfach nicht leisten konnte. Schließlich griff ich in unsere elektronische Werkzeugkiste und benutzte dieselbe Kombizange und Drahtschere, die an Harry mitgebaut hatten, um Normans Klammern eigenhändig zu entfernen. Es war kinderleicht. Mit ein wenig mehr Übung hätte ich sofort eine eigene Praxis aufmachen können.»

Elektronik zu lehren war gleichermaßen problemlos (Doyne hielt den Kurs über Mikrocomputer ab). Die Tätigkeit an der Uni stellte sich als eine gute Möglichkeit heraus, aufgeweckte Studenten für das Projekt zu gewinnen. Darunter befanden sich fünf, die Doyne besonders ins Auge gefaßt hatte: Mariannne Walpert, Ingrid Hoermann, Mark Truitt, Rob Lentz und Sandy Wells – letztere wurde in jenem Frühjahr angeheuert, um Normans Radio-Empfänger umzumodeln. Die anderen sollten sich mit der Zeit ebenfalls verpflichten, für ein Stück des eudämonischen Kuchens zu arbeiten.

Wieder zurück auf dem Campus, hatte Doyne Gelegenheit, sich mit ausgewählten Fakultätsmitgliedern über Roulette und Computer zu unterhalten. Die meisten von ihnen ahnten nicht, weshalb er aus dem Studienbetrieb ausgestiegen war, und die in das Projekt Eingeweihten waren in einem Maße verschwiegen, daß es schon an Paranoia grenzte.

«Jeder wollte wissen, was Doyne eigentlich trieb», sagte Norman. «Und er sprach wortgewandt von seiner Arbeit an einem geheimnisvollen System, genügend Geld zu machen, um uns alle von den Fesseln hektischen Erwerbslebens zu befreien. Die meisten Professoren nickten dann mit dem Kopf und sagten: ‹Wir sind schon im Bilde, Patent-Absprachen. Derlei Fragen sollte man mit dem angemessenen Respekt begegnen.› Aber andere waren verärgert, aus dem inneren Kreis der Mitwisser ausgeschlossen zu sein. Sprachen wir dann mal von unserem Projekt, war jedermann ganz weg vor Begeisterung, wie wir das durchzogen.»

George Blumenthal, Doynes früherer Studienberater, befand seine Arbeit zum Thema Roulette als ausreichend für einen Doktortitel. Andere Fakultätsmitglieder sahen die Gleichungen durch oder stellten allgemeine Überlegungen über das Problem an, Roulette zu schlagen. Während aller dieser Gespräche tauchte immer wieder der Name Ralph Abraham auf. Am Ende ist ein Glücksspielsystem immer nur so gut wie seine Tarnung, und in Santa Cruz war Abraham anerkanntermaßen der Experte für Casino-Überwachung.

So bescheiden und schwer zugänglich Santa Cruz ist, weist die Stadt doch eine überraschende Zahl brillanter Köpfe auf, die in ihren Wäldern und Auen herumspazieren, wie aus den traditionellen Zentren der Kultur hierher verschlagene Nabobs. Damals ergingen sich in den Redwood-Hainen Norman O. Brown, Herbert Marcuse, Gregory Bateson und John Cage. Der Satyr unter ihnen war der einen pfeffergrauen Bart und ein gedankenverlorenes, wenn nicht sardonisches Lächeln tragende Ralph Abraham.

Ralph Abraham, Professor der Mathematik in Princeton, Columbia, Berkeley und Santa Cruz, Autor der herausragenden Arbeit zum Thema klassische Mechanik und fünf weiterer Bücher, Spezialist in nicht-linearer Analysis, dynamischer Systeme, Morphogenese und Formation von Mustern, war 1967 im Alter von einunddreißig Jahren nach Santa Cruz gekommen und hatte zum ersten Mal LSD genommen. «Das war der Wendepunkt für mich», sagte er. «Ich begann ein Leben unterwegs, meine Suche nach dem Wunderbaren und auch ein Leben als Krimineller.»

An seinem ersten Tag in Santa Cruz riet sein Freund Page Stegner dem noch nicht transformierten Ralph Abraham, Fred Stranahan aufzusuchen. «Ich fuhr mit einem geliehenen Shelly Cobra zu Jim Houston», sagte Abraham, «und Houston erzählte mir, ich würde Stranahan drüben in der Scheune in Scotts Valley finden.»

Als Basis der «Merry Pranksters» (eine legendäre Hippie-Kommune der ausgehenden sechziger Jahre. A.d.Ü.) war die Scheune in psychedelischen Farben angemalt, mit Schwarzlicht beleuchtet und erfüllt von Space Music der Sons of Eternity. Sie spielten auf Instrumenten, die geformt waren wie pornographische Skulpturen. «Dreihundert Leute waren da zusammen», sagte Abraham, «alle auf LSD-Trip – Kinder, Hunde, alle. Dort nahm ich meinen ersten Trip, und anschließend sah ich, was abging.»

Abraham zog nach Santa Cruz, kaufte ein stattliches viktorianisches Wohnhaus mit vierundzwanzig Zimmern und begann, «Sendungen von anderen Planeten zu hören. Ich gab mein Leben an das *I Ging*. Ich fing an zu reisen, verbrachte ein Jahr lang in Europa, schlief auf blanken Böden, in Opiumhöhlen und Bahnhöfen, und danach war ich überzeugt, ich sei reif genug, um nach Indien zu gehen. Sieben Monate lang studierte ich die Veden und schlug mich durch, indem ich Mathe-Vorlesungen hielt. Ich machte mich mit allen verfügbaren Formen des Mystizismus bekannt: Gurdjeff, den Sufis, Astrologie und auch Politik. Aber ich beschloß für mich, daß ‹der Weg› für mich darin bestand zu reisen, daß das besser war, als einer Gruppe anzugehören oder zu meditieren oder sich um einen Guru zu scharen. Der Gouverneur Ronald Reagan und der Rektor der Universität übten starken Druck auf mich aus; ich sollte gehen. So waren sie froh, als sie mich ziehen sahen. Als ich dann aus Indien zurückkehrte, verschaffte ich mir einen Überblick über alle Berufe, die geeignet wären, meinen Lebensstil zu ermöglichen. Es gab eine Auflistung von Kriterien, nach denen ich sie bewertete: Flexibilität, gute Arbeitsbedingungen, Einträglichkeit und Transportfähigkeit rund um die Welt. So wählte ich das Glücksspiel zu meinem Beruf.»

Abraham verkaufte sein Haus und zog in das St.-George-Hotel, eine Abstiege für Durchreisende in der Pacific Street. Sein Geschäftssitz war die Catalyst-Bar, damals in der Lobby des «St. George» untergebracht. «Dort nahm ich alle meine Mahlzeiten ein, während ich über viele Wochen hinweg Kartenzählen übte. Thorps Buch kannte ich bereits. Ich las es noch einmal, erlernte das System und übte Flash im «Catalyst», bis ich später ein eigenes System mit Diaprojektor und Leinwand ausarbeitete, das zweihundert verschiedene Möglichkeiten aufzeigte. Dann machte ich mich auf den Weg nach Nevada.»

Abraham und ich sitzen in Santa Cruz in einem Café, das auf den Namen «India Joze» getauft ist, trinken Tee und essen Tumis – in Fett gebackenes Gemüse –, während er mir von diesem Lebensabschnitt erzählt. Braungebrannt, mit Brille, einer einnehmenden Stirn und durchdringendem Blick aus schwarzen Augen sieht er aus wie ein professioneller Guru, der sich des Maya-Schleiers bewußt, aber auch in ihn gewandet ist. Lieber als Tweed und safrangelbe Roben trägt er eine mit vielen Taschen versehene Weste und ein Cowboyhemd mit Druckknöpfen. Es gibt eine lange Pause in seiner Erzählung, bevor er fortfährt.

«Ich verlor ununterbrochen. Insgesamt fünftausend Dollar. Dann entdeckte
ich Larry Reveres Buch. Es bestand kein Zweifel, es beschrieb das beste
Blackjack-System auf der ganzen Welt. Ich fing an, noch schneller zu
verlieren. Schließlich nahm ich Reveres Buch zum hundertsten Mal in die
Hand und fand auf der letzten Seite einen Satz, der besagt, ein System könne
man nicht aus einem Buch erlernen.

Ich fuhr nach Las Vegas und suchte Revere auf. Ich gab ihm meine letzte
Hundertdollarnote und sagte: ‹Ich will bei Ihnen studieren.› Er war mehrfa-
cher Millionär. Es war ein Wahrzeichen der Macht, ein Akt der Demütigung.
Ich wurde zu seinem Star-Studenten. Er brachte mir bei, wie man zu gehen
hatte, wie man sich kleidete, wie man sich an einen Tisch setzte und wie
man ihn verließ, wie man Geld von einer Tasche in die andere schaffte. Er
war ein Schauspiellehrer, ein Meister der Verkleidung.

Revere war nicht sein richtiger Name, und der Name, den er davor trug, war
auch nicht sein richtiger. Im Anschluß an die erste Lektion fing ich an zu
gewinnen, aber ich wußte, er verheimlichte mir was. Mich verlangte nach
seinem Wissen. Er hatte ein Casino gekauft und spielte auf beiden Seiten
des Geschäfts, und inzwischen brauchte er einen Sekretär. Also schleuste ich
eine Freundin von mir in sein Leben ein. Ich rief sie in Santa Cruz an, und
sie kam nach Las Vegas geflogen, um für ihn zu arbeiten.

Aber, wie ich bereits sagte, von dem Tage an, da ich Revere kennenlernte,
wurde ich ein erfolgreicher Blackjack-Profi. Ich schlug meine Zelte in
Tahoe auf und verdiente mit der Zeit ein paar tausend Dollar im Monat.
Ich spielte zwei Stunden morgens und zwei Stunden am Abend und strich
die Stunde zwanzig Dollar ein. In Las Vegas hätte ich fünfmal soviel
verdienen können, aber ich mochte den Ort nicht. Mit einer guten Verkleidung brachte ich es fertig, wochenlang in ein und demselben Casino zu
spielen, ohne daß sie dahinterkamen, daß ich gewann.» Abraham öffnete
seine Weste und zeigte mir die innen zusätzlich eingenähten Taschen. «Du
mußt Jetons in diese Taschen hinein- und hinauspraktizieren. Du weißt
genau, wo sie sind, und willst ebenso verwirrt dreinblicken wie alle andern
auch. Du sitzt mit Leuten am Tisch, die verlieren, und wenn sie nicht
verlören, würdest du nicht gewinnen. Und indem du eine Menge Jetons
in deine Taschen stopfst, muß es für die andern so aussehen, als zögest
du sie *heraus*.

Überdies benötigt man eine Strategie zum Einlösen der Jetons. Man kann
das nicht im selben Casino tun; also macht man sich zunutze, daß die meisten
Casinos aus Höflichkeit die Jetons der jeweiligen anderen akzeptieren. Du
merkst dir die Schichtwechsel, damit Verluste des Hauses zu verschiedenen
Schichten berichtet werden, und dann fährst du die Stadt nach einem be-

stimmten Muster ab, um deine Gewinne zu kassieren. Diese Techniken sind zusammengefaßt unter dem Begriff ‹Geld-Management›.

Während man spielt, muß man alle Karten in sechsundzwanzig Sekunden zählen. Achtundzwanzig Sekunden, und man verliert. Der Ausgang des Spiels hängt von einem selbst ab. Es gibt hundert Runden die Stunde, dreizehn Karten pro Runde, über eintausend Karten stündlich – und man kann es sich nicht leisten, auch nur *einen* Fehler zu machen. Früher pflegte ich eine Stunde am Morgen zu üben, bevor ich ins Casino ging. Man muß die Karten aus den Augenwinkeln zählen, derweil man mit seinem Nachbarn redet. Es geht höllisch laut zu wie auf einem Flughafen am Sonntagabend. Die Croupiers, die Aufsicht und die Kellnerinnen kennen hundert Tricks, um einen abzulenken. Ab und zu, wenn ein Croupier Verdacht geschöpft hat, wird er versuchen, dich in die Falle zu locken. Er wird eine Karte abschießen, die mit vierzig Meilen in der Stunde geradewegs auf deine Nase zufliegt, und du darfst sie nicht fangen, oder er weiß, was du im Schilde führst.

In jenen Tagen gab es vielleicht zweihundert professionelle Blackjack-Spieler. Inzwischen gibt es Tausende. Als Revere starb, nahm Ken Uston die Sache in die Hand und führte das Konzept des Team-Spiels ein, mit Dutzenden von Spielern, die für ein Jahr auf die Walze gehen. Stanford Wong arbeitete eine Strategie aus, die darauf fußt, von Tisch zu Tisch zu gehen; sie heißt ‹Wongen›. Er erwarb die Fähigkeit, die Gesichter der Croupiers auf verräterische Zeichen oder ‹Tells› abzusuchen, die ihm einen Hinweis gaben, wann er setzen mußte.

Bei der starken Vermehrung von Spielsystemen herrschte ein anhaltender Kriegszustand zwischen Casinos und professionellen Spielern. Revere selbst saß, als er ein Casino kaufte, zwischen allen Stühlen. Schon bald war es unmöglich zu sagen, wer wer war, zumal als die Casinos anfingen, selbst Systeme zu pushen. Sie lernten schnell, daß niemand schneller Geld verliert als ein Kartenzähler. Ein einziger Fehler, und man ist verloren.

Jeder technische Angestellte drüben im Silicon Valley hält sich für einen Spieler. Am Wochenende fährt er nach Tahoe, um Karten zu zählen oder bastelt in seiner Garage Halbleiter zu einem Glücksspiel-System zusammen. Aber in diesem Geschäft ist man entweder Profi oder man ist gar nichts. Die Casino-Welt ist eine luftdicht nach außen abgeschlossene Gemeinschaft, eine alternative Realität. Man lebt im Hotel, man spielt im Hotel in den mit Klima-Anlagen versehenen Casinos. Ein Spieler geht niemals nach draußen, weil es draußen nichts Interessanteres als drinnen gibt.

Man sieht die Casinos Karren herumschieben, um die Geldkassetten einzusammeln. Stunde um Stunde sahnen die ab. Man sitzt neben Verlierern, die den Tisch so lange nicht verlassen, bis sie völlig pleite sind. Man sieht ihre

Frauen, wie sie an ihren Ärmeln ziehen und sagen: ‹Honey, tu's nicht. Das ist unser Busgeld.› Und dann ist das auch verloren und du hast keine Ahnung, wie sie dorthin zurückgelangen, von wo immer sie gekommen sind.

Das Glücksspiel wird allein von der Mafia kontrolliert, und es ist ihr bestes Geschäft. Wer weiß, was die Leute dazu treibt? Es ist ein animalischer Instinkt, ein atavistischer Zug, eine Krankheit. Mitten dort drinnen zu hokken ist, als wäre man auf der zweiundvierzigsten Straße, auf der Höhe der Grand Central Station. Man sieht Typen aus der ganzen Welt. Jeder läßt die Maske fallen. Übertrieben laut stimmen sie ihre Beschwörungen über rollenden Würfeln oder der obersten Karte an. Dies ist eine Realitätsebene, die alle anderen übersteigt: Es ist die nackte Realität. Ich meine, die Casinos sind so mies und so gierig – sie schreien um jeden Heller, den sie verlieren, währenddessen sie Leute bescheißen und ausziehen bis aufs Hemd –, daß ein Sieg über sie bei ihrem eigenen Spiel einer Heldentat gleichkommt.»

Nachdem Ronald Reagan in die nationale Politik aufrückte, kehrte Abraham nach Kalifornien zurück. «Ich bin ein Heimgesuchter, ein astraler Projektor in alternierende Realitäten, ein Radiohörer von Sendungen anderer Planeten», sagte er, «und es war schon komisch, wieder an der Universität zu sein. Mein spezielles Ziel ist, die Zukunft der Spezies zu revolutionieren. Mathematik ist bloß eine andere Methode, die Zukunft vorauszusagen.»

Später wurden die drei gute Freunde, aber Doyne und Norman zögerten, bevor sie Abraham in das Projekt einweihten. Wer wußte, welche alternative Realität er daraus machen mochte? Tatsächlich verlief ihre erste Begegnung ziemlich schlimm. «Ich nahm ihren Algorithmus unter die Lupe, und es sah aus, als reichte er aus», sagte Abraham. «Ich sah mir ihre Statistiken an, den Ermüdungsfaktor, die Ausrüstung, die sie zusammengestellt hatten, und auch das machte den Eindruck, als könnte es funktionieren.

Aber die Casino-Überwachung hatten sie nicht bedacht. Sie glaubten, sie könnten Batterien und andere Geräteteile in den Hotel-Toiletten auswechseln, die selbstverständlich überwacht werden. Ich war der Meinung, daß die Konsequenzen, wurden sie geschnappt, ernsthafter Natur sein könnten. Ken Uston befand sich derzeit gerade im Krankenhaus und ließ sich das Gesicht zusammenflicken.

Im Laufe jener ersten Begegnung versuchte ich sie wegen der Gefahren des Erwischtwerdens zu warnen. Sie sagten, ihre Technik wäre viel zu ausgeklügelt. Ich war überzeugt, sie würden sich verraten. Sie meinten, ich wäre paranoid. Ich hingegen dachte, sie wären selbstgefällig. Und ich sagte ihnen auch, der beste Einsatz sei der, den Computer an jemanden zu verkaufen, der wüßte, was er tut.»

Debugging

Nichts ist so einfach, wie es zunächst erscheint.

Edward Thorp

Nachdem ein Jahr mit dem Bau von Computern, Sendern, Empfängern, Schockern und des Biofeedback-Apparats vergangen war, legte Eudaemonic Enterprises eine Pause ein, um eine Frühjahrs-Party zu feiern, mit der gleichzeitig Lettys Abschlußexamen an der juristischen Fakultät der Universität Stanford begossen werden sollte. Die Party stand unter dem Motto «Erscheint so, wie ihr 1997 sein werdet» und war als zwanzigstes Klassentreffen des Jahrgangs 1977 gedacht – ein Zeitsprung, den die kostümierten Teilnehmer wagen würden, um schon jetzt einen flüchtigen Blick auf sich selbst an der Schwelle zum dritten Jahrtausend zu tun.

Norman fertigte einen Kalender für 1997 an, der in der Halle hängen sollte, und entrollte ein Banner mit der Aufschrift «Willkommen Jahrgang 1977» über der Eingangstür. (Dieser Einladung folgten auch mehrere verunsicherte Teilnehmer von der Straße.) Alle Zimmer wurden umgemodelt und dieser oder jener Form von Vergnügen geweiht. Im Wohnzimmer wurden Stroboskoplampen installiert. Das ganze Zimmer verwandelte sich in eine Diskothek. In einem kleinen Filmsaal wurden nonstop Filme von Abbott und Costello sowie abstrakte Farbfeld-Produktionen von Larry Cuba gezeigt. Ein Erholungssalon wurde von Kerzenlicht erhellt; eine andere Kammer wurde zu einem dem Exploratorium in San Francisco nachempfundenen Tastraum. In diesem Raum herrschte völlige Dunkelheit, überall lagen Matratzen ausgebreitet, und die Wände waren mit allem möglichen behängt, von Salami bis zu Fellen.

Auch Doynes Zimmer, das Neurales-Stimulations-Zentrum genannt wurde, war verändert worden. Aus ihm war ein Schrein geworden, der der Exzesse der sechziger Jahre gedachte. Auf einem Altar standen, umgeben von Hinweisen auf die Tage, «als Hippies Synapsen zu versengen und Schmerz mit bewußtseinserweiternden Drogen zu pulverisieren pflegten», eine Jakobsleiter, über die ein Spannungsbogen nach oben knisterte, und eine Bowle voller Kool-Aid-Punsch.

Auch Doynes Biofeedback-Apparat kam als eine der Attraktionen des Stimulations-Zentrums zum Einsatz und wurde als Testgerät für Reflexe zum ersten Mal öffentlich vorgeführt. Von Hand und nicht über Zehenschalter bedient, war es auf ein Fahrradrad montiert und arbeitete im übrigen mit dem KIM-Computer und dem zu einem elektronischen Schaltkreis geschalteten Fotozellensystem.

Während der Party tauchten überdies andere Ausrüstungsgegenstände auf. Als Beatnik des Jahres 1997 trug ein bärtiger Norman ein Stirnband, einen Burnus, der ihn wie ein fließendes Gewand einhüllte, und einen LED-Halsschmuck aus blitzenden Dioden und einem Prisma. «Das ist nur eine Idee von vielen, mit der ich Millionen hätte machen können», sagte er. «Aber, wie es so geht, ich bin nie dazu gekommen, sie zu vermarkten.» Doyne trat als Tom Terrific auf, er trug ein rotes Trikot und ein rotes Cape, hatte ein peruanisches Medaillon um den Hals und einen Metalltrichter als Hut auf dem Kopf. Und jedesmal wenn er eine Idee hatte, leuchtete auf der Hutspitze eine durch einen der durch die Zehen bedienten Mikroschalter des Projekts aktivierte Glühbirne auf.

Viele Gäste stellten sich vor, bis 1997 zusätzliche Organe empfangen und etliche Mutationen durchgemacht zu haben. Einer von ihnen zeigte sich mit einem vollentwickelten dritten Auge, das aus einer Roulettekugel gefertigt worden war. Der erste photosynthetische Mensch erschien mit grünen Adern und in Blätter gehüllt. Dan Browne kam als Höhlenmensch aus der Zeit nach dem 3. Weltkrieg und trug einen Lendenschurz und einen Rupfenbeutel; sein Hals war mit magischen Amuletten geschmückt. Letty flitzte in düsengetriebenen Rollschuhen herum. Bruce Rosenblum, ein Physiker der Universität, trug eine mexikanische Jacke mit abgerundeten Vorderschößen und einen mit Maxwell-Gleichungen beschrifteten Konus auf dem Haupt. Ein anderer, mit Hilfe von Holzkohlefalten gealterter und falschen Brüsten behangener Professor kam als Tiresias. Juano, in weißem Gewand und mit einem Zauberstab, an dessen Spitze ein Blitzlichtwürfel befestigt war, hielt sich in einer Stickstoffwolke verborgen.

Viele tanzten bis zum Morgengrauen; andere krochen erst am späten Nachmittag des folgenden Tages unbeholfen aus dem Tastraum. Dem Reflexe-Tester waren alle unterlegen. «Es bestand kein Zweifel», meinte Norman, «daß vieles von dem, was während der Party konsumiert wurde, schlecht für die motorische Koordination war.»

«Nachdem Doyne mit dem Programmieren des Computers fertig war», teilte Norman vertraulich mit, «dachten wir, es wäre lediglich eine Frage von Wochen, bis das Geld nur so fließen würde. War das Programm erst einmal fertig, sollte das, so dachten wir, die Hauptsache sein. Im Prinzip war das Projekt gelaufen.»

Für einen unfehlbaren Optimisten wie Norman war das Projekt Rosette-

Stein bereits ein Fait accompli, und die Spielbanken von Monte Carlo bis Macao waren vernichtend geschlagen. «Bis wir dann tatsächlich in die Casinos gingen, verging noch eine Weile, aber voller Optimismus dachten wir, es blieben nur noch ein paar Kleinigkeiten zu tun, und *phsiiist*» – er macht ein Geräusch, bei dem er mit der Zunge Luft durch geschlossene Lippen schickt –, «schon wären wir drin – kein Problem.»

Doyne war gleichermaßen begeistert, bis er im späten Frühjahr mißtrauisch wurde: Irgendwas schien nicht richtig zu laufen. Nachdem sich herumgesprochen hatte, daß ein Nevada-Trip unmittelbar bevorstand, war Jack Biles zu einem Hardware-Konstruktionsmarathon aus Oregon angereist. Aber es waren nicht nur die üblichen, beim Bauen von Hardware auftretenden Probleme – Doyne argwöhnte, daß etwas mit dem Computer-Programm selbst nicht stimmte.

«Im Frühjahr und Sommer 1977 war das Entscheidende», sagte er, «das Programm dahinzubringen, daß es Roulette in realer Zeit voraussagen konnte.» Wieder machte er sich daran, Histogramme aufzuzeichnen, Blatt um Blatt mit graphischen Darstellungen zu füllen, die die Häufigkeit anzeigten, mit der die Computer-Voraussagen mit dem tatsächlichen Verhalten der Kugel übereinstimmten. «Ich weiß noch, wie ich dasaß und Histogramm nach Histogramm erstellte und keinerlei Vorteil erzielte. Zu jenem Zeitpunkt wuchsen meine Sorgen in einem solchen Maße, daß ich drei unterschiedliche Voraussage-Systeme entwickelte.»

Doyne dachte, das Problem mit dem Programm könne in der Tatsache liegen, daß Roulettekessel verschiedene Neigungswinkel aufweisen – manche liegen relativ flach, die meisten sind um ein paar Grad geneigt, andere gleichen der *Andrea Doria*, zehn Minuten nach dem endgültigen Aufruf, von Bord zu gehen. Er schrieb Algorithmen, um diesen abweichenden Bedingungen Rechnung zu tragen, und programmierte den KIM, mit drei verschiedenen Gleichungssets Roulette zu spielen.

Doyne war unbekannt, daß zwei dieser drei Algorithmen bereits von Edward Thorp identifiziert worden waren, als er und ein Partner – dessen Name rätselhafterweise viele Jahre ungenannt blieb – in den frühen sechziger Jahren vergeblich versucht hatten, ein computerisiertes Roulette-System anzuwenden. Ein Grund für Thorps Schwierigkeiten lag darin, daß sein System über eine limitierte Anzahl einstellbarer Parameter verfügte. Zum Beispiel mußte der Spieler die genaue Anzahl Umdrehungen schätzen, die verblieben, bis die Kugel von ihrer Bahn herabfiel. Ein weiterer Grund für Thorps Scheitern, der gänzlich außerhalb seiner Kontrolle lag, rührte von der Tatsache, daß der Mikroprozessor noch nicht erfunden worden war. Indem er die Vorläufer-Technologie in die Casinos trug, war Thorp gezwungen gewesen, mit Annäherungswerten statt mit präzisen Gleichungen zu arbeiten, die, selbst wenn er sie gekannt hätte, für seinen Computer unlösbar gewesen wären.

Obwohl Thorps Roulette-System bereits in *Beat the Dealer* erwähnt worden war, wurden Details erstmals in einer technischen, 1969 in der *Review of the International Statistical Institute* veröffentlichten Abhandlung dokumentiert. Dies ist jedoch keine von Physikern oder Spielern normalerweise gelesene Zeitschrift, und von letzteren hätten Thorps Gleichungen ohnehin nur wenige verstanden. So blieb, selbst nach diesem Verstoß gegen die Geheimhaltung, die Roulette-Theorie auch weiterhin esoterisches Wissen.

«Unsere grundlegende Idee», schrieb Thorp, «war die, die Ausgangsposition und -geschwindigkeiten von Kugel und Rotor zu bestimmen. Die endgültige Position der Kugel hofften wir auf ungefähr die gleiche Weise vorauszusagen, wie die spätere Position eines um die Sonne kreisenden Planeten gemäß seiner Anfangsbedingungen vorausbestimmt werden kann. Die Berechnungsgrundlagen hierfür wurden von Isaac Newton geschaffen, daher die Bezeichnung ‹die Newtonsche Methode›.»

Da zu viele Variablen im Spiel außerhalb des Bereichs von Thorps linearen Annäherungen zu seinen nicht-linearen Gleichungen lagen, ließen er und sein Partner die Newtonsche Methode fallen und entwickelten eine andere Herangehensweise, die sie die Quanten-Methode nannten. Diese nutzte den Vorteil unausgeglichener Roulettekessel wie auch die Tatsache, daß schon ein geringer Neigungswinkel eine der Variablen bei der Roulette-Voraussage beträchtlich vereinfacht, nämlich die Stelle auf der Bahn zu lokalisieren, von der die Kugel herabfallen und ihre Spirale zum Rotor hinab beginnen wird. In geneigten Kesseln läuft die Kugel mit variierenden Geschwindigkeiten um die Bahn. Indem sie sich der hohen Seite des Kessels nähert, und sie passiert, wird sie abwechselnd langsamer und schneller. Unter diesen Voraussetzungen neigt die Kugel dazu, von der Bahn abzukommen, wenn sie für ihren Aufstieg auf die hohe Seite langsamer wird. Ist sie über den höchsten Punkt hinweg und gewinnt an Geschwindigkeit, schmiegt sie sich ein Stück weit an die Bahn; Thorp nannte das «verbotene Zone».

Ist bei einem Roulettekessel ein Kippwinkel vorhanden, wird auch die Physik des Spiels eine wesentliche Veränderung erfahren. Er läßt zu, daß Position und Geschwindigkeit der von ihrer Bahn abkommenden Kugel gequantet oder in diskrete Werte-Sets zusammengeballt werden. Thorp erläuterte die Quanten-Methode wie folgt: «Angenommen, die Kugel wird jenseits des Tiefpunkts des gekippten Kessels ihre Bahn verlassen. Dann muß sie schneller gelaufen sein als eine Kugel, die am Tiefpunkt von der Bahn abkam, und erreicht ihr Ziel somit schneller. Aber sie ist weiter gelaufen, und beide Wirkungen neigen dazu, sich gegenseitig aufzuheben.»

Angesichts dieser sich ausgleichenden Unterschiede realisierte Thorp, daß alle Kugeln, die aus einem diskreten – oder Quanten- – Bahnabschnitt herausfielen, dazu neigen werden, an derselben Stelle des Rotors aufzutreffen. Je größer der Kippwinkel, desto «schärfer gebündelt oder fokussiert» werden die Kugeln beim Auftreffen sein. Ausgehend von der Schätzung, daß mehr als ein Drittel der Roulettekessel Nevadas den erforderlichen Kippwinkel von wenigstens zwei Grad aufwiesen, errechnete Thorp für die Quanten-Methode einen Vorteil von über 40 Prozent. Dies bedeutet eine beträchtliche Einnahme aus einer Investition, die alle anderthalb Minuten neu getätigt werden kann!

Leider las Doyne Thorps Essay – nachdem er von Ralph Abraham von dessen Existenz erfahren hatte – erst, nachdem er seine eigenen Roulette-Algorithmen entwickelt hatte. Ungeachtet dessen, daß er unabhängig von Thorp zu den gleichen Schlußfolgerungen gelangt war, übernahm Doyne Thorps Terminologie. Was er daran schätzte, war, wie genau sie die Geschichte der Physik rekapitulierte. «Bei der Newtonschen Methode setzt man voraus, es gäbe ein Kontinuum von Positionen, aus denen die Kugel von ihrer Bahn fallen kann. Newton dachte, daß man die gesamte Physik mittels derlei kontinuierlicher Größen beschreiben könne. Als die Quantenmechanik das Newtonsche Bild auf den Kopf stellte, konnte man die Existenz eines Kontinuums nicht länger voraussetzen. Was statt dessen vorlag, war in Quanten oder unteilbare Klumpen aufgebrochene Materie.»

Als er Thorps Aufsatz las, hatte Doyne die Newtonsche und die Quanten-Methode in Gleichungen gekleidet, die er erstmals mit Hilfe des projekteigenen Digital-Computers löste. Überdies hatte er eine dritte Differentialgleichung entwickelt, um Roulette zu beschreiben. Von ihm als «Post-Newtonsche Methode» bezeichnet, war sie für die Anwendung bei Kesseln bestimmt, deren Kippwinkel irgendwo zwischen flach und stark geneigt lag. «Einmal war ich drauf und dran, einen Artikel über Roulette-Algorithmen und die Physik von Roulettekugeln für *Physics Today* zu schreiben. Ich stelle mir vor», sagte er mit einem Lächeln, «daß ich der Welt einziger Experte auf diesem Gebiet bin.»

Doch während der Arbeit mit dem KIM-Computer, der in seinem Zimmer gleich neben dem Roulettekessel auf dem Gartentisch stand, stieg Doynes Beunruhigung, da er *keine* der drei Gleichungen dazu brachte, in realer Zeit gut zu funktionieren. Auf dem Papier sahen sie gut aus, aber gegen das Roulette erbrachten sie einen nur geringen Vorteil.

«Ich war übertrieben ehrgeizig», sagte er. «Ich wollte absolut jeden Roulette-kessel schlagen. Manche Kessel sind erheblich gekippt, manche flach und viele liegen dazwischen. Und meine Idee war, jedem beliebigen gegenüber-zutreten und spielen zu können.

Schon bald begann ich zu realisieren, wie lange sich diese Geschichte hinziehen würde. Ich konnte es mir nicht leisten, Monate darauf zu verwen-den, ausgefallene Algorithmen zu entwickeln, um jedes Roulette vorauszu-sagen, wenn ich nicht mal eine hatte, die bei stark gekippten – den allerein-fachsten – Kesseln funktionierte. Ich wurde richtig nervös, da die ganze Sache einfach nicht funktionierte – es mußte einen grundlegenden Fehler geben, den wir nicht berücksichtigten. Vielleicht machte die Kugel auf ihrer Bahn zu viele hüpfende Bewegungen. Sie war zappelig und irgendwie brachte sie die Voraussagen zu Fall.

Wir hatten noch immer die im Campus-Computer gespeicherten Daten; also machte ich mich auf den Weg zur Universität, um die Algorithmen auszu-probieren. Aber ich konnte mit den Gleichungen anstellen, was immer ich wollte, mit den Campus-Daten schien es einfach nicht richtig zu funktionie-ren. Ich führte verschiedene Experimente durch und verfiel in eine tiefe Depression. Es sah aus, als wäre es pures Glück gewesen, daß wir überhaupt einen Vorteil gewonnen hatten. Zu diesem Zeitpunkt beschloß ich, einen neuen Anlauf zu nehmen: O.K., sagte ich mir, nehmen wir mal den einfach-sten Fall. Kippen wir den Kessel, so weit es nur geht, und schauen wir mal, ob wir voraussagen können, an welcher Stelle die Kugel herabfallen wird.»

Doyne verbrachte den ganzen Sommer 77 mit dem Neuprogrammieren der Algorithmen, die es nicht vermocht hatten, die im Campus-Computer gespei-cherten Daten zu schlagen. Während dieser Zeit begann das Projekt, einem Intensivkurs in Keilschrift zu ähneln. In «Gleitkomma-Binärarithmetik» ge-schrieben – der vom KIM-Computer verstandenen Maschinensprache –, war Doynes Roulette-Programm auf viertausend Befehle angewachsen. In hand-schriftlicher Form benötigte es fünfzig Seiten binärer Zahlen, um jede Stelle im Programm zu bezeichnen. Jede Bezeichnung oder Adresse in diesem Zahlenband belegte acht Bits. Die On/Off-Orientierung eines Bit läßt sich auch durch einen entweder «hoch» oder «tief» klingenden elektronischen Ton darstellen, was Doyne in die Lage versetzte, diese fünfzig Seiten voller Zah-len auf Tonband zu speichern. Diese Geräusche, die wie das Gebrabbel eines Amphetamin-Freaks auf Astraltrip klangen, nahmen beim Abspielen zehn lange Minuten in Anspruch.

Ohne Hochsprachen oder andere Hilfsmittel, die fünfzig Seiten dieses Ma-schinenkode-Programms durchzugehen, verließ sich Doyne einzig auf sei-nen Mut und mühte sich hindurch. Anfangs hatte er keine andere Wahl gehabt. Frisch aus der Fabrik, wurde der KIM in Maschinensprache oder überhaupt nicht programmiert. Als Compilers oder Assemblers bekannte Software-Hilfsmittel vermögen zwar Maschinenkode-Befehle zusammenzutragen und den Programmierungsprozeß eines Computers beträchtlich zu erleichtern. Als aber Hacker endlich solche Werkzeuge für den 6502-Mikroprozessor entwickelt hatten, entschied sich der finanziell gebeutelte Doyne gegen die Investition.

Im Anschluß an ihr juristisches Examen nahm Letty in Los Angeles ihre Arbeit im Zentrum für öffentliches Recht auf, wo sie Gelegenheit hatte, die umweltbedingten und politischen Fälle zu betreuen, die sie interessierten. «Wir fuhren nach Los Angeles und blieben ein paar Tage bei Freunden», sagte Doyne. «Wir wollten uns einmal umsehen und herausfinden, ob man als Mensch dort überleben konnte. Später im Sommer dann fuhr ich Letty mit ihrem ganzen Hab und Gut nach LA und half ihr, einen Ort zum Leben zu finden.»

Zurück in Santa Cruz machte sich Doyne sogleich daran, das Roulette-Programm zu überprüfen. Es funktionierte immer noch nicht richtig. Irgendwas hinderte es daran, die Genauigkeit zu erreichen, die es theoretisch besitzen sollte.

Auf Ralph Abrahams Vorschlag hin rief Doyne Edward Thorp an, der damals am UC Irvine lehrte. Sie unterhielten sich über Sicherheitsvorkehrungen in den Casinos, aber nicht über die technischen Fragen des Programms an sich. Dies war die erste von verschiedenen Begegnungen, die Eudaemonic Enterprises mit Thorp haben sollte.

«Ralph überzeugte uns», sagte Norman, «daß Thorp prinzipiell auf unserer Seite stand; auch er wollte, daß die Spielbanken geschlagen werden. Verraten würde er uns also nicht, er war kein Casino-Mann. Ralph überlegte auch, daß, wenn sich andere Systeme in der Entwicklung befänden, allein Thorp derjenige sein konnte, der darüber im Bilde war. Wir waren daran interessiert zu erfahren, ob wir irgendwelche Konkurrenten hatten. Überdies wollten wir wissen, weshalb Thorp ausgestiegen war, *ob* er ausgestiegen war und was sich dahinter verbarg.»

Thorp versicherte, daß ein System wie das von Eudaemonic Enterprises für den Einsatz in Casinos brauchbar war, und daß man ihm selbst nicht mit Mißtrauen begegnet war, als er in Las Vegas seinen Computer eingesetzt hatte. Mit wenigen Worten erwähnte er die Gründe für seinen begrenzten Erfolg, den er Hardware-Problemen zuschrieb. «Aber er hielt sich bedeckt», sagte Doyne, «und verriet nicht, ob er oder andere an Roulette arbeiteten – ziemlich bedeckt sogar.»

Gegen Ende des Sommers 1977 tauchte, nach seinem Jahr in Chile und einer
Reise um die Welt, Tom Ingerson in Santa Cruz auf. Beim täglichen Joggen
auf den Deichen entlang des San Lorenzo River diskutierten er und Doyne
Fehler im Programm und andere, die Funktionstüchtigkeit der Radioempfänger betreffende Probleme. Ingerson lieferte ein paar hilfreiche Ideen,
darunter ein System, daß das Computer-Programm «schlau» genug machen
sollte, aus seinen Signalen Irrtümer herauszufiltern. Aber sein Verhältnis
zum Projekt war im Grunde genommen ambivalent. Seine Schwester und
sein Schwager wohnten in Las Vegas, und er hatte einige Zeit mit ihnen in
der Wüste dort verbracht. Er hatte zugesehen, wie Len Zane sich mit
Kartenzählen versucht und dann eines Tages die Nerven verloren hatte, als
ein Mann von der Casino-Aufsicht im «Sahara» seine Hand auf Zanes
Schulter gelegt und ihn aufgefordert hatte, sein Geschäft anderswo zu betreiben. Wie Ralph Abraham war auch Ingerson der Ansicht, die Konsequenzen für jemanden, der in den Casinos einen Computer einsetzte, könnten
schwerwiegend sein.

In der Zwischenzeit brachte Doyne ganze Tage damit zu, abwechselnd den
KIM und den PDP 11/45 der Universität zu bearbeiten. «Gegen Ende des
Sommers», sagte er, «konnte ich das Programm immer noch nicht dazu
bringen, richtig zu funktionieren.»

Abermals nahm er sich die 1976 erstellten Durchführbarkeitsstudien vor.
Diese während des Spielablaufs angestellten Messungen waren in den Uni-
versitäts-Computer eingegeben und anschließend in die Form jener Simula-
tionen gebracht worden, die seinen Algorithmen als Grundlage gedient
hatten.

«Die Daten sahen damals positiv aus. Aber ich hatte so ein eigenartiges
Gefühl, und dieses Gefühl verstärkte sich noch, als ich im Frühjahr zum
Campus ging und die Programme für die ‹Post-Newtonsche Methode› mo-
difizierte. Mir wurde klar, daß die Grundlage für unsere Daten nicht breit
genug war. Ich hatte das Gefühl, das wir zu viel durcheinanderbrächten.
Keine der Methoden schien besser als die andere zu funktionieren, und das
machte mich mißtrauisch.

Also schrieb ich ein spezielles Programm, das die hexadezimale Gleitkomma-Binärarithmetik des KIM in Zahlen übersetzte, die vom Campus-Computer gelesen werden konnten. Ich übertrug die Zeiten von einem Computer
auf den anderen und ließ sie in Reihen auf dem Bildschirm kommen, die ich
dann mit den von Normans Uhr aufgezeichneten Zeiten verglich.»

Dabei machte Doyne mehrere überraschende Entdeckungen, unter anderem
die, daß er gelegentlich seine Berechnungen vermurkste, indem er die
Roulettekugel in der falschen Richtung laufen ließ. Aber dies allein erklärte

das Problem noch nicht, und so machte er sich an die Arbeit, weitere Fehler des KIM-Programms aufzuspüren.

«Ich dachte, wir hätten bereits im Mai oder April erfolgreiche Histogramme erstellt, obwohl ich später realisierte, daß es sich hierbei um statistische Fluktuationen handelte, um Poltergeister. Fehlstarts, die nirgendwo hinführten. Zuweilen dachte ich, ich hätte alle Fehler beseitigt, aber das Programm funktionierte immer noch nicht. Also zockelte ich zum Campus, ließ das Programm durchlaufen, checkte es Punkt für Punkt durch, lokalisierte ein paar Fehler, um anschließend wieder nach Hause zu gehen und mit dem KIM und dem Roulettekessel weitere Histogramme zu erstellen. Im letzten Stadium des Programms, wo es die eigentliche Voraussage rechnet, fand ich schließlich einen Fehler. Nachdem ich den ganzen Müll beseitigt hatte, geriet ich in äußerste Verzweiflung, als das Programm *immer noch* nicht funktionierte.»

An diesem Punkt blieb Doyne keine andere Wahl, als ganz von vorn zu beginnen. Er schloß die Photozellen an Normans Uhr, montierte sie auf den Kessel und fing an, die im vergangenen Sommer gesammelten Daten nochmals zu erstellen. Doch da er diesmal den KIM nebenher mitlaufen ließ, war es ihm möglich, nachzuprüfen, ob Uhr und Computer synchronisiert waren.

Schon bald fand Doyne den Grund für den ganzen Kummer bei der Fehlersuche im Programm. Normans Uhr hatte abgeschaltet. Sie mischte die ursprünglichen Daten kunterbunt durcheinander. Vermutlich auf Grund irgendwelcher Hardware-Probleme machte sie Fehler beim Festhalten der Zeiten. Leider waren es *exakt* die Fehler, die man leicht übersehen konnte, weil sie niemals sonderlich groß waren. Sie bewegten sich durchschnittlich bei einer Fünfhundertstelsekunde, eine Abweichung, die gerade groß genug ist, um ständig menschliches Versehen zu simulieren.»

Nach dem Entfernen der falschen und dem Einfügen der richtigen Zeiten schaffte es Doyne, daß die Voraussagen des KIM und des Universitäts-Computers «Schritt für Schritt übereinstimmten. Ich lief nach Hause, um Norman davon zu berichten, und wir setzten uns ans Roulette. Ich irrte auf der Suche nach der richtigen Betriebsart umher, bestimmte die Parameter und schaltete in den Spiel-Modus.»

Zu jener Zeit war das Projekt mit allem, was dazugehörte, in eine kleine Kammer hinter der Küche umgezogen, um einem Piano Platz zu machen. Der Raum war vollgestopft mit dem Roulettekessel auf seinem Gartentisch, mit Regalen voller Bauteile, einem Oszilloskop, Raymond, dem KIM und der Biofeedback-Apparatur. «Norman und ich waren wie eingezwängt zwischen dem Roulettespiel und dem ganzen übrigen Zeug. Der KIM und

Raymond standen, gerade so im Gleichgewicht gehalten, in der Nähe des Kessels, umgeben von einem Wirrwarr elektrischer Leitungen.

Alle Daten auf einmal zu erlangen und den Kessel mit einer passablen Geschwindigkeit in Drehung zu halten, erforderte einiges an Arbeit. Norman und ich setzten uns hin und waren plötzlich putzmunter. Wir arbeiteten, so schnell wir konnten, drehten den Kessel und schrieben Daten nieder und übertrugen die Ergebnisse auf Millimeterpapier. Wir hielten nicht einmal inne, um das Histogramm zu betrachten.

Wir mußten an die achtzig Läufe gemessen haben. Wir steckten mitten drin, bis ich mich schließlich zu Norman umdrehte und sagte: ‹Laß uns mal einen Blick draufwerfen.› Wir hielten das Histogramm in die Höhe, und da sahen wir ein geradewegs im Zentrum aufsteigendes Band von Datenpunkten. Der Computer tat genau das, was er tun sollte. Wir gerieten ganz schön aus dem Häuschen. Wir sprangen herum, fielen uns in die Arme. Dies war der große Durchbruch. Ein Jahr und einen Sommer nach dem Start des Unternehmens hielten wir den handfesten Beweis in Händen, daß wir die Bank sprengen konnten.»

Marianne Walpert, rotblond, mit schelmischem Lächeln und einem Hang zur Androgynie, saß als fleischgewordener Dionysius unserer eudämonischen Halloween-Party im folgenden Herbst vor. In ein weißes Gewand gehüllt und mit einem Lorbeerkranz geschmückt, bewegte sie sich unter den Gästen und teilte aus einem Plastikmüllsack Lachgas aus. Nachdem sie den Projekt Raum für den Abend in ein Chemielabor verwandelt hatte, komplett ausgestattet mit Bunsenbrennern, Erlenmeyer-Kolben, Pipetten und dem übrigen Zubehör, das für leises Köcheln und Filtern dieser besonderen Erfrischung unerläßlich war, hatte sie dort ihr Dekokt bereitet.

Als Physik-Studentin eingeschrieben, fegte sie, angetrieben von Neugier, durch Kurse und Seminare wie ein Wirbelwind. Als Argonautin in psychischen wie physischen Gefilden wußte sie auch, wie man neue Freunde gewann, und wie man es anstellte, daß jedermann sich wohl fühlte. Nachdem Marianne in das Haus an der Riverside eingezogen war, begann Ralph Abraham häufiger hereinzuschauen, und Alix Youmans, eine ihrer Freundinnen, steht für einen der strahlenderen Augenblicke in der Geschichte von Eudaemonic Enterprises.

Doyne war Mariannes Übungsleiter in Physik 6A, dem Grundkurs für Studenten im ersten Jahr, gewesen. «An der Uni tat er stets sehr geheimnisvoll», sagte sie, «und erst ein paar Jahre später, als er mich zum Essen nach Hause einlud, um zu sehen, ob ich dort einziehen wollte, führte er mich in sein Zimmer und erklärte mir, was da so abging. Es war ein so großes Geheimnis gewesen, daß ich keine Ahnung hatte, was auf mich zukam. Als ich das Roulettespiel und ein Zimmer voller elektronischer Geräte sah, Chips und Drähte überall, war ich total begeistert. Ich konnte es einfach nicht fassen. Viele Stunden lang sprachen wir dann über das Projekt. Ich war skeptisch und wollte ganz genau wissen, wie die Sache funktionierte und was sie im Sinne hatten. Ich meine, kein Mensch gewinnt beim Roulette. Aber es kam mir vor wie eine großartige Idee, die Casinos zu schröpfen, die so viel Freude daran finden, alle andern zu schröpfen. Ich fand das toll und konnte es nicht abwarten mitzumachen.»

Kurz nachdem sie in das Riverside-Haus eingezogen war, brach sie im Sommer 1977 zu einem Trek durch Afrika auf. Sie flog nach Paris, trampte nach Marseille, ging an Bord eines Schiffes nach Nordafrika und durchquerte die Sahara von Tunesien nach Kamerun. Sie überzeugte Dan Browne, dem sie erst ein einziges Mal in Santa Cruz begegnet war, das letzte Stück der Reise gemeinsam mit ihr zu unternehmen. Reich an Poker-Gewinnen, war er für Abenteuer leicht zu gewinnen. Sie fuhren in einer Lkw-Karawane, mit einem Lkw voller Ersatzteile und anderen voller Benzin und Trinkwasser, und benötigten einen Monat für die Sahara-Durchquerung.

Gegen Ende des Sommer, kehrte Marianne mit einer neuen Freundin nach Santa Cruz zurück, die sie während des Fluges kennengelernt hatte: Alix Youmans, einer dreißigjährigen Pariserin, die sich gerade mitten in der Scheidung von ihrem wohlhabenden Ehemann in San Diego befand. Elegant und intelligent, war sie spezialisiert darauf, ihre Bildung hinter einer Patina aus Geplapper über Astrologie, «est» und anderen esoterischen Moden zu verbergen. Doyne stellte sich vor, daß Alix mit ihrem französischen Akzent und ihrer französischen Garderobe die Rolle einer Dame der Gesellschaft, die es gewohnt ist, beim Roulette große Summen zu gewinnen und zu verlieren, perfekt zu spielen vermochte.

Alix stieg ein, indem sie sich für Elektroschock-Experimente des Projekts zur Verfügung stellte, in deren Verlauf durch Elektroden und leitende Kreme fließender Strom wahllos über ihren Körper floß, häufig in schmerzerzeugender Höhe. Diese Methode des Computer-Outputs wurde später aufgegeben, als Jonathan Kanter vorschlug, auf eine zahmere Form des mechanischen Outputs durch Solenoiden umzusteigen. Solenoiden sind kleine Vibratoren, die so eingestellt werden können, daß sie mit verschiedenen Frequenzen Signale an die Haut abgeben. Durch ein Magnetfeld aktiviert, bestehen sie aus einem winzigen Metallbolzen, der in einer zylinderförmigen Kupferdrahtspule hin- und herfährt. An benachbarten Körperteilen befestigt und verschieden schnell zum Vibrieren gebracht, konnten drei Solenoiden die neun für die Voraussage des Spielausgangs notwendigen Signale übertragen.

Für das neue Solenoiden-System baute die Gruppe drei der Vibratoren in eine Metallplatte ein, die unter einem Gürtel befestigt und auf der blanken Haut getragen wurde. Örtliche Störungen über dem Zwölffingerdarm in eine Wettstrategie zu übersetzen, benötigte einige Übung. Darüber hinaus bestand das einzige Problem darin, Wege zu finden, um die Vibratorstiftchen in Position zu halten. Sie hüpften herum wie mexikanische Springende Bohnen und wären ohne eine Vorrichtung, die sie daran hinderte, durchs ganze Zimmer geflogen.

«Wir experimentierten mit Plastik-Klebeband und Heftpflastern», sagte Doyne, «aber das Klebeband hatte zu schnell Löcher, und die Heftpflaster behinderten den Mechanismus. Wir brauchten etwas Sensitives, das gleichzeitig fest genug war, um dem wiederholten Vibrieren standzuhalten. Binnen kurzem fanden wir die geeignete Lösung: mit Antennen-Klemmen befestigte Kondome. Während unserer ersten Trips nach Nevada waren wir mit Kondomen und Klemmen gut versehen.»

Anfang Dezember gingen Norman, Marianne, Doyne und Alix mit Feuereifer an die Vorbereitungen für einen Trip in die Casinos. Sie bauten die für die Kommunikation zwischen Spielbeobachter und Spieler notwendigen Radiosender, -empfänger und Antennen. Sie entwarfen Kleidungsstücke und Verkleidungen sowie eine kodierte Sprache für Notfälle, in der Computer *Gehirne* genannt wurden, Batterien *Energie* und Drähte *Nerven*. Eine Bemerkung über *Alphawellen* bedeutete, das *Gehirn* war aktiviert, während *Meine Nerven versagen!* auf gebrochene Drähte oder einen Kurzschluß im System hinweisen sollten.

Am Nachmittag des 7. Dezember 1977 packten Doyne und Alix Raymond und Harry zusammen mit den Radiosendern und -empfängern und Mikroschaltern mit Zehenbedienung in den Blue Bus. Doyne fuhr auf der Interstate 80 in die Sierra Nevada; das Ziel waren die Casinos gleich hinter der Grenze zu Nevada. Ohne Schneeketten von einem Blizzard überrascht, schafften er und Alix es am späten Abend gerade über den Donner-Paß und hinab nach South Lake Tahoe.

Die wesentlichen Vorkommnisse trugen sie in zwei Spalten einer Labor-Kladde ein. Die beiden als «linke Seite» und «rechte Seite» markierten Spalten sollten in ihrer Funktion den beiden Hemisphären des Großhirns entsprechen. Die linke Seite trug den Untertitel «Tagebuch (Leben eines Spielers)», während die rechte Seite «technischen Vorkommnissen» vorbehalten war.

Unter dem Datum des ersten Tages findet sich eine Eintragung, wie gut Doyne und Alix im Bus schliefen und spät am nächsten Morgen erwachten: «Nicht zu kalt, aber klamm», heißt es da, «Heizung im Bus reparieren, Scheibengardinen besorgen, Fenster isolieren, Leck im Dach flicken.» Die «technischen Vorkommnisse» hören sich gleichermaßen verdrießlich an. Sie beginnen mit «Stromanschlüsse an Tankstellen sind sehr praktisch fürs Löten locker gewordener Drähte» und gehen über in einen chronologischen Bericht, demzufolge Doyne den ganzen Tag über von Tankstelle zu Tankstelle gefahren war, um defekte Lötstellen zu flicken.

Unterdessen legte Alix ein weiteres Notizbuch an, in das die Anordnung der Roulettekessel, der Kippwinkel der Kessel, die Namen von Croupiers sowie Notizen zu Schichtwechseln und andere zweckdienliche Angaben eingetragen wurden. Sie betrafen jedes Casino in Tahoe – und später auch die in Reno und Las Vegas. Es enthielt auch die Abrechnungen für jedes Casino. Die Größe der Bank, aus der man die Einsätze schöpfte, wurde notiert, die Spieltage, die Anzahl der Versuche sowie gewonnene oder verlorene Beträge.

Die Radioverbindung klappte immer noch nicht, und so entschied Doyne, das Zwei-Personen-System aufzugeben und sowohl als Spielbeobachter wie auch als Spieler sein Glück im Alleingang zu versuchen. Unter lose sitzendem Pullover von Kopf bis Fuß mit Leitungen versehen, packte er den Computer unter die eine Achselhöhle, die Batterien unter die andere, die Solenoidenplatte auf den Bauch und die Zehenschalter in seine Schuhe. Da er für die Schalter einiges an Platz benötigte, hatte er sie in die Art von hochhackiger Fußbekleidung eingebaut, die bei Zuhältern auf der Eighth Avenue begehrt ist. Fürs Herumspazieren im Schnee, von dem es in diesem Winter in Tahoe eine Menge gab, hatte das seine Tücken.

Doyne kaufte sich im «Cal-Neva Club» in ein Spiel ein. Er hatte soeben die Parameter gesetzt, und sein Computer war spielbereit, als mehrere elektrische Schläge ihn veranlaßten, die Toilette aufzusuchen. «Die elektrischen Schläge bereiteten mir erhebliche Probleme. Ich fing dann an zu schwitzen, der Schweiß verursachte Kurzschlüsse, und ich schwitzte noch mehr. Mehr als einmal war ich drauf und dran, mir den Pullover vom Leibe zu reißen und wegzuwerfen.»

Auf den Parkplätzen lag viel zuviel Schnee, als daß Doyne in seinen «Zuhälterschuhen» hätte bequem gehen können, und in den Casinos gab es zu wenig Action, also fuhren er und Alix weiter nach Reno. Sie suchten sich eine Parkmöglichkeit am Stadtrand und übernachteten im Bus. Gegen Abend schloß Doyne sich erneut an den Computer an und begab sich ins «Harrah's», das nobelste Casino am Ort. Und während er eine weitere Solo-Sitzung startete, sammelte Alix Daten über die Roulettekessel – bis das Projekt eine Beinahe-Katastrophe erlebte.

Doyne hatte sich ins Spiel gekauft und war mit dem Suchen der Betriebsart gerade fertig, als ein Kurzschluß ihn vom Tisch vertrieb. Um draußen an Tankstellen-Steckdosen zu arbeiten, war es zu kalt; so trug er in einem Bücherbeutel ein paar elementare Werkzeuge mit sich herum, um den Computer zu flicken.

«Ich schloß mich im Keller von «Harrah's» in eine hübsche, gemütliche Toilette ein. Den Computer hatte ich auf meinem Schoß, dazu ein Ohmmeter, mit dem ich die Spannung der Leitungen kontrollierte. Einen Computer nur mit einem Ohmmeter in Ordnung zu bringen, ist nicht so einfach. Es ist, als versuchte man, einen Automotor mit Zange und Schraubenzieher zu reparieren. Ich hatte eine Tasche voll Ersatzchips dabei und wollte gerade einen aus dem Computer austauschen, als das Gesicht eines Casino-Aufsichtsmanns über der Toilettenzelle erschien. Ein junger Typ mit Bart, der ungefähr so alt war wie ich.

‹Hey! Was machen Sie 'n da?› brüllte er.

‹Ich flicke mein Radio›, antwortete ich, indem ich den Computer in meinen Bücherbeutel steckte.

‹Flicken Sie Ihr Radio immer auf dem Klo?›

‹Nein›, sagte ich, ‹aber es ist kalt draußen.›

Ich tischte ihm eine Story auf, daß ich ein Student in den Ferien sei, irgend etwas Harmloses wie Literaturstudent oder so. Er wollte meinen Führerschein sehen und schrieb sich Namen und Nummer auf ein Stück Papier.

Als er alles notiert hatte, sah er mich an und sagte: ‹Sehen Sie, ich möchte Ihnen nur raten, Ihr Radio künftig nicht auf dem Klo zu flicken, weil das einfach nicht der richtige Ort ist. Immer wieder kommen Besoffene hier herunter und pennen ein, und wir müssen sie kontrollieren. Ich habe gedacht, Sie wären da drin eingeschlafen.› Ich bin sicher, daß das Stückchen Papier mit meinem Namen kurz darauf in den Papierkorb flog, aber diese Situation hat mich ganz schön geschockt.»

Nachdem sie im «Harrah's» gerade noch einmal davongekommen waren, versuchten sie es am nächsten Tag in anderen Casinos. Aber ein Großteil der Zeit ging mit Fehlersuche im Computer und deren Beseitigung drauf; immer wieder stand Doyne mit dem Lötkolben in der Hand auf dem Gehsteig und arbeitete an einer der etwa sechs Tankstellen von Reno mit Außensteckdosen.

«Harry gab während dieses Trips sehr früh seinen Geist auf, und Raymond kam niemals dazu, ernsthaft zu spielen. Der Trip war in technischer Hinsicht ein einziger Fehlschlag. Im Grunde genommen war es wie Schattenboxen, am Spieltisch brachte ich höchstens zwei, drei Stunden zu; aber es vermittelte mir ein Gefühl für die Casino-Atmosphäre, und ich hatte Gelegenheit, ausführlich mit Croupiers zu sprechen.»

Noch in derselben Nacht fuhren Doyne und Alix durchs Gebirge zurück und erreichten morgens gegen drei Sacramento. Im Morgengrauen nahm Alix eine Maschine nach San Diego. Fix und fertig steuerte Doyne einen Parkplatz an und schlief erstmal eine Runde, bevor er die Heimfahrt nach Santa Cruz antrat.

Letty kam aus Los Angeles, um Weihnachten in Santa Cruz zu verbringen. Nach den Festtagen bestiegen sie, Doyne und Dan Browne den Blue Bus, um das Projekt zum ersten Mal in Las Vegas zu testen. Mit Norman war abgemacht, daß er mit dem Greyhound-Bus aus Silver City kam und sie in der Glitzerschlucht traf. Seit dem Reno-Trip hatte Doyne nonstop an der Feinabstimmung des Systems gearbeitet, und das Projekt war nun bereit, so dachte er, für einen Sturmangriff auf das Spieler-Mekka.

Am Silvesterabend ließen sie Santa Cruz hinter sich und fuhren Richtung Süden nach Paso Robles, bevor sie nach Osten, Richtung Barstow und die Sierra Nevada schwenkten. «In mondbeschienener Nacht und bei Nebel, der aus den Tälern aufstieg, war es ein wunderschöner Trip», sagte Doyne. «Letty saß am Steuer, und ich schlief bis Barstow, wo wir auf die Route 15 und die Hauptverkehrsader nach Nevada trafen. Es gab einen ununterbrochen sich ergießenden Strom von Fahrzeugen, die von Las Vegas nach Los Angeles zurückkehrten. Vor uns lag ein hundert Meilen langes Band von Autoscheinwerfern, das über die Hügel strömte, während es am Horizont, dort, wo die Lichter endeten, orangerot glühte. Man wußte, daß man zu etwas Bestimmtem unterwegs war, daß etwas Gigantisches da draußen in der Wüste hockte.»

Frühmorgens um vier am Neujahrstag kamen sie an und schlugen auf einem Hügel, der Aussicht auf die Lichter von Las Vegas gewährte, ihr Lager auf. Als Dan Browne am späten Vormittag erwachte, fand er mitten in der Wüste einen Volleyball. Alle waren sich darin einig, daß dies ein gutes Omen war.

Bei Tageslicht liegt Las Vegas flach gegen den Horizont ausgebreitet. Ohne die in die Stadt führenden nächtlichen Trichter aus Licht läßt sich kein besonderer Eingang, kein Zentrum ausmachen. In ein Netz aus Straßen und Gebäuden gefaßt, die im Winter ebenso braun aussehen wie die Kruste der Wüste, auf denen sie stehen, wuchert die Stadt über die Prairie, nach der sie benannt wurde (*las vegas* ist Spanisch für «die Grasniederungen»).

Unsere Helden fuhren an den südlichen Stadtrand und fanden das an die

University of Nevada angrenzende Wohngebiet. Tom Ingerson, der Schwester und Schwager über die Weihnachtstage besuchte, hatte man eine Rou-
lette-Demonstration versprochen. Doyne lud den Roulettekessel aus dem
Bus und baute ihn in Zanes Wohnzimmer auf. Er lötete ein paar lockere
Drähte, befestigte die Kondome auf seinen Solenoiden und erklärte, alles sei
für einen Probelauf bereit.

«Natürlich ging es daneben», sagte er, «nichts funktionierte. Ich war unterdessen soweit, daß ich, jedesmal, wenn ich es jemandem vorführen wollte,
damit rechnete, daß der Computer versagte. Nach Murphy's Gesetz sind
Vorführungen dieser Art tatsächlich anfälliger für technisches Versagen als
reale Spielsitzungen, einfach weil man befangen ist.»

Immerhin brachte Doyne es fertig, ein paar Tage später mit ausreichend
funktionstüchtigem Gerät einen Alleingang im «Golden Gate Casino» in der
Fremont Street zu unternehmen. Außer Dan Browne hatten bis zu diesem
Zeitpunkt alle anderen Mitglieder der Gruppe die Stadt verlassen, und der
einzige Computer, der zuverlässig arbeitete, war Raymond. Ohne eine Radioverbindung riskierte Doyne erneut beide Rollen – Spielbeobachter und
Spieler. Das «Golden Gate» ist eines der eher beengten und schlampigen
Casinos, und so besteht die Kundschaft aus über Craps-Tische gebeugten
Fernlastfahrern und Winterflüchtlingen, die vorm Keno-Board ein Nicker-
chen halten. Roulette ist keine besondere Attraktion, und die zwei angeschla-
genen Spieltische sind hart an die Wand geschoben. Doyne beschränkte sich
auf kleinste Einsätze und hoffte, daß sein Eindringen in feindliches Territo-
rium lediglich statistischen Schaden anrichten würde.

An den Computer Raymond, die Batterien, die Solenoidenplatte und Zehenschalter angeschlossen, betrat Doyne das «Golden Gate», um den Versuch
zu starten, seinen ersten Las-Vegas-Kessel zu schlagen. Dan Browne stand
dicht neben ihm am Tisch und stellte, indem er vorgab, Roulette zu spielen,
in Wirklichkeit ein Erfolgs-Histogramm für die Computer-Voraussage zusammen. Er tat dies, indem er von Doynes Wette ausgehend rückwärts
arbeitete und den vorausgesagten und den eigentlichen Spielausgang miteinander verglich und alle paar Minuten hinter den einarmigen Banditen
verschwand, um Daten zu notieren.

«Dies war meine erste wirkliche Solotour», sagte Doyne. «Ich wollte auf
einen bestimmten Kessel einsteigen und ausreichende statistische Angaben
sammeln, um nachzuweisen, daß wir einen Vorteil besaßen. Das Mißtrauen
der Croupiers machte mir dabei erheblich zu schaffen. Aber ich war gewillt
zu gewinnen und zu zeigen, daß der Computer funktionierte. Ich spielte mit
kleinsten Einsätzen und dachte, damit würde ich sie nicht allzu sehr verär-
gern.»

Das System funktionierte tatsächlich, und zwar mit einer verblüffenden Genauigkeit. Er gewann ein um das andere Mal, und die Jetons schienen nur so vom Filz gesaugt und vor Doyne aufgestapelt zu werden. Die Stapel wuchsen zu Haufen an, die die übliche Vielzahl von Herren der Aufsicht und Spielern, die den Wohlgeruch der Glücksfee witterten, anzogen. Mit dem Ausdruck wildentschlossener, fast idiotischer Konzentration auf dem Gesicht ignorierte Doyne sie alle und konzentrierte sich allein auf die Mikroschalter in seinen Schuhen und die auf seinen Bauch tätowierten Voraussagemuster.

Binnen einer halben Stunde traten die üblichen Probleme auf – durch lockere Drähte und Schweißausbruch verursachte Kurzschlüsse. «Es hätte katastrophal ausgehen können», sagte Browne, der von seinem Platz hinter den Spielautomaten aus zusah. «Doyne spielte mit seinen kleinen Einsätzen hervorragend, als mit einem Mal einer der Vibratorstifte verrückt spielte und sich erhitzte. Er stürzte in Richtung Toilette davon, behob den Schaden und kehrte zurück. Aber kurz darauf wiederholte es sich. Kaum hatte er sich zum Spielen hingesetzt, als er erneut aufspringen mußte und ausrief: ‹O Mann, ich glaub’, ich hab’ die Scheißerei!›

Dies passierte noch ein paar Male, und die Solenoiden wurden immer heißer. Doyne rannte in immer kürzeren Abständen aufs Klo und rief immer wieder: ‹Ich hab’ die Scheißerei! Au Mann, hab’ ich die Scheißerei!› Bei seinem letzten Gang zum Klo folgte ihm der für den Schichtwechsel verantwortliche Angestellte und hockte sich in die Zelle nebenan. Die Croupiers müssen geglaubt haben, er sei verrückt, und ich schätze, das war er auch. Doyne sprang wie von einer Wespe gestochen herum. Aber ich bin mir sicher, daß sie nie darauf gekommen wären, was für ein Gift es war, das eine solche Tollheit bewirkte.»

Nach viereinhalb Stunden im Casino löste Doyne seine Jetons ein und ging. Bei den Zehn-Cent-Einsätzen war der Gewinn, bei mehreren hundert Versuchen, gering. Was aber zählte, war der Gewinnvorteil des Computers, den er und Browne auf vorsichtige 25 Prozent schätzten.

«Ich war erleichtert», sagte Doyne. «Wir hatten den Beweis erbracht, daß wir in ein Casino gehen, Parameter setzen, an einem fremden Kessel spielen und die Bank mit einem mindestens fünfundzwanzigprozentigen Vorteil schlagen konnten, was eine nicht unbeträchtliche Gewinnspanne ist. Was jetzt noch zu tun blieb, war, die Einsätze zu erhöhen.»

Die Erfindung des Roulettes

Die Hauptsache ist das Spiel selbst. Ich schwöre, daß Geldgier nichts damit zu tun hat,
obwohl ich, weiß der Himmel, dringend Geld benötige.
Fjodor Dostojewski

Obwohl die Vaterschaft des Computers, der Wahrscheinlichkeitstheorie und des Roulettespiels Pascal zugeschrieben wird, kann ich – nach eingehendem Studium der Materie – berichten, daß, während die ersten beiden Nachkommen einen unbestreitbaren Anspruch auf seinen Namen haben, der dritte illegitim ist. Allerdings gibt es gute Gründe, Pascal mit der Konzeption in Verbindung zu bringen.

Nachdem Pascal die mechanische Additionsmaschine erfunden hatte, sicherte er sich das Monopol auf ihre Verwertung und überwachte die Herstellung von über fünfzig aus Holz, Elfenbein, Ebenholz und Kupfer gefertigten Pascalinen. Der Ruf, den er bei seinen Zeitgenossen genoß, gründete sich in erster Linie auf diese Erfindung (sogar der große Descartes bat um eine Vorführung). Doch wandte Pascal seine Gedanken zunehmend abstrakteren, Spiel und Theologie betreffenden Betrachtungen zu. Auf seinem Weg zu einem spleenigen Heiligen des jansenistischen Klosters Port Royal hielt er kurz inne, um die Mathematik der Wahrscheinlichkeit zu erfinden.

Ein Freund hatte Pascal 1654 in einem Brief gefragt, ob er das *problème des parties*, das Problem der Punkte, zu lösen vermöge. Wie sollten Spieler, wenn sie ein Kartenspiel vor seinem natürlichen Abschluß beendeten, den Einsatz aufteilen? Pascal seinerseits gab die Frage weiter an Pierre de Fermat, berühmter Mathematiker und Rechtsgelehrter in Toulouse, und gemeinsam erarbeiteten sie auf dem Korrespondenzweg die mathematische Basis für die Wahrscheinlichkeitstheorie. Bei der Lösung des Problems der Punkte sollten die Wetteinsätze entsprechend dem Konzept mathematischer Erwartung aufgeteilt werden, sagte Pascal, das heißt gemäß der Wahrscheinlichkeit eines jeden Spielers, das Spiel zu gewinnen.

Seine Zeitgenossen verwunderten sich, daß Zufall Gesetzen unterworfen sein könne. Ihr Erstaunen aufgreifend äußerte Pascal: «Indem die Wahrscheinlichkeitstheorie auf diese Weise die Strenge wissenschaftlicher Demonstration und die Ungewißheit des Zufalls zusammenbringt, und *jene Dinge, die in ihrem Erscheinungsbild gegensätzlich sind, miteinander versöhnt*, kann diese Kunst mit Recht den verblüffenden Titel einer Mathematik des Zufalls annehmen.»

Darüber hinaus schreiben Spieler und Populärhistoriker Pascal die Erfindung des Roulettes zu. (Das Wort kommt vom französischen *roulette*, «kleines Rad».) In frühen Versionen des Spiels ließen die Griechen Schilde auf Schwertspitzen kreisen, und der römische Kaiser Augustus ließ ein rotierendes Wagenrad im Spielsaal seines Palastes installieren. Während diese Geräte sich eines Rades und eines feststehenden Zeigers bedienten, verwendet das moderne Roulettespiel einen ausgeklügelteren Mechanismus, bei dem Rotor und Kugel sich in entgegengesetzter Richtung drehen.

Die Geschichte, wonach Pascal das Roulette erfunden habe, hat ihren Ursprung höchstwahrscheinlich in einem Zahnschmerz, der ihn im Frühjahr 1657 eines Nachts im Kloster Port Royal befiel. Einem Bericht seiner Schwester zufolge sprang Pascal aus seinem Bett und richtete seine Gedanken auf ein spezielles mathematisches Problem, um den Schmerz zu vergessen. Nachdem er so mehrere Nächte lang in seiner Kammer auf- und abgegangen war, hatte er gleichzeitig seine Zahnschmerzen kuriert und seinen größten Beitrag zur reinen Mathematik geliefert. Pascal war auf der Suche nach der Formel für eine als Zykloide bekannte Kurve, die wegen ihrer Faszination, die sie auf wissenschaftliche Geister von Cusanus bis Galileo und Descartes ausgeübt hatte, auch «Helena der Geometrie» genannt wird. Pascal definierte diese Kurve als die Linie, die ein auf dem äußeren Rand eines rollenden Rades sich befindlicher Nagel bei seiner Bewegung erst vom Boden weg und danach wieder zum Boden hin beschreibt. Das Problem «befaßt sich mit dem Rollen eines Rades», sagte er, «und wird aus diesem Grund *roulette* genannt».

Ob Pascal tatsächlich mit rollenden Rädern experimentierte, bleibt eine Vermutung, obgleich er die Gleichungen, die notwendig sind, um die Zykloide zu beschreiben, tatsächlich löste. Gottfried Wilhelm Leibniz sollte, nachdem er, zehn Jahre nach Ableben des Autors, Pascals Abhandlung zum Thema *Histoire de la roulette* noch einmal gelesen hatte, aus Pascals Gleichungen die Integralrechnung ableiten, die das Studium kontinuierlich sich verändernder Mengen ermöglicht und die bis auf den heutigen Tag das große Hilfsmittel der modernen Mathematik geblieben ist. «Nichts verwundert mich so sehr», sagte Leibniz über die Geschichte des Roulettes, «als die Tatsache, daß Pascals Blick durch ein verhängnisvolles Übel getrübt zu sein schien; denn ich sah es mit einem Blick, daß das Theorem von höchster Allgemeingültigkeit für jede denkbare Art von Kurve war.»

Roulette – nicht die Kurve einer Zykloide, sondern das Glücksspiel, wie wir es heute kennen – hat seinen eigenen wichtigen, wenn auch wechselvollen Platz in der Geschichte der Mathematik und Physik eingenommen. Zu den Wissenschaftlern, die sich für das Studium der Bewegungsgesetze interessiert haben, zählen Jakob und Daniel Bernoulli, Laplace, Poisson, Poincaré, Claude Shannon und Edward Thorp, von denen einige, indem sie sich am Spieltisch aufstellten, um die physikalischen und statistischen Attribute des Kessels ein wenig aus der Nähe zu betrachten, entdeckten, daß ein in Bewegung gesetztes Spiel oft weniger mit der erhabenen Prozession der Planeten zu tun hat als vielmehr mit der Habgier des Menschen.

Roulette tritt erstmals 1765 offiziell in Erscheinung, als Gabriel de Sartine, ein Polizei-Offizier, der darin ein Spielgerät zu sehen vermeinte, das immun gegen Mogelei war, es in die Casinos von Paris einführte. Während der Revolution von 1789 nahmen flüchtige Royalisten ihre Roulettekessel mit nach Bath und in andere britische Kurorte. Bei Anbruch des neunzehnten Jahrhunderts hatte sich das Spiel auf die kontinentalen Badekurorte in Wiesbaden, Bad Homburg, Baden-Baden, Saxon-les-Bains und Spa ausgebreitet.

Nachdem sie glücklose Emigranten und den niederen Adel aus Deutschland in die Armut getrieben hatten, wurden die Casinos 1872 von der preußischen Regierung verboten. Ein gewiefter Casinobetreiber packte seine Konzession einfach ein und brachte sie von Bad Homburg in das Fürstentum Monaco. Zu der Zeit, da dieser – sein Name war Louis Blanc – in Monte Carlo eintraf, wurde der Ort in einem zeitgenössischen Bericht als eine Stadt beschrieben, die aus «zwei, drei Straßen auf steil abfallenden Felsen, achthundert bedauernswerten, dem Hungertod entgegensehenden Personen, einem baufälligen Schloß und einem Bataillon französischer Soldaten» bestand. Daß es der fürstlichen Familie und den Bürgern von Monaco heutzutage finanziell wesentlich besser geht, ist darauf zurückzuführen, daß Blanc sie mit 10 Prozent an dem Geschäft beteiligte, schon bald eine nicht unbeträchtliche Summe. Mit Roulette als Hauptattraktion herrschte Monte Carlo, bis zum Aufstieg von Las Vegas nach dem zweiten Weltkrieg, als oberstes Glücksspielzentrum der Welt.

Wie zahlreiche aus Frankreich stammende Importe erreichte auch Roulette die Vereinigten Staaten via New Orleans. Es fand rasche Verbreitung in unseren ursprünglichen Casinos: den Schaufelraddampfern, die, mit Baumwollballen und Gaunern beladen, den Mississippi befuhren. Roulette war an Land gegangen, damit man, privat oder illegal, in Saratoga, New York City, New Orleans und Denver dem Glücksspiel frönen konnte. 1931 unternahm Las Vegas den schicksalsschweren Schritt, dieses und andere Glücksspiele zu legalisieren. Doch die Casinos der Fremont Street boten bestenfalls eine lärmende Pracht; es dauerte weitere fünfzehn Jahre, bis das unternehmerische Talent eines New Yorker Gangsters namens Benjamin «Bugsy» Siegel Las Vegas in das Spieler-Mekka der Welt verwandeln sollte.

1946 eröffnete Bugsy Siegel, gleich jenseits der Stadtgrenze auf gestrüppüberwuchertem heruntergekommenem Land, dem sogenannten Strip, den
«Flamingo Club», die erste der berühmten Vergnügungshallen von Nevada.
Bugsy wurde gleich im ersten Jahr von anderen Gangstern niedergeschos-
sen, aber seine Idee hatte bereits Fuß gefaßt. In einem Geniestreich hatte
Siegel erkannt, daß eine vollständig abgekapselte Festung der Wonnen mit
ansprechendem Design das ideale Ziel für den Tourismus des ausgehenden
zwanzigsten Jahrhunderts werden würde. In Aufenthalten von einem, drei,
fünf, sieben oder mehr Tagen ließ sich die adelige Freizeitbeschäftigung
für jedermann verfügbar machen. Vom Pomp der Bugsyschen Am-
biance und seinem Dekor angemessen aufgemuntert, konnten die Touristen
auch andere Attribute des Adels übernehmen –, die Großspurigkeit seiner
Gesten und die Geringschätzung für monetäre Verluste. Welche Umgebung
konnte geeigneter sein, dachte Siegel, um die Leute an den Tischen auszu-
nehmen?
Innerhalb eines Jahrzehnts waren ein Dutzend weiterer Vergnügungsstätten
auf dem Strip aus dem Boden geschossen. Las Vegas bietet heute mehr
als einhundert. Frankreich legalisierte das Glücksspiel zwei Jahre nach
Nevada, und Roulette tauchte blitzartig über die Küste verstreut in Deau-
ville, Biarritz, Nizza und Le Touquet auf. Auch war es in Estoril in
Portugal, in Rom, Venedig, San Remo und Salzburg zu finden. Als Groß-
britannien 1960 das Glücksspiel legalisierte, wurde Roulette als wichtige
Komponente eines prosperierenden Industriezweigs wiedereingeführt: Der
Engländer gibt jährlich 5 Milliarden Dollar für das Glücksspiel aus, während die Amerikaner über 100 Milliarden im Jahr verwetten. Heute kann
man Roulette in der Karibik und Süd-Amerika spielen, in Marrakesch,
Macao, Quintandinha, Konstanza und sogar in Mbabane, Swasiland, wo
eine Kombination aus Casinos und heißen Quellen die seltene Gelegenheit
bietet, südafrikanische Rassisten Schulter an Schulter mit Bantunegern zu
sehen.

Trotz all seiner Regelmäßigkeiten führt das im Spiel befindliche Roulette
einen Spielausgang herbei, der gleichermaßen zufallsbestimmt wie unwie-
derholbar ist, und illustriert damit auf perfekte Weise die Gesetze des Zufalls.
Ein Roulettekessel besteht aus einem Präzisionsrotor, der auf einer Stahlspindel im Gleichgewicht gehalten und gedreht wird. In gleichmäßigen
Abständen sind auf dem Rotorrand achtunddreißig Nummernfächer – von
00 bis 36 – angebracht. Diese wechseln hoch/niedrig, ungerade/gerade und
rot/schwarz ab, außer den beiden, 0 und 00 numerierten, grünen Fächern,
die auf dem Rotor einander gegenüberliegen. Diese grünen Nummernfä-

cher – und die Tatsache, daß die Auszahlung beim Roulette im Verhältnis achtunddreißig gegen eins erfolgt – garantieren dem Haus seinen Gewinnanteil in einem im übrigen fairen Spiel.

Der Roulettekessel präsidiert am einen Ende eines langen rechteckigen, mit grünem Filz bezogenen Tisches, auf dem die Nummernquadrate und -kolonnen des Gewinnplans markiert sind. Angeordnet in drei Kolonnen, deren Nummernwerte von links nach rechts und von oben nach unten zunehmen, finden sich dieselben sechsunddreißig Zahlen, deren Verteilung auf dem Rotor noch mehr vom Zufall bestimmt scheint. Am Kopfende der Nummernkolonnen befinden sich Quadrate für die 0 und 00, während am Fußende und an den Breitseiten des Tableaus weitere Felder liegen, die Einsätze auf Rot oder Schwarz, Impair oder Pair, auf «Dutzende», auf Kolonnen und so weiter zulassen. Und weil Einsätze auf Nummern, Kolonnen und Carrés verteilt werden können, bietet ein Roulette-Tableau dem umsichtigen Investor dreizehn verschiedene Arten, Einsätze zu machen.

Während des Spiels sieht ein Roulette-Tableau etwa so aus wie ein Mondrian-Gemälde, das von Jackson Pollock überarbeitet wurde: gelbe, rote, blaue und goldene Jetons bedecken wie hingetropft die auf den Filz gedruckten weißen Quadrate und überschneiden die Linien zwischen ihnen. Die Spieler stapeln Jetons zu schiefen Türmen auf, überlegen sich's anders, transportieren sie von einem Quadrat zum anderen und streuen schließlich, in allerletzter Minute, eine abschließende Jeton-Inspiration auf den grünen Filz. Ist das Werk getan, treten sie einen Schritt zurück, um zu sehen, wie es von der Öffentlichkeit aufgenommen wird.

Zumindest beim amerikanischen Roulette wird das Haus von den Chancen überaus begünstigt. Ein direkt auf eine der achtunddreißig Nummern (die 0 und 00 eingeschlossen) gemachter Einsatz, der gewinnt, wird im Verhältnis fünfunddreißig gegen eins ausgezahlt. Wäre Roulette ein faires Spiel, ohne einen Vorteil des Hauses, würde der Einsatz sich siebenunddreißig zu eins auszahlen, den ursprünglich gesetzten Jeton nicht mitgerechnet. Jeder Einsatz wird auf ähnliche Weise im Wert vermindert, so daß das Haus eiskalt 5,26 Prozent Gewinn einstreicht; bei einem Einsatz auf die ersten Fünf – 0, 00, 1, 2 und 3 – steckt das Casino sogar 7,89 Prozent Gewinn in die Tasche. Im Vergleich zu Blackjack, Craps und Bakkarat sind die Chancen beim Roulette am ungünstigsten. Beim Bakkarat etwa beträgt der Vorteil des Hauses 1,25 Prozent.

Für die Mathematik des Spiels macht es einen erheblichen Unterschied, daß Roulettekessel in Europa siebenunddreißig und nicht achtunddreißig Nummernfächer haben, indem man dort die 00 eliminierte. Ursprünglich war sie von Louis Blanc abgeschafft worden, als er 1840 in Bad Homburg die

Spielkonzession übernahm; seither ist dies eine permanente Eigenart der europäischen Roulettekessel geblieben. Dies wie auch andere Unterschiede bei den Spielregeln schmälern den Vorteil des Hauses auf 1,35 Prozent, und daraus erklärt sich, warum Roulette in Europa und anderen Staaten außerhalb der USA als Zeitvertreib noch immer an erster Stelle steht.

Betrachtet man die Spielregeln, gibt es drei denkbare Systeme, um die Bank zu sprengen. Das erste ist ein mathematisches: ein Zahlenmuster oder ein bestimmtes Vorgehen beim fortlaufenden Setzen, das dem Spieler einen Vorteil über das Haus verschaffen soll. Eine andere Art von System vertraut auf ungleichmäßige Kessel und deren Tendenz, eine bestimmte Zahl zu bevorzugen. Eine dritte Methode versucht, durch Messen der physikalischen Kräfte den tatsächlichen Spielausgang vorauszusagen.

Roulette überläßt sich den prüfenden Blicken von *systémiers*. Über den Kessel gebeugt und Zahlen in Notizbücher notierend, ähneln diese Spieler Kabbalisten, die wie der Mond um die Zahl Sechs kreisen. Spieler-Läden in Monte Carlo bieten Listen mit Roulettezahlen des vorangegangenen Tages zum Verkauf, und wer die *Revue Scientifique* abonniert, bekommt seine Zahlen monatlich per Post. «Gewinn»-Schemata für mathematische Voraussagen werden in Hunderten von Büchern und Artikeln beschrieben. Doch nach mehr als zweihundert Jahren ununterbrochenen Spiels bleibt es eine unbestrittene Tatsache, daß kein solches Gewinn-Schema existiert. Edward Thorp geht sogar einen Schritt weiter, wenn er sagt, daß «es kein ‹mathematisches› Gewinnsystem für Roulette gibt und es unmöglich ist, jemals eines zu entdecken».

Die meisten dieser Systeme bedienen sich einer Methode, die «Verdoppeln» genannt wird. Sie beruht auf dem Gedanken, daß ein Verlust bei einer Wette eins zu eins durch Verdopplung des Einsatzes in jeder nachfolgenden Runde ausgeglichen werden kann. Wenn man einen Dollar setzt und verliert und dann zwei Dollar setzt und gewinnt, wird man drei Dollar gesetzt und dafür vier Dollar «verdient» haben und dabei einen Profit von einem Dollar machen. So simpel sich das anhört, hat das System jedoch zwei Mängel; der erste ist der, daß es eine unbegrenzte Bank erfordert. Es mag unwahrscheinlich sein, daß man neunzehnmal hintereinander verliert, um aber den ursprünglichen Einsatz von einem Dollar zu verdoppeln, würde es in diesem Fall eines Einsatzes von 524.288 Dollar bedürfen, um den erwarteten Profit von einem Dollar zu machen.

Gegen das Verdoppeln schützen sich die Casinos, die über erhebliche, keineswegs aber unbegrenzte Banken verfügen, mit einer einfachen Gegenmaßnahme. Sie legen eine Obergrenze des Hauses für Einsätze fest, normalerweise bei eintausend Dollar, die das System erfolgreich bei jeder Wette torpediert, die das Limit des Hauses übersteigen würde. «Wirklich verblüffend ist», sagt Thorp, «daß dies auch für alle mathematischen Systeme gilt, auch für diejenigen, die irgendwann entdeckt werden können, so kompliziert sie auch sein mögen», und davon gibt es eine unendliche Zahl!

Systeme des Verdoppelns, Halbierens, Verdreifachens und so weiter bilden eine Klasse, «Martingale» genannter Strategien. Der Begriff hat seinen Ursprung in der französischen Redensart *porter les chausses à la martingale* und bedeutet, «seine Hosen wie die Leute von Martigue tragen», einem Dorf der Provence, wo Hosen hinten zugeknöpft werden. Die Redensart impliziert, daß solche Hosentracht und Wettmethode gleichermaßen lächerlich sind.

Ein weiteres populäres mathematisches System wurde nach Jean le Rond d'Alembert benannt, neben Diderot Mitherausgeber der *Encyclopédie*. Das d'Alembert-System, auch als Spieler-Irrtum bekannt, funktioniert der «Reife der Zufälle» oder dem «Gleichgewichts-Gesetz» entsprechend. Diese «Gesetze» besagen, daß eine lange Zahlenreihe in einer Farbe die Wahrscheinlichkeit des Hervortretens der anderen Farbe erhöht, um die «Dinge auszugleichen». Unglücklicherweise widerspricht dies der Wahrscheinlichkeitstheorie, die besagt, daß jedes zufällige Ereignis unabhängig von vorangegangenen und folgenden Ereignissen geschieht. Roulettekugeln verfügen über kein Gedächtnis, und die Chance auf Rot oder Schwarz zu landen, bleibt bei jedem neuen Spiel bei unveränderlichen fifty-fifty.

Roulette-Systeme, die auf Entdeckung von Unregelmäßigkeiten in Kesseln aufbauen, haben sich als ergiebiger herausgestellt. William Jaggers, ein britischer Ingenieur, heuerte einst sechs Buchhalter an, um einen Monat lang die Gewinnzahlen von Monte Carlo festzuhalten. Nachdem er und sein Mitarbeiterstab Veränderungen ihrer Frequenz rechnerisch berücksichtigt hatten, strichen sie glatt eine Million fünfhunderttausend Francs ein, indem sie auf die am häufigsten gewinnenden Zahlen setzten. Weitere Gewinne wurden erst vereitelt, als die Casinos die Kessel mit beweglichen anstelle der festen Metallstege zwischen den Nummernfächern versahen. Indem sie diese frühmorgens austauschten, konnten die Croupiers die Variablen, auf die Jaggers System ansprach, neu verteilen.

Albert Hibbs und Roy Walford, Studienfreunde vom Cal Tech und von der University of Chicago, vollbrachten ein ähnliches Bravourstück wie Jaggers 1947. Sie nahmen eine Poisson-Verteilung zu Hilfe, um regelmäßige von unregelmäßigen Kesseln zu unterscheiden, und fanden heraus, daß mehr als ein Viertel der Kessel in Nevada genügend von der Gleichgewichtslage abwichen, um den Vorteil des Hauses zu überwinden. In einer werbewirksam angekündigten Sitzung, die massenweise Imitatoren auf den Plan rief, zockten Hibbs und Walford im «Palace» und im «Harold's Club» in Reno satte siebentausend Dollar ab. Ein weiterer Graduierter von der UC Berkeley, Allan Wilson, müßte den Weltrekord im Datensammeln von unregelmäßigen Kesseln halten. Er verdiente an seinen Bemühungen zwar keinen einzigen Cent, aber er und ein Freund zeichneten, indem sie über fünf Wochen hinweg rund um die Uhr im Schichtdienst arbeiteten, nicht weniger als achtzigtausend Spiele auf.

Ein anderer Don Quijote auf der Suche nach einem System, das Roulette zu schlagen, war der englische Mathematiker Karl Pearson. Pearson erfand das Statistik-Feld. Ihm verdanken wir Begriffe wie die Normalverteilung, Standard-Abweichung und den Korrelations-Koeffizienten – den er, unseligerweise, für den Nachweis verwendete, daß Juden Nordeuropäern unterlegen seien. Pearson nahm sich die Daten zweier Wochen aus den *permanences*, den täglichen Zahlenveröffentlichungen in *Le Monaco*, vor und untersuchte sie auf statistische Fluktuationen.

Pearson veröffentlichte seine Resultate in einem *Wissenschaft und Monte Carlo* überschriebenen Artikel, in dem es hieß: «Hätte es seit Anbeginn aller Zeiten in Monte Carlo Roulette gegeben, hätten wir nicht damit rechnen können, daß, ausgehend von der Annahme, daß Roulette ein Spiel des Zufalls ist, die Spielergebnisse der letzten vierzehn Tage auch nur *einmal* hätten eintreffen können ... Wenn man nach den Gewinnen urteilt, die offenbar mit Billigung der *Société* veröffentlicht werden, ist Roulette in Monte Carlo, falls die Gesetze des Zufalls gelten, vom Standpunkt exakter Wissenschaften aus das gewaltigste Wunder des neunzehnten Jahrhunderts.» Pearsons Daten waren von Journalisten, die es vorzogen, sich ihre freien Drinks in der Casino-Bar zu sichern, gefälscht worden. Doch verschaffte ihm der Skandal die Gelegenheit zu verlangen, die Casinos zu schließen und ihre Ressourcen «einem Institut für orthodoxe Wahrscheinlichkeitstheorie» zur Verfügung zu stellen, das darauf zugeschnitten war, Pearsons Sozial-Darwinismus zu fördern.

Fjodor Dostojewski, der zu epileptischen Anfällen neigte, die ihn tagelang in einem Zustand annähernder Idiotie zurückließen, wandte ein Roulettesystem an, das mehr in den Gefilden der Psychologie denn der Statistik operierte, es hatte mit Mäßigkeit und emotionaler Gleichmut zu tun: «Ich kenne das Geheimnis», schrieb er seiner Schwägerin im Anschluß an eine Spielsitzung in Wiesbaden, «und es ist extrem stupide und simpel: Es besteht darin, sich die ganze Zeit zu kontrollieren und in keiner Phase des Spiels in Erregung zu verfallen. Das ist alles; auf diese Weise kann man vielleicht verlieren und *muß* gewinnen.»

Die Schwierigkeit bei seinem «System» ist, wie Dostojewski realisierte, daß «ich eine schlimme und übertrieben leidenschaftliche Natur habe. Ich gehe bei allem bis zum äußersten Extrem; mein Leben lang habe ich keine Mäßigung gekannt.» Sigmund Freud dachte, das System berge andere Probleme eher sexueller Natur: «Das ‹Laster› Onanie ist durch die Spielsucht ersetzt, die Betonung der leidenschaftlichen Tätigkeit der Hände ist für die Ableitung verräterisch», schrieb Freud in einem, «Dostojewski und Vatermord» betitelten Essay. «Wirklich ist die Spielwut ein Äquivalent des alten Onaniezwangs, mit keinem anderem Wort als ‹Spielen› ist in der Kinderstube die Betätigung der Hände am Genitale bekannt worden. Die Unwiderstehlichkeit der Versuchung, die heiligen und doch nie gehaltenen Vorsätze, es nie wieder zu tun, die betäubende Lust und das böse Gewissen, man richte sich zu Grunde (Selbstmord), sind bei der Ersetzung unverändert erhalten geblieben.»

Ein Beispiel für ein erfindungsreiches Roulettesystem wird von Alexander Woollcott in seiner Story *Rien ne va Plus* beschrieben. Bei dem Erfolg der Louis-Blanc-Unternehmung in Monte Carlo versuchten die Casino-Besitzer von Nizza und anderen Küstenorten, ihm einen Knüppel zwischen die Beine zu werfen, indem sie übertriebene Berichte über die Selbstmordrate in Monaco verbreiteten. Bei so vielen an den Strand gespülten Leichen, sagten sie, werde es zunehmend schwieriger, schwimmen zu gehen. Eines Abends diniert der Erzähler in Woollcotts Story mit Freunden auf einer Terrasse in Monte Carlo, verzehrt ein Soufflé und spricht über Selbstmord. Am Vormittag hatte er einen gutgekleideten jungen Mann in den *salles privées* des Casinos sein ganzes Geld verlieren sehen, und jetzt gibt es Berichte, daß der Mann mit blutgetränktem Hemd und einem Revolver in der Hand am Strand tot aufgefunden worden ist. Um öffentliches Aufsehen zu vermeiden, stopfen die Casino-Agenten zehntausend Francs ins Dinnerjackett des Leichnams, so daß das Opfer den Anschein erregen mochte, es hätte aus *Weltschmerz* allem ein Ende gesetzt. Aber sobald die Agenten außer Sicht sind, springt die Leiche auf die Füße. Das Hemd noch immer mit Tomatensauce verschmiert, eilt er ins Casino und setzt die neuen zehntausend Francs, um weitere hunderttausend zu gewinnen.

Möglicherweise war Marcel Duchamp einer der erfolgreichsten *systémiers*. Nachdem er seine künstlerische Karriere längst bis in die äußeren Regionen von Dada und Surrealismus ausgedehnt hatte, perfektionierte Duchamp 1924 ein Spielsystem für Roulette, mit dem man «weder gewinnt noch verliert». Er gründete eine Firma, um sein System in Monte Carlo gewinnbringend auszubeuten, und beabsichtigte, eine Emission von dreißig Aktienzertifikaten zum Preis von je fünfhundert Francs zu verkaufen. Diese trugen auf der Vorderseite ein Monte-Carlo-Roulette, Tableau und Kessel, mit einer aufkopierten Photographie von Duchamp, die sein Freund Man Ray aufgenommen hatte. Das Photo zeigt einen satyr-ähnlichen Duchamp mit Hörnern und Rasierschaumbart. Mit Rrose Selavy *(éros c'est la vie)*, Vorstandsvorsitzender, signiert, sind diese Papiere heute weitaus mehr wert als fünfhundert Francs das Stück. Obwohl es Duchamp damals nur gelang, zwei Stück zu verkaufen, reichte dies Kapital aus, einen zweimonatigen Trip an die Roulettetische von Monte Carlo zu finanzieren, wo Duchamp, zu seiner großen Zufriedenheit, ungeschoren davonkam.

Aus all diesen Beispielen ergibt sich die Unmöglichkeit, ein Gewinn erzielendes mathematisches System zu entwickeln. Der einzig machbare Weg, das Roulette zu schlagen, liegt in der *physikalischen* Voraussage. Dazu benötigt man ein ausreichend intelligentes Gerät, das die Gesetze der Bewegung zu deuten versteht und schnell genug ist, den Spielausgang zu errechnen, während bereits gespielt wird. Mit anderen Worten, man benötigt einen Computer. Diesen Anforderungen genügende Analog-Computer konnten in den sechziger Jahren gebaut werden. Digitale Computer folgten in den siebziger Jahren. Ob die Idee der Technologie voranging oder umgekehrt, als Mikrocomputer und Roulettevoraussage sich begegneten – es war Liebe auf den ersten Blick.
Edward Thorp war der erste, der den Einsatz des Analog-Computers zum Sprengen der Bank untersuchte. Bereits 1962 erklärte er in der ersten Ausgabe von *Beat the Dealer*, im Besitz «einer Methode» zu sein, «um Roulette zu schlagen, ob die Kessel defekt sind oder nicht!» Im eifrigen Stil eines Wissenschaftlers geschrieben, der versucht spannend zu sein, fügte Thorp die kryptische Bemerkung hinzu: «Ich spielte im Keller-Labor eines weltbekannten Wissenschaftlers auf einem vorschriftsmäßigen Roulettekessel. Wir wandten die Methode an und machten stetige 44 Prozent Gewinn. Im Laufe einer Stunde gewannen wir, nie mehr als 25 Dollar pro Zahl einsetzend, fiktive 8000 Dollar!»
Weshalb er ein Buch über seinen Erfolg verfaßte und sich nicht nach Cap d'Antibes zurückzog, erklärte Thorp damit, daß «es gewisse elektronische Probleme gibt, die bis jetzt verhindert haben, daß die Methode in großem Rahmen in den Casinos zum Einsatz kam».
Sieben Jahre nach dieser Erwähnung in *Beat the Dealer*, als er seinen Artikel im *Journal of the International Statistical Institute* veröffentlichte, drückte Thorp sich mathematisch deutlicher aus, wenn auch immer noch vage, was die praktischen Einzelheiten angeht. In diesem Aufsatz brachte er, gerichtet an den mit der Wahrscheinlichkeitstheorie vertrauten Leser, seine Entwicklung der Newtonschen und Quanten-Methode zur physikalischen Voraus-

sage kurz ins Gespräch. Sein Mitstreiter, der «weltbekannte Wissenschaftler», blieb namentlich unerwähnt.

In einer erst kürzlich in der Zeitschrift *Gambling Times* erschienenen Artikelserie war Thorp, was die Natur seines Roulette-Projekts angeht, ein wenig entgegenkommender. Auch erschien der Name seines Partners zum ersten Mal gedruckt – Claude Shannon. Shannon war noch Student, als er die Gleichungen ausarbeitete, um die Schaltungen elektrischer Netzwerke zu verstehen. Die unter dem Begriff Informations-Theorie zusammengefaßten Ergebnisse seiner Untersuchungen werden heute für das Verständnis von Schaltungen so mannigfaltiger elektrischer Netzwerke wie Telephon-Zentralen, Computer und das menschliche Gehirn angewandt. Shannons «grundlegende Idee», wie er es ausdrückte, «ist die, daß Information annähernd behandelt werden kann wie eine physikalische Menge, wie Masse oder Energie.»

Als Edward Thorp im Dezember 1960 die Verwegenheit besaß, an Shannons Bürotür zu klopfen, befand dieser sich in den frühen Vierzigern, war Professor am MIT und eine anerkannte Größe der angewandten Mathematik. Thorp hatte an der UCLA gerade seinen Doktortitel für Mathematik erlangt und seinen ersten Job als Dozent am MIT angetreten. Seine Dissertation trug den Titel *Kompakte lineare Operatoren in normalen Räumen*, aber was Thorp wirklich interessierte, war die Theorie des Spiels. Er schrieb Programme, um Blackjack zu simulieren, und konnte sich an den Computern des MIT, während er die grundlegenden und ausgeklügelteren Versionen seiner Kartenzählstrategie ersann, erfolgreich betätigen.

Drauf und dran, seine Ergebnisse bei einem Treffen der American Mathematical Society zu verkünden, entschied Thorp, seine Rede lieber rasch drucken zu lassen und seine Ideen vor Plagiatoren zu schützen. Er hatte das *Proceedings of the National Academy of Sciences* im Auge, eine angesehene Fachzeitschrift, die Artikel allein auf Empfehlung eines ihrer Mitglieder veröffentlicht. Der einzige Mathematiker und Academy-Mitglied am MIT war Claude Shannon.

«Eines frischen Dezembertages gelang es mir, eine kurze Verabredung zu treffen», sagte Thorp. «Aber die Sekretärin warnte mich, daß Shannon nur ein paar Minuten im Hause sein würde und daß er sich nicht lange mit Themen (oder Leuten) aufhielt, die ihn nicht interessierten.

Als ich endlich vor Shannons Büro stand, war ich ein wenig verlegen, gleichzeitig aber auch beglückt. Er war ein ziemlich dünner, hellwacher Mann mittlerer Größe und Statur und hatte scharf geschnittene Züge. Seine Augen waren von Lachfältchen umgeben, und die Augenbrauen verrieten seinen koboldartigen, beißenden Humor. Ich weihte ihn kurz in die Blackjack-Story ein und zeigte ihm, was ich geschrieben hatte.»

Shannon löcherte Thorp mit Fragen zu etwaigen Fehlern in seiner Analyse. Und da er keine fand, riet er ihm, den Aufsatz zu kürzen und den Titel, *Formel des Glücks: Das Blackjack-Spiel*, abzuändern in etwas akademisch Neutraleres. Schließlich wurde er gedruckt als *Eine vorteilhafte Strategie für Siebzehnundvier*. Am Ende erkundigte sich Shannon, ob er an anderen Glücksspielproblemen arbeitete.

«Ich beschloß, mein anderes großes Geheimnis auszuplaudern», sagte Thorp, «und berichtete ihm über Roulette. Als, mehrere aufregende Stunden später, der Abend dämmerte, brachen wir das Gespräch schließlich ab und vereinbarten, uns über das Roulette-Projekt weiter zu unterhalten.»

Shannon bewohnte ein geräumiges, an einem der Mystic Lakes, nördlich von Cambridge gelegenes Haus. Er und Thorp machten sich im Kellergeschoß des Hauses an die Arbeit, in, wie Thorp es beschrieb, «einem Bastler-Paradies. Es barg elektronische, elektrische und mechanische Geräte im Wert von vielleicht hunderttausend Dollar. Es gab Hunderte von Gegenständen, so etwa Motoren, Transistoren, Schalter, Flaschenzüge, Werkzeuge, Kondensatoren, Transformatoren und so weiter.» Die beiden Männer bestellten in Reno einen vorschriftmäßigen Roulettekessel und bauten ihn auf Shannons Billardtisch auf. Um den Kessel herum arrangierten sie ein Stroboskop, eine Uhr, eine Filmkamera und die Schalter, die sie beim Filmen der laufenden Kugel zur Koordination von Stroboskop und Uhr benötigten. Ihre Forschungen – die mit den später von Eudaemonic Enterprises durchgeführten übereinstimmten – ergaben, daß Roulette ein in hohem Maß voraussagbares Spiel ist.

Anschließend machten Thorp und Shannon sich daran, einen Computer zu bauen. Was sie zuwege brachten, war ein transistorisiertes Analoggerät von der Größe einer Zigarettenschachtel. Daten empfing es über vier Knöpfchen, die bei aufeinanderfolgenden Umläufen von Rotor und Kugel vor einem Fixpunkt gedrückt wurden. Weil es sich um einen Analog-Computer handelte, der Variable mit Hilfe von Spannungen anzeigte, waren Thorp und Shannon in der Komplexität ihres Programms limitiert. Entweder ignorierten sie viele, für die physikalische Voraussage bei allen Roulettekesseln notwendige Faktoren oder sie kannten sie erst gar nicht.

Claude und Betty Shannon, Edward und Vivian Thorp und ihr Computer stiegen 1962 im Riviera Hotel auf dem Las-Vegas-Strip ab. Thorp war in Nevada bereits hinreichend bekannt, hatte er im Jahr zuvor doch einiges an Aufsehen erregt, indem er seine Kartenzählstrategie öffentlich machte. Zwei professionelle Spieler hatten ihm mit 10000 Dollar unter die Arme gegriffen, damit er sein System erproben konnte, und er hatte diese Summe, während der Frühjahrsferien vom MIT, eingesetzt und 21000 Dollar daraus gemacht

– ein satter Profit von mehr als 100 Prozent. Nachdem er dieserart eine
Million von Kartenzählern, eine Plage an den Spieltischen heraufbeschwo-
ren hatte, war Thorp bei den Casino-Besitzern von Nevada kein willkom-
mener Anblick. Später wurde ihm das Spielen verwehrt, und er ging dazu
über, Verkleidungen anzulegen; er ließ sich einen Bart wachsen, trug dicke
Sonnenbrillen und ging stets nur von Freunden begleitet auf Reisen. Aber
selbst bei diesem Bekanntheitsgrad hatte er zu den meisten Clubs weiterhin
Zutritt, und er wurde von niemandem verdächtigt, sie in einem anderen Spiel
als Blackjack schlagen zu wollen.

Die Thorps und Shannons hielten sich eine Woche im Riviera auf. Sie
besuchten einige Shows, sonnten sich am Swimming-Pool, spielten Blackjack als Ablenkungsmanöver und taten ihr Bestes, um das Roulette zu
besiegen. Aus Sicherheitsgründen hatten sie ein Zwei-Personen-System entwickelt, das einen in ihren «Zigarettenschachtel-Computer» eingebauten
Radiosender enthielt. Das Radio informierte den Spieler über den Gewinn-
sektor mittels einer Do-re-mi-Tonskala, deren Tempo auf die Kugel/Kessel-
Konfiguration geeicht wurde, die sie nachahmen sollte. Diese Radiosignale
wurden von einem Hörgerät und «einem klitzekleinen Lautsprecher mit
hautfarbenem Draht, den wir uns in den Hörgang schoben, empfangen. Die
Schwierigkeit war nur die», sagte Thorp, «daß die Drähte immer wieder
brachen. Also klapperten wir alle Läden ab und fanden Stahldraht dünn wie
ein Haar, aber selbst der war ziemlich zerbrechlich.

Mal war ich der Spieler, mal war ich der Spielbeobachter. Wir wechselten
uns ab. Aber es dauerte stets geraume Zeit, bis wir uns in unsern Hotelzim-
mern verkabelt hatten und in die Casinos kamen. Es war immer ein großes
Theater, bis wir soweit waren. Obwohl es gedanklich sehr simpel ist, war es
eine langwierige, ermüdende Aktion.»

Schwierigkeiten mit Anzeige-Geräten lautete Thorps gedruckt erschienenes
Geständnis, weshalb er und Shannon ihren Roulette-Computer nach drei
oder vier Sitzungen aufgaben. Im Verlauf eines kürzlich stattgefundenen
Gesprächs in seinem Büro an der University of California in Irvine war
Thorp lebendiger in seiner Schilderung, als er ein generell heilloses Durcheinander von zerbrochenen Leitungen, Signalen-Kauderwelsch, Stromstößen und anderen elektronischen Versagern beschrieb. Über mehrere Jahre
hinweg versuchten er und Shannon sporadisch, die Fehler in ihrem System
zu beseitigen, bis sie schließlich aufgaben. Es war eine großartige Idee,
deren Verwirklichung sich ihnen entzogen hatte.

Ihr Computer landete bei Shannon im Keller, «wo er jetzt Staub ansetzt»,
sagte Thorp. «Würde ich nochmal von vorn beginnen, würde ich digitale
Technologie anwenden, einen Mikroprozessor. Das ist wirklich der einzige

denkbare Weg. Man braucht keine linearen oder andere Annäherungen zu
verwenden, die die Analog-Computer mögen. Man könnte die Gleichungen
lösen und die richtigen Kurven eingeben.» Er hielt im Reden inne und saß,
die Augen halb zugekniffen, hinter seinem Schreibtisch, als fürchtete er
einen momentanen Ausbruch von Enthusiasmus am falschen Ort. «Aber ich
würde nicht nochmal von vorn beginnen», sagte er rasch. «Es würde eine
ungeheure Anstrengung bedeuten.»

Es war der neueste Fortschritt in der Computer-Technologie – von analogen
zu digitalen Mikroschaltungen –, der der Roulette-Voraussage zum entscheidenden Durchbruch verhalf. Das Verständnis ihrer verschiedenen Betriebsarten erklärt, warum in diesem Fall digitale Computer analogen überlegen
sind. Analog-Computer, so genannt, weil sie mit elektrischen Analogien
arbeiten, stellen Variable mit Hilfe von Stromspannungen dar. Zahlen werden wie bei einem Tachometer auf kontinuierliche Abstufungen der physikalischen Größe abgestimmt.
«Um einen analogen Roulette-Computer herzustellen, baut man», wie Norman es erläuterte, «eine Schaltung, die auf elektronische Weise nachmacht,
was Kugel und Rotor physikalisch widerfährt. Man modelliert diese Kräfte
mit einer zeitlich abnehmenden Spannung, aber man bringt das Modell dazu,
zehnmal schneller zu arbeiten als das bereits laufende Spiel.
Einen Analog-Computer zu programmieren, ist einfach genug. Wenn man
seinen Algorithmus aber ändern will – die Gleichung, die man anwendet,
um vorauszusagen, was passieren wird –, muß man den Computer neu
schalten, weil das Programm in einem Analog-Gerät die Schaltung selbst
ist.»
Anstatt mit elektrischen Analogien zu operieren, arbeiten Digital-Computer,
wie ihr Name impliziert, in den Gefilden der Zahlen. Dies gewährleistet
ihnen eine nahezu unbegrenzte Speicherkapazität, umfassende logische Geschicklichkeit und leichte Programmierbarkeit. Statt neue Transistoren fest-
zulöten und Schaltungen zu erneuern, erfordert die Modifizierung eines
Programms in einem Digital-Computer nicht mehr als das Addieren einer
Zahl.
«Wir entschieden uns für digital vor analog, weil das flexibler war», sagte
Norman. «Das verschaffte uns einen größeren Spielraum bei den Voraussa-
gemodellen, ohne daß man sich bei jedem Modell mit dem Ändern der
Schaltung herumschlagen mußte. Auch ist das für mehr Zwecke geeignet.
Nicht nur, daß ein Digital-Computer Voraussagen machen kann, er kann
außerdem Signale an die Transmitter aussenden, mit Zehenschaltern kom-
munizieren und die Solenoiden zum Vibrieren bringen.»

Trotz technologischer Überlegenheit brachte die Entscheidung zugunsten des Digital-Computers eine Schwierigkeit mit sich. Es bedeutete, daß die zur Roulette-Voraussage angewandten Bewegungsgleichungen, statt sie durch kontinuierliche Abstufungen elektrischer Analoge *anzunähern*, *gelöst* werden mußten. Digital-Computer tolerieren keine Annäherungen. Sie operieren einzig und allein in der Schwarzweiß-Welt von in Gleichungen mit Lösungen geordneten Zahlen. Hatte Thorp noch mit einem empirischen System experimentiert, das auf, wie er meinte, Standardwerten aufbaute, die mit einem normalen Roulettekessel gewonnen worden waren, strebte Eudaemonic Enterprises nach einem universaleren und zugleich spezifischeren System. Sie hofften, Gleichungen zu knacken, die *jegliches* Verhalten im Roulette-Kosmos bestimmen. Und zur selben Zeit wollten sie Algorithmen, die flexibel genug waren, um die geringfügigen Unterschiede zu berücksichtigen, die bei *jedem* spezifischen Kessel angetroffen wurden.

Seltsame Attraktoren

Die sich windenden Fakten übersteigen den schuppenartigen Geist,
wenn man so sagen darf. Und trotzdem erscheint eine Verbindung ...

Wallace Stevens
«Connaisseur des Chaos»

Im Frühjahr 1978 verkündete Eudaemonic Enterprises, inzwischen dem zweiten Jahrestag ihres Bestehens nahe, daß der Kuchen zum Anschneiden bereitstand. Es würde mehr als genug sein, um für alle zu reichen, wer aber hoffte, der erste in der Schlange zu sein, um vom Roulettereichtum zu kosten, dem wurde geraten, sofort nach Santa Cruz zu fahren. Die Mitglieder der Gruppe reisten aus der gesamten Küstenregion an, aus dem Norden, aus dem Süden, und stürzten sich, rund um die Uhr, in die Arbeit: Sie bauten Computer-Hardware, trainierten an der Auge/Zeh-Koordinationsmaschine, entwarfen Kostüme, diskutierten Glücksspiel-Theorien und unterrichteten sich gegenseitig, wie man Roulette mit dem Computer schlagen kann. Dieses fieberhafte Löten, Nähen, Schalten und Wetten war auf eine unmittelbar bevorstehende sogenannte Dienstreise nach South Lake Tahoe und Reno gerichtet. Doynes Glückssträhne vergangenen Winter im «Golden Gate» hatte die Wirksamkeit des Systems bereits bewiesen. So angelegt, daß er frei von zerbrochenen Drähten und anderen Unwägbarkeiten sein würde, war der Computer ihrer Meinung nach nun bereit für seinen ersten Großeinsatz in den Casinos.

Mit all den Leuten, die im Haus und draußen auf dem Hof in Schlafsäcken kampierten, sah 707 Riverside aus wie ein dem Tao der Physik geweihter Ashram. Hier und da lieferten Freunde Background music auf dem Piano, während Ralph Abraham gelegentlich zu einem Plauderstündchen über Glücksspieltheorie und Casino-Verkleidungen hereinschaute.

«Ralph und ich verbrachten eine Menge Zeit mit Gesprächen darüber», sagte Doyne, «wie man es anstellte, die Casinos zu überzeugen, daß man rechtschaffen war.» Sie besprachen auch die von Richard Epstein in seinem Buch *Glücksspiel-Theorie und statistische Logik* aufgeworfenen Probleme; Ralph hatte dieses Werk zur Grundlage seines Seminars über die Mathematik des Glücksspiels gemacht. Eine Bank mit einer Anzahl x Dollar vorausgesetzt, welchen Prozentsatz davon sollte man pro Spiel setzen? Hat es Vorteile, wenn man auf eine oder auf mehr als eine Nummer gleichzeitig setzt? Diese

Fragen wurden zwecks detaillierterer Prüfung an Alan Lewis weitergeleitet, einem Spezialisten für statistische Mechanik.

Gemeinsam mit dem Roulettekessel und Raymond schloß Lewis sich in Doynes Zimmer ein, wo er mehrere Stunden täglich Daten sammelte, um am Nachmittag am Strand seine Bräune zu pflegen. Seine Aufgabe war, den genauen Vorteil des Computers über Kessel zu bestimmen, die verschiedene Neigungswinkel besaßen und mit verschiedenen Geschwindigkeiten rotierten. Lewis, ein junger Universitätslehrer mit Abschluß-Examina von Cal Tech und Berkeley, gondelte in einem Triumph Spitfire durch die Stadt und trug Polyester-Garderobe, die ihn eher wie einen Businessman denn einen Akademiker kleidete; was immerhin zutreffend war, wenn man bedenkt, daß er über kurz oder lang die Universität verließ, um auf dem Aktienmarkt zu spielen. Gelassen und lakonisch wie er war, amüsierte ihn das Projekt, und er steckte eine Menge Arbeit, theoretische wie auch praktische hinein.

Charlene Peterson, eine Freundin von Doyne und Letty aus den Tagen in Stanford, war ebenfalls in das Team aufgenommen worden. Charlene hatte im Ricky's Hyatt House als Kellnerin gearbeitet und genügend Geld gespart, um in Nordkalifornien Land zu kaufen. Gegenwärtig akkumulierten sie und ihr Freund das letzte fehlende Kapital, um fortan als Drop-outs zu leben. Sie war Lehrerin in einer Grundschule in den Santa Cruz Mountains, als Doyne sie als potentielle Eudämonin anging. Er stellte sich vor, daß Charlene – «der Typ der hübschen Pfadfinderin» mit der Mundfertigkeit einer in den Zen-Buddhismus eingeführten Cocktail-Kellnerin – Alix in der Rolle der Spielerin mit hohen Einsätzen ersetzen könnte.

John Loomis war ein weiterer, kürzlich rekrutierter Freund aus Stanford. Neben seinen Talenten als Historiker, italienischer Koch und Sänger toskanischer Volkslieder hatte Loomis vor allem geschickte Hände. Als Eudaemonic Enterprises ihn nach Santa Cruz holte, um die Input/Output-Geräte zu perfektionieren, arbeitete er als Zimmermann in der Bay Area. Nachdem er die Kondome von den Solenoiden entfernt und entdeckt hatte, daß sie sich mit reißfestem Nylon besser befestigen ließen, konstruierte er eine Vorrichtung, die den Vibratorstiften auf dem Bauch sicheren Halt boten.

«Nerds» – der Begriff für glotzäugige Techniker, deren Träume zwischen Schaltplänen und *Playboy*-Pinups hin- und herschwanken – wurden von Eudaemonic Enterprises nicht angestellt. Aber sie hatten einen Hacker. Dies ist eine spezifischere Bezeichnung für jemanden, der von der Schönheit der Computer und ihrer Programme besessen ist, für einen auf die neue Technologie derart eingestimmten Menschen, daß sie unter seinen Händen mit ungezügelter Erfindungsgabe reagiert. Jim Crutchfield war stolz darauf, sich als Angehöriger dieser Spezies zu betrachten. In Silicon Valley und anderen

High-Tech-Regionen endemisch auftretend, kommunizieren Hacker in einer Sprache, die ebenso grundverschieden von gängigen Computerwerken ist wie das Serbokroatische oder Baskische vom Englischen. Sie definiert eine eng verknüpfte Gemeinschaft und unterscheidet diejenigen, die wirklich etwas von Computern verstehen, von denen, die sie bloß anwenden. Kaum auf die englische Sprache Bezug nehmend, vermag ein Hacker im Redefluß um die Syntax von *baud rates, warm boots, down-loaded programs, bits, buffers, babble* und andere Binarismen ganze Absätze zu bilden.

Crutchfield stammte aus San Francisco, trug sein langes braunes Haar in der Mitte gescheitelt und über die Ohren zurückgestrichen; er war Surfer, Taucher und Wandervogel. Was ihn am Leben aber am meisten interessierte, waren Computer. Der angestrengte und geistesabwesende Ausdruck auf seinem Gesicht, die in Falten gelegte Stirn, die unverständlichen Selbstgespräche, das mangelnde Selbstvertrauen und eine Unfähigkeit, unbefangen über belanglose Dinge zu plaudern, kennzeichnen den Hacker, der mehr daran interessiert ist, mit Maschinen statt mit Menschen zu reden. «Der wirkliche Unterschied zwischen verschiedenen Computer-Benutzern ist nicht der zwischen Theoretikern und Experimentalisten», sagte er, «sondern zwischen Hackern und Nicht-Hackern. Die Hacker sind diejenigen, die Systeme verstehen und mit ihnen umgehen können.»

Eine exemplarische Hacker-Story – und eine Warnung vor einem Lebensstil, bei dem man Gefahr läuft, seine Seele dem Höchstbietenden zu verkaufen – erzählte mir Crutchfield von seinen Tagen im «Home Brew Computer Club». Lange bevor man über «Computer-Bildung» sprach, pflegten eine Gruppe Nerds, Hacker, Freaks und College-Studenten in Silicon Valley zusammenzukommen und Informationen zu tauschen. «Eines Abends», sagte Crutchfield, tauchten zwei langhaarige Hacker auf, die ein PC-Board mit einem Bildschirm mitbrachten, auf dem man primitive Zeichnungen machen konnte. Dope-rauchende Hippies wie wir alle, hatten sie das Ding in ihrer Garage gebastelt – nur, daß es sich hier um Stephen Wozniak und Steven Jobs handelte und daß sie zufällig den ersten Apple-Computer bei sich hatten.

Jeder von uns wußte, daß er etwas Wichtiges anschaute, aber ich bin völlig verblüfft, wie schnell sich dieses Wissen in der Öffentlichkeit ausgebreitet hat. Doch da Xerox und IBM sich daran machen, alles einzusacken, frage ich mich, ob es für Hacker überhaupt noch einen Platz geben wird. Dabei haben die Amerikaner hier einen Riesenvorsprung vor den Japanern. Die Japaner haben eine derart durchstrukturierte Gesellschaft, daß nicht gesellschaftsfähige Hacker darin nicht mehr vorgesehen sind. Dies aber sind die Leute mit den wirklich kreativen Ideen. Und genau dort kommt wirklicher Fortschritt her.»

Über das Bereitstellen seines Fachwissens an Eudaemonic Enterprises hinaus war Crutchfield auch Hacker einer speziellen Forschungsgruppe der Universität, der auch Norman Packard und Doyne Farmer angehörten. Doyne war in die akademische Welt zurückgelockt worden, um an der Chaos-Physik zu arbeiten. Neue Theorien beschrieben das Chaos oder zumindest einige seiner einfacheren Erscheinungen mit Hilfe geometrischer Strukturen, die seltsame Attraktoren genannt wurden. Einiges in der frühesten Forschung an diesen Strukturen – die Nachricht darüber sollte schon bald den gesamten Berufsstand wachrütteln – war in Santa Cruz über die Bühne gegangen. Wenn die Mitglieder des Teams in ihrem Universitätslabor nicht gerade Chaos untersuchten, spielten sie Roulette in der Riverside Street; mehrere Jahre lang wurden beide Forschungen mit der entsprechenden Leidenschaft betrieben.

Das Studium seltsamer Attraktoren ist in letzter Zeit zu einem heißen Thema in der nicht-linearen Dynamik geworden. Nicht-lineares Verhalten beinhaltet Formen der Dynamik, die zuvor als turbulent oder zufallsbedingt oder aus anderen Gründen als zu kompliziert für eine Erklärung abgetan wurden. Physiker von Galileo bis in die Gegenwart haben, um sich das Leben leichter zu machen, theoretische Überlegungen zu stabilen linearen Systemen angestellt. Diese sind allerdings überaus selten; was das reale Leben meistens bereithält, sind nicht-lineare, unstabile, dynamische und chaotische Systeme – etwa Wolkenmuster, fließendes Wasser und das Feuern der Synapsen im menschlichen Hirn. Die zeitgenössische Physik befindet sich derzeit mitten in einer Revolution, indem sie sich vom Studium linearer Systeme ab- und dem Studium nicht-linearer zuwendet. Es ist erst wenige Jahre her, daß das gesamte Feld, mit nicht mehr als einer Handvoll von Forschern besetzt, Wissenschaftlern offenstand, die die bahnbrechende Arbeit beim Isolieren von seltsamen Attraktoren leisteten und einige der simpleren Formen von Chaos definierten.

Entweder als «Dynamical Systems Collective» oder als die «Chaos-Clique» firmierend, sollten sich Crutchfield, Packard, Farmer und ein Vierter, der junge Physiker Robert Shaw, indem sie einen Gutteil dieser Entwicklungsforschung erledigten, einen Namen machen. Aber ganz am Anfang hatten sie nichts außer einer Kombination aus Talent und Glück. Und Computer. Die neue Physik ist zu komplex, als daß man ohne sie daran arbeiten könnte, und die Chaos-Clique – inzwischen alles gestandene Hacker – war zufällig kenntnisreicher, was Computer betraf, als irgendein anderer Physiker in der Gegend. Die vielen mit Programmieren und Löten von Roulette-Computern sowie dem Suchen und Beseitigen von Fehlerquellen im Projekt-Raum verbrachten Stunden sollten sich in unerwarteter Weise bezahlt machen. Sie hatten einen Punkt erreicht, wo sie ein System zusammenflicken und ein Programm schreiben konnten, um die Physik von sonst was zu studieren, von Roulettekugeln bis hin zu seltsamen Attraktoren.

Der KIM und die Roulette-Computer waren zum Lösen von Newtonschen und Quanten-Gleichungen ausgezeichnet. Aber Chaos ist eine härtere Nuß. Um sie zu knacken, bedarf es eines Computers, der groß genug ist zum, wie Hacker es nennen würden, «Zahlen-Zermalmen». Als sie eines Tages im Keller des Physik-Gebäudes herumstöberten, fand die Chaos-Clique einen alten Systron-Donner-Analog-Computer, ein Überbleibsel einer technischen Abteilung in Santa Cruz, die niemals ihre Pforten geöffnet hatte. Die Maschine war nicht nur alt und staubig, sondern auch ein Monstrum an Kapazität; also wuchteten sie sie in ein leerstehendes Büro und brachten sie zum Laufen. Das Dynamical Systems Collective fügte eine ganze Sammlung auf dem Z80 basierender Mikros und einen NOVA-Digital-Computer hinzu, den sie von der experimentellen Hochenergie-Physik-Gruppe geschnorrt hatten, und sponn sich ein in ein Wirrwarr aus Plottern, Printern, Terminals und Monitoren. 1979, weniger als zwei Jahre, nachdem sie ihren Namen über die Tür genagelt hatte, war die Chaos-Clique angesehen genug, damit sie die erste Unterstützung der National Science Foundation einstreichen konnte.

Bereits als nicht graduierter Student der UC Santa Cruz hatte Crutchfield einen beträchtlichen Teil Arbeit geleistet, die erforderlich war, um den Analog-Computer in Gang zu bringen. Als graduierter Student baute er ihm ein sinnreiches Interface, das es ihm ermöglichte, mit dem Digital-Computer zu reden, obwohl sie überhaupt nicht dieselbe Sprache sprachen. Nachdem er das College beendet hatte, begann er als vollberechtigtes Mitglied der Chaos-Clique wissenschaftliche Abhandlungen zu veröffentlichen, die, so seltsam es klingen mag, der Universität einige Kopfschmerzen bereiteten. Für Hierarchien und Status hatte Crutchfield keine Verwendung, und so hatte er sich geweigert, Graduierten-Kurse zu belegen. Und trotzdem war er da, ging in der Physikalischen Fakultät ein und aus, forschte in ihren Labors und veröffentlichte seine Arbeit genauso, als ob er ein Graduierter *wäre*. De facto kam man schließlich überein, daß Crutchfields Name in allen Unterlagen erscheinen durfte, die ihn offiziell zu einem Studenten machten.

Wie die anderen der Chaos-Clique auch, lenkte er seine Aufmerksamkeit im Frühjahr 1978 von seltsamen Attraktoren auf das Roulette. Crutchfield sicherte sich ein Stück des Kuchens und zog in die Riverside Street, um bei Eudaemonic Enterprises Hacker vom Dienst zu werden. Für die Perfektionierung der Ausrüstung insgesamt verantwortlich, baute er auch einen dritten Roulette-Computer. Nach Raymond, dem Prototyp, und Harry, dem ersten

Nachkommen, gab es in der eudämonischen Computer-Familie nun ein neues Mitglied namens Patrick, nach James Patrick Crutchfield.
«Raymond hatten wir bereits auf die Weide geschickt», sagte Doyne. «Um in die Casinos zu gehen, hatten wir Harry und Patrick. Jim bastelte ihnen hübsch bemalte, farbkodierte Stecker. Er baute kleine Aluminiumschachteln, etwa so groß wie ein Adreßbuch, um die Computer aufzunehmen, und nachdem er alles mehrere Male durchgecheckt hatte, waren Hardware und Peripherie im allgemeinen von einer sehr viel höheren Qualität.»

Als Computer waren Harry und Patrick völlig eigenständig, ausgestattet mit Speicher und logischen Fähigkeiten, um mit jedem beliebigen Kessel Roulette zu spielen. Alles, was sie zu diesem Zweck benötigten, waren periphere Schnittstellen, die aus von den Fußzehen zu bedienenden Mikroschaltern bestanden, um die Informationen in den Computer einzugeben, und Vibratorstifte, um sie wieder herauszukriegen. Da Eudaemonic Enterprises sich für ein Zwei-Mann-System entschieden hatte, würde jedes Roulette-Team nicht mit einem, sondern zwei Computern ausgerüstet werden müssen, und diesen wiederum mußte man die Möglichkeit verschaffen, miteinander zu kommunizieren. Dies wurde durch magnetische Induktion erreicht, bei der drahtlose Sender und Empfänger verwendet wurden, die man ohne Haarspalterei als eine Art Radio-Verbindung bezeichnen darf. Um die Diskussion weiter zu vereinfachen, ließe sich der Coup so charakterisieren: Es wurde ein Zwei-Personen-System entwickelt, bei dem ein Sende- und ein Empfangs-Computer gleichzeitig zum Einsatz kamen. Sie waren faktisch gleich groß und verfügten beide über einen vollständigen Satz Vibratorstifte, auch wenn nur der Sende-Computer mit einem Roulette-Algorithmus programmiert und mit Zehen-Mikroschaltern ausgerüstet war.
Der erste Empfangs-Computer des Teams war von Ingrid Hoermann, gleichsam als Hausaufgabe in Physik 107 konstruiert worden, dem Pflichtkurs in Elektronik für Studenten mit Physik im Hauptfach. In diesem Grundkurs waren Doyne ihr Studienassistent und Norman ihr Tutor gewesen. Gemäß eudämonischer Tradition wurde der Empfangscomputer auf Ingrids Mittelnamen, Renata, getauft. Noch im selben Frühjahr 1978 wurde von Norman ein zweiter Empfangs-Computer gebaut. Da der Computer Harry bereits seinen Mittelnamen trug und da das Projekt – der gewohnten Namengebung folgend – seine Empfangs-Computer dem weiblichen Geschlecht zuordnete, wurde die neue Maschine nach Normans jüngster Schwester, Cynthia, benannt. Von Großmutter KIM und Vater Raymond abstammend, umfaßte die eudämonische Familie mittlerweile vier blankpolierte kleine Computer – die beiden Sender, Harry und Patrick, und die beiden Empfänger, Renata und Cynthia.

Ingrid spielte klassisches Klavier und studierte an der UC Santa Cruz Musik. Als das Examen nahte, kam sie im Herbst 1976 zu dem Entschluß, daß sie «ein wenig Allgemeinbildung wollte, und das Klavierspielen vermittelte mir das nicht. Ich gab ganze Tage daran, schnell gespielte Melodien und Oktavsprünge zu üben. Aber das alles war physisches Zeug, ohne jede intellektuelle Disziplin.

Es passierte mir immer wieder, daß ich mich vor Begeisterung überschlug und weitaus gründlicher war als eigentlich nötig; daß ich über ein Ziel hinausschoß und mich danach dorthin zurückbewegte, wo ich ursprünglich hin wollte. Nachdem ich also alle Bedingungen für einen Abschluß in Musik erfüllt hatte, reichte ich ein Gesuch ein, um ein oder zwei Jahre länger an der Uni zu bleiben. Als Begründung gab ich an, ich wolle Ton-Ingenieur werden und Physik studieren.»

Ingrid arbeitete als Aufnahme-Technikerin für die Musik-Abteilung. Sie wurde zu Performances elektronischer Musik und anderen «Happenings» hinzugezogen. Sie baute einen kleinen Synthesizer und lernte eine Menge über die Physik der Musik. Es war dieses Interesse an Synthesizern und zeitgenössischer Musikdarbietung, das sie ursprünglich dazu bewogen hatte, einen Abschluß in Physik anzusteuern. Um ihr bei der Bewältigung des Lehrprogramms zu helfen, machte Doyne Ingrid mit Norman bekannt, und die zwei kamen überein, Physik-Unterricht gegen Klavierstunden zu tauschen. Doyne versorgte sie auch mit einem tollen Arbeitsprojekt, das ihr, bei erfolgreicher Durchführung, gute Noten einbringen würde, und am Ende des Trimesters hatte Ingrid es fertiggebracht, ihren ersten Computer zu bauen.

«Jenes Trimester lernte Ingrid mehr über Mikrocomputer», sagte Norman, «als sie es wahrscheinlich zuzugeben geneigt ist. Darüber hinaus erhielt sie eine sehr gute Bewertung für ihr Projekt.»

«Norman ist ein sehr talentierter Klavierspieler», sagte Ingrid in ihrer eigenen Bewertung. «Wenn es aber darum ging, mich in Physik zu unterweisen, redeten wir die meiste Zeit entweder über Roulette oder seltsame Attraktoren.»

Regelmäßiger Gast in der Riverside Street, zog sie schon bald als vollberechtigte Mitstreiterin ein. «Ich habe mich stets privilegisiert gefühlt, wenn ich gebeten wurde, zum Essen zu bleiben», sagte sie. «Mit all diesen verrückten, hochtourigen unterhaltsamen Leuten war das jedesmal wie eine Riesenfamilienzusammenkunft. Wir saßen stundenlang am Tisch und redeten. Sie waren zwar Wissenschaftler, aber keiner von ihnen war ein Nerd. Sie lasen Bücher und kannten sich auch in anderen Sachen aus.

Ich hatte noch nie einen Kommune-Haushalt erlebt, der so funktionierte wie dieser, wo Leute wirklich Vergnügen aneinander hatten. Über alles, was das

Haus anging, wurde abgestimmt, und wir entwickelten ein echtes Gefühl der
Verantwortung für diesen Ort. Es wurde *alles* gemeinsam benutzt – Essen,
Zahnpasta, Werkzeug. Jeder war mal mit Kochen dran und war verantwortlich, rechtzeitig ein Essen auf dem Tisch zu haben. Es gab Regeln, wie Recy-
cling, Einkaufen und die Gartenbestellung angegangen wurden. Es war abgemacht, bei gelegentlichen, zur Essenszeit abgehaltenen Hausversammlungen
über alle auftretenden Probleme zu sprechen, obwohl es schwierig war, mal
eine Mahlzeit zu erwischen, wo keine Freunde zum Essen geladen waren. Ein
Rad, auf dem alle unsere Namen notiert waren, verzeichnete sämtliche häuslichen Pflichten, denen nachzukommen war. Das Rad rotierte einmal wöchent-
lich, so daß irgendwann jeder einmal Bad und Küche putzte oder den Kom-
post mit Laub bedeckte oder den Garten wässerte. Für die größeren Jobs, wie
der alle drei Monate anstehende Hausputz oder das Errichten eines Garten-
zauns, setzten wir die Hilfe aller voraus. Und von Besuchern, die eine Woche
oder länger blieben, erwarteten wir, daß sie sich am Einkauf und am Kochen
beteiligten. Uns kam es darauf an, ein offenes Haus mit ausreichend Platz zu
haben, um jeden willkommen zu heißen.»
Gewohnt, mexikanische Sandalen, Blue jeans, selbstgenähte Jacken und
nackenfreie Hemden zu tragen, war Ingrid zugleich spielerisch, zurückhal-
tend, draufgängerisch und unvoraussagbar. Mit ihrem dunklen Haar und den
blauen, bei Konzentration häufig finster blickenden Augen, war sie, im
Sinne einer Kultur, die Blondinen bevorzugte, nicht sonderlich attraktiv.
Aber sie besaß eine anders geartete, innere Schönheit, die mit Energie und
einer starken Persönlichkeit zu tun hatte. Sie vereinte jene Eigenschaften auf
sich, die die amerikanischen Indianer dem Kojote zuschreiben. Schelmisch
und stets zu einem Lächeln bereit, konnte sie anderer Leute Gehabe mit
niederschmetternder Genauigkeit nachahmen. In ihrer Gegenwart war man
immer irgendwie aus dem Gleichgewicht und deshalb bereit, völlig unerwartete Dinge zu tun. Einer geometrischen Struktur ähnelnd, die in Chaos
übergeht, wurde Ingrid selbst zu einem jener seltsamen Attraktoren, auf die
das Projekt seine nicht-lineare Dynamik ausrichtete.
«Als ich erstmals von dem Vorhaben erfuhr», sagte sie, «war das das beste,
was ich seit langem gehört hatte, eine Art Cowboy-Story des zwanzigsten
Jahrhunderts. Ich war in der Riverside zum Essen eingeladen, und anschließend zeigten mir Doyne und Norman den Projekt-Raum mit dem Roulettekessel. Wir ließen ihn rotieren und standen darum herum und blickten in den
Kessel wie in ein Kaminfeuer. Ich malte mir aus, wie es sein würde, nach
Las Vegas zu fahren und in den Casinos zu spielen. Ein unglaublich bezau-
bernder Gedanke.
In genau dem Augenblick schloß ich mich ihnen an. Ich wollte sofort losle-

gen. Es schien wie eine alternative Realität. Man konnte diese Art Untergrundleben führen und die Acht-bis-fünf-Uhr-Welt gänzlich vergessen.»
Außer dem Konstruieren des Computers Renata, dem Chips-Einkaufen im Silicon Valley, dem Erstellen von Histogrammen mit Alan Lewis und dem Erlernen des Umgangs mit den verschiedenen Betriebsarten, um sich am Riviera-Wettspiel zu versuchen, entwarf Ingrid auch einige der Verkleidungen. «Wir brauchten Kleidungsstücke, die die Computer verbargen und trotzdem einigermaßen modisch aussahen. Nachdem wir auf der Suche nach großen Pullovern, weiten Blusen und Kleidern alle Schränke durchwühlt hatten, förderten wir ein paar lässige Kombinationen zutage, die Marianne, Charlene und ich zu Arbeitsklamotten abänderten.»
Der Radioempfang zwischen Spielbeobachter und Spieler erforderte, daß sie irgendwo am Körper Spulen aus Antennendraht trugen. Das Team dachte daran, Antennen-Aufschläge auf ihre Hosen aufzunähen oder Antennen-Gürtel um die Taille zu legen, einigte sich schließlich aber auf Antennen-T-Shirts, wobei Drahtschlaufen wie ein Joch um die Schultern getragen wurden. Um die Computer zu verbergen, entwickelten sie nach vielen Experimenten geschlechtsbezogene Systeme. Die Männer benutzten über die Brust gehängte und wie Pistolenholster getragene Ilio-Sakralgurte. Ein Gurt enthielt den unter die linke Achsel geschmiegten Computer, der andere unter der rechten Achsel die Batterien. Die Frauen trugen ihre Computer und Batterien eingenäht in Taschen, die sich auf Brusthöhe unter ihren Trikots befanden.
«Die Trikots anzuziehen war ein einziger Krampf», erläuterte Ingrid. «Erst einmal mußte man sich splitternackt ausziehen, um überhaupt hineinzukommen. Unter dem Gewicht der Computer hingen sie herab und waren so eng, daß immerzu die Drähte brachen. Später stiegen wir um auf BH- und Hüfthalter-Kombinationen, die vorne mit Haken und Ösen verschlossen wurden.» Unabhängig vom Geschlecht trug jedermann zudem eine Solenoidenplatte mit Vibratorstiften auf dem Bauch.
In gleicher Weise vom Roulettefieber gepackt wie Ingrid, nähte Marianne ihren ersten dreiteiligen Anzug. Speziell für den Einsatz in Casinos gedacht, verfügte er über Extra-Jackentaschen und Klammern unter den Armen, um Computer und Batterien zu halten. Von Natur aus speedy, als hätte sie soeben fünf Tassen Kaffee getrunken, übertraf Charlene sogar Marianne an Hochenergie-Output. Sie spezialisierte sich auf Wortspiele und andere synaptische Purzelbäume, die die drei bei Laune hielten, wenn sie sich in die Produktion von Antennen-T-Shirts, Computer-Ilio-Sakralgurten, ausgestopften Trikots, reißfesten Solenoiden-Überzügen und Socken mit gesäumten Löchern stürzten.

«War es soweit, sich zum Roulettespielen anzuziehen», sagte Ingrid, «gab es jedesmal ein regelrechtes Ritual, als wäre man ein Geheimagent. Um alles anzulegen und die Leitungen zu verbinden, benötigte man eine volle Stunde. Danach wurden Tests durchgeführt, und irgendwas ging unweigerlich immer schief. Also zog man sich noch einmal bis auf die Antennen aus. Man versuchte, alles fein säuberlich getrennt hinzulegen, und somit entstanden über das ganze Zimmer verteilte Häufchen mit Klamotten. Alle nahmen die Prozedur ernst und ärgerten sich, wenn etwas nicht funktionierte, aber sie machten unermüdlich weiter, standen in der Unterwäsche da und bedienten den Computer mit ihren Zehen. Es war einfach zum Lachen.

Ich hatte Mühe, ein Kostüm zu finden, weil die Batterien so unförmig waren. Ich organisierte eine weinrote Hose aus dem Keller und borgte mir von Lorna ein Oberteil – eine Kunstseidenbluse mit Blumenmuster, die vorn mit einer großen Schärpe zugebunden wurde wie ein Kimono. Das Anziehen geschah in folgender Reihenfolge. Zuerst zog ich einen trägerlosen BH an, der vorn mit Haken verschlossen wurde. Er hatte zwanzig Haken, und jedesmal vergaß ich einen in der Mitte; also fing ich wieder von vorne an. Die entfremdeten Ilio-Sakralgurte hätten mich völlig flachbrüstig gemacht, und so nähte ich für Computer und Batterien Taschen auf den BH. Anschließend stopfte ich sie mit Waschlappen voll, um sie auszufüllen. Ich war der Meinung, daß ich so besser aussehen würde, aber hauptsächlich ging es darum, die Ecken und Kanten zu verbergen. Auch versuchte ich, die Geräte von meiner Haut fernzuhalten. Wenn ich nämlich schwitzte, gab es echte Probleme mit Stromstößen, was überhaupt nicht lustig war. Um dies zu vermeiden, wickelten wir die Computer später in Plastikbeutel ein. Schließlich streifte ich das Antennen-T-Shirt über, das vorn Anschlüsse für den Computer hatte. Weitere Anschlüsse führten zur Solenoidenplatte, die ich unter einem rot-weiß-gepunkteten Gürtel auf dem Bauch trug.

Ich sah aus wie ein Schlachtschiff. Noch witziger war, daß ich mich darin in keiner Weise natürlich bewegen konnte. Die Wickelbluse sollte auffällig, sexy und locker sitzen, und ich trug sie auch locker, aber ich mußte aufpassen, daß ich mich nicht zu weit über den Tisch beugte, damit niemand die Ecken und Kanten sah. Ich ging sogar dazu über, meine Frisur mit Haarpolstern aufzublähen, weil ich dachte, das würde meinen Kopf größer und meinen Körper kleiner machen. Überdies versuchte ich, mein Make-up anzupassen, trug Mascara und Wangenrot und eine Handtasche. War ich mit dem Anziehen fertig, befand ich mich in einem veränderten Bewußtseinszustand und fror, weil es mich, wenn ich nervös bin, selbst wenn ich schwitze, immer fröstelt.»

«Bei so vielen, frei im Haus herumlaufenden Roulette-Freaks», sagte Doyne, «kann man sich vorstellen, wie unglaublich das Chaos war. Norman blieb nächtelang auf und arbeitete fieberhaft an den Empfängern. Irgendwann sagte er, sie seien fertig, und verschwand, um Lorna in Portland zu besuchen. Ich aber hegte den Verdacht, daß sie nicht wirklich funktionierten. Jim Crutchfield versuchte, Patricks Mängel zu beheben und hatte nichts als Schlieren auf dem Monitor, bis er später einen Fehler im PROM entdeckte. Hinzu kamen die Trimester-Prüfungen. Es war wahnsinnig. Wirklich wahnsinnig.

Wie immer waren wir zeitlich im Rückstand. John Loomis mußte weg, und wären wir schlau gewesen, hätten wir den Frühjahrstrip abgeblasen. Ich aber war der Meinung, daß wir so viele Erwartungen geweckt hatten, daß wir fahren und etwas anderes tun mußten, als in diesem ganzen Durcheinander zu bleiben.»

Patrick hatte sich vom Neujahrstrip nach Las Vegas noch immer nicht erholt, und nur Harry war für Trainingssitzungen verfügbar, als die Gruppe beschloß, ihren Roulettekessel einzupacken und das Training in Nevada fortzusetzen. Dan Browne, Charlene, Ingrid und Doyne reisten im Blue Bus, der praktisch in eine mobile Elektronikwerkstatt mit Casino umgewandelt worden war. Alan Lewis und seine Freundin, Molly, fuhren in einem zweiten Auto, während Marianne vorausgefahren war, um Ralph Abraham in seiner, wie er es nannte, «Hütte» zu treffen – einem Apartment mit drei Schlafzimmern und einem Jacuzzi-Becken, das er über den Winter am Nordufer des Lake Tahoe mietete.

Charlene saß am Steuer des Blue Bus, und während sie wie ein Wasserfall mit Dan Browne über Kybernetik plauderte, fuhr sie zweimal um Hayward herum und verlor außerhalb von Davis völlig die Orientierung. Vier Stunden später als vorgesehen traf die Gruppe mitten in der Nacht vor Ralphs «Hütte» ein. «Sie kamen an und besetzten das Haus», sagte Marianne. «Ehe man sich's versah, hatten sie den Roulettekessel aufgebaut und die ganze Bude mit Zubehör überschwemmt.» Doyne, Ingrid und Marianne brachten zwei Tage mit Training zu und fuhren dann, am späten Abend des zweiten Tages, über die Grenze nach Reno. Patrick hatte immer noch seine Mucken, Normans Radiosender streikten – womit die Computer Renata und Cynthia ausfielen – und Doyne blieb nichts anderes übrig, als mit Harry solo zu spielen.

Ingrid hatte niemals zuvor ein Casino von innen gesehen, obwohl sie sich erinnerte, daß, als sie klein war, ihre Mutter auf Fahrten ins Gebirge stets einen Abstecher nach Tahoe machte, um die Spielautomaten zu füttern. Ingrid pflegte auf dem Parkplatz zu warten, und einmal war ihre Mutter mit einer Geldbörse voller Münzen zurückgekehrt. Auch wenn sie es noch nie mit eigenen Augen gesehen hatte, so kannte sie das Tableau eines Roulette-

Tisches aus dem Effeff. Indem Ingrid und Marianne mit einem Stoffmodell
arbeiteten, das Alix für ihre eigene Jungfernfahrt nach Reno gemalt hatte,
hatten sie beim Setzen der Jetons blitzartige Reflexe entwickelt. «Um die
Vibratorsignale zu empfangen und Jetons auf vier Zahlen gleichzeitig zu
setzen, mußte man wirklich flink sein», sagte Ingrid. «Schon für nur drei
Zahlen mußte man schnell sein. Aber wir wurden so gut, daß wir vier Zahlen
problemlos schafften.»
Der Blue Bus kam eines kühlen Aprilabends in Reno an. «Wir machten uns
getrennt auf den Weg, um die Casinos auszuchecken», sagte Ingrid. «Später
wollten wir uns dann treffen, um unsere Notizen über Kippwinkel und
andere Spielbedingungen zu vergleichen. Als ich zum ersten Mal im Leben
ein Casino betrat – ich weiß nicht mehr welches –, versuchte ich so zwanglos
wie möglich zu erscheinen, aber ich war so nervös, daß ich's nicht einmal
fertigbrachte, mich einem der Roulettetische zu nähern. Also trieb ich mich
bei den Spielautomaten herum und versuchte von dort aus zuzusehen. Die
Casino-Aufsicht muß sich gedacht haben, ich sei minderjährig und eine
Herumtreiberin. Schon kamen zwei Männer auf mich zu und fragten mich
nach meinem Ausweis. Ich aber hatte keinen dabei. Also warfen sie mich
als Minderjährige hinaus. Mir war schrecklich zumute. Wenn ich schon bei
meinem ersten Casinobesuch hinausgeworfen wurde, stellte ich mir vor,
würde ich's bei unserem Vorhaben nicht weit bringen.»
Als sie sich später wieder zusammenfanden, berichtete Doyne, er hätte im
«Harold's», dem größten und nobelsten Club der Stadt, einen guten Kessel
gefunden. Zu dritt traten sie an den Tisch heran, und Doyne kaufte sich in
ein Spiel ein. Er vereinte beide Rollen, die des Spielbeobachters und des
Spielers, auf sich, während Marianne und Ingrid statistische Angaben zu-
sammentrugen. «Wir taten unser Bestes, um durch Schönheit zu bezaubern»,
sagte Ingrid. «Marianne trug Make-up und versuchte, ihre Schultern zur
Geltung zu bringen. Ich steckte in einem Kaninchenfellmantel, und wir
hingen wie ein Paar Groupies an Doynes Arm. Doyne war nervös und starrte,
unfähig, ein Wort zu sagen, intensiv auf den Kessel. Warum man sich mit
solch einem Typen abgeben sollte, war nicht klar ersichtlich. Wir standen
herum und versuchten, lässig zu wirken, und ab und an fingen Marianne und
ich an zu kichern und liefen zum Klo, um unsere Notizblöcke zu zücken und
Daten aufzuschreiben.» Um einige Dollar erleichtert und von einem defek-
ten Computer mit Stromstößen bedient, blies Doyne die Sitzung gegen vier
Uhr früh ab. Sie fuhren nach Tahoe zurück und erreichten das nördliche
Seeufer bei Tagesanbruch.
Sie zogen Antennen-T-Shirts, Ilio-Sakralgurte, Solenoidenplatten, Zuhälter-
schuhe, trägerlose BHs, Drähte und Schalter aus und sprangen ins heiße

Jacuzzi-Becken neben Ralphs Apartmenthaus. Sie betrachteten den Sonnenaufgang und bekamen eine rosige Haut, die noch rosiger wurde, als sie aus
dem Wasser stiegen und sich im Schnee herumrollten. Am späten Vormittag
fuhren sie, nachdem sie ihr Roulette und die Computer in den Blue Bus
geladen hatten, über den Donner-Paß und durch die Sierra Nevada nach
Davis, wo sie pausierten, um eine Pizza zu essen. Sie saßen noch am Tisch,
als Doyne, der eine Weile still auf sein Glas Wasser gestarrt hatte, in seine
Taschen griff und sein ganzes Geld und die Autoschlüssel herausholte. Und
indem er alles Ingrid hinschob, sagte er: «Nimm du das mal in deine Obhut.
Von jetzt an wirst du alle Entscheidungen treffen. Für den Rest der Reise
werde ich keinerlei Verantwortung mehr übernehmen.»
«Bis dahin», sagte er, «war ich Reiseleiter und Truppenbetreuer gewesen.
Ich hatte mich um alles gekümmert, um die Löcher in meinen Socken und
die Macken des Computers. Ich war völlig erledigt.»

Ausflüge in die Umgebung

Um bei einer Geschichte Argwohn auszuschalten,
sollte man die Wahrscheinlichkeit im Auge behalten.
John Gay

Alan Lewis unterrichtete einen Graduiertenkurs in Elektrizität und Magnetismus, als er und Norman, nach der Stunde ein wenig plaudernd, zum ersten Mal auf Roulette zu sprechen kamen. Lewis war von mittlerer Statur, hatte braune Haare und Augen und neigte zu Understatement. Seine Scherze zu verstehen erforderte eine minimalistische Ästhetik. Er bediente sich einer monotonen Redeweise, die so präzise war, daß man zuweilen den Drang verspürte, seine Stimme aufzunehmen und mit erhöhter Geschwindigkeit wieder abzuspielen. Aber Lewis wußte zu relaxen in einer Weltgegend, in der es mehr Tage gibt, an denen man mit heruntergelassenem Verdeck an den Strand fahren kann als Tage für Scheibenwischer und Hardtop. In Tucson geboren und in verschiedenen Teilen Kaliforniens aufgewachsen, war er ein Westerner der unbekümmerten und zurückhaltenden Art.

Er war auch Experte in statistischer Mechanik. Hierbei handelt es sich um jenen Bereich der Physik, der Bewegung sowie die Kräfte, die sie verursachen, durch mathematische Modelle zu analysieren sucht. Von James Clerk Maxwell, Ludwig Boltzmann und Josiah Gibbs im ausgehenden neunzehnten Jahrhundert entwickelt, hat diese statistische Herangehensweise an die Physik – die ursprünglich das atomische Verhalten von Gasen beschrieb – in letzter Zeit neue Anwendungen auf die Glücksspieltheorie gefunden. Was Lewis anging, so war für ihn der Börsenmarkt das interessanteste Forschungsgebiet der statistischen Mechanik.

«Wenn man an der Börse spielt», erläuterte er, «besteht der Trick darin, die Spielidee ernst zu nehmen. Man wird dann an einen großen Ideenreichtum aus den gutentwickelten mathematischen Disziplinen Wahrscheinlichkeitstheorie und Statistik herangeführt.» Mit seinen Ideen, wie die Börse, wie jedes andere physikalische System, in die richtige Form zu bringen war, verließ Lewis schließlich die Universität und ging als Börsen-Analytiker nach Newport Beach, Kalifornien. Der durchschnittliche Börsenmakler ist es nicht, der interessiert ist, einen Physiker zu beschäftigen, und wieder einmal erscheint Edward Thorp auf dem Plan.

Im Herbst 1978 fing Lewis an, für eine kleine, Analytic Investments genannte Firma zu arbeiten, die 500 Millionen Dollar für Kunden wie New England

Telephone und Yale University verwaltet. In einer der entlang der Freeways
von Orange County aneinandergereihten Vorstadt-Haciendas angesiedelt,
hatte AI ihren Sitz in einer moderaten Sieben-Zimmer-Flucht, dekoriert mit
Seelandschaften und hängendem Ampelkraut, das von einem Pflanzenver-
leih gepflegt wurde. Die Firma wurde von Sheen Kassouf geleitet, einem
vornehmen New Yorker libanesischer Herkunft, der sich darauf spezialisierte, am Optionenmarkt zu spielen. Im Besitz eines akademischen Grades in
Ökonomie, hatte Kassouf jahrelang als selbsternannter «Boardroom-Faul-
pelz» in New York herumgehangen, der seine Tage auf der Suche nach dem
amerikanischen El Dorado vor Ticker-Tapes zubrachte: einem Börsensy-
stem, das ihm Gewinne ermöglichte, ob die Kurse fielen oder stiegen, bei
Flauten oder Haussen gleichermaßen. Endlich fand er etwas, das wie eine
Gewinnstrategie aussah und im Börsensprachgebrauch als «Hedges» bezeichnet wird.

Einer, der ähnlich dachte wie Kassouf und zu denselben Schlußfolgerungen
gelangte, war Edward Thorp. Als Mathematikprofessor an der UC Irvine
hatte Thorp sich von Blackjack und Roulette wegbewegt, um Systeme zu
begutachten, mit denen sich an der Börse spielen ließ. Er betrachtete sie als
ein weiteres vielversprechendes Spiel, welches dem informierten Spieler
unter bestimmten Voraussetzungen beste Gewinnchancen bot. Thorp und
Kassouf lernten sich 1965 kennen, als letzerer zu einem Anstellungsgespräch
in Irvine weilte. Und indem sie sich in ihre Ideen teilten, arbeiteten sie ein
gewinnversprechendes, auf Bürgschaften und anderen «Hedges» beruhen-
des System aus, um an der Börse zu spielen.

«Meine Spielgewinne zu nehmen und auf die Börse zu setzen, interessierte
mich deshalb», sagte Thorp, «weil es mir ein großangelegtes Glücksspiel
schien, mit einer besonderen Anziehungskraft und erheblich größerem Po-
tential. Probleme wie in Nevada beim Blackjack-Bescheißen und dergleichen würde ich nicht begegnen. Würde hier beschissen, so wäre das nicht
gegen mich persönlich, sondern gegen alle am Spiel Beteiligten gerichtet.
Also vertiefte ich mich in die entsprechende Lektüre und hatte im Sommer
1965 die Idee der Bürgschafts-Hedges. Sheen lernte ich als zukünftiges
Fakultätsmitglied kennen und erfuhr fast im Handumdrehen, daß ihn dieselbe Idee beschäftigte und daß er einiges davon in den vergangenen Jahren
tatsächlich angewandt hatte – auf ziemlich grobe, aber effiziente Art und
Weise. Folglich steckten wir die Köpfe zusammen und versuchten eine
Produktverbesserung, die sich zu *Beat the Market* entwickelte.»

Als Fortsetzung zu Thorps erstem Buch geschrieben, lautete der vollständige
Titel des mit Kassouf als Mitautor veröffentlichten Buches *Beat the Market:
A Scientific Stock Market System*. Thorp bemerkte dazu: «Unser beider Stil,

unsere Methoden sind irgendwo unterschiedlich», und man spürte diese Unterschiedlichkeit bereits im Titel ihres Buches. Der leise sprechende Kassouf trug die «Wissenschaft» und das «System» im Untertitel bei. Sobald es aber darum ging, jemanden zu «schlagen» – seien es Croupiers, Märkte oder andere Renner des kapitalistischen Systems –, war Thorp der Mann. Er bewegte sich mit der gespannten Gangart eines Street fighters, konzentriert und stets bereit, zuzuschlagen. Andere haben in ihm eine Ähnlichkeit mit Clark Kent ausgemacht. Man denke sich Brille und Aktentasche weg, und schon tritt ein Muskelmann von den Stränden Santa Monicas aus seinem Büro oder ein soeben aus Vegas zurückgekehrter Superspieler. Braungebrannt und ruhelos, in kurzärmelige Hemden und einen weiten Anzug (Reich nannte dies Charakter-Rüstung) gekleidet, kannte dieser hervorragende Akademiker und erfolgreiche Spieler sich ebensogut mit akademischen Komitees aus wie mit Casino-Gangstern, und wahrscheinlich hielt er von beiden gleich viel. Die Geringschätzung der Intellektuellen für materielle Dinge hatte Thorp niemals angenommen. Er wollte reich und berühmt werden und machte kein Hehl daraus.

Nach dem Erscheinen ihres Buches trennten sich Thorp und Kassouf, um ihr Glück im Wirtschaftsleben zu suchen. Kassouf arbeitete als öffentlicher Börsenmakler, während Thorp, der große Spieler, Privatpersonen um Kapital anging. Er startete Princeton Newport Partners, einen Hedge-Fond, der seinen Namen den zwei Städten verdankte, in denen die Hauptbüros angesiedelt waren. Um Regierungsbestimmungen zu umgehen, arbeitete Princeton Newport mit nicht im Telefonbuch verzeichneten Telefonnummern und hielt die Zahl der investierenden Mitglieder unter einhundert. «Wenig und groß ist, was wir brauchen», sagte Thorp. «Die Leute klopfen bei uns an, und wenn sie über ausreichende Geldmittel verfügen, lassen wir sie rein.» Über die Vermögensverhältnisse der Firma und die derzeitige Spielstrategie läßt er sich in der Öffentlichkeit nur undeutlich aus und äußert lediglich, daß Princeton Newport in die «etliche Zehnmillionen» gehende Einnahmen und Ausgaben hat und Investitionsgewinne von 20 Prozent jährlich einstreicht.

Es war im letzten Jahr von Lewis' Lehrtätigkeit an der UC Santa Cruz, bevor er in Richtung Süden nach Orange County aufbrach, als Alan und Norman entdeckten, daß Lewis während seiner Studentenzeit am Cal Tech selbst versucht hatte, Roulettevoraussagen per Computer zu treffen. 1972 hatte er ein Kameragehäuse mit Silikon-Chips vollgepackt, die auf eine gedruckte Leiterplatte montiert waren. Vor der Zeit gebaut, als Mikroprozessoren allgemein erhältlich waren, benötigte Lewis' Computer zahlreiche Chips, um seine verschiedenen Funktionen zu erfüllen, und er arbeitete auf einem

weniger hohen Niveau als die später von Eudaemonic Enterprises konstruierten Geräte, aber wahrscheinlich war er der erste Digital-Computer, der in
einem Casino gegen das Roulette zum Einsatz kam. Mit Bleiakkumulatoren
betrieben und über zwei aus dem Gehäuseunterteil ragende Knöpfe bedient,
machte das Gerät seine Voraussagen mittels einer Dioden-Anzeige sichtbar,
die in einem in das Gehäuseoberteil eingelassenen Fensterchen aufleuchtete.
Lewis benutzte, so wie das eudämonische System, eine Radio-Verbindung
zwischen Spielbeobachter und Spieler. Ein Spieler bediente die Knöpfe und
flüsterte die Computer-Voraussage anschließend in ein in seiner Krawatten-
spange untergebrachtes Mikrophon. Der zweite Spieler empfing die Spiel-
information über einen mit einer Zigarettenschachtel, dem eigentlichen
Radio-Empfänger, verbundenen Kopfhörer und machte seine Einsätze.
Der beste Ort in Las Vegas, um mit seinem Computer zu spielen, war laut
Lewis «Circus Circus». Von einem im zweiten Stock befindlichen Balkon
konnte er nach unten auf die Roulettekessel sehen, Daten eingeben und
seinem unter ihm an den Tischen stehendem Partner Signale senden. Das
Programm für ihren Computer bestand aus in Versuchen gewonnenen Annäherungen. Von seinem Balkon aus stoppte Lewis mit seinem Computer
vor jeder Spielsitzung einen Roulettekessel ab, sammelte auf einem winzigen Papierstreifen Daten und kehrte anschließend in sein Hotel zurück, um
eine Kurve für den betreffenden Kessel zu berechnen. Nachdem er die Kurve
in den Computer-Speicher programmiert hatte, gingen er und sein Partner
ins Casino zurück, um Roulette zu spielen.
«Wir machten ein paar Einsätze», sagte er. «Geld verdienten wir nicht, aber
alles funktionierte.» Wie Lewis später klar wurde, lag sein Problem in der
Theorie. Seinerzeit hatte er keine Ahnung von der Variabilität von Roulettekesseln, besonders den Unterschieden bei ihren Kippwinkeln. «Unser
System wurde nie mit etwas Vernünftigem getestet. Die Existenz gekippter
Roulettekessel ist entscheidend, um ein Voraussage-System zu haben, das
funktioniert, und wir hatten davon keine Ahnung. Auch begingen wir weitere
Fehler und litten allgemein unter Zeitmangel.»
Nachdem Norman Alans Story angehört hatte, erzählte er ihm, daß er an
einer ausgeklügelteren Version derselben Idee arbeitete, und lud ihn ein, sich
das einmal anzusehen. «Ich war überrascht, eine Kommune von Physikern
vorzufinden», sagte Lewis nach seinem ersten Besuch in der Riverside. «Das
war eine wirklich interessante und eindrucksvolle Gruppe von Leuten. Ich
mochte sie alle. Es war schon ziemlich verrückt, einen Haufen Besessener
zu sehen, die an einer solchen Sache arbeiteten. Ich hatte nicht den geringsten Anlaß zu der Vermutung gehabt, daß irgendwer in Santa Cruz derlei
Dinge trieb. Schon die Tatsache, daß sie einen derart **guten** Roulettekessel

hatten, war beeindruckend. Ich wußte, wie teuer die waren, und das allein zeigte mir, wie ernst sie das Projekt nahmen. Der Kessel war ein Kunstwerk, obwohl inzwischen jeder Kratzer, jede angesengte Stelle eine eigene Geschichte erzählen konnte. Die zahllosen Stunden, die wir mit dem Anblick des Kessels zubrachten, bewirkten, daß er für uns zu einem Mandala wurde, welches jeden einlud, sich zu verneigen und es zu verehren.»

Nachdem Lewis sich dem Team angeschlossen hatte, übernahm er die Aufgabe, eine eudämonische Wettstrategie zu ersinnen. Wie groß mußte die erforderliche Bank sein? Welchen Prozentsatz sollten sie bei jedem einzelnen Spiel setzen? Sollten sie ihre Einsätze auf eine oder mehr als eine Zahl gleichzeitig machen? Und welche – Rotorgeschwindigkeit und Kippwinkel betreffenden – Bedingungen waren tolerierbar, um gewinnbringend mit dem Roulette-Computer zu spielen? Um die letzte dieser Fragen zu beantworten, verbrachten Alan und Ingrid täglich mehrere Stunden über das «Mandala» gebeugt, das in Doynes Zimmer auf dem Picknicktisch stand.

«Wir machten Tausende von Probeläufen und erstellten jeden Nachmittag Erfolgs-Histogramme», sagte Ingrid, «bevor Alan an den Strand ging. Von all den Leuten, mit denen ich zusammenarbeitete, hatte ich am liebsten Alan um mich. Er hatte seinen eigenen Humor entwickelt und war viel lockerer als alle anderen. Niemals betrachtete er das Projekt als etwas, wo er seine Sachen durchziehen und ein Star sein konnte, wie viele von uns das sahen, mich eingeschlossen.»

Nachdem es seine Forschungen beendet hatte, stellte das Lewis-Hoermann-Duo seine Ergebnisse bei einer der Ad-hoc-Meetings vor, die jedesmal dann einberufen wurden, wenn jemand etwas Interessantes zu sagen hatte: «Für einen Roulette spielenden Computer errechnete Thorp einen Vorteil von über vierzig Prozent», sagte Lewis. «Aber die Chancen ändern sich unablässig. Zuweilen liegen sie noch darüber. Manchmal verliert man auch Geld. Und vieles entzieht sich unserer Kontrolle. Doch es gibt auch eine Reihe idealer Bedingungen, um Computer-Roulette zu spielen: Man nehme am besten einen Croupier, der den Rotor gemächlich und die Kugel sehr schnell laufen läßt, damit man viel Zeit für Messungen hat. Am Tisch sollte es relativ ruhig, nicht hektisch, zugehen, damit man Raum genug hat, seine Einsätze zu machen. Und diese Bedingungen sollten eine Zeitlang bestehen. Diese Vorbedingungen sind an sich nicht ungewöhnlich, doch man hat es mit einer ungewissen Umgebung zu tun. Sind die Bedingungen ideal, hat man ziemlich gute Chancen. Aber wer kennt sie schon? Sind es zwanzig oder vierzig oder zehn Prozent? Die exakte Prozentzahl mag vielleicht nicht bekannt sein, was man aber mit Sicherheit weiß, ist, daß jeder Vorteil in diesem Größenbereich, wenn er anhält, einen steinreich macht.»

Ganz gleich, wie optimal ein Spielsystem sein mag, es bleibt immer noch
die Frage, wie man es am besten zur Anwendung bringt. «Wenn man ein
System hat, daß wirklich vierzig Prozent bringt, muß man sich immer noch
fragen: ‹Wie sollte ich es spielen?› Es gibt einen Haufen Literatur über
bestmögliche Systeme für vielversprechende Spiele, und die Antwort ist
nicht unmittelbar ersichtlich. Selbst wenn man einen Vorteil hat, ist klar, daß
man nicht alles auf einmal setzt. Was ist, wenn man verliert? Man ist erledigt.
Wenn man andererseits aber zu vorsichtig setzt, wird man möglicherweise
nie irgendwas gewinnen. Also liegt der richtige Weg, ein gewinnträchtiges
System anzuwenden, irgendwo dazwischen.»

Wie jeder Spieler instinktiv weiß, kann man einen überwältigenden Vorteil
über das Haus haben und *trotzdem* in einem Spiel ausgenommen werden.
Die theoretische Analyse eines solchen Desasters ist als Wahrscheinlichkeit
des Ruins bekannt. Bei jedem Wettstreit mit Fortuna existieren günstige
Chancen nur auf lange Sicht, während kurzfristig statistische Fluktuationen
auftreten können, die wie leibhaftige Rache wirken. Tom Ingerson schrieb
denn auch in einer seiner Epistel an Eudaemonic Enterprises: «Wenn man
mit 100-Dollar-Einsätzen spielt und darauf aus ist, alle 25 Spiele einen im
Verhältnis 35 gegen eins ausgezahlten Gewinn einzustreichen, können die
statistischen Fluktuationen bei den Auszahlungen und den investierten Geldbeträgen angsterregend sein. Man könnte ohne weiteres mit 10000 oder
20000 Dollar baden gehen, bevor es irgendein Anzeichen gibt, daß die
Chancen, langfristig gesehen, günstig stehen.»

Eine von Allan Wilson, dem weiter oben erwähnten Spezialisten für unregelmäßige Kessel, erdachte und in seinem Buch *The Casino Gambler's Guide*
veröffentlichte graphische Darstellung führt die Wahrscheinlichkeit des
Ruins bei verschiedenen Spielen mit verschiedenen Vorteilen genauestens
vor Augen. Würde man sie am Eingang eines jeden Casinos in Las Vegas
als Poster anschlagen, könnte Wilsons Diagramm so manchen Spieler durchaus zögern lassen. Das Diagramm ist wie folgt überschrieben: «Aussichten
auf Gewinn und Ruin beim Versuch, in einem Spiel mit gleichbleibenden
Einsätzen und einfacher Auszahlung die Bank zu verdoppeln.» Diese graphische Darstellung bietet eine einfache Methode, um auszurechnen, wieviel
Geld man zum Starten braucht und wie man es einsetzen sollte, will man ein
Spiel mit einer vorher bestimmten Erfolgsgewißheit gewinnen.

Um zu sehen, wie das Diagramm funktioniert, nehmen wir als Beispiel den
normalen Thorpschen Kartenzähler, der mit einem 1-Prozent-Vorteil über
das Haus Blackjack spielt. Suchen Sie die Kurve auf Wilsons Diagramm,
die den Vorteil des Spielers von + 1 Prozent darstellt. Gehen wir jetzt davon
aus, daß der Kartenzähler mit einer 80prozentigen Gewißheit, sein Geld zu

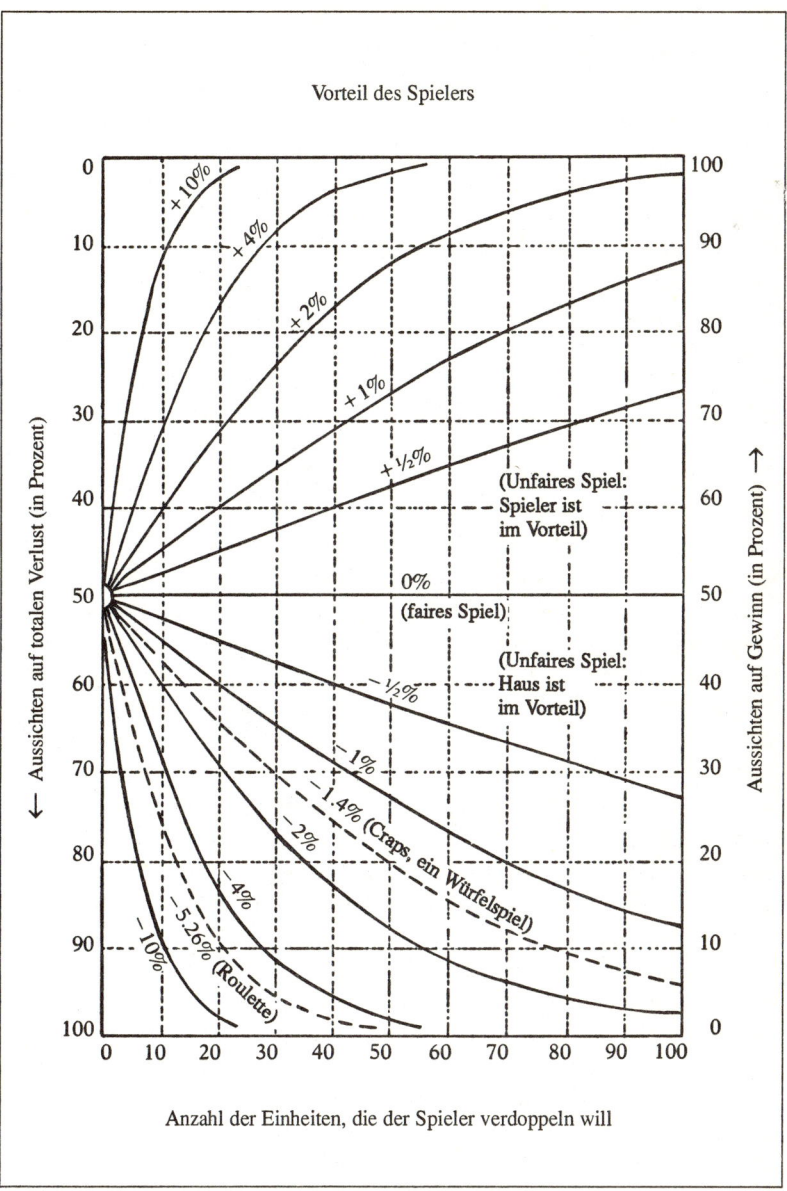

Abb. 1:
Die Wahrscheinlichkeit für einen Ruin des Spielers.

verdoppeln, Blackjack spielen will. (Er ist bereit, sich statistischen Fluktuationen auszusetzen, die ihm eine Chance von 20 Prozent einräumen, sein Hemd zu verlieren.) Er rechnet das für ihn richtige Bank/Einsatz-Verhältnis aus, indem er den Schnittpunkt der + 1-Prozent-Kurve und der horizontalen 80-Prozent-Erfolgslinie sucht. Dann geht er auf der graphischen Darstellung nach unten und stellt fest, daß er seine Bank in 70 Einheiten unterteilen sollte. Ein Spieler, der sein ganzes Geld auf einmal setzt, würde mit einer Bank von einer Einheit spielen, während ein vorsichtigerer Spieler sich wünschen möchte, Wilsons Kurve zu verlängern und mit einer in mehr als hundert Einheiten unterteilten Bank zu spielen.

Schaut man sich Wilsons Diagramm einmal näher an, so wird es für den professionellen Spieler mehr als ungemütlich. Um eine nur 80prozentige Erfolgsgewißheit zu erlangen, muß der Thorpsche Kartenzähler seine Bank in siebzig Einheiten unterteilen. Sogar eine in hundert Einheiten unterteilte Bank setzt ihn der Gefahr aus, mehr als einmal in zehn Spielen abserviert zu werden. Wofern man nicht eine Menge Geld in der Tasche hat, verlangsamen derlei niedrige Bank/Einsatz-Verhältnisse das Spiel, reduzieren die Aussichten auf einen «großen Gewinn» und erweisen sich für den großen Spieler, der keine Ahnung hat von Wahrscheinlichkeitstheorie und stolz darauf ist, als gänzlich uninteressant. Für Roulette-Spieler stellt sich das Problem weitaus schwieriger dar. Da Wilsons Diagramm «ein Spiel mit gleichbleibenden Einsätzen und einfacher Auszahlung» betrifft, müssen Spieler beim Roulette – was ja eigentlich kein Einfache-Chance-Spiel ist – die nötigen Bank-Einheiten mit fünfunddreißig multiplizieren.

Wilsons Darstellung wird erst dann richtig enervierend, schaut man sich die Kurven für Spiele mit negativem Vorteil an – die praktisch alle in einem Casino gespielten Spiele betrifft. Man beachte vor allem die Kurve für Roulette, wo das Haus einen Vorteil über den normalen Spieler hat, der wirklich an Wucher grenzt. Betrachtet man die Wahrscheinlichkeit des Ruins eines Spielers – diesmal von der linken Seite des Diagramms her –, kommt eine verblüffende Tatsache ans Licht. Je mehr Einheiten, in die der durchschnittliche Spieler seine Bank unterteilt, und je länger er im Spiel zu bleiben versucht, desto *größer* ist die Wahrscheinlichkeit seines Ruins. Daraus resultiert: «Wenn man beim amerikanischen Roulette seine Bank verdoppeln will», sagt Wilson, «gibt es *nur eine einzige Wettmöglichkeit*. Man nimmt *alles* Geld, das man je in seinem Leben am Roulettetisch zu riskieren gedenkt, und setzt es auf einen einzigen Kugellauf auf eine dieser Einfachen Chancen.»

Ein computerisierter Roulette-Spieler mit einem Vorteil von 40 Prozent kann das Spiel mit einem kreativeren Spielraum angehen, aber selbst ein solch großer Vorteil wie dieser kann die Möglichkeit nach sich ziehen, daß die Chancen so lange gegen einen stehen, bis man vernichtet ist.

«Unter den besten aller möglichen Bedingungen», sagte Doyne, «liegt der Computer-Vorteil bei Roulette bei ungefähr 100 Prozent. Man kann drei Umläufe im voraus voraussagen, wo die Kugel aus ihrer Bahn fallen wird und fast immer die richtige Rotorhälfte bestimmen, auf der sie landen wird. Ein Vorteil von hundert Prozent heißt, man hat einen Zwei-zu-eins-Vorteil über das Haus. Wenn die Voraussage gestattet, die Hälfte der Zahlen auf dem Rotor zu eliminieren, wird die Zahl, auf die man setzt, mit doppelter Wahrscheinlichkeit als normal gewinnen, und somit verdoppelt man sein Kapital.

Wegen des nicht immer regelmäßigen Laufs der Kugel, wegen ihres Hüpfens und Streuens und anderer nicht gerade optimaler Bedingungen liegt der reale Vorteil des Computers eher bei vierzig Prozent, was bedeutet, daß wir acht unwahrscheinliche Zahlen vom Kessel eliminieren. Bei einem normalen Spiel ist dies eine einigermaßen zutreffende Vermutung dessen, was tatsächlich abläuft, und es stimmt mit dem überein, was Thorp und Shannon herausfanden.»

Der größtmögliche Vorteil bei Roulette, wenn man also bei jedem einzelnen Spiel mit absoluter Sicherheit eine der sechsunddreißig Zahlen voraussagen könnte, liegt bei sechsunddreißig mal hundert oder 3600 Prozent. «Nur ein maximales Roulettesystem könnte einem einen 3600prozentigen Vorteil verschaffen», sagte Doyne. «In dem Augenblick würde man sich eines Mediums bedienen, einer Person, die in die Zukunft zu blicken und dann die Zeit zurückzudrehen vermag.»

In der Absicht, den Sommer in Las Vegas zu verbringen und Roulette zu spielen, widmete sich das Team im Frühjahr 1978 der Vervollkommnung seiner Ausrüstung und dem Testen des Systems. Zu diesem Zweck planten sie, in Schichten zu arbeiten. Da sie aus dem Debakel ihres letzten Trips nach Reno gelernt hatten, sollten diese Gruppen zahlenmäßig klein gehalten, gut ausgerüstet und gut trainiert werden. «Wir hatten den Dollarsegen in Nevada im Auge», sagte Norman, «aber wir mußten es sehr schlau anstellen, um da heranzukommen und davon zu kosten.»

«Als die Ausrüstung erst einmal zuverlässig arbeitete», sagte Doyne, «wollten wir die Grenzen des Programms ausloten, damit wir genau wußten, wie weit wir den Computer pushen konnten. Jetzt wollten wir es ganz genau wissen. Wir hatten im Sinn, mit gut trainierten Spielbeobachtern nach Las Vegas zu fahren, unsere Einsätze zu erhöhen und bis zum Anschlag zu spielen.»

Es war vorgesehen, Santa Cruz bei Semesterschluß den Rücken zu kehren, aber das Team wurde mit dem Testen der Geräte einen ganzen Monat lang aufgehalten. Dave Miller, ein neuaufgenommener Adept des Roulette-Wahns, eilte aus Silver City herbei, um bei den von uns so genannten «Hardware-Kriegen» zur Stelle zu sein. Miller, der ein Ingenieurstudium absolvierte und früher ein Mitglied des Explorer Post 114 war, war unterdessen zu lokalem Ruhm als Motocross-Champion von New Mexico gelangt.

Tom Ingerson, der ihn das letzte Mal in Las Vegas gesehen hatte, trudelte während der «Hardware-Kriege» ebenfalls ein und fand seine ehemaligen Explorer vom Roulettefieber ergriffen vor. Selbst beim Joggen entlang des San Lorenzo Rivers sprachen sie von nichts anderem als von Computern und Glücksspiel. «Er war ganz anders, als ich ihn mir vorgestellt hatte», sagte Ingrid im Anschluß an ihre erste Begegnung mit Ingerson. «Statt eines jungen, dynamischen Menschen – eines echten Ideengebers, der andere motivierte, aktiv zu sein – schien er ein Mann wie jeder andere zu sein, der über vierzig ist. Einsam und ein wenig unsicher, war er im Begriff, die Gewohnheiten alter Menschen zu entwickeln. Alles gehörte an seinen Platz. Jegliches Durcheinander war ihm zuwider. Er wurde abgestoßen von der im Haus vorherrschenden Atmosphäre wie vor einem Fußballspiel, wo jeder den anderen anfeuert, bevor man sich dem Gegner stellt. Wir verständigten uns untereinander alle mit demselben Jargon und hatten dasselbe Glitzern im Blick. Tom gelang es nicht, uns dazu zu bringen, wie normale Leute zu reden und Respekt zu zeigen.»

Ingerson war Norman bei der Feinstimmung der Radio-Empfänger behilflich, während andere Besucher des Riverside-Hauses zum Testen der Computer abkommandiert wurden. «Am Ende der Hardware-Kriege hatten wir uns vor dem gemeinsamen Ausrücken gegenseitig in höchste seelische Erregung gebracht», sagte Norman. «Diese war mit einer Erschöpfung gemischt, die unsere Urteilsfähigkeit untergrub.»

Mitte Juni beluden Alan, Ingrid, Doyne und Norman, die die «erste Welle» der Roulettespieler dieses Sommers 1978 bildeten, drei Fahrzeuge mit fünf Computern und ließen Santa Cruz hinter sich, um Berge und Wüste Richtung Las Vegas zu durchqueren. Als Transportfahrzeuge standen Alans Triumph, der Blue Bus und Dave Millers VW-Bus zu Verfügung. Der letztere war bis unters Dach mit der Roulette-Ausrüstung, Töpfen, Pfannen und allen übrigen für einen Sommer in Las Vegas benötigten Utensilien vollgepackt. Auch die Computer Harry, Patrick, Renata und Cynthia wie auch der KIM waren mit von der Partie; hinzu kam KIMs PROM-Brenner für den Fall, daß in letzter Minute Programmänderungen vorgenommen werden mußten.

Die Bucht von Monterey hinter sich lassend, fuhren sie Richtung Osten in die Sierra Nevada hinein und übernachteten in einem verlassenen Bergbaugebiet an den Ufern des Merced River. «Anschließend machte sich unsere kleine Karawane an die Überquerung der Sierras», berichtete Norman. «Dies war mein erster Trip durch den Yosemite-Nationalpark, und wir verbrachten einen wunderschönen zweiten Tag mit einer Fahrt zu den Tuolumne Meadows. Saftig grüne, von klaren Bächen durchzogene Bergwiesen vermittelten das Gefühl, in einem Märchenland auf dem höchsten Punkt der Welt zu weilen.» Von dort aus fuhren sie weiter über den Tioga Pass und machten sich an den langen Abstieg in die Wüste hinab. Die Nadelwälder und Bergwiesen blieben hinter ihnen zurück, während das Team die dürren Flanken der östlichen Senke zum Mono Lake hinabrollte, dessen Reflexion am Horizont schimmerte wie ein ausgedehntes Binnenmeer. Bei sengender Sonne wollten sie nichts anderes mehr, als schwimmen zu gehen. Aber die blaue Luftspiegelung zog sich stets weiter vor ihnen zurück, und als sie endlich das Ufer erreichten, fanden sie lediglich die armseligen Überbleibsel eines Gewässers vor, das seit langem von Los Angeles trockengelutscht worden war. «Eine Schlammfläche mit einem Tümpel, in dem es von Salzwasserkrabben wimmelte, war alles», sagte Norman. «Aber wir waren von der Hitze und der Fahrt so erledigt, daß wir trotzdem hielten und zum Tümpel hinüberwateten, um ein wenig zu schwimmen.»

Ingrid fühlte sich hinterher krank. Schon in den vergangenen Tagen war sie zu den unmöglichsten Zeiten eingeschlafen und war vergeßlich geworden. Der Blue Bus hatte bereits den halben Weg zur Grenze mit Nevada zurückgelegt, als sie bemerkte, daß sie ihre Brieftasche am Mono Lake vergessen hatte. Sie machten kehrt, nur um später festzustellen, daß die Brieftasche die ganze Zeit über in Ingrids Rucksack gesteckt hatte. «Ich wurde wütend», sagte Doyne. «Ich war überzeugt, daß ihre Kränkelei psychologisch bedingt sei. Wieder verspürte ich diesen Druck und dachte bei mir: ‹Werden wir jemals schaffen, was wir uns vorgenommen haben?› Gnadenlos wie ein Sklaventreiber trieb ich alle an, mich selbst nicht ausgenommen.»

In der näheren Umgebung des Wüstenstädtchens Tonopah hatte Dave Millers VW-Bus einen Kolbenfresser. Es war Nacht und alle Läden waren zu. Man konnte nicht einmal eine Kette oder ein Abschleppseil erstehen. Schließlich traf Doyne in einem chinesischen Restaurant in Tonopah auf ein paar Cowboys in typischem Outfit mit breitrandigen Hüten. Ein geeignetes Seil hatten sie nicht, aber einer der Cowboys verkaufte ihm ein Stück Lasso. Es war zum Abschleppen viel zu kurz, es sei denn, man befand sich in der Klemme. Norman stimmte dafür, die Nacht in Tonopah zu verbringen. Alan Lewis hielt mit seiner Meinung zurück. Ingrid schlief. Doyne beharrte darauf, weiterzufahren. Nachdem sie den VW-Bus mit dem Stück Lasso an den Blue Bus gebunden hatten, verabredeten er und Norman eine Reihe von Signalen zum Bremsen und Anhalten. Vielleicht sah Doyne die Signale und ignorierte sie, vielleicht waren die Lampen des VW aber auch zu dicht am Bus, als daß er sie hätte sehen können, jedenfalls behielt er ein gleichmäßiges Tempo von fünfundsechzig Meilen in der Stunde bei und schleppte Norman am Ende eines fünf Fuß langen Lassos gegen seinen Willen durch Scotty's Junction, Lathrop Wells, Indian Springs und weiter Richtung Süden durch die Wüste von Sonora nach Las Vegas. Als sie auf dem Strip anhielten, war Norman bleich vor Wut.

Sie erreichten Las Vegas an einem frühen Junimorgen, und es herrschte eine Temperatur von über dreißig Grad. Sie fuhren zu Len und Jeri Zanes Haus, welches sie in deren Abwesenheit für zwei Wochen gemietet hatten, und luden die Autos aus.

«Ehe man sich's versah», sagte Norman, «waren das Wohnzimmer und der Rest des Hauses eine einzige Rumpelkammer aus elektronischen Bauteilen.» Wenn es nicht gerade mit dem Reflexe-Tester arbeitete oder die übrige Ausrüstung durchcheckte, war das Team in den Casinos unterwegs, um geeignete Roulettekessel zu studieren. Sie erstellten Kippwinkel-Histogramme. Sie skizzierten Spielsaalgrundrisse und hefteten sie in dem schwarzen Ringbuch mit Eintragungen zu jedem Casino ab. Sie trugen die Lage der Toiletten, Ausgänge und Überwachungskameras ein. Sie hielten Schichtwechsel fest und machten Notizen zum individuellen Arbeitsstil von Croupiers.

Für seine Streifzüge durch die Stadt kaufte Doyne einen Polyester-Anzug. «Unser Problem bestand darin», sagte er, «daß wir Sportmäntel und Pullover brauchten, um die Computer zu verbergen, und wir saßen mitten im Sommer in der Wüste und bei über dreißig Grad im Schatten da. Wir lösten das Problem, indem wir uns den klassischen Las-Vegas-Look zu eigen machten: den Freizeit-Anzug, bestehend aus einem leichten Polyester-Jackett mit dazu passenden, pastellfarbenen Hosen. Alan Lewis verfügte bereits über eine Polyester-Garderobe, aber der Rest der Gruppe mußte die einschlägigen Geschäfte und Secondhandshops durchstöbern.» Doyne protzte mit einem mexikanischen Hochzeitshemd und einem Paar purpurroter Strickhosen, die er von Norman geerbt hatte. Ingrid versuchte ihr bestes, in ihrer blumengemusterten Bluse aus Kunstseide, ihrer mit Haarpolstern aufgeblähten Frisur, mit Make-Up und ihrem mit Computern ausgestopften BH verführerisch auszusehen.

Wie andere professionelle Spieler auch pflegte das Team am frühen Nach-

mittag zu frühstücken und um die Cocktail-Stunde zur «Arbeit» zu erscheinen. Ein typischer Tag begann mit einem Frühstück zu 99 Cent im «Golden
Gate», gefolgt von einem Bummel durch die Casinos der Fremont Street,
um Roulettekessel zu begutachten und diejenigen zu notieren, die erfolgversprechend aussahen. Das Auswählen der besten der vielen sympathisch
gekippten Kessel in der Stadt lohnte sich, weil es den Prozeß der Roulette-
Voraussage vereinfachte.
Die Gruppe legte zwei Spielsitzungen pro Tag fest: eine am späten Nachmittag und die andere zwischen Mitternacht und drei Uhr morgens. Dies war
eine besonders gute Zeit, um Roulette zu spielen, da es in den Casinos relativ
ruhig war und viele Kessel, die mit der zweiten Nachtschicht still standen,
jetzt noch in Betrieb waren. Die Schichtwechsel waren von Casino zu Casino
verschieden; auch derlei Informationen wurden sorgfältig in das schwarze
Ringbuch eingetragen. «Im Idealfall», sagte Norman, «wollten wir während
ein und derselben Schicht nicht zu lange arbeiten, um nicht auf uns aufmerksam zu machen. Also arbeiteten wir ein oder zwei Stunden in einer Schicht
und legten dann eine Pause ein, bevor wir in der nächsten spielten.»
Das Zwei-Personen-System war unterdessen perfekt. An den Datennehmer-
Computer und -Radiosender angeschlossen, würden Doyne, Alan oder Norman sich einem Kessel nähern und per Zehendruck Kugel- und Rotorum-
drehungen stoppen. Indem sie gleichzeitig die variablen Programm-Parame-
ter setzten, benötigten sie ungefähr zwanzig Minuten, um den Computer
durch die Modus-Karte zu steuern. Schließlich drückten sie den «Spiel»-
Modus.
Dem Spielbeobachter räumte man einen Vorsprung ein, und erst dann würden
Ingrid oder ein anderer Spieler, der den zweiten Computer und den Radio-
Empfänger trug, an den Spieltisch treten. Spielbeobachter und Spieler waren
in erster Linie über eine Radioverbindung miteinander verbunden, aber sie
«sprachen» auch mit Hilfe von Signalen auf dem Tableau. Ein auf Rot oder
Schwarz, Pair oder Impair oder die verschiedenen Nebenwetten des Spiels
gesetzter Jeton konnte mehrerlei bedeuten, etwa: «Mach einen Fünf-Minu-
ten-Spaziergang», «Setz dich und spiel» oder «Einsätze erhöhen».
Es war der Vierer-Gruppe inzwischen in Fleisch und Blut übergegangen, von
Kopf bis Fuß verdrahtet, mit Mikroschaltern, Antennen, Energieversorgung
und Computern behangen in der Stadt herumzulaufen. Darüber hinaus
brachten sie es fertig, während sie ihre Zehen auf und nieder bewegten und
Solenoid-Signale auf ihren Bäuchen zählten, Witze zu reißen und mit den
Croupiers und Hostessen zu flirten. Doyne war vor allen anderen ein Meister
der Casino-Verkleidung. Er schaffte es mit Geschick, ein Gesicht aufzusetzen, das ebenso offen wie die Prairie sein mußte, aus der er stammte.

Normalerweise spiegelte sein Gesicht seine Gedanken wider, aber hier in den Kasinos war aller Ausdruck von Leben aus ihm geschwunden, und die eher unregelmäßigen Partien – ein abgebröckelter Zahn, eine nach dreimaligem Nasenbeinbruch verbogene Nase, ein schiefes Lächeln – wurden zum Aufbau einer undurchdringlichen Maske eingesetzt. Doyne nahm die schleppende Redeweise der südwestlichen Staaten an und schlüpfte in die Rolle des New Mexico Clem zurück, des zuletzt im «Oxford Card Room» in Missoula, Montana, gesehenen Poker-Hais.

Die Spieltechnik von Eudaemonic Enterprises verlangte verschiedene Rollen der Spieler. Der Spielbeobachter stand dicht neben dem Kessel und machte nur geringe Einsätze, während der Spieler, der weiter unten am Tableau stand, niemals einen Blick an den Kessel verschwendete, dafür aber hohe Einsätze auf einzelne Zahlen schob. «Darum wird hier auch so scharf unterschieden», schrieb Dostojewski in *Der Spieler*, «ob ein Spiel als *mauvais genre* anzusehen ist oder ob es einem anständigen Menschen gestattet werden darf. Es gibt zwei Arten von Spiel, die eine ist gentlemanlike, die andere plebejisch gewinnsüchtig, das Spiel der Gemeinen. ... Ein Gentleman kann zum Beispiel fünf oder zehn Louisdor setzen, selten mehr. Er kann auch tausend Franken setzen, wenn er sehr reich ist, aber einzig und allein des Spieles wegen, zum Vergnügen, und eigentlich nur, um den Prozeß des Gewinnens und des Verlierens zu beobachten. Für den Gewinn selbst darf er sich nicht interessieren. Wenn er gewinnt, darf er zum Beispiel laut lachen oder an die Umstehenden eine Bemerkung machen. Er mag noch einmal setzen und seinen Einsatz noch einmal verdoppeln, aber allein aus Neugier, um die Chancen zu beobachten, um Berechnungen anzustellen, nicht aber aus dem ordinären Wunsche heraus zu gewinnen.»

Dostojewskis Modell zufolge schien der Spielbeobachter von Eudaemonic Enterprises ein gemeiner, wenngleich harmloser Spieler des *mauvais genre* zu sein, während der Spieler des Teams Eigenschaften zeigte, die höchst «gentlemanlike» waren, einschließlich einer gleichsam aristokratischen Verachtung für das Drehen des Rotors und den Ablauf des Spiels. Der Spielbeobachter operierte tatsächlich unter sehr unterschiedlichen, sogar widersprüchlichen Zwängen.

Es gibt drei Arten von Leuten in Las Vegas, die Roulettekessel nicht aus den Augen lassen: Erstens Bauerntölpel von den Great Plains, zweitens Leute, die niemals zuvor Roulette gespielt haben, und schließlich System-Spieler. Bei der ihm angeborenen Virtuosität vermochte Doyne alle drei Rollen einzeln oder zusammen auf sich zu vereinen. Er konnte mit einem unter seiner Achsel verstauten Computer zwei Stunden lang neben einem Kessel stehen und von Croupiers, Bankhaltern, Herren von der Aufsicht und der

Saalleitung sowie Cocktail-Kellnerinnen völlig übersehen werden – von Leuten, die darauf trainiert worden sind, ausdrücklich *niemanden* zu übersehen. Doyne, der wie ein normaler Sterblicher aussah, der auf Stimmen von anderen Planeten eingestellt war, war offensichtlich der Fall eines Spielers, bei dem eine Schraube locker war. An anderen Tagen nahm er den Ausdruck eines System-Spielers an. Dann zog er einen Bleistift hinter dem Ohr hervor und kritzelte Zahlen in ein Notizbuch. Er begab sich damit in die angesehene Gesellschaft derjenigen Unwissenden, die keine Ahnung davon haben, daß es kein mathematisches System gibt, um Roulette zu schlagen.

Aufgrund dieser Schauspielkünste kam es während des Sommers nur einmal dazu, daß jemand eine mögliche Verbindung zwischen dem Spielbeobachter und dem Spieler des Teams argwöhnte. «Doyne und ich spielten zusammen», erzählte Ingrid. «Er bestellte bei der Cocktail-Kellnerin einen Orangensaft, und ich bat um ein Ginger-Ale. Bei der nächsten Runde bestellten wir umgekehrt. ‹Gehören Sie zwei zusammen?›, fragte die Kellnerin. ‹Nein›, antwortete ich. ‹Der Orangensaft sah einfach nur so gut aus.›»

Darüber hinaus gab es noch eine andere Situation, wo jemand wirklich eine Bemerkung zum Spielstil der Gruppe machte. Der Computer liefert seine Voraussagen via Sektoren, die vier oder fünf auf dem Rotor beieinanderliegende Zahlen enthalten. Diese auf dem Rotor benachbarten Zahlen sind auf dem Tableau so angeordnet, daß sie weit auseinander liegen; nur ein gewiefter Spieler könnte da eine Beziehung herstellen. In der Absicht, ihr Wettmuster noch weitergehend zu verbergen, variierte die Gruppe die Zusammensetzung der Sektoren, indem sie beieinanderliegende Zahlen ersetzte.

Doch trotz aller Vorsichtsmaßnahmen bemerkten während einer Gewinn-Sitzung im «Holiday Inn» zwei Zuschauer, daß Ingrid auf Sektoren setzte. «Es waren Studenten, die sich in der Stadt aufhielten, um Blackjack zu spielen, und der ‹Kartenzähler› stand ihnen ins Gesicht geschrieben. Sie sahen mir beim Spielen zu und fragten mich dann, ob ich mit einem System spiele. Ich erfand eine Story über Progressionen, aber auf einmal fand der eine heraus, daß ich auf Sektoren setzte und sagte das laut. Natürlich konnte ich nicht anders, als meine Jetons einzulösen und das Spiel zu verlassen.»

Die Gruppe wechselte sich in den Rollen des Spielbeobachters und des Spielers untereinander ab, aber weder Alan noch Norman schafften es auch nur annähernd, sich so idiotisch wie Doyne zu geben. Dem über 1,80 m messenden, bärtigen Norman, der hager wie eine Kokospalme war, gelang es niemals vollständig, jede Spur von Intelligenz aus seinem Gesicht zu verbannen. In seiner Polyester-Jacke und der pastellfarbenen Hose sah er schmuck und adrett aus. Die einzige brauchbare Figur, die er abgeben konnte, war die eines System-Spielers. Der dunkelhaarige, braungebrannte

Alan Lewis schien sich in Las Vegas vollkommen zu Hause zu fühlen. Seine Eltern hatten für kurze Zeit hier gewohnt, und als ehemaliger Kartenzähler kannte er sich in den Casinos aus. Mit seinem Triumph Spitfire und seiner Garderobe aus bequemen bügelfreien Hosen und Nyltesthemden fehlten ihm nur noch ein paar Goldketten um den Hals, um ihn wie einen klassischen Superspieler von Las Vegas aussehen zu lassen.

Im Laufe des Sommers 1978 steckten die eudämonischen Teams ihre bevorzugten Casinos und Spieltische ab. In den Sägemehl-Schuppen der Fremont Street waren zwar die Kessel schön gekippt, aber die Croupiers draußen auf dem Strip spielten, vor allem spät nachts, die Art mußevollen Spiels, die von einem Computer am besten angenommen wird. Mit Verkleidungen, abgesprochenen Signalen und ausgeklügelter Ausrüstung machte die Gruppe ihre allnächtliche Runde wie ein Eingreif-Kommando – vom «California Club» zum «Lady Luck», weiter zum «Golden Nugget» und zum «El Cortez»; danach starteten sie draußen auf dem Strip einen Angriff auf das «Circus Circus», das «Silverbird» und das «MGM Grand».
Sie spielten niemals denselben Club an aufeinanderfolgenden Abenden. Sie betraten die Casinos getrennt voneinander und «unterhielten» sich einzig über Tableau-Signale. Jedes einzelne Gruppenmitglied trug ein Notizbuch bei sich, um Spieldaten und finanzielle Transaktionen zu notieren. Diese Gewinn- und Verlust-Statistik wurde am Ende des Tages in das schwarze «Hauptbuch» übertragen. Dort wurde jedes Casino separat aufgeführt und es enthielt eine Seite, die der Übersicht über die firmeneigene Bank vorbehalten war. Diese «Tages-Aufstellung» war in Spalten unterteilt, in die das Datum, das Casino, die Schicht, der Spielbeobachter, Spieler, der durchschnittliche Einsatz, die Zahl der unternommenen Spielversuche, Gewinne oder Verluste, die an einem Spieltisch zugebrachte Zeit und die laufende Bilanz eingetragen wurden.
«Es war, als habe man sich im Krieg befunden», sagte Ingrid, «und die wesentlichen Charaktereigenschaften der Gruppenmitglieder entsprachen denen, die in Kriegszeiten wichtig zu sein scheinen. Da war zum Beispiel Doyne, der immer vorwärts drängte, ungeachtet möglicher Hindernisse. Und dann gab es Norman, einer von der zuverlässigen Sorte, der die ganze Nacht kein Auge zumachte und die Stunden aufbrachte, die nötig waren, um die Ausrüstung funktionstüchtig zu erhalten. Ich schließlich versuchte es allen so angenehm wie möglich zu machen. Das war meine Rolle – eine Art von Maskottchen.»
Seit dem nachmittäglichen Schwimmvergnügen im Mono Lake war Ingrid benommen und vergeßlich; sie ließ sich von einem Arzt untersuchen, der

Mononukleose diagnostizierte. «Ich ging nach oben, legte mich schlafen und schlief wie ein Murmeltier. In meinen Träumen drehte sich alles um Wasser. Mir ist, als hätte man mich den ganzen Sommer über unter Wasser gehalten. Ich hatte mich so in das Projekt Rosetta Stone hineingesteigert, hatte versucht überall zu helfen, hatte meine ganze Energie gegeben, bis ich eines Tages schlappmachte.» Zwischendurch wachte Ingrid lange genug auf, um Dashiell Hammett zu lesen und gelegentlich Roulette zu spielen. Den Monat Juli brachte sie bei ihren Eltern in Davis zu, um sich gründlich zu erholen, und kehrte im August nach Las Vegas zurück, um Ende des Sommers beim abschließenden Generalangriff auf die Casinos eine heldenhafte Rolle zu spielen.

Wie alle anderen Profi-Spieler der Stadt wurde das Team von Eudaemonic Enterprises bei seinen nächtlichen Runden mit Situationen konfrontiert, die später legendäre Bedeutung erlangen sollten. Eines ihrer bevorzugten Casinos war das «Circus Circus», ein Casino für Familien, die auf sicheres Glücksspiel aus sind. Es verfügt auch über gekippte Roulettekessel, die zumeist in gemächlichem Tempo gespielt werden.

Alan Lewis kannte sich in diesem Casino gut aus, hatte er sich hier doch in den frühen siebziger Jahren mit seinem eigenen System im Schattenboxen geübt. Jetzt kehrte er mit einem intelligenteren und ausgeklügelteren Computer unter der Achsel zurück und stand in seiner Kunstfertigkeit als Spielbeobachter Clem aus New Mexico um nichts nach. «Doyne», sagte Alan, «hatte eine verblüffende Fähigkeit entwickelt, mit Croupiers zu sprechen und gleichzeitig genau zu wissen, wo im Programm er sich befand. Beim Zeitnehmen mußte man äußerst exakt vorgehen. Man mußte sich konzentrieren und durfte keinerlei Schlamperei zulassen. Das Bedienen der Mikroschalter mit den großen Zehen war kein Kinderspiel, das sich wie nebenbei erledigen ließe, weil man sonst zu ungenau würde. Deshalb war der Reflexe-Tester ein wichtiges Element bei der Planung der ganzen Geschichte und verlieh dem Projekt einen angenehmen Touch.»

Es war im «Circus Circus», wo alle Zeichen für Alans erstes großes Abzokken günstig standen. Er hatte als Spielbeobachter neben dem Kessel gestanden und versucht, wie ein System-Spieler auszusehen, der gewillt ist, bis zum Sonnenaufgang die Nummern zu zählen, während Norman, in seinem Polyester-Anzug ein wenig zerknittert, aber selbstbewußt, den Spieler mimte. Eine Zeitlang hatten sie Geld verloren. Alan hatte Schwierigkeiten, die Parameter für den Kessel zu setzen, und war drauf und dran, die Sitzung abzublasen. Da fand um zwei Uhr morgens ein Schichtwechsel statt und ein neuer Croupier, eine Frau, die gelangweilt dreinschaute und nur noch nach Hause wollte, trat an den Tisch. In der frühmorgendlichen Stille nahm das

Spiel unter ihren Händen einen wunderbar präzisen und regelmäßigen Lauf, so gleichmäßig setzte sie den Rotor in Schwung und drehte die Kugel ab. Alan widmete sich der Feineinstellung der Parameter und schaltete den Computer in den Spiel-Modus.

«Das Blatt wendete sich», sagte er. «Die Voraussagen trafen genau ins Schwarze. Wir setzten Viertel-Dollars, machten unsere Verluste wett und stapelten Jetons im Wert von mehreren hundert Dollar vor uns auf. Es war ein elektrisierendes Gefühl, das uns durchzuckte, als wir sahen, wie geschmiert das alles lief. Nach all dem Elend mit den ewigen Tests und dem ständigen Fehler-Beseitigen am Computer lief er endlich einwandfrei. Alle meine Zweifel waren wie verflogen. Ich wußte, daß das Roulette geschlagen worden war.»

Lady Luck

Einem Casino nähere man sich nicht scheu und ehrerbietig. Sie sind nichts als simple, von Bankangestellten und Mechanikern gewartete Früchte-Automaten.

Ian Fleming

Jetzt, da die Computer wie geplant funktionierten, schienen die Casinos zunehmend besorgt. Von dem Stapel Jetons, der sich vor Ingrid aufbaute, verwirrt und verärgert, brach ein Croupier des «MGM Grand» eine Hausregel, indem er den Kessel packte und mit einem kräftigen Ruck an seiner Halterung zerrte, während er sich im Spiel befand. Der Kessel machte ein entsetzlich kreischendes Geräusch. Der für den Schichtwechsel verantwortliche Herr von der Aufsicht kam herbeigeeilt und wollte wissen, was los wäre. Außerstande sich zu beschweren, löste Ingrid ihre Jetons ein und verließ das Casino.

Im Verlauf einer anderen Gewinn-Sitzung fragte ein Croupier, der sich für Normans System interessierte, was er tun könne, um ihm behilflich zu sein. Den Fachausdruck vermeidend, erwiderte Norman: «Macht es Ihnen etwas aus, die Kugel mit ein wenig mehr Schwung auf der äußeren Kesselbahn laufen zu lassen? Das gibt mir ein besseres Gefühl.» Ein anderer Croupier bot den Eudämonen eine elegante Vorführung dessen, was unter Spielern als «Handschrift» des Croupiers geläufig ist. Man stelle sich jemanden vor, der fünf Tage in der Woche und zehn ununterbrochene Jahre lang einen Roulettekessel bediente. Die leichten Unebenheiten auf der Kugelbahn, die charakteristischen Eigenschaften der unterschiedlichen Kugeln, das Gewicht des Rotors und die Belastung seiner Achse werden zu vertrauten Geheimnissen seines Lebens. Was geschähe, wenn unser imaginärer Croupier, um sich an einem ruhigen Casino-Abend die Langeweile zu vertreiben, mit dem Spiel experimentieren und nach Möglichkeiten suchen würde, mit denen sich die Regelmäßigkeit und Genauigkeit des Spiels erhöhen ließen? Der Croupier könnte nach vielen Jahren der Übung lernen, wie er die Kugel abdreht, damit sie nach exakt zwanzig Umdrehungen aus der Rinne fällt. Was geschähe des weiteren, wenn unser Croupier lernen würde, wie die Geschwindigkeit und Position des Rotors reguliert werden müßten, bis er eines Tages, nach weiteren Jahren des Übens, ein zeitlich perfektes Zusammenspiel von Rotor und Kugel bewirken könnte, bei dem die Kugel nach genau ihrer zwanzigsten Umdrehung exakt in das unter ihr wartende ausgewählte Nummernfach fiele?

Doyne und Norman hatten sich darauf spezialisiert, im «Lady Luck» Roulette zu spielen, eines der wegen der kostenlosen Thunfisch-Sandwiches und des rund um die Uhr servierten Zwei-Spiegeleier-Frühstücks von ihnen bevorzugten Casinos. Der Croupier an jenem späten Abend, ein Lockenkopf Mitte dreißig, war besonders freundlich. Der Computer funktionierte ebenfalls perfekt, so daß Norman bereits nach kurzem Spiel Jetons im Wert von mehreren hundert Dollar angehäuft hatte. Eine Standardregel beim Roulette besagt, daß vom Glück begünstigte Spieler ein Trinkgeld geben. Norman folgte dieser Regel, indem er dem Croupier Jetons zur freien Verfügung überließ. Der Mann setzte stets auf die Siebzehn, was allein deshalb merkwürdig war, weil auch der Computer beharrlich den Sektor voraussagte, der die Siebzehn enthielt.

«Warum setzen Sie ständig auf die Nummer siebzehn?» fragte Norman.

«Weil ich, wenn ich alles richtig mache», sagte der Croupier, «tatsächlich die Siebzehn treffen kann. Verstehen Sie mich recht, immer kann ich das nicht, aber ich komme nahe dran. Ich bringe den Rotor schön gleichmäßig in Bewegung und dann drehe ich, in dem Augenblick, in dem die Null genau vor mir vorüberläuft, ganz sachte die Kugel ab, und ich schwöre, daß ich die Siebzehn mit größter Wahrscheinlichkeit treffe.»

Als er den Kessel vor seinem Feierabend das letzte Mal drehte, setzte der Croupier auf siebzehn. Der Computer sagte den Sektor mit siebzehn voraus. Doyne war sogar als Spielbeobachter so gefesselt, daß er einen Einsatz auf siebzehn machte. Zwanzig Umdrehungen später landete die Kugel mitten im Ziel. «In jener Nacht», berichtete Doyne, «gingen wir alle zufrieden nach Hause.»

Die schrecklichste Erfahrung des Sommers machten Doyne und Ingrid, als sie einmal im «Hilton» eine Glückssträhne hatten. Für die Umstehenden, die von der Existenz des Computers ja nichts wußten, ging von der Gewinnserie etwas Unheimliches aus. Ingrid, die ihre Einsätze auf drei oder vier Zahlen gleichzeitig machte, «erriet» die Gewinnzahlen mit einer überraschenden Häufigkeit. Die Jetons stapelten sich vor ihr, und sie versuchte jedesmal, wenn der Croupier einen weiteren Stapel vor sie hinschob, überrascht zu sein. «An manchen Tagen klappt's, an anderen Tagen nicht», sagte sie an die anderen Spieler gewandt. «Ich glaube, dies ist mein Glückstag.»

Mit einem Mal erschienen auf beiden Seiten neben ihr zwei wuchtige Gestalten in dunklen Anzügen. Sie starrten sie eiskalt an. Einer der zwei schrieb etwas in sein Notizbuch. Sie drängten sich an sie heran und warteten, was sie als nächstes tun würde. Ingrid schob einen Jeton auf die 00, das Zeichen zum Abbruch, und kaufte sich aus dem Spiel. «Bei der Anwendung unseres Systems war so viel Paranoia im Spiel», sagte sie, «daß ich mir das alles vielleicht nur einbildete. Aber als ich später ins Casino-Café ging, sah ich dieselben zwei Männer zusammen an einem Tisch sitzen, und ich bin sicher, das waren Leute von der Casino-Aufsicht.»

«Wir hatten verabredet, daß, sobald einer einen Aufpasser bemerkte, die Sitzung abgebrochen werden konnte, auch wenn der andere im Team das nicht mitbekommen hatte. Uns war klar, daß es weiterhin grundlegende Schwächen gab, zum Beispiel mit der Verkleidung, ein Problem, für das wir noch keine ideale Lösung gefunden hatten. Auch wenn wir so taten, als würden wir uns untereinander nicht kennen, waren wir doch etwa gleichaltrig und standen am selben Tisch. Ich hatte Angst, daß es nicht lange dauern würde, bis sie dahinter kämen, daß irgendwas faul war. Und mir war klar, wie einfach es dann für sie sein würde, uns etwas Schreckliches anzutun.»

Als Ingrid aus ihren Unterwasser-Träumen auftauchte und in die gleichermaßen traumhafte Landschaft der Casinos von Las Vegas eintauchte, hatte sie die Idee, das Projekt zu verfilmen. «Ich dachte an einen Film, der die Phantasien der Leute auf der Leinwand darstellte. In einer auf unseren eigenen Wahrnehmungen und Ängsten aufbauenden Collage aus Bildern wollte ich von innen her das Element des Unheimlichen an Las Vegas aufspüren.

Für mich war unser Projekt wie ein Theaterstück oder eine Musik-Performance. Es war wie die ‹Happenings›, die ich in meiner Studienzeit veranstaltet hatte. Der Unterschied war, daß das Projekt eine Performance im wirklichen Leben war und es einen sehr realen Grund gab: im Untergrund Geld zu machen, ohne einer normalen Arbeit nachgehen zu müssen. Dies barg zwar eine gewisse Gefahr in sich, aber das Ausmaß dieser Gefahr war gerade richtig.»

Doyne begann ebenfalls mit Notizen zu einer Filmidee; eine der ersten Eintragungen las sich so: «Entweder werden wir einen supererfolgreichen Film zustande kriegen oder mit einem Loch im Kopf enden.» Eine imaginäre Szene zeigte einen fetten Argentinier, der eine Zigarre raucht und in Gegenwart einer ihn bewundernden Menge zweitausend Dollar verliert. Eine Frau versucht Ingrid Jetons zu stehlen, während sie damit prahlt, das Vermögen ihres Ehemanns, eines Ex-Millionärs, verspielt zu haben. Der Argentinier sagt zu der Frau, sie solle zufrieden sein, ihr Glück würde sich wenden. Der Croupier läßt den Diamantring an seinem kleinen Finger aufblitzen, daß alle es sehen können, und im nächsten Bild geht Doyne zuckend zu Boden, nachdem ihn ein Kurzschluß im Computer mit einem Stromstoß erwischt hat. Er reißt sich das Antennen-T-Shirt vom Leib und wird in den Armen der Casino-Aufsicht ohnmächtig.

Unter der Überschrift «Themen» finden sich im «Filmidee-Buch» folgende Eintragungen: «Es sollten unserer viele sein – unauffällige Gestalten, Touristen – die zu allem ihren Senf zugeben. Durch Nebeneinanderstellen dieser

Monologe die Grundthemen illustrieren: Abenteuergeschichte, Surrealismus des Glücksspiels, Geld und Kapitalismus, Träume und phantastische Projekte. Psychologie der Spieler studieren. Kontrast zu unseren eigenen Motiven (weshalb wir uns nach Abenteuer, Ruhm, Geld sehnen) herstellen, um aufzuzeigen, auf wie vielfache Art und Weise wir wie die Spieler motiviert sind, die eine Menge Geld zum Fenster herauswerfen.»

Das Filmskript sah eine Schlußszene vor, in der wir, während Pink Floyd «Money» singt, «unsere Computer flicken, ordentlich abzocken, uns auf eine einsame Insel zurückziehen und Raketen bauen, um zu anderen Planeten zu fliegen...».

Als die Zanes im Juli 1978 aus dem Urlaub zurückkehrten, zog das Team in ein Zwei-Zimmer-Apartment in der Tropicana Avenue – der von Las Vegas Richtung Osten nach Lake Mead führenden Hauptstraße. «Norman und ich führten den Vermieter an der Nase herum und machten ihm vor, wir wären technische Berater einer Elektronikfirma», sagte Doyne. «Er wollte respektable Mieter, also verschwiegen wir ihm, daß wir die Stadt besuchten, um Roulette zu spielen.» Der Vermieter seinerseits unterließ es, sie davon zu unterrichten, daß im Apartment über ihnen ein Speed-Freak hauste, der auf hochhackigen Schuhen durch sein Zimmer marschierte und sich einer auserlesenen Kundschaft von Fernkraftfahrern, Bullen, Croupiers und wer sonst noch an seiner Tür anklopfte als Zuhälter andiente.

Nachdem sie in das Apartment eingezogen waren, spielten sie noch eine Woche Roulette und legten dann eine Pause ein. Lorna Lyons und Rob Shaw kamen in seinem «Cream Dream» in die Stadt gerollt, einem weißen Ford Kombi, Baujahr 1959. Sie waren gekommen, um Norman abzuholen und ihn nach Santa Cruz zurückzubringen. Ingrid fuhr nach Davis zurück, um sich zu erholen. Alan Lewis flog nach Tucson, um seine Familie zu besuchen. Doyne machte sich auf den Weg zu Letty nach Santa Monica, wo sie zusammen mit Freunden nicht weit vom Strand entfernt wohnte.

Er kam dort an und hatte alle Computer, den KIM, den PROM-Brenner und genügend Ersatzteile im Gepäck, um das Computer-Programm von Grund auf zu verändern. Nachdem er in der Zwischenzeit ein paar glänzende Ideen gehabt hatte, um den Algorithmus zu modifizieren, schwebte ihm vor, den Vorgang des Parameter-Setzens zu simplifizieren und dadurch ein paar Minuten von der Zeit einzusparen, die zum Herumkutschieren auf der Modus-Karte benötigt wurde. Den Morgen verbrachte Doyne mit Programmieren und den Nachmittag mit Surfen in der Brandung vor Venice Beach.

Zwei Wochen später, nachdem er den EPROM (*erasable programmable read-only-memory*, lösch- und programmierbarer Festspeicher) neu «gebrannt» hatte, war er in der Lage, den Computer in einer alle Rekorde brechenden Zeit durch die Modus-Karte zu steuern.

Ende Juli versammelte sich ein neues Team in Las Vegas. Von Santa Cruz über Los Angeles kommend, wo sie Doyne aufgelesen hatten, erreichten John «Juano» Boyd, Marianne Walpert und Robs Bruder, Chris Shaw, die Stadt. Chris war ein Künstler, der gemeinsam mit Ralph Abraham an einer Reihe «visueller Mathematik»-Bücher arbeitete, von denen sich eines mit Chaos und seltsamen Attraktoren befaßte. Aber er war auch ein *bon vivant*, dessen höfliche Manieren Doynes Auffassung nach sich bestens fürs Spielen mit hohen Einsätzen eignete. Auf der Fahrt aus Los Angeles heraus verursachte die unbezähmbare Marianne auf dem Santa Monica Freeway am Steuer ihres blauen Comet einen Auffahrunfall. Als Chris aus dem Auto sprang, auf die Kühlerhaube kletterte und sie mit Gewalt wieder schloß, dämmerte es Doyne, «daß ich mit drei nicht trainierten Spielern zum Strip unterwegs war, und offen gesagt war ich skeptisch. In erster Linie machte mir Juano mit seinem über die Schultern hängenden langen Haar zu schaffen, der zudem einen Nackenbart trug. Er hatte immer noch dieselbe braune Plastikbrille auf der Nase, die er bereits in der Oberstufe der High-School trug, nur daß sie inzwischen von Klebstreifen zusammengehalten wurde. Ich sah keine Möglichkeit, wie er's in den Casinos schaffen könnte.»

Die drei nicht trainierten Spieler bauten im Tropicana-Avenue-Apartment den Kessel und den Reflexe-Tester auf, während Doyne sich um sporadische Pannen der Radioempfänger kümmerte und letzte Änderungen in den Rechenprogrammen vornahm. In der Wüste herrschte Sommer, und es war so heiß, daß man tagsüber nicht einmal schwimmen gehen konnte, da man sich auf dem Weg zum Swimming-Pool auf dem Zement die Füße verbrannt hätte.

«Der mit unserem Projekt verbundene Wahnsinn kam mir nun allmählich zu Bewußtsein», sagte Marianne. «Wir wohnten in einem mit Computern und unserer elektronischen Ausrüstung vollgestopften Apartment. Wir kampierten mitten im Sommer in Las Vegas und zuweilen machte mich das wütend: Anstatt erfreulichere Dinge zu tun, hing ich hier in dieser unglaublichen Hitze und diesen bescheuerten Casinos herum. Die übrige Zeit war ich damit beschäftigt, Klemmen an Büstenhalter zu nähen oder mich von Kopf bis Fuß mit Leitungsdrähten zu behängen. Manchmal mußte man sich wirklich fragen, warum man das alles tat, und versuchen sich vorzustellen, wie Doyne und Norman zumute sein mußte, die dem Projekt bereits mehrere Jahre ihres Lebens gewidmet hatten.»

Um sich am Abend abzukühlen, besuchte das Team das «Roulette Rapids», einen Vergnügungspark mit zementierten Wasserrutschen. Auf Schaumgummikissen sitzend, die mit hoher Geschwindigkeit die Bahnen hinuntersausten, war jedermann darauf bedacht, nicht umzukippen, um sich auf den Betonpisten keine Schrammen zu holen. In seiner freien Zeit las Doyne Joan Didions *Play It as It Lays* und Richard Dawkins *The Selfish Gene*. Der Hit des Sommers, der immer wieder im Radio gespielt wurde, trug den Titel «Kochendes Blut»:

> *Well, ich habe kochendes Blut,*
> *Komm, faß mich an,*
> *Check das Fieber,*
> *Wie wohl mir das tut.*

Am Ende der ersten Woche kam Letty mit dem Flugzeug aus Los Angeles. Die Wettmuster lernte sie innerhalb weniger Stunden, und dann machten sie und Doyne sich auf, um im «Circus Circus» Roulette zu spielen. Anfangs war sie, was ihre Fähigkeit an dem Projekt teilzunehmen betraf, skeptisch gewesen. «Wenn ich, Letty, in ein Casino gehe, so wie ich bin», sagte sie, «dann passe ich da nicht recht hin. Und wenn ich als jemand anders gehe, muß ich schauspielern, und eine Schauspielerin bin ich nicht. Ich habe zwar stets mit der Idee geliebäugelt zu schauspielern und habe Schauspieler bewundert, aber ich habe nie Talent gehabt.» Die einzige Bühnenerfahrung, die sie bis dahin hatte, war die Rolle einer Angehörigen des Frauenkorps der Armee in ihrer Schulinszenierung *Die Maus, die brüllte*.

Bei ihrem ersten Auftritt als Roulette-Spielerin kaufte sich Letty in ein Spiel ein und stapelte fein säuberlich ihre Jetons auf, bis sie auf einmal bemerkte, daß sie vergessen hatte, den Computer einzuschalten. Die Männer trugen ihre Ein/Aus-Schalter in der Hosentasche, Frauen aber unterm Hemd. Sie entschuldigte sich für einen Augenblick, verschwand in der Toilette und kehrte zurück, um eine Glückssträhne zu erwischen. Als Computer-Anwenderin erwies sie sich als Naturtalent. Sie blieb cool unter feindlichem Feuer, arbeitete präzise und konzentriert. Schon am folgenden Abend konnte sie eine weitere Gewinn-Sitzung im «Holiday Inn» verbuchen.

Bis dahin war Letty, wie sie selbst sagte, «stille Projekt-Beraterin» gewesen, aber unterdessen frequentierte sie die Bibliothek, um herauszufinden, ob es legal sei, Roulette mit Computer-Hilfe zu schlagen. Obwohl es in Las Vegas illegal ist, den Ausgang eines Spiels zu beeinflussen, so ist das *Voraussagen* des Spielausgangs – mit welchen Mitteln auch immer – völlig legal. Neueste richterliche Entscheidungen hatten dies am Beispiel von Kartenzählern bestätigt. Trotzdem ist sich jedermann der Tatsache bewußt, daß die Casino-Bosse, so legitim es auch sein mag, mit einem Computer im BH einen Spielsaal zu betreten, zweifellos anders darüber denken und – handeln werden.

Von den Gefahren des Projekts einmal abgesehen, hegte Letty andere Zweifel, die eher moralischer Natur waren. Diese hatten mit sozialer Gerechtigkeit und rechtem Handeln zu tun und entsprangen, wie sie offen bekannte, ihrem familiären Hintergrund. Ihr Vater war ein liberal gesinnter Rechtsanwalt in Boston, der den wohltätigen Einsatz für Bürgerrechtsgruppen mit der Anwaltstätigkeit für Treuhandfirmen und Maklergesellschaften ausglich. Ihre Mutter war eine Frau der alten Schule. Sie hatte stets die Meinung verfochten, daß Politik die höchste Berufung sei. Während Lettys Mutter in Radcliffe in rechtlichen Ausschüssen arbeitete, betätigte sie sich außerdem als Organisatorin von Wohltätigkeitsveranstaltungen und war Mitglied in zahlreichen Ausschüssen für soziale Angelegenheiten.

«Ich glaube, daß Liberalismus aus einer Situation erwachsen kann», stellte Letty fest, «in der man niemals Geldsorgen hat. Aus der Rechtfertigung heraus Geld zu verdienen, nur um überhaupt etwas zu tun, war niemals legitim. Man mußte sein Tun und Handeln schon anders erklären. Es gab Zeiten, wo ich mich danach sehnte, kein Geld zu haben, weil ich mir dann nur überlegen müßte, wie ich Geld verdienen könnte, und das Leben wäre einfach. Wenn man ohne sie keinen Mangel empfindet, besteht der Sinn des Lebens nicht darin, Dinge zu erwerben. Aber worin besteht dann der Sinn des Lebens? Schließlich redet man sich ein, er bestünde darin, anderen zu helfen. Von Anfang an störte mich, daß der unmittelbare Zweck unseres Projekts darin bestand, Geld zu machen. Vielleicht ist es nur meine Ethik des Gute-Taten-Vollbringens, aber ich suchte stets nach einem weitgesteckten Ziel. Es war nicht so, daß ich das Projekt für etwas Unmoralisches hielt. Es war eigentlich nur, daß sich keine besondere moralische Absicht dahinter verbarg, zumindest an meinem moralischen Empfinden gemessen.»

Trotz ihrer Gewissensbisse begriff Letty die Bedeutsamkeit des Projekts für Doyne Farmer. «Doyne hatte immer mit dem Gefühl gelebt, ein oder zwei oder zehn oder hundert Jahrhunderte zu spät auf die Welt gekommen zu sein. Er hatte sich stets danach gesehnt, ein Entdecker, ein Abenteurer, ein Mann zu sein, der die Widrigkeiten des Lebens bekämpfte, um etwas aufzubauen, was ihm teuer war. Für Doyne lautete das Ziel des Projekts Geld, was gleichbedeutend ist mit Freiheit. Das war sein unmittelbares Ziel. Danach konnte er tun und lassen, was er wollte. Genaugenommen wollte er frei sein trotz der gesellschaftlichen Verhältnisse, der Regierung, der Wirtschaft, trotz respektabler Menschen und Hüter der öffentlichen Ordnung, die sagen: ‹So etwas können Sie aber nicht machen. Wir wollen, daß Sie bei uns mitma-

chen. Sie sind ein liebenswürdiger, ordentlicher Mensch mit einem Physik-Examen von der Universität Stanford, warum kommen Sie nicht zu uns?›
Für Doyne schien das Projekt eine Möglichkeit zu sein, sich auf eigene Faust durchzuschlagen. Am Ende wartete ein Batzen Gold, und du, du ganz allein weißt, wie man da herankommen kann. Daß du die gewaltigen Kräfte, die in einer Welt wirken, die darauf zugeschnitten ist, den Leuten den letzten Penny aus der Tasche zu ziehen und keinen einzigen auszulassen, schlagen könntest, daß du, du selbst, deine Freunde und Verbündeten dieses System schlagen könntet, ist etwas sehr Anziehendes. Und das alles aus dem Nichts, ohne Geld, ohne seine Zeit zu verkaufen oder Leuten Versprechungen zu machen, dies alles aufgrund seines Intellekts, seiner Zielstrebigkeit zu erreichen, sich dem auszusetzen und nicht nur ein passives Rädchen im Getriebe der anderen zu sein – das machte die Anziehungskraft des Projekts aus.
Natürlich verbargen sich hinter dem Geldmachen weitergesteckte Ziele. Darin eingeschlossen war das Teamwork mit Freunden, um diese schwierige Aufgabe zu meistern. Der Gedanke, alle Leute, die man kennt, zusammenzutrommeln und das Können und fachmännische Geschick eines jeden einzusetzen, um heimlich eine Methode auszutüfteln, die man dann, Spaß und Abenteuer genießend, erfolgreich einsetzt, ist etwas Unbeschreibliches. Es ist, als führte man gemeinsam ein Stück auf, in dem jeder, entweder auf oder hinter der Bühne, seine Rolle hat.»

Nach Lettys vom Spielerglück begünstigten Sitzungen im «Circus Circus» und im «Holiday Inn» zog sich die zweite Staffel des Teams aus Las Vegas zurück. Nach einer Woche Wüstenhitze, Speed-Freak-Zuhälterei und trügerischen Roulette-Computern, die einen im unklaren darüber ließen, ob sie streikten oder ihnen sonst etwas fehlte, hatten sie eine Pause verdient. Marianne und Chris strebten an die Küste. Letty flog nach Los Angeles zurück. Doyne und Juano wurden von Tom Ingerson abgeholt, der sie Richtung Süden nach Kingman, Arizona, brachte, wo er Juano absetzte, der per Anhalter nach Mexiko wollte. Er kam nicht weiter als bis Barstow, wo man ihn ausraubte, ihm alle Kleidungsstücke, die Brille inklusive, abnahm und mitten in der Wüste seinem Schicksal überließ. Es war eine Geschichte, die er gern zum besten gab. Die Missetäter wurden später von der Polizei geschnappt, aber Doynes Gefühl der Unbehaglichkeit Juano gegenüber hatte sich als wahr erwiesen.
Die Mitglieder des ehemaligen Explorer Post 114 hatten eine Zusammenkunft geplant, aber vor diesem Treffen zogen sich Doyne und Tom drei Tage lang in die Gila Wilderness zurück. Tom zeigte sich während ihrer Gespräche über das Roulette-Projekt nach wie vor skeptisch. Er war der Meinung, das

Ganze sei, was Zeit und Energie anginge, ein Faß ohne Boden. Er glaubte, daß die technischen Schwierigkeiten sie erdrücken würden. Er erachtete die Gefahren als zu groß, um durch die erwarteten Gewinne aufgewogen zu werden. «Im Grunde genommen sagte er nichts anderes», erinnerte sich Doyne, «als daß ich meine Zeit vergeudete.»

Die dritte Staffel von Spielern – mit Doyne und Norman, die von Silver City aus herfuhren, Alan Lewis, der mit dem Flugzeug aus Tucson kam und Ingrid, die den Bus in Davis genommen hatte – versammelte sich Anfang August in Las Vegas. Sie kauften eine Zeitung und fuhren auf der Suche nach einem anderen Domizil durch die Stadt. Sie entschieden sich für ein Zwei-Zimmer-Apartment im ersten Stock, welches man über eine Außentreppe erreichte. Das Innere war in einem lauen Gelbton gestrichen; zu viele Kettenraucher hatten sich in diesen Zimmern die Lungen herausgehustet. So mancher auf den Hund gekommene Spieler hatte womöglich Schlimmeres getan. Der Ort strömte eine unabänderliche Atmosphäre von Lieblosigkeit und Vergänglichkeit aus, aber der Preis war in Ordnung. Also zogen sie ein, und es dauerte keine Stunde, bis sie den Kessel und den Reflexe-Tester aufgestellt und in Betrieb genommen hatten.

Die Anziehungskraft von Las Vegas liegt in Geld, das man befingern kann. Die New Yorker Börse bewegt zwar wesentlich mehr pro Tag, aber das Geld dort ist zu Wertpapieren abstrahiert oder an Bildschirmen digitalisiert worden. Das Geld in Las Vegas ist berührbar und flüssig. Es strömt in Wellen über die Tische, bildet unentrinnbare Strudel und wird ins unermeßliche Geldmeer zurückgesogen, das über den Casino-Boden hin- und herwogt. Weil diese Jetons, Münzen, Geldscheine und Silver Dollars so großzügig über und unter den Tischen den Besitzer wechseln, stößt man in Las Vegas ständig auf Leute mit den Taschen voller Geld. Infolgedessen gibt es zahlreiche andere Leute, die sich darauf spezialisieren, diese Taschen zu leeren. Doyne bot sich, kurz nachdem das Team das Showboat-Apartment bezogen hatte, Gelegenheit, einen dieser Spezialisten kennenzulernen. «Oft habe ich mit dem Einschlafen Mühe. Es war drei Uhr morgens, und ich war gerade im Begriff einzudämmern, als ich eine Gestalt im Zimmer sah. ‹Das ist komisch›, sagte ich zu mir. ‹Wieso läuft Norman um diese Zeit in der Wohnung umher?› ‹Norman?› rief ich, und mit einem Mal stürzte die Gestalt mit einem Kleidungsstück unterm Arm durch die Tür und verschwand.

Ich war mit einem Satz aus dem Bett und sprang die Treppe hinunter hinter ihm her. Splitternackt sprintete ich so schnell ich konnte die Straße entlang, daß mein Penis hin und her schwang, und schrie: ‹Stehenbleiben, Dieb!› Der Fußweg war von Glassplittern übersät, und normalerweise wäre ich nicht barfuß dort entlang spaziert, geschweige denn gelaufen.

Der Dieb war gut 1,85 m groß, trug abgeschnittene Jeans, ein T-Shirt und Tennisschuhe. Er war gut in Form und kannte sich in der Gegend offenbar bestens aus. Aber ich war auch gut in Form, war ich doch vergangenen Sommer immerhin täglich fünf Meilen gelaufen. Ich legte noch einen Gang zu, holte auf und schrie, als ich vielleicht zehn Meter hinter ihm war: ‹Wenn du nicht sofort die Hose fallen läßt› – denn es war meine Hose, die er hatte mitgehen lassen –, ‹werde ich dich umbringen, wenn ich dich erwische!›

Meine Mutter hatte mir fünfhundert Dollar zum Setzen gegeben und mein Bruder hatte weitere fünfhundert Dollar draufgelegt. Das war unsere Bank. Somit befanden sich in meiner Hosentasche eintausend Dollar Schulden, für die sich keine unmittelbare Möglichkeit zum Zurückzahlen bot. Darüber hinaus hatten sich weitere sechs- oder siebenhundert Dollar in bar im Zimmer befunden, zusammen mit Reiseschecks, Jetons und Silver Dollars. Als ich den Kerl fast erwischt hatte, schoß er in ein Apartment-Gebäude mit einer selbstschließenden Eingangstür und ich verlor ihn an einer Stelle, von wo aus er in alle möglichen Richtungen hätte entwischen können.»

Als er zu Hause ankam, stellte Doyne fest, daß einer der Nachbarn die Polizei gerufen hatte, die schon bald vor der Türe stand. Die Polizisten kamen herein und fanden sich in einem Zimmer voller Antennen-T-Shirts, Lötkolben und Chips wieder. «Irgendwer hatte den Roulettekessel mit einem Bettuch zugedeckt, aber es war offensichtlich auch so eine merkwürdige Angelegenheit. Wir erzählten den Beamten, wir wären Studenten und würden an einem Sommer-Forschungsprogramm in Elektronik arbeiten. Schließlich stellte sich heraus, daß alles, was sich in meinen Hosen befunden hatte, zwei Dollar und Ingrids Führerschein waren, den sie in diesem Sommer bereits mehrere Male verloren hatte. Dieser Zwischenfall jagte uns trotzdem einen solchen Schrekken ein, daß wir beschlossen, noch vorsichtiger zu sein.»

Die Mannschaft gruppierte sich zu Zweier-Teams und versuchte mit beiden Computer-Sets gleichzeitig zu spielen, obwohl es schwierig war, alle vier einsatzfähig zu halten. Norman und Doyne fungierten bei den ständigen Scherereien mit den Radiosendern und schadhaften Leitungen mehr als Mechaniker denn als Spieler. Sie beluden den Blue Bus mit Werkzeug und postierten ihn auf strategisch wichtigen Parkplätzen zwischen den Casinos. Alan Lewis hatte Schwierigkeiten mit dem revidierten Programm und verlor, bevor er sich auf der neuen Modus-Karte zurechtfand, ein paar hundert Dollar. Insgesamt war das Team wenig erfolgreich und mußte immer wieder Sitzungen abbrechen, weil es irgendwelche Hardware-Probleme gab – Fehlfunktionen, Elektroschocks oder falsche Signale.

«Ingrid und ich waren besser als die anderen», sagte Doyne. «Wir machten zwar keine Riesengewinne, hatten aber stetigen Erfolg.» Dieses Muster wurde eines Nachts plötzlich unterbrochen, als sie im «Lady Luck» in der Fremont Street spielten. «Wir fanden dort einen gemächlichen Kessel mit günstigem Kippwinkel», sagte Doyne. «Ich hatte die Parameter perfekt gesetzt, und eigentlich waren wir drauf und dran zuzuschlagen. Also legten wir los und spielten. Aber wir waren die einzigen Leute am Tisch, und die Saalaufsicht schenkte uns mehr Aufmerksamkeit, als uns lieb war, mehr als wir jemals erfahren hatten. Und Ingrid benahm sich sehr merkwürdig. Sie war zappelig und nervös, und ich konnte mir keinen Reim darauf machen, was vor sich ging.»

«Der Mann von der Aufsicht war ein hochgewachsener unangenehmer Bursche», sagte Ingrid, «der gemerkt haben mußte, wie nervös wir waren. Ich selbst benahm mich vor allem deswegen komisch, weil ich von dem Antennendraht über meiner linken Brust Stromstöße empfing. Die Stromstöße kamen in immer rascherer Folge, bis ich Muskelkrämpfe bekam und es mir schwer fiel, das Wettmuster im Kopf zu behalten. Aber wir gewannen eine Menge Geld, und ich dachte mir, ich sollte besser weitermachen.»

«Innerhalb der ersten Minuten an diesem Tisch machten wir mehrere hundert Dollar», sagte Doyne. «Wenn einen das Glück einmal begünstigt, kommen die Gewinne extrem schnell, und diesmal ging es schnell, wirklich schnell. Selbst bei perfekten Parametern gibt es statistische Fluktuationen, die es verhindern, daß man jedesmal gewinnt. Aber wenn die Bedingungen gut sind, folgt eine gewinnbringende Voraussage auf die andere. Plötzlich sah ich zwei von der Aufsicht ein wenig links von mir vor dem Kessel. Ich signalisierte Ingrid, die Einsätze zu senken. Aber statt dessen *erhöhte* sie, und wir gewannen mit Fünf-Dollar-Jetons zweimal hintereinander. Sie spielte ein gewagtes Spiel.

Neben mir standen also diese korpulenten Gestalten, und ich konnte hören, wie der eine zum anderen sagte: ‹Siehst du die Frau auf die Neun setzen? Ich könnte schwören, daß sie weiß, wo die Kugel landen wird.› Offensichtlich argwöhnten sie nicht, daß ich irgendwas mit Ingrid zu tun haben könnte, aber ich löste trotzdem meine Jetons ein und verdrückte mich.»

Als sie sich später auf dem Parkplatz trafen, entdeckte Doyne, weshalb Ingrid sich so merkwürdig verhalten hatte. Die Solenoiden auf ihrem Bauch hatten versagt, dadurch waren die zum Computer in ihrem BH führenden Drähte heiß geworden. Beim Ausziehen stellte sie fest, daß die Drähte ihr tatsächlich ein Loch in die Brust geschmort hatten. «Als ich das verkohlte Fleisch sah», sagte Doyne, «konnte ich's einfach nicht fassen. ‹Ingrid›, sagte ich, ‹ich finde deinen Einsatz bewundernswert, aber du sollst es nicht übertreiben. Ich möchte nicht, daß du dem Roulette Brandopfer darbringst›.»

Sensitive Abhängigkeit von Anfangsbedingungen

You can't know how happy
I am that we met,
I'm strangely attracted to you.
Cole Porter
«It's All Right with Me»

Mit seinen hängenden Schultern und Bart sah Robert Stetson Shaw aus wie Woody Allen, der Karl Marx verkörpert. Er war Physiker und Gründungsmitglied der Chaos-Clique, und seine Talente waren von Gags-Schreiben bis zu Musikkomposition weitgefächert. «Wenn man mir dieses Jahr mein Forschungsstipendium verweigert», spöttelte er einmal, «dann werde ich zu meiner Mutter zurückgehen. Und dann sollen sie mal sehen, was man mit einer Rechenmaschine alles anstellen kann!»

Wenn er nicht in einer Kommune in New Mexico lebte oder neben seinem Computer im Physiklabor schlief, wohnte Shaw zuweilen im Haus in der Riverside, wo er sein Klavier in einem Zimmer aufgestellt hatte, das schon bald Musikzimmer genannt wurde. Er pflegte zu den ungewöhnlichsten Tages- oder Nachtstunden in dies Zimmer zu schlüpfen, die Tür hinter sich zuzuziehen und stundenlang Klavier zu spielen, ohne eine Pause einzulegen. Eine dankbare Zuhörerschaft fand sich dann draußen im Gang ein und saß mit dem Rücken zur Wand. Durch die geschlossene Tür lauschte sie einem verblüffenden Repertoire: einer virtuosen Non-Stop-Darbietung von Bach (vor allem die Chromatische Phantasie und Fuge), Mozart, Scarlatti und Shaws eigenen Kompositionen, die alle möglichen Stile vereinigte, von klassischer Musik bis zu Ragtime. Er spielte ohne Noten und komponierte Sonaten mit der Leichtigkeit eines Jazz-Musikers, der sich in ein «Riff» hineintastet.

Doyne beschrieb Rob als einen «Katalysator und Seher der Chaos-Clique», obwohl Shaw seine Karriere als Physiker nur der Tatsache verdankte, zur rechten Zeit zur rechten Stelle gewesen zu sein. In das ihm eigene Schweigen gehüllt, schlug er sich als graduierter Student durchs Leben, bis der Physikprofessor Bill Burke ihn eines Tages bat, sich doch mal eine Reihe seltsamer Differential-Gleichungen anzusehen. Burke wußte, daß Rob einen Analog-Computer aus dem Keller des Physikgebäudes geschleppt hatte, und er wußte auch, daß diese Maschine das perfekte Werkzeug darstellte, um das Verhalten von Differential-Gleichungen zu studieren.

Als Rob seinen Computer mit Burkes Formeln fütterte, lief es ihm eiskalt über den Rücken. Es war ein Augenblick, wo er Archimedes gleich etwas vollkommen Neues erblickte. Durch Iteration – eine Art von mathematischem Stottern, mit dem Computer ein Problem durch ständige Wiederholung einer mathematischen Operation lösen – hatte die Maschine Burkes Gleichungen genommen und sie von der Ordnung ins Chaos gestürzt. Aber im Gegensatz zu dem zufälligen Verhalten, das die Physiker bis dahin als Chaos verstanden hatten, wies dieses Chaos charakteristische Merkmale auf. Erstens war es aus einem einfachen System entstanden, und zweitens ließ das Chaos selbst verschiedene Arten von innerer Ordnung erkennen. Die klassische Physik hatte stets vorausgesetzt, daß das komplexe Verhalten des vom Zufall Bestimmten, wenn überhaupt, dann allein von gleichermaßen komplexen Gleichungen beschrieben werden könnte. Shaw aber hatte bei seinem ersten Blick auf die *Terra incognita* des Chaos entdeckt, daß das Gegenteil der Fall war. Chaos aus einfachen Systemen zu erzeugen, kann nur durch Iteration oder «Looping» gelingen, indem man sie durch jene regressiven Zyklen schickt, die Computer – und Zwangsneurotiker – niemals müde werden zu vollziehen.

Mit den in seine Maschine eingegebenen Gleichungen Burkes vermochte Rob tatsächlich Bilder von diesem seltsam geordneten und deterministischen Chaos zeichnen. Auf den Bildschirm einer Braunschen Röhre gewirbelt, sahen die Bilder abwechselnd wie ringförmige Doughnuts oder Trichter oder aus der Form gebrachte Galaxien aus. Diese graphischen Abbildungen einer Welt, in der Zufall und Chaos koexistieren, stellen dar, was in der Physik als seltsame Attraktoren bezeichnet wird. Von den drei grundlegenden Arten von Attraktoren wird der einfachste Fixpunkt genannt. Man stelle sich eine Pfanne voll Wasser vor, die so geschüttelt wird, daß sich Wellen über ihre Oberfläche bewegen. Hört man auf, die Pfanne zu schütteln, zerstreuen sich die Wellen und das Wasser kehrt schließlich in einen Zustand des Gleichgewichts zurück. Das ruhende Wasser hat das wieder eingenommen, was man mathematisch den Fixpunkt der Attraktion nennt. Die zweite, Grenz-Zyklus genannte Art von Attraktor erzeugt eine unaufhörlich wiederholte regelmäßige Bewegung. Bei den Grenz-Zyklus-Attraktoren denke man an die Bewegung von Meereswellen an einem Küstenstrich oder an das Verhalten von Wasser, daß, indem es eine Röhre hinabfließt, hin und her schwappt.

Bis in die Gegenwart hinein wurde die klassische Physik von Attraktoren, die komplexer als Fixpunkte oder Zyklen waren, in Verwirrung gestürzt.

Wenn Wasser in einer Röhre in irgendeiner anderen als in einer ruhigen oder laminaren Art und Weise floß, ging sein Verhalten in den zuvor unerklärbaren Bereich der Turbulenz über. Aber die von Shaw auf seinem Computer gezeichneten ringförmigen Doughnuts und auseinandergezogenen Galaxien waren Abbildungen von Turbulenz, und in diesem Fall war die Turbulenz *nicht* zufällig oder geheimnisvoll oder unerklärbar. Sie war aus einem deterministischen System generiert worden und manifestierte ihre eigenen Formen von innerer Ordnung. Um die Ordnung, die Shaw im Chaos entdeckt hatte, zu erklären, muß man die dritte grundlegende Art von Attraktor verstehen, die seltsamer Attraktor genannt wird.

Man stelle sich noch einmal eine Röhre mit fließendem Wasser vor. Jetzt bringe man in der Röhre ein Hindernis an. Wenn das Wasser langsam genug fließt, wird es sich ruhig um das Hindernis bewegend teilen und auf der anderen Seite wieder zusammenfließen. Nun lasse man einen Tropfen Tinte in das Wasser fallen. In der langsamen Strömung wird der Tintentropfen um das Hindernis herum fließen und sich mit dem zentralen Fluß wieder vereinigen. Wenn man aber den Wasserdruck in der Röhre erhöht, werden bei einer bestimmten kritischen Wassergeschwindigkeit die Flußlinien auf der anderen Seite des Hindernisses anfangen, kleine Wirbel zu bilden, statt sich erneut zu einem ruhigen Fluß zu vereinigen. Diese Wirbelbildung erfolgt zunächst periodisch, und unser die Röhre hinab fließender Tintentropfen wird nach wie vor ein erklärbares Verhalten aufweisen. Aber wenn man die Fließgeschwindigkeit des Wassers nun noch weiter erhöht, wird der Tropfen beginnen, sich chaotisch zu verhalten. Mit Hilfe der Attraktoren – nicht Fixpunkten oder Zyklen, sondern seltsamen Attraktoren – kann man den chaotischen Tintentropfen in seinem Fluß durch die Röhre verfolgen.

Als Rob seinen Computer programmierte, um Burkes Gleichungen zu betrachten, war er auf seine eigenen Bewegungsgleichungen gestoßen, die, wenn auch nur flüchtig, in die unbekannte Welt des Zufalls eindrangen. Claude Shannon war es, der Information als das Ausmaß der Überraschung definierte, die man erfährt, wenn man etwas sich ereignen sieht. Die Neuigkeit, daß Robs Gleichungen eine ungeheure Menge von Informationen generierten, machte in der Physikalischen Fakultät schnell die Runde. Rob konnte, indem er diese Gleichungen «iterierte» (oder: unaufhörlich wiederholte), den Prozeß beobachten, durch den einfache Systeme von der Ordnung in Chaos übergehen. Während er diese Progression verfolgte, bemerkte er zwei auffallende Tatsachen, die man als die Gesetze des Chaos bezeichnen könnte. Das erste Gesetz postuliert die «sensitive Abhängigkeit» aller Systeme von ihren Anfangsbedingungen. Das zweite Gesetz postuliert, daß alle in Systemen existierenden Unterschiede dazu neigen, mit der Zeit größer zu werden. In der Sprache der Chaos-Theorie sagt dieses zweite Gesetz die «rapide Divergenz naher Trajektorien» voraus. Setzt man sensitive Abhängigkeit von Anfangsbedingungen und rapide Divergenz naher Trajektorien voraus, kann man damit rechnen, daß geringfügige Unterschiede in Systemen mit der Zeit zu sehr großen Unterschieden anwachsen.

Ohne Kenntnis der chaotischen Lösungen und vor der Erfindung von Computern, die in der Lage waren, sie zu finden, beschrieb Poincaré die wesentlichen Einsichten in die Chaos-Theorie wie folgt: «Es kann vorkommen, daß kleine Unterschiede bei den Anfangsbedingungen sehr große bei den endgültigen Phänomenen erzeugen. Ein kleiner Irrtum beim Erstgenannten wird einen enormen Irrtum beim Letztgenannten bewirken. Eine Voraussage wird unmöglich, und wir haben es mit dem Phänomen des Zufalls zu tun.»

Doyne Farmer kommentierte Poincarés Beobachtung so: «Die moderne Computer-Technologie versetzt uns in die Lage, dynamische Systeme zu simulieren, die die ‹zufälligen Phänomena› erzeugen und sie in ihre Einzelteile zerlegen, um zu untersuchen, wie, wann und unter welchen Bedingungen sensitive Abhängigkeit von Anfangsbedingungen auftritt.» Wenn die Gesetze der Chaos-Theorie auch reichlich abstrakt klingen oder lediglich von beschränktem Interesse für Klempner zu sein scheinen, die sich mit Hindernissen in ihren Rohrleitungen herumplagen, könnten die weiterreichenden Folgen dennoch klar ersichtlich werden, wenn man beispielsweise erwähnt, daß sensitive Abhängigkeit von Anfangsbedingungen und rapide Divergenz naher Trajektorien für die Entwicklung der Arten in Darwins Evolution eine sehr gute Erklärung sein könnte.

Norman Packard war sehr überrascht, inmitten von Chaos seltsame Attraktoren am Werk zu finden, und äußerte sich so: «Diese Idee von Informationserzeugung ist einigermaßen gewichtig, wenn man seinem Vorstellungsvermögen mal ein wenig freien Lauf läßt. Wir träumen davon, die Theorie der Informationserzeugung in chaotischen Systemen aus dem Besonderen abzuleiten zu allgemeineren Systemen, wie zu jenem der biologischen Evolution. Vor zwei Milliarden Jahren gab es ein Klümpchen präbiotischer Chemikalien auf der Erde. Es trieb sich ein wenig in der Gegend herum, um ein paar DNS-Fäden herauszubilden, die sich reproduzierten und schließlich zunehmend komplexer werdendes Leben formten. Und indem es zunehmend komplexer wurde, wurde Information erzeugt. Bei jedem einzelnen Schritt der Evolution wird in den neuen, komplizierteren Lebensformen mehr Information erzeugt. Unsere Hoffnung besteht darin, diese Art der Informationserzeugung auf genau dieselbe Art und Weise zu quantifizieren, wie wir es jetzt für das Chaos tun. So würden wir beispielsweise gern voraussagen, *wann* man mit chaotischem Verhalten zu rechnen hat, und *wie* chaotisch es sein wird. Dieses Chaos entspricht der Menge der Information, die ein System erzeugt. Je mehr Information es erzeugt, desto chaotischer ist es. Die vom Studium der seltsamen Attraktoren ausgehende Faszination liegt darin, daß sie Informationen mit Verästelungen in alle möglichen Bereiche erzeugen, angefangen mit der Evolutions-Theorie über Ökologie, Soziologie, Ökonomie bis hin zu den Vorgängen im menschlichen Gehirn.»

Vom Chaos und von den merkwürdigen geometrischen Strukturen, die es beherrschen, fasziniert, bezog Rob Shaw in seinem Labor Quartier, um nächtelang an seinem Computer zu sitzen. Seine Studienberater begannen sich Sorgen zu machen. Nachdem er alle Voraussetzungen für seine Promotion erfüllt hatte, befand Rob sich im letzten Stadium seiner Dissertation über experimentelle Supraleitung, einem scheinbar nicht mit seltsamen Attraktoren in Beziehung stehendem Thema. Rob hatte nur noch zwei Monate zur Beendigung seiner Dissertation vor sich. Seine Studienberater versuchten, mit ihm darüber zu sprechen. Sie meinten, er könne die verbleibende Arbeit auch in einem Monat erledigen. Als sie damit nicht auf Gehör stießen, gingen sie auf ein paar Wochen herunter. Aber Rob hörte ihnen gar nicht zu. Er hatte sich im Chaos verloren, und es bestand keine Möglichkeit, daß ihn irgendjemand auf die Erde zurückholen konnte.

Aus den von seinem Computer erzeugten Informationen isolierte Shaw verschiedene Typen von Chaos und seltsamen Attraktoren. Viele seiner Erkenntnisse waren neu, andere hingegen waren, wie er später herausfand, unabhängig auch von anderen Wissenschaftlern gewonnen worden. Edward Lorenz, ein Metereologe am MIT, war 1963 über den ersten seltsamen Attraktor gestolpert. Er war in die Arbeit an Modellen zur Wettervoraussage vertieft, als ihm etwas Sonderbares im Verhalten vertikaler Luftströmungen auffiel. Diese wiesen etwas auf, was man als Chaos-Taschen bezeichnen könnte – Informationsschlaufen, die die Gesetze der seltsamen Attraktoren perfekt demonstrieren: Eine sensitive Abhängigkeit von der Anfangsbedingung und eine rapide Divergenz naher Trajektorien. Die Entdeckung des Lorenz-Attraktors, wie diese spezielle Struktur fortan hieß, hatte verblüffende Folgen in vielen Bereichen des täglichen Lebens, obwohl ihre unmittelbare Wirkung dahin ging zu erklären, weshalb Wettervoraussagen auf weite Sicht unmöglich sind.

Der Rössler-Attraktor erhielt seinen Namen nach einem anderen frühen Chaos-Forscher, der in Tübingen auf dem Gebiet der Theoretischen Chemie tätig ist. Rössler ist ein freundlicher, leise sprechender Mann, der ein von Büchern umgebenes Leben führt, so daß jedes Gespräch eher in der Art eines Kolloquiums verläuft. Er zieht Texte und Zitate aus dem Regal und baut sie vor sich auf, während er eine Art Dialog durch die Zeitalter hindurch führt mit sprechenden Rollen für Aristoteles, Maxwell, Einstein und für jeden anderen, der etwas beizutragen hat. Die früheste Definition von Chaos schreibt er Anaxagoras zu, wobei Rösslers eigene Entdeckungen auf diesem Gebiet eher prosaischen denn literarischen Ursprungs sind.

Er spazierte einst durch die Stadt und wurde auf eine Gruppe von Kindern aufmerksam, die vor einem Schaufenster standen. Er blieb ebenfalls stehen und starrte auf eine, wie sich herausstellte, Bonbon-Mischmaschine – eine Maschine mit zwei Armen, die eine Schicht Zuckermasse ohne Unterlaß auseinanderzieht und übereinanderfaltet. Rössler blieb eine halbe Stunde lang und schaute der Bonbon-Mischmaschine bei der Arbeit zu. Er stand da wie angewurzelt; nicht wegen der Herstellungsmethode, sondern wegen den rhythmischen Bewegungen der Maschine, die er als ein perfektes Beispiel für seltsame Attraktion erkannte. Rössler stellte sich zwei Rosinen vor, die man nahe nebeneinander auf die Oberfläche der Zuckermasse legte. Während die beiden Arme nun die klebrige Masse auseinanderzogen und übereinanderfalteten, verfolgte er seine beiden imaginären Rosinen auf ihrem Weg fortgesetzter Iterationen. Die Art und Weise, wie sie sich voneinander entfernten, war eine überzeugende Demonstration der sensitiven Abhängigkeit von Anfangsbedingungen und rapider Divergenz naher Trajektorien. Immer noch vor dem Schaufenster des Zuckerbäckers stehend, notierte Rössler die Gleichungen, die den seltsamen Attraktor beschreiben, der seinen Namen trägt, obwohl er es persönlich vorzieht, ihn den Bonbon-Mischmaschinen-Attraktor zu nennen.

Rob Shaws eigene Entdeckungen auf dem Gebiet der seltsamen Attraktoren gelangten auf eine ähnlich phantastische Weise an die Öffentlichkeit. Norman Packard blätterte eines Tages in einem Exemplar des *Scientific American* und stieß auf eine Anzeige, die den von Louis Jacot, einem französischen Geschäftsmann, ausgesetzten Preis für den originellsten Essay über den Ursprung des Universums bekanntgab. Norman erkundigte sich nach Einzelheiten dieses Wettbewerbs und überzeugte Rob, einen Aufsatz zum Thema Chaos zu verfassen. «Seltsame Attraktoren, chaotisches Verhalten und Informationsfluß» hieß der Text und wurde von einem Brief begleitet, in dem auf die Relevanz der seltsamen Attraktoren für die Evolutions-Theorie hingewiesen wurde. Shaw trug eine ehrenvolle Erwähnung für den Prix Louis Jacot davon sowie eine Belohnung von zweitausend Francs – damals etwa fünfhundert Dollar –, die er für den Flug nach Paris ausgab, um seine Auszeichnung entgegenzunehmen.

Damit war zum ersten Mal eine Arbeit der Chaos-Clique ins Bewußtsein der Öffentlichkeit gedrungen. Aber es dauerte nicht lange, bis eine wahre Flut interessierter Nachfragen zu den nächtlichen Entdeckungen dieser Gruppe von Hackern und Möchtegern-Spielern über sie hereinbrach. Als Reporter von *Newsweek* und der *Los Angeles Times* auftauchten und sich erkundigten, was das «Dynamical Systems Collective» über das phosphoreszierend grüne Chaos-Meer herausfand, standen sie einer Forschergruppe gegenüber, die sich in ihr Labor wie in eine Höhle verkrochen hatte. Darin sah es aus wie im Kommandoturm eines U-Bootes, der vollgepfercht mit Computern, Terminals, Plottern, Printern, Monitoren, Skalen, Meßgeräten und anderen Ausrüstungsgegenständen war, die in den undurchdringlichen Tiefen von Turbulenzen zum Aufspüren von seltsamen Attraktoren unerläßlich sind.

Wie die Chaos-Clique sich formierte, war bereits ein anschauliches Beispiel für sensitive Abhängigkeit von Anfangsbedingungen. Auch die anderen Cliquen-Mitglieder hatten wie Shaw Karrieren in den eher etablierten Zweigen der Physik über Bord geworfen, um sich ihm, der Chaos in Computer fütterte, anzuschließen. Jim Crutchfield, der Robs Tutor war, als er noch Supraleitungen studierte, hatte kein Problem damit, die neue Sprache der seltsamen Attraktoren zu erlernen.

Normans Konversion gestaltete sich komplizierter. So phlegmatisch und bequem er auch sein mochte, war er doch der Star der Physikalischen Fakultät. Das Studienprogramm hatte er durchlaufen wie ein geölter Blitz und alle Eignungsprüfungen innerhalb des ersten Jahres hinter sich gebracht. Das war eine ungewöhnliche Leistung, und jedermann erwartete, daß er als Forschungsgebiet für seine Doktorarbeit die statistische Mechanik wählen würde – eine eher einem Gentleman anstehende Betätigung innerhalb der klassischen Physik. Als er aber ankündigte, daß er sich der Chaos-Clique anzuschließen beabsichtige, war die Fakultät entsetzt, sah ihr diese Art Forschung doch zu sehr nach einer überspannten Mischung aus Philosophie und Computer-Programmiererei aus.

«In der Physikabteilung hatte ich mir einen Namen gemacht», sagte Norman. «Meine wahre Natur, mein träges Wesen sahen sie erst im Sommer darauf, als ich mich nach Las Vegas aufmachte, um Roulette zu spielen. Das ließ sie zweimal überlegen; als ich dann aber begann, über Chaos zu arbeiten, ließ sie das dreimal und viermal überlegen. Ich geriet schwer in Mißkredit und wurde erst rehabilitiert, als die National Science Foundation uns ein Forschungsstipendium zusprach.»

Doyne hatte, nachdem er sein Studium für eineinhalb Jahre an den Nagel gehängt hatte, den Gedanken, Astrophysiker zu werden, längst aufgegeben. Als er sein Studium schließlich wieder aufnahm, war er bereits ein Chaos-Connaisseur. In den Vorbemerkungen zu seiner «Ordnung im Chaos» betitelten Dissertation heißt es denn auch: «Hätte Rob niemals vom Lorenz-Attraktor gehört, wäre nichts von dem [der Formation der Chaos-Clique]

jemals zustande gekommen. Es hätte sehr gut möglich sein können, daß mich
Physik eines Tages gelangweilt hätte, daß ich ausgestiegen wäre und unterdessen, glücklich und zufrieden, für die Hippies dieser Stadt Mundharmo-
nika spielen würde. Statt dessen säte Rob Chaos in mein Gehirn, und hier
stehe ich nun und versuche ein respektabler Wissenschaftler zu sein. So
verhält es sich mit sensitiver Abhängigkeit von Anfangsbedingungen.»
Außer dem Vertrauen auf Computer hat das formale Studium von Chaos mit
dem Versuch, das Roulette zu besiegen, wenig gemeinsam. Tatsache war,
daß die «Santa-Cruz-Schule für nicht-voraussagbare Physik», wie Norman
es nannte, ihr Bestes tat, um die klassischen Laplaceschen Postulate, auf
denen die Voraussagbarkeit des Roulette-Spiels basiert, zu untergraben. «In
seiner deterministischen, klassischen Dynamik sagte Laplace, wenn man
ihm die Position und die Geschwindigkeit eines jeden Partikels im Universum gäbe, könne er genau Auskunft darüber geben, was es in einer Million
Jahren tun würde. Darin ging er fehl», sagte Norman in seinem ruhigen, fast
lakonischen Tonfall, «und das Ausmaß, in dem er fehlging, wurde erst in
allerjüngster Zeit erkannt.»
Die Chaos-Clique kam dem Trugschluß in Laplaces Postulat auf die Spur, als
sie herausfanden – wie man es in der klassischen Physik niemals vermuten
würde –, daß sehr einfache Systeme sich aus einem Zustand der Ordnung zu
einem Zustand von Chaos entwickeln können. «Ursprünglich dachte man»,
sagte Norman, «der Grund dafür, daß Verhalten kompliziert aussah, läge
darin, daß allein eine Reihe komplizierter Gleichungen es beschreiben könne,
Gleichungen, die viele verschiedenartige Wechselwirkungen einbeziehen.
Wenn man seine Faust ballt und gegen eine Röhre schlägt, durch die Wasser
periodisch hindurchfließt, wird das Wasser sich stoßweise bewegen, seine
ursprüngliche Bewegung also verändern. Aber mit der Zeit kehrt es zu dieser
ursprünglichen Bewegung zurück. Genau das drückt aus, was es heißt, ein
Attraktor zu sein. Man stört das System, indem man ihm einen Schlag
versetzt. Sein Verhalten wird verändert. Und dann kehrt es zu dem zurück,
was es vorher tat. Danach könnte man – und dies ist der philosophisch
interessante Aspekt – ein weiteres Mal gegen die Röhre schlagen und das
Wasser mag, statt sein periodisches Fließen wieder aufzunehmen, etwas
völlig anderes tun und *niemals* zu dem *zurückkehren*, was es vorher tat.
Wenn das der Fall ist, wurde sein vorheriger Zustand nicht von einem
Attraktor hervorgerufen; er war einfach nicht stabil.
Diese Argumente gegen die Laplacesche Sicht der Welt wurden von vielen
Leuten als beunruhigend empfunden, die glaubten, die Welt wäre prinzipiell
voraussagbar. Und die Tatsache, daß sie es *nicht ist*, birgt alle möglichen
philosophischen Implikationen, die noch erarbeitet werden müssen. Man

betrachte zum Beispiel die fortlaufende Debatte über Determinismus und freien Willen. Die Deterministen benutzen die Laplacesche Weltsicht bei ihrer Argumentation, daß die Bewegung physikalischer Systeme – der Mensch eingeschlossen – durch die Gesetze der Physik vorausbestimmt wird. Wenn dies zutrifft, ist jede Diskussion über den freien Willen überflüssig. Jede Bewegung eines Menschen ist bis zum Ende aller Zeiten bereits vorprogrammiert. Die Art und Weise, wie seltsame Attraktoren dieses Argument berühren, ist nicht trivial, und sie berühren es in der Tat, weil seltsame Attraktoren die Möglichkeit einer *spontanen* Veränderung zulassen, so daß das Verhalten eines Menschen bis zum Ende seiner Tage keineswegs festgelegt werden kann.»

Die gegenwärtig im Bereich der Physik stattfindende Revolution ist eine Revolution, deren Schlachten auf den Innenseiten eines Computers ausgefochten werden. Sie allein – bei ihren elektronischen Zwängen zur Wiederholung niemals ermüdend – sind zu den Iterationen fähig, die erforderlich sind, um einfache Systeme von der Ordnung in Chaos zu kippen. Allein aufgrund der Zähigkeit von Silikon kann man sensitive Abhängigkeit von Anfangsbedingungen betrachten und diese Abhängigkeit weit genug in die Zukunft projizieren, um Divergenz naher Trajektorien auszukundschaften. Zwar sind Bonbon-Mischmaschinen nutzbringend angewandt worden, doch verdankt die neue Physik ihre Einsichten und Methoden dem elektronischen Computer.

«Erst durch das Aufkommen moderner Digital- und Analog-Computer wurde der Mensch in die Lage versetzt», sagte Tom Ingerson, «komplexe mathematische Gleichungen mit all ihren Schrecken zu lösen. Anstatt die realen Formen, die Gleichungen nun einmal haben, zu studieren, versuchten die Physiker sie jahrelang in vertraute Formen zu zwängen. Manche Kurven hatten Namen und andere nicht. Aber die Mutter Natur scherte sich einen Dreck um diese Unterscheidungen und fuhr fort, so komplex zu sein wie eh und jeh. Computer scheren sich ebenfalls einen Dreck. Sie können Gleichungen handhaben, wie immer diese sich auch verhalten mögen. Dieses Sachgebiet von seltsamen Attraktoren und Chaos oder nicht-linearer Dynamik oder wie immer man das nennen mag, ist entstanden, weil Leute versuchten, die Mathematik zu verstehen, der allgemeinere Formen von Gleichungen beigeordnet sind, die nicht unbedingt besonders komplizierte Phänomena beschreiben. Die Sache ist die, daß Mutter Natur nicht auf jeden Fall immer nur linear ist. Tatsächlich ist sie es selten. Eines der faszinierenden Ergebnisse der Chaos-Forschung ist die Tatsache, daß wesentliche Bereiche der Natur nicht voraussagbar sind. Einigen Leuten verschlägt dies immer noch die Sprache, wenn man es ihnen erklärt. Aber es gibt bestimmte Gleichungen, die auf die *spezifische* Nichtvoraussagbarkeit von Systemen hindeuten, und das ist eine wahrhaft verblüffende Tatsache.»

Aufgrund ihrer Veröffentlichungen und später wegen ihrer Vorträge anläßlich wissenschaftlicher Konferenzen machten sich die Mitglieder der Chaos-Clique im Bereich des Silikons als Künstler einen Namen. Aus ihrem mit Computern und Printern vollgestopften Labor stammen einige der ersten Bilder aus diesen seltsamen Welten, die, wie Doyne es formulierte, eine «friedliche Koexistenz zwischen Ordnung und Chaos» zeigen. Als Vorbereitung dafür, sich einen Platz an vorderster Front der Theoretischen Physik zu sichern, hatten Doyne und Norman eineinhalb Jahre zu Hause gehockt und aus dem Nichts Roulette-Computer gebaut. Rob Shaw hatte im Gerümpel überholter Technologie einen Analog-Computer gefunden und wieder zum Leben erweckt, und Jim Crutchfield hatte den Beruf eines Computer-Hackers zu einem Lebensstil erhoben. Ihre Begeisterung war anspruchslosen Ursprungs, aber die Chaos-Clique war zur rechten Zeit am rechten Ort gewesen und hatte über die rechte Technologie verfügt.

«Diese Burschen haben wirklich Glück gehabt», sagte Ingerson. «Die Anfangsposition war günstig: eine perfekte Kombination von Faktoren, um wissenschaftlich erfolgreich zu sein, nämlich natürliche Intelligenz, günstige Gelegenheiten, Glück und finanzielle Mittel.»

Als die Chaos-Theorien die Aufmerksamkeit des *Scientific American* erregten, schrieb Douglas Hofstadter in einem Artikel über das Gebiet der seltsamen Attraktoren und Chaos, daß «die Schlichtheit der zugrundeliegenden Ideen ihnen eine Eleganz verleiht, die meiner Meinung nach derjenigen einiger der besten Ideen der klassischen Mathematik den Rang streitig macht. Tatsächlich sind Teile dieser Arbeit, die im jetzigen Zeitalter der maßlosen Abstraktion auf erfrischende Weise konkret geblieben sind, von einem Fluidum des 18. oder 19. Jahrhunderts umgeben.

Der Hauptgrund dafür, daß diese Ideen erst jetzt zutage gefördert werden, liegt vermutlich darin, daß diese Art von Forschung sehr zeitgerecht ist: Es handelt sich um eine Art experimenteller Mathematik, in der der Digital-Computer die Rolle von Magellans Schiff, des Teleskops des Astronomen und die des Beschleunigers des Physikers übernimmt. Ebenso wie Schiffe, Teleskope und Teilchenbeschleuniger fortwährend größer, leistungsstärker und teurer werden müssen, um in immer verborgenere Regionen der Natur einzudringen, so würde man Computer von immer größeren Ausmaßen, höherer Geschwindigkeit und noch mehr Genauigkeit benötigen, um die entlegeneren Regionen des mathematischen Raums zu erforschen. So wie es ein goldenes Zeitalter der Erforschung per Schiff und ein Zeitalter der mit Hilfe von Teleskopen und Beschleunigern gemachten Entdeckungen gab, würde man erwarten, daß es ein goldenes Zeitalter in der experimentellen Mathematik dieser Chaos-Modelle gäbe. Vielleicht ist dieses Zeitalter bereits angebrochen, oder vielleicht ist es im Begriff anzubrechen.»

Während die Chaos-Clique ihre Computer durch das goldene Zeitalter chaotischer Erkundungen steuerte, vergaß sie nicht, in welchem Hafen sie sich eingeschifft hatte. Doyne hatte «Chaos im Gehirn», wie er es formulierte. Aber er war gleichermaßen vom Roulette besessen. Neue Forschungsgebiete in der Physik bleiben nicht lange neu. Entweder man nimmt den Augenblick einer Entdeckung wahr oder sieht zu, wie sie in geschicktere Hände fällt. Aber das gleiche galt auch für den Kampf gegen das Roulette. Denn eines war der Gruppe klar: Es mochte im Silicon Valley Hunderte von Ingenieuren geben, die in ihren Garagen an Roulette-Computern bastelten. Die Chaos-Clique hatte auf unerforschtem Terrain Flaggen aufzurichten. Eudaemonic Enterprises hatte einen Kuchen mit Roulette-Gewinnen zu füllen. Ihre einzige Wahl war, alles auf einmal zu tun: Bei Tage Roulette und Chaos bei Nacht. Oder umgekehrt.

«Das Projekt eröffnete uns eine sonderbare Perspektive in bezug auf die akademische Erfahrung», sagte Norman. «Jedesmal, wenn ein Studienquartal endete oder Ferien bevorstanden, gab es nicht nur den Druck, Seminare zu Ende zu bringen, Papiere zu verfassen und Vorlesungen zu halten, sondern auch den Druck, für einen der für die Ferien geplanten Trips die Computer einsatzbereit zu machen. Wir versuchten es zwar, hatten aber nie die Zeit, alles zu erledigen.»

Die Gruppe entwickelte einen manischen Arbeitsplan mit immer mehr und noch mehr Stunden. Sie nutzten jede Unterbrechung im Lehrbetrieb, um Computer und Roulette-Ausrüstung in den Blue Bus zu packen und über die Berge nach Reno oder Tahoe zu jagen oder weiter über die Wüste nach Las Vegas. Sie wurden zu Verkleidungskünstlern, die es verstanden, sich im Handumdrehen von einem Studenten in einen professionellen Spieler zu verwandeln. Sie lernten schnell, wie man jede Spur von Intelligenz im Gesicht verwischt. An einem Tag fütterten sie einen PDP-11/45-Mainframe-Computer mit Belousow-Zhabotinsky-Reaktionen oder Lyapunow-Exponenten und am nächsten würden sie eine Absteige abseits des Strip beziehen und mit an ihren Körper festgeschnallten Computern Wettmuster trainieren.

Dem Sommerfeldzug in Las Vegas folgend ergriff das Team die erste Gelegenheit, um während der Weihnachtsferien nach Nevada zurückzukehren. Sie waren immer noch mit dem beschäftigt, was Doyne «alle Möglichkeiten auschecken» nannte.

Für den Weihnachts-Trip wurden neben den Computern und dem Roulette-kessel Doyne Farmer, das As der Spielbeobachter, Ingrid Hoermann, die Roulette-Veteranin, und zwei neue Teilnehmer des eudämonischen Abenteuers in den Blue Bus gepackt – zumindest neu, was das Reisen betraf. John Loomis war wieder dabei, um die Solenoiden auszuprobieren, die er vergangenes Frühjahr für den Reno-Trip umkonstruiert hatte. Er wohnte im «Project Artaud», einer in einem stillgelegten Fabrikgebäude an der Bucht von San Francisco untergebrachten Künstlerkommune und schlug sich als Zimmermann durch. «John arbeitete in anhaltenden Schüben mit Pausen», sagte Doyne, «und das war genau das Richtige für unser Projekt. Er war ein richtiger Draufgänger und stellte sich als jemand heraus, den man gern um sich hatte.» Der vierte Blue-Bus-Passa-gier nach Las Vegas war Neville Pauli, ein Studienkollege von Letty aus Stanford-Tagen, der auf seine Rolle als Spieler mit hohen Einsätzen vor-bereit wurde.

Am 12. Dezember 1978 kamen sie in Las Vegas an. Was folgte, war reine Routine: Sie verließen den Strip, bogen in eines der heruntergekommenen Stadtviertel ein und begannen, Klinken zu putzen. Sie kannten alle Motels, die Durchreisende und Spieler aufnahmen, ohne groß Fragen zu stellen. Man zahlte einfach im voraus, nach dem Motto: Tag der Ankunft, Tag der Abreise, und Geld hinterlegen. Der Trick in diesen Schuppen bestand darin, so wenig Geld wie möglich hinzublättern, weil die Gruppe unterdessen begriffen hatte, daß Geld in Las Vegas selten den Weg über den Tresen des Kassierers zurück findet.

Die Truppe mietete sich in einer Zwei-Zimmer-Suite im «Brooks Motel» ein, einem Familienbetrieb gleich um die Ecke vom Strip in der Paradise Road. Sie ließen die Rollos herab und packten die Computer und den Roulettekessel aus. Neville war nervös. Er war sich sicher, daß man draußen auf der Liegewiese neben dem Swimming-Pool die Roulettekugel in dem Kessel hören konnte. Daß es Dezember war und kein Mensch sich sonnte, kümmerte ihn nicht. Er bestand darauf, den Fernseher laufen zu lassen, um dies Geräusch zu übertönen. «Wir sahen jede Menge Sesamstraße auf die-sem Trip», sagte Ingrid.

Nachdem der Reflexe-Tester installiert worden war, brachte sich John als Spielbeobachter in Form, während Neville und Ingrid das Setzen mit Jetons auf einem nachgemachten Tableau trainierten. «Neville entwarf ein speziel-les Kostüm, um in den Casinos zu spielen», sagte Doyne, «er entwickelte eine Art Kiwanis-Club-Look mit einem blauen Blazer und kurzgeschnitte-nem Haar. Er machte einen sehr intensiven Eindruck, wie ein reicher Zahn-arzt oder sowas Ähnliches.»

Wenn auch jeder Schalter neu isoliert und ein besseres Erdungssystem einge-
führt worden war, wurde das Team mit den üblichen Hardware-Problemen,
mit Kurzschlüssen und losen Drähten konfrontiert. Zwar wurden die Stromstöße der Antennen-T-Shirts weniger, doch traten neue, durch die winterli-
chen Temperaturen bedingte Probleme auf. Bei dem ständigen Rein und Raus
aus den Casinos, beim Übergang von kalter Nachtluft in überheizte Räume,
stellten sie fest, daß die Frequenzen ihrer Radioempfänger nicht mehr mit-
spielten. Dieses Problem der «thermalen Abweichung», wie Doyne es nannte,
wurde noch dadurch verkompliziert, daß der Blue Bus keine Heizung hatte.
Folglich mußten sie in der Stadt herumfahren und die Computer mit Pullovern
warmhalten, die auf der Motorhaube aufgewärmt wurden.

Ingrid war in ihren Kaninchenfellmantel gekleidet und versuchte so verführerisch auszusehen, wie es mit Computer und Batterien im BH möglich war.
Doyne trug eine Strickhose, ein Polyesterhemd und eine Ski-Jacke. «John
und ich sahen wie herkömmliche Bauernlümmel aus», sagte er. Pauli machte
viel Aufhebens, um seinem Kiwanis-Club-Gewand den endgültigen Touch
zu verleihen. Mit Doyne als Teamgefährten zockte er bei seinem Spiel im
«Hilton Hotel» innerhalb weniger Minuten dreihundertfünfzig Dollar ab. Als
sie sich später in der Paradise Road trafen, war Doyne überrascht, ihn wütend
anzutreffen. Es habe ein zu großes Durcheinander mit den Signalen gegeben,
sagte er, während es aus Doynes Sicht nicht mehr gewesen war, als man
realistischerweise bei einem ersten Spieldurchgang erwarten mußte.

Das Team blieb bei niedrigen Einsätzen: mal ein Dollar, mal zwei; und
allmählich wurde die Bank auf sieben oder achthundert Dollar aufgestockt.
Bevor sie die Einsätze erhöhten, wollten sie sich ein Polster schaffen. Selbst
bei dem enormen Vorsprung über das Haus wußten sie, daß statistische
Fluktuationen sie immer schwer in Bedrängnis bringen konnten, bevor ihnen
das Gesetz der großen Zahl zu Hilfe eilen würde. Sie versuchten, pro Tag
drei oder vier Spielstunden unterzubringen, und die typischen Eintragungen
im Schwarzen Buch weisen durchschnittliche Einsätze von lediglich sechzig
Cent auf.

Es gab ein paar Casinos mit guten Kesseln, in die sie am liebsten gingen:
das «Riviera», das «Silverbird» und «Caesars Palace». Aber nach einem
weiteren hohen Gewinn wagten sie sich weiter hinaus auf den Strip ins
«MGM Grand» – einem Riesenschuppen, der wie ein umgebauter Supertan-
ker aussieht. Die Kessel im «MGM» drehten sich schnell, waren dafür aber
angenehm gekippt; also kaufte Doyne sich in ein Spiel, setzte die Parameter
auf seinem Computer und signalisierte Ingrid, mit dem Setzen zu beginnen.
Ingrid setzte in der zweiten Nachtschicht über zweihundertmal und hatte am
Ende der Sitzung vierhundertvierzig Dollar verspielt. «Als ich herausfand,

wie miserabel wir gespielt hatten», sagte Doyne, «kam mir das unter statistischen Gesichtspunkten noch normal vor. Ich dachte, die Bedingungen wären gut, und deshalb hielt ich es auch so lange aus.»

«An unserm Tisch wimmelte es nur so von Leuten», erinnerte sich Ingrid. «Es gelang mir nicht, nahe genug bei Doyne zu stehen, und ich verpaßte viele seiner Signale. Wir hatten beschlossen, höher als normal zu setzen; so schoben wir auch schneller Geld über den Tisch als sonst. Ich verspielte den ersten Hundert-Dollar-Stapel Jetons und dann den nächsten und den nächsten und den nächsten. Doch weil ich ständig verlor, litt ich wenigstens nicht an Verfolgungswahn.

Das ‹MGM› hat diese unterirdischen Korridore mit schwammweichem Teppichboden, die vom Casino zur Straße führen, und wir fühlten uns entsetzlich deprimiert, uns unter der Erde davonstehlen zu müssen. An einem solchen Ort, wo jedermann sich in Schale warf und herausputzte, war es irgendwie schlimmer zu verlieren. Es hatte auch damit zu tun, daß, von den spärlich bekleideten Cocktail-Kellnerinnen abgesehen, alles so anonym war wie in einem Kaufhaus – eine Mittelklasse-Phantasie mit nichts dahinter. Wir schlichen uns davon wie Kinder, die einen Streich geplant hatten, der vereitelt worden war. So viel Geld und so viele reiche Leute um uns rum, und wir bekamen kein Bein auf den Boden!»

Bei ihrer Ankunft im Motel fanden Doyne und Ingrid Neville in einem Zustand äußerster Erregung. Sie kamen spät. Warum hatten sie nicht angerufen? Er dachte, man hätte sie zur Strecke gebracht und in den Lake Mead geworfen. Alle waren müde, fix und fertig und entmutigt. John hatte geplant, den folgenden Tag nach Hause zu fahren, und Neville schloß sich ihm an und flog mit ihm nach San Francisco. Doyne und Ingrid räumten das «Brooks» und packten den Kessel und die Computer in den Blue Bus.

Doyne steuerte den Highway an, aber Ingrid bestand darauf, daß sie noch einmal in der Stadt hielten, um einen letzten Blick auf die Roulettekessel zu werfen. «Wir parkten den Bus in einer Straße hinter den Fremont-Casinos», sagte sie. «Doyne war nach unserer Spielsitzung im ‹MGM› deprimiert. Wir setzten uns vor dem Gerichtsgebäude auf den Rasen und guckten zu, wie die Leute ihre Motoren auf Touren laufen ließen. Schließlich trennten wir uns und streiften durch die Casinos, um einen letzten Kessel zum Spielen zu suchen.

Als wir uns später trafen, sagte Doyne, er hätte im ‹Sam Boyd's California Club› einen guten Kessel gefunden. Dies ist ein Arbeiter-Casino und einer der kleineren und lockeren Schuppen in der Stadt. Es war Freitagabend und der Laden war gerammelt voll mit Leuten, die nach der Arbeit spielen gingen. Es wurde an nur zwei Kesseln gespielt und die standen weit hinten im Club. Doyne setzte die Parameter und gab mir das Signal, mich ins Spiel einzukaufen. Ich ging zur Toilette und schaltete meine Geräte an.»

«An diesem Abend gab es eine Menge komischer Leute da drin», sagte Doyne, «alte Damen und Schafhirten, einen Typen, der gemeinsam mit seiner Tochter spielte, und einen deutschen Emigranten. Der Deutsche lud Ingrid zum Weihnachtsschmaus zu sich nach Hause ein, während ich eine Casino-Angestellte ansprach, eine achtundzwanzigjährige Blondine. ‹Wie gefällt Ihnen der Job im Casino?› fragte ich sie. ‹Wie ist das Leben in Las Vegas?› Es war komisch und ein bißchen peinlich, als hätte ich sie um ein Rendezvous gebeten. Ingrid und ich spielten geschlagene drei Stunden lang, und es muß eine der entspanntesten Sitzungen gewesen sein, die wir jemals erlebten.

Unsere Bank stieg und fiel, stieg und fiel, aber zwischen den Rückschlägen stieg sie unaufhörlich. Wie wir da saßen, sah ich dreihundert Dollar hin und her gehen. Es war eine jener frustrierenden Sitzungen, in denen die Kugel genau auf eine Zahl rechts oder links von der vorausgesagten landet. Oder man setzt auf die Zahlen Dreißig und Neun, und die Kugel fällt auf die Nummer Sechsundzwanzig, das Nummernfach dazwischen. Mal erhöhten wir die Einsätze und verloren, dann wieder senkten wir sie und gewannen. Alles in allem hatte ich nicht den Eindruck, daß wir besonders gut spielten. Aber ich habe mir zum Prinzip gemacht, als Spielbeobachter nicht soviel auf den Spieler zu achten und wie viele Jetons er hat. Wieviel Geld sie gewinnt, ist (für mich) irrelevant. Mir kommt es allein darauf an, ob die Kugel dort landet, wo der Computer es voraussagt.»

«Was tatsächlich passierte: Ich gewann eine Menge Geld», sagte Ingrid, «und ich wußte nicht, ob ich überrascht tun sollte. Alles lief so folgerichtig ab, daß es mir schwer fiel, Erregung zu zeigen, zumal ich ja wußte, daß ich weiter gewinnen würde. Wenn ich nun aufkreischte oder zu kichern begann oder in die Hände klatschte, was sollte ich dann das nächste Mal tun, wenn der Computer gewann, und das übernächste Mal? Nach drei Stunden konnte einem das ganz schön auf den Geist gehen, und ich wollte doch nicht, daß man auf mich aufmerksam wurde. Aber der Typ, der mich zum Essen eingeladen hatte, sah mir zu und war völlig aus dem Häuschen und rief immer wieder: ‹Mein Gott, Sie haben schon wieder gewonnen!›

‹An manchen Tagen gewinnt man eben›, sagte ich dann und versuchte mich zwanglos zu geben, ‹und an anderen Tagen nicht.›

Nach mehreren Stunden Spiel war ich abgespannt und überdreht und verpaßte zuweilen Teile des Wettmusters, das die Gewinnzahl enthielt. Aber an diesem Punkt gewannen wir so viel Geld, daß ich mich nicht darüber ärgerte. Alles lief so glatt, daß ich einfach ständig die Einsätze erhöhte. Und indem ich meine Fünf-Dollar-Jetons unter Jetons mit niedrigeren Werten versteckte, wußte nicht einmal der Croupier, wie viel wir abzockten, bis zum Schluß, bis ich meine Jetons zusammenraffte und kassierte.»

Als Ingrid und Doyne sich später im Blue Bus trafen, berichtete sie, daß sie mehr als tausend Dollar abgesahnt hatte. «Das war wie Balsam für unsere Seelen», sagte Doyne. «Ohne diesen Abend wäre das Projekt vermutlich gestorben. Dabei war es nicht einmal so sehr das Geld, sondern die Tatsache, daß der Computer genau das getan hatte, was er tun sollte. Wäre ich nicht so erschöpft gewesen, wäre ich vor Freude in die Luft gesprungen.»

Small Is Beautiful

Es ist für einen Menschen gewiß eine große Kalamität, keine Obsessionen zu haben.

Robert Bly

Innerhalb eines Zeitraums von nur dreizehn Monaten hatte das Team nicht weniger als acht Raubzüge nach Nevada unternommen. Beginnend mit Doyne und Alix' Schattenboxen in South Lake Tahoe und Reno im Dezember 1977, hatten sie in rascher Reihenfolge den Neujahrstrip nach Las Vegas mit Doynes erstem «großem» Gewinn im «Golden Gate», das Frühjahrstraining in Ralphs «Hütte», die drei Sommerreisen nach Las Vegas und den kürzlich erfolgten Weihnachtstrip angetreten. Dem folgte eine Blitztour nach Reno im Januar 1979, an der Norman, Jim Crutchfield und Jack Biles teilnahmen. Mit einem Gewinn von mehreren tausend Dollar bei Einsätzen von überwiegend nur zehn oder fünfundzwanzig Cent hatten sie bewiesen, daß das System funktionierte. Um aber weitermachen zu können, mußte das Team aus der Amateurliga in die Profi-Liga aufsteigen. Die Mannschaft benötigte eine höhere Ertragsrate auf ihre Investitionen von Zeit und Geld, dies wiederum erforderte eine wesentliche Aufstockung des Spielkapitals, eine zuverlässigere Ausrüstung sowie ein wirksameres Training. «Im Glücksspiel-Business», bemerkte Ralph Abraham, «ist man entweder ein Profi oder man ist ein Nichts.»

«Wir hatten unsere Bank bei null Dollar gestartet», sagte Doyne, «indem wir nur setzten, was wir als ‹Gewinn› eingenommen hatten. Solange wir das System testeten, war das eine umsichtige und zweckmäßige Strategie, aber wir waren übertrieben vorsichtig. Wir hätten die Gangart viel früher wechseln und die Einsätze nach oben pushen sollen. Es ist leicht, voller Nervosität in ein Casino zu gehen und mit niedrigeren Einsätzen zu spielen, weil man meint, auf diese Weise niemandem zu schaden, und selbst auch nicht geschädigt zu werden. Aber dabei ist man sich nicht bewußt, welche psychologischen Folgen das nach sich zieht. Auf lange Sicht macht einen das fertig. Wenn man Zehn-Cent-Einsätze macht und mit dem Computer fünfzig Dollar gewinnt, weiß man im Prinzip, daß man etwas Tolles geleistet hat. Aber es ist nicht annähernd so ergreifend, als wenn man mit Zehn-Dollar-Jetons spielt und fünftausend Dollar einstreicht.»

Ein Jahr lang hatte sich das Team mit Hardware-Problemen herumgeschlagen – mit losen Drähten, mangelhaften Anschlüssen, Stromstößen, klemmenden Solenoiden und unzuverlässigen Signalen. Wenn sie nun wirkliche

Profis werden wollten, ging es nicht länger an, mit über den ganzen Körper gezogenen Leitungsdrähten herumzulaufen. Die erste Computer-Generation, die Beckengurte, Solenoiden-Platten, Antennen-T-Shirts und Computer-BHs, das alles sollte auf dem Schrotthaufen landen. Bei diesem fortgeschrittenen Stand der Entwicklung brauchte Eudaemonic Enterprises dringend eine kompaktere, zuverlässigere und effizientere Computer-Generation mit verbesserter Integration und weniger Chips. «Wenn es gelingt, die Zahl der Chips auf eins zu beschränken», sagte Ingerson, «dann hat man zumindest das inwendige Problem schlechter Anschlüsse gelöst.» Verkleinerung lautete die Devise für Eudaemonic Enterprises und das Computer-Business insgesamt. «Small is beautiful» war zum Schlachtruf für die Mikro- wie auch für die Makroökonomie geworden.

Die Gruppe dachte, sie würde mit sechs Monaten auskommen, um eine von Grund auf neue Ausrüstung zu bauen. Indem Doyne und die Chaos-Clique aber tiefer in die Geheimnisse der seltsamen Attraktoren eindrangen, blieb ihnen zunehmend weniger Zeit für das Roulette-Projekt. Doyne, der sein Studium bereits eineinhalb Jahre lang unterbrochen hatte, war an die Universität zurückgekehrt, verfaßte schriftliche Arbeiten und hielt Übungen ab. Die «Professionalisierung» der Ausrüstung würde eine weitere große Dosis Zeit und Talent beanspruchen. Der Computer mußte vollständig neu entworfen, neu programmiert und neu konstruiert werden. Wer würde verrückt genug sein, eine derartige Aufgabe anzugehen? Immerhin handelte es sich um eine Arbeit, die man nicht gut als Ausbildungsnachweis anführen konnte, und was die Entlohnung anging, so verfügte Eudaemonic Enterprises nicht über den notwendigen finanziellen Rückhalt. Irgendwann in ferner Zukunft ein Stück vom großen Kuchen abzubekommen, klang zwar verlockend genug; aber jeder, der intelligent genug war, um einen Roulette-Computer zu bauen, konnte mit einem Anfangsgehalt von jährlich 35000 Dollar bei Intel einsteigen, ganz zu schweigen von Wertpapier-Optionen und anderem, was das Leben versüßte. Nach einigen wenigen Anfangserfolgen war das Projekt drauf und dran, sein Leben auszuhauchen. Sein Überleben hing einzig und allein von der wenig berechtigten Hoffnung ab, es könne einem Hacker in die Hände fallen, der auf den Gebieten der Computer, Elektronik, Physik, Mathematik und Informationstheorie beschlagen war. Darüber hinaus müßte dieser Hacker arbeitslos, verschwiegen, geschickt mit den Händen und ungebunden sein, um nachts, an Wochenenden, während der Ferien und auch zwischendurch arbeiten zu können. Im Gegenzug würde Eudaemonic Enterprises besagtem Hacker einen unregelmäßig ausgezahlten Mindestlohn und ein Stück vom großen Kuchen garantieren. Um mit einem solchen Stellenangebot auch nur einen einzigen Bewerber an Land zu ziehen, gab es auf der ganzen Welt wohl nur einen Ort: die gebirgigen Ränder des Silicon Valley; und genau dort verbreiteten sie, daß sie einen Hacker *extraordinaire* suchten.

«Als wir das Projekt starteten, hatte ich die Vorstellung», sagte Doyne, «daß wir alle gemeinsam in diese Unternehmung einstiegen. Wir würden Partner sein. Wir würden die Sache ernst nehmen. Wir würden bis zum bitteren Ende zusammenhalten. Und weil ich glaubte, daß wir alle an einem Strang zögen, gab es Zeiten, wo ich mich dafür verachtete, derjenige zu sein, der sich ständig im Nachteil befand. Ich hatte mir nicht vorgestellt, eine wichtigere Rolle als die anderen zu spielen, aber das Ganze lief darauf hinaus, daß ich es war, der einen Großteil der Arbeit verrichtete. Ich schätze, ich war derjenige, der beseelt war von dem Wunsch, daß das Projekt durchgezogen wurde. Ich betrachtete es als meine persönliche Chance, aus der großen Masse auszubrechen, und wenn ich mir etwas vorgenommen habe, gebe ich nicht so schnell auf. Aber an diesem Punkt sah es ganz so aus, als geriete die Sache ins Stocken, es sei denn, ein anderer ergriffe die Initiative.»

Im Verlauf der Überlegungen, wie das Projekt zu retten sei, tauchte ein Gedanke immer wieder auf, der die perfekte Lösung zu sein schien. Was geschähe, wenn es Eudaemonic Enterprises wie durch ein Wunder gelänge, seine Computer, Batterien, Antennen und Solenoiden in einen oder höchstens zwei Schuhe zu zwängen? Lag es im Bereich des Möglichen, einen begehbaren Computer zu konstruieren? Ließen sich die Schaltungen eines Computers *und* seine gesamte Peripherie wirklich in einem Schuh unterbringen? Die Antwort auf diese Fragen lag in einem Bravourstück der Miniaturisierung, wie es nicht einmal die Japaner versucht hatten. Im Bereich der Roulette-Physik war Eudaemonic Enterprises schon mancher Durchbruch gelungen – indem man die das Spiel beherrschenden Bewegungsgleichungen löste –, aber die nächste Herausforderung lag in der Konstruktion eines Computers, der winzig genug wäre, um aus einem Schuh heraus operieren zu können.

«Vom weiteren Gelingen des Projekts waren wir überzeugt», sagte Norman, «aber am Ende des Januar-Trips 1979 wurde uns klar, daß es ohne größere Zuverlässigkeit nicht ging; die Unzuverlässigkeit der Technik brachte uns um. Damit die Technik zuverlässiger funktionieren konnte, mußten wir den Computer in einen Schuh zwängen, was ein kostspieliges Unternehmen werden würde. Wir rechneten aus, daß fünftausend Dollar aufzuwenden wären, um das System auf diesen Maßstab zu bringen. Ich hatte kein Geld. Die Kosten meines Studiums hatten mich in die roten Zahlen gebracht und es gab Zeiten, wo ich von Doyne oder Letty Geld borgen mußte, nur um meinen Beitrag zum Haushalt zu leisten. Rückblickend betrachtet kommt es

mir hirnverbrannt vor, daß ich mich, völlig verschuldet, auf ein derart
schwachsinniges Projekt einlassen wollte. Offensichtlich war es die Aussicht
auf rosige Zeiten, die uns weitermachen ließ. Wir waren von jugendlichem
Eifer erfüllt. Und wir hielten durch. Bis zum jetzigen Zeitpunkt hatte sich
das Projekt mit Doynes Einkünften über Wasser gehalten. Aber inzwischen
war auch bei ihm Ebbe in der Kasse. Entweder fanden wir Investoren von
außen oder der Computer würde nie seinen Weg in den Schuh finden. Da
meldete Letty sich zu Wort und erklärte, daß sie die Hardware finanzieren
und genügend Wettkapital zur Verfügung stellen würde, um in Las Vegas die
Einsätze nach oben pushen zu können. Doyne hatte sie bereits die ganze Zeit
hindurch finanziell geholfen; doch dies war ihre erste offizielle Beteiligung
in der Finanzierung des Projekts selbst.»

Im Zuge der Vorbereitungen für den Bau eines Computers im Schuh bat
Doyne Jonathan Kanter, das Radiosystem neu zu entwerfen, mittels dessen
Spielbeobachter und Spieler miteinander kommunizierten. Kanter, der seine
filzige Lockenpracht entwirrt und von anderen offenkundigen Hinweisen
auf den Rastafarianismus Abstand genommen hatte, schlug sich durchs
Leben, indem er ins Silicon Valley pendelte, um Ideen zu verkaufen. Anläßlich eines erfolgreichen Trips über die Hügel hatte er eine Idee an eine
Video-Editing-Firma verkauft; dies wiederum veranlaßte ihn, in diese Richtung weitere Versuche zu starten, weitere Ideen zu verscherbeln.

Die Radioverbindung war von Anfang an die Achillesferse des Projekts
gewesen. Ständig gab es Pannen, Signale kamen nicht durch; mal litt sie an
thermalen Strömungen oder sie wurde von Rauschen überlagert. Die magnetische Induktion hatte sich zwar als von den Casinos unaufspürbar erwiesen,
aber zuweilen war sie auch für die Spieler selbst unaufspürbar. Kanters
Auftrag war es, die Sender zu bewegen, ein klares, lautes un-unsinniges
Signal von sich zu geben.

«Man kann sie sich als ein sich hin und her bewegendes magnetisches Feld
vorstellen», erläuterte Norman Radio-Sender und -Empfänger. «Wenn man
jetzt eine Drahtschlaufe in das Magnetfeld hält, produziert das eine Spannung, die verstärkt werden muß, damit man sie in ein Signal umwandeln
kann, das der Computer auffangen kann. Ich wußte zwar, wie man so etwas
macht, aber die für die Umsetzung einer solchen Idee erforderlichen technischen Fertigkeiten machen das zu einer nicht-trivialen Aufgabe. Wir hatten
unsere Entwürfe bereits zwei- oder dreimal abgeändert. Als Jonathan einen
Alternativentwurf vorlegte, beschlossen wir, ihn anzunehmen.

Das Hauptproblem hatte mit dem Filtern der Signale zu tun, um sie auch
senden zu können. Wären es starke und solide Signale gewesen, wäre das
ein leichtes gewesen, aber diese Art Signale kam für uns nicht in Frage, weil

die Casinos sie hätten empfangen können. Wir wollten *nahe am Rauschen* operieren, wie es im Techniker-Jargon heißt. Aber wenn immer man nahe am Rauschen operiert, läuft man Gefahr hineinzufallen.»

Bei seinem Neuentwurf der Radioverbindung behielt Kanter das Grundkonzept der Signalübermittlung mittels magnetischer Induktion bei. Diese wurden wie bei modernen Stereo-Anlagen, die auf den LED-Anzeigen ihrer quartzgesteuerten Radioempfänger Computer-Skript aufblitzen lassen, digital erzeugt und empfangen, aber Kanter dachte sich zusätzliche Filter aus, um das Signal von ungewolltem Rauschen zu säubern. «Diese Filter sorgten für einen Quantensprung in bezug auf Sorgfalt und Genauigkeit», behauptete er, und für zwei auf die Neukonstruktion der Radioverbindung aufgewandte Arbeitswochen erhielt er 600 Dollar. Für die neue Geräte-Generation von Eudaemonic Enterprises war dies die erste Barauslage.

Nachdem Kanter seine Aufgabe erfüllt hatte, trat das Projekt auf der Stelle. Er kehrte ins Silicon Valley zurück, und ein anderer Hacker, der kompetent gewesen wäre, den Computer neu zu bauen, war nicht in Sicht. Wieder einmal sah es so aus, als würde der eudämonische Kuchen mangels Masse gen Himmel schweben. Das Projekt saß fest, und so wanderten Kanters neue Sender und Empfänger zusammen mit den übrigen Roulette-Computern und der dazugehörigen Hardware in Pappkartons. Diese wurden im Keller des Riverside-Hauses eingelagert, wo sie die nächsten acht Monate lang in aller Stille Schimmel und Rost ansetzen sollten.

Eines sonnigen Nachmittags im April 1980 kam Norman mit mehreren Baguettes unterm Arm aus Mellis Market herausspaziert und lief Mark Truitt, einem seiner ehemaligen Studenten, in die Arme. Truitt war dreiunddreißig und gerade im Begriff, seine zweite studentische Laufbahn abzuschließen – diesmal in Physik, nachdem er bereits einen Abschluß in Kunst und Soziologie hatte. In seinem Kurs war er der Aufgeweckteste, und in Silicon Valley hätte man ihn jederzeit mit offenen Armen empfangen. Aber mit militärischer Forschung und Bombenmachen wollte er nichts zu tun haben, obgleich er erkennen mußte, daß die meisten Physiker, direkt oder indirekt, genau das tun. An jenem Nachmittag, da er Norman in die Arme gelaufen war, hatte er ein Einstellungsgespräch bei Watkins-Johnson, einer Elektronikfirma auf halbem Wege zwischen Santa Cruz und San Jose, verlassen, als er erfuhr, daß sie seine Fähigkeiten zum Bau von Radar-Störgeräten für Bombenflugzeuge einsetzen wollten.

«Die Arbeit fürs Militär ist ein Job ohne Seele», sagte er.

«Wir haben da etwas, was dich vielleicht interessieren könnte», bot Norman ihm an. «Warum kommst du nicht mal zum Essen, und wir reden darüber?»

Im Anschluß an das Essen verließen Doyne, Norman und Mark das Haus
und stiegen eine Treppe hinab in den Keller. Sie schlossen die Tür zu einem
kleinen Raum mit Zementfußboden und Holzregalen auf und öffneten dann
eine zweite Tür, die zu den weiter hinten gelegenen Kellerbereichen führte.
Hier fanden sie die auf dem Erdfußboden stehenden Pappkartons und Koffer,
in denen das unterdessen eineinhalb Jahre lang nicht zum Einsatz gekommene System verstaut lag.

«Nachdem sie mir alles erklärt und mich gefragt hatten, ob ich Interesse
hätte, die nächste Computer-Generation zu bauen, meinten sie, ich solle mir
die Ausrüstung einmal anschauen», sagte Mark. «Also schleppten wir alles
aus dem Keller und in die kleine Kammer unter der Treppe. Aus den
verschimmelten Kartons und Koffern zogen sie ein Wirrwarr von Antennen-
T-Shirts, Schuhe mit ausgehöhlten Sohlen, Beckengurten, Batterien und
Computer. Alles hatte einen fauligen Geruch. Aber wir breiteten alles in den
Regalen aus und brachten einen der Computer schließlich so weit, daß er
ansprach.

Sie gaben mir ein paar Batterien und einen Computer zum Studieren mit
nach Hause. Des weiteren nahm ich einen Schuh mit einem Schalter drin
mit. Ich packte die Sachen in meine Kleiderschrankschublade und nahm sie
ab zu mal hervor, um sie aus der Nähe zu betrachten. Aber alles, was mir
einfiel, war, wie unausführbar es sein würde, einen Computer in einem
Schuh unterzubringen. Jedesmal, wenn ich's betrachtete, wurde mir klar,
welch ein riesiges Problem es sein würde, die Batterien dort hineinzupacken,
vom Rest der Hardware ganz zu schweigen. Ich zeichnete den Grundriß
eines gigantischen Schuhs mit den Batterien und dem Computer darin, aber
allein die Batterien – die nicht einmal alle hineinpaßten – füllten die gesamte
Grundfläche des Schuhs aus.

Nachdem ich die Zeichnung angefertigt hatte, schlug ich mir das Projekt aus
dem Kopf. Ich sah einfach keine Möglichkeit, es ernsthaft in Angriff zu
nehmen. Robin-Hood-Geschichten haben mich schon immer fasziniert, und
ich stand dem Projekt durchaus wohlwollend gegenüber. Aber ich glaubte
nicht daran, daß das ein Job für mich wäre.»

An Doyne war eine Einladung der Luftfahrt-Abteilung der University of
Southern California ergangen, den Sommer 1980 und das darauffolgende
Jahr an der Chaos-Theorie und Turbulenzen zu arbeiten. Bevor er sich
Richtung Süden nach Los Angeles aufmachte, verabredete er sich mit Mark
im «Banana Joe's», einem Studenten-Café auf dem Universitätsgelände, um
mit ihm über das Projekt zu sprechen. Im Laufe des Gesprächs gesellte sich
Jim Warner, der Elektroniktechniker von der Physik-Abteilung der UC Santa
Cruz, zu ihnen. Warner war in alle Pläne eingeweiht und hatte seine Hilfe

bei Hardware-Problemen angeboten. Doyne unterbreitete ihm den neuesten Plan, den Computer in einem Schuh zu verstecken. Dann zog Mark seine Zeichnung hervor und zeigte, daß nicht einmal die Batterien auf diesem schmalen Raum Platz hätten, viel weniger der Computer, die Solenoiden und andere Schaltungen.

«Mein Gott», rief Warner aus, indem er die Zeichnung betrachtete. «Wofür braucht ihr nur so viele Batterien?»

Doyne erläuterte, daß der Computer mehrere Stunden hintereinander einge-schaltet war. Die EPROMs, RAMs, Sender, Empfänger und Solenoiden verlangten nach zwei verschiedenen Spannungen – zwölf und fünf Volt –, und dies erforderte seinerseits zwei verschiedene Bündel Batterien, damit das Ganze eine Casino-Nacht hindurch mit Strom versorgt war.

«Warum schaltet ihr den Computer zwischendurch nicht aus?» fragte War-ner. «Wenn er nicht mit Voraussagen beschäftigt ist, schaltet ihn einfach herunter. Damit würdet ihr eine Menge Saft einsparen.»

«Uns war sofort klar, daß das eine ausgezeichnete Idee war», sagte Mark. «Es stellte sich als sehr viel schwieriger heraus, sie in die Tat umzusetzen, als wir es uns vorstellten. Aber dies war das erste Mal, daß der Gedanke, an diesem Projekt mitzuarbeiten, mein Interesse erweckte.»

In den Wochen darauf fertigte Mark eine weitere Zeichnung an, die die für das Ein- und Aus-Schalten des Computers notwendige Schaltung darstellte. Beim Setzen der Parameter oder beim Voraussagen würde der Mikroprozes-sor mit voller Kraft laufen. Zwischendurch würde man ihn in einen Zustand der Ruhe «herunterfahren», der praktisch keinen Strom verbrauchte. Da-durch wurde die Zahl der benötigten Batterien drastisch gesenkt, und als Mark mit seiner zweiten Zeichnung fertig war, sah es zum ersten Mal so aus, als wäre das Team in der Lage, tatsächlich einen Computer zu bauen, der in einem Schuh Platz hätte.

«Norman, Doyne und ich besprachen die Angelegenheit mit dem Ein- und Aus-Schalter», sagte Mark, «und wir kamen überein, daß das der gangbare Weg wäre. Aber wenn man eine solche Schaltung in einen Computer ein-bauen will, erfordert das eine Menge zusätzlicher Chips, denn wenn der Computer sich selbst herunterschaltet, muß er sich daran erinnern, wo er herkam und wie er dort wieder hingelangt. Man konnte sagen, daß mit dieser Lösung Speicherkapazität gegen Stromenergie ausgetauscht wurde. Als wir uns also über den Ein- und Aus-Schaltkreis beugten und die ganzen Chips sahen, die das alles kontrollierten, dachten wir: ‹Mein Gott, das allein füllt ja schon den ganzen Schuh.›»

Mark erklärte, er werde sich dieses Problems annehmen. Wieder packte er alles zusammen in seine Schublade und nahm es nur gelegentlich vor, um

darüber nachzudenken, wie man einen Computer in einen Schuh einpassen
könnte. In jenem Frühjahr schloß er mit höchsten Ehren sein Studium ab
und nahm am Tag darauf seine Arbeit als einziger Angestellter von Eudaemonic Enterprises auf. Er machte die kleine Kammer unter der Treppe
sauber und baute eine Werkbank auf. Die Antennen-T-Shirts warf er weg
und lüftete die Computer. Umgeben von zwei von der Physik-Abteilung
ausgeliehenen Oszillographen, dem KIM-Computer und dem PROM-Brenner, dem Roulettekessel, einem Regal mit technischen Handbüchern und
Dutzenden von EPROMs, RAMs und anderen elektronischen Teilen, eta-
blierte er das bisher neueste in einer ganzen Reihe von eudämonischen
Laboratorien.

Mark wohnte nicht weit vom Riverside-Haus entfernt in einem kleinen
Bungalow, der einst als Ferienhaus gedient hatte und durch die hintere
Gartentür gleich um die Ecke zu erreichen war. Zu jeder Tages- und Nacht-
zeit konnte er, wie es ihm in den Sinn kam, zu seinem «Shop», wie er es
nannte, spazieren und über die drei Probleme nachdenken, die Doyne ihm
zu lösen aufgegeben hatte. Ingrid hatte Brandwunden davongetragen, und
andere hatten Stromstöße erlitten, als die Solenoiden versagten. Auch war
es vorgekommen, daß der Schaltkreis, der die Solenoiden bediente, vollständig durchgeschmort war. Dies stellte das erste zu lösende Problem dar.
Danach mußte der Ein- und Aus-Schaltkreis konstruiert werden, in dem
Speicher- und Logik-Chips Batterien ersetzen sollten. Marks dritte und letzte
Aufgabe war, auszutüfteln, wie man den neuen Computer denn nun in einen
Schuh einpaßte.

Bei einer derart radikalen Verkleinerung war klar, daß die alte Technologie
von auf Sockeln montierten und mit Wickeldraht festgebundenen Chips
durch gedruckte Leiterplatten ersetzt werden mußte – hauchdünne kupfer-
besprühte Plastikscheibchen, auf die man direkt, ohne dazwischenliegende
Sockel oder Draht, Silicon-Chips laden kann. Die eigentliche Konstruktion
der Platinen wurde einer Spezialfirma im Valley übertragen, und Doyne
wollte alle Programmierungsänderungen vornehmen, die durch das neue
Design notwendig wurden. Aber immerhin mußte Mark mit wenigstens
einer groben Skizze für die PC-Boards aufwarten, da dies die einzige Möglichkeit war, die abschließende Größe des Computers festzulegen. Für die
Lösung des Solenoiden-Problems, das Entwerfen des Ein- und Aus-Schaltkreises und das Anfertigen eines Computermodells in natürlicher Größe, das
in einen Schuh passen sollte, sollte Mark 2000 Dollar erhalten – zahlbar bei
Lieferung des ersten funktionierenden Schuhs –, zuzüglich eines Mindest-
lohns für die vielen mit dem Projekt zugebrachten Stunden. Für ihn sah es
aus, als stünde er drei unkomplizierten Problemen gegenüber, und er erwar-

tete, sie bis Ende Sommer gelöst zu haben. Weder er selbst noch irgend jemand anderes ahnten, daß Mark auch am Ende des *darauffolgenden* Sommers immer noch mit den Feinheiten beim Bau eines Computer-Schuhs kämpfen würde.

*

«Mark ist ganz rechte Gehirnhälfte», sagte Doyne, in der Absicht, Truitt zu charakterisieren. Doyne bezog sich auf die intuitiven und assoziativen Kräfte, die vermutlich in der rechten Hemisphäre des Gehirn ihren Sitz haben, was es Mark ermöglichte, seinen Verstand ganz nach Belieben von einer plötzlichen Einsicht zur nächsten eilen zu lassen. Aber die Tatsache, daß Mark *ganz* rechte Gehirnhälfte war, erwies sich auch als Nachteil. So fehlten zum Beispiel jene hemisphärischen Sektionen, die auf Sprachfertigkeit und folgerichtige Informationsverarbeitung spezialisiert sind. Dies wiederum hatte zur Folge, daß Marks Einfälle, so brillant sie auch sein mochten, für Außenstehende nicht zugänglich waren.

«Mark kann mir stundenlang etwas beschreiben», sagte Doyne, «und ich habe keinen blassen Schimmer, wovon er spricht. Ich begreife nicht, worauf er hinaus will, bis Norman sich zu uns gesellt, um für mich zu übersetzen. Marks Verstand bedient sich einer faserartigen Methode, die ein halbes Dutzend Ideen auf einmal verfolgt.»

Mark selbst meinte dazu: «Ich bin ein Bündel vagabundierender Energie.» Er wies die klassischen Symptome von Hyperaktivität auf. Er war ein intellektueller Speed-Freak, der ständig *ein*-geschaltet war, dessen Verstand von einem ersten Leitgedanken zum nächsten ersten Leitgedanken wirbelte; dabei wurde nichts als wahr anerkannt und alles in Zweifel gezogen, bis das Gegenteil bewiesen war. «Ich glaube, der Gedanke, Licht bewege sich mit einer konstanten Geschwindigkeit, ist bloß eine dogmatische Vermutung», erzählte er mir einmal. «Ich versuchte dies einigen meiner Professoren zu demonstrieren, doch keiner von ihnen wollte hören, was ich zu sagen hatte. Es war zu häretisch. Norman war als einziger Dozent der Universität bereit, dem Gedanken, daß die Lichtgeschwindigkeit nicht konstant ist, Raum zu geben. Er war mein Lehrassistent in Physik gewesen, und von da an ging ich zu ihm, wann immer ich andere philosophische Fragen hatte.»

Doyne war ebenfalls Marks Lehrassistent in einem Elektronik-Workshop gewesen, innerhalb dessen er für die Kurs-Vorlesungen über Computer verantwortlich war. «Als Mikroprozessoren an die Reihe kamen», sagte Mark, «legte Doyne bei dem, was er uns lehrte, seine eigenen Erfahrungen mit dem Projekt zugrunde. Eines Tages brachte er denn auch einen Roulette-Computer mit, obwohl ich damals noch nicht wußte, wofür er gedacht war.

Doynes erste Vorlesung über Mikroprozessoren werde ich niemals vergessen. Es war verwirrend und bereitete mir Kopfschmerzen und brachte alle anderen in Verlegenheit, aber ich war fasziniert. Eine halbe Stunde nach Ablauf des Unterrichts sprach er immer noch. Eigentlich gab es eine Essenspause und anschließend noch einen späten Laborkurs. Zwischen Doynes Vortrag und meinem Weg ins Labor zurück hatte ich mich einigermaßen erholt und alles begriffen. Mit einem Mal wurden mir die fundamentalen Dinge bewußt, die zum Verständnis eines Computers unumgänglich sind, und seither habe ich nicht sonderlich viel dazugelernt.»

Truitt war von schlanker Statur, hatte braune Augen und einen roten Bart. Er kleidete sich wie der Rest der einheimischen Bevölkerung in Tennisschuhe, Blue jeans, T-Shirt und eine gut sichtbar auf dem linken Handgelenk getragene Digitaluhr. Aber sein federnder Gang und seine hastigen Gesten waren eindeutig die eines metabolisch höher als normal Geeichten. Im Gespräch mit Mark gab es Augenblicke, wo man meinte, er könne in einem Ausbruch von Begeisterung vom Boden abheben. Er unterbrach sich ständig selbst und kehrte in Schleifen immer wieder zu sich selbst zurück. Ganze Sätze waren am Schluß des ersten Wortes zu Ende und wurden aufgegeben. Sein längliches Gesicht, die hohen Backenknochen, der buschige Bart und die gewölbte Stirn verliehen ihm das Aussehen eines jungen, abwechselnd von Gottes- und Roulette-Visionen heimgesuchten Dostojewski.

Wie die meisten Mitglieder des Teams war Truitt mit seinem Hang zum Unterwegssein ein typischer Vertreter des amerikanischen Westens, der im Zeitalter von Sputnik und Vietnam-Krieg seine Mündigkeit erlangte. 1948 als zweiter Sohn eines Chemie-Professors in Santa Barbara, Kalifornien, geboren, erduldete er die für seine Generation üblichen Familien-Debatten über Motorradunfälle wegen überhöhter Geschwindigkeit und politische Revolten. «Als Kind war ich derart aufgedreht, daß ich anderen auf die Nerven fiel», sagte er. «Hätte es damals schon Ritalin gegeben, hätte man mich damit ruhiggestellt.»

Mark wuchs in einer Familie von fundamentalen Christen, Missionaren und Quäkern auf, übernahm deren ethische Grundsätze, raffinierte sie mit Existentialismus und kam zu dem logischen Schluß, daß Revolution das einzig Wahre sei. «Ich nahm stets die radikalste Position ein. Meine Familie hatte in mir einen Advokaten des Teufels. Ich las Camus und Sartre, vertiefte mich in den Existentialismus und stimmte eines Tages mit Camus überein: Wenn es einen Gott gibt, dann bin ich gegen ihn. Bis zum Abitur war mir alles, was mich umgab, total fremd geworden.» Auch die Wissenschaft und einige seiner eigenen vorzüglichen Fähigkeiten waren Mark fremd geworden. Als Teilnehmer einer religiösen High-School-Konferenz war er von einer

Debatte zwischen einem Quäker und einem Forscher, der er beigewohnt hatte, zutiefst beeindruckt gewesen. «Ich hatte den Eindruck, daß der Wissenschaftler die Welt um sich herum gar nicht sah. Es schien mir, als fesselte eine wissenschaftliche Ausbildung einen viel zuviel ans Detail, während es wichtiger war, die größeren Zusammenhänge im Auge zu behalten. Im Laufe der Oberstufe beschloß ich dann, kein Wissenschaftler zu werden. Ich gab Mathe auf und versuchte, auch alles andere fallenzulassen. Damals schwebte mir vor, Philosoph, Schriftsteller oder Politiker zu werden.»

1967 trat Mark am Occidental College seine erste studentische Laufbahn an und verbrachte zusätzliche Semester in Swarthmore und in Mexiko. «Chronologisch kann man sich das so vorstellen: In Swarthmore war ich, nachdem der Direktor, als Studenten das Verwaltungsgebäude besetzten, an Herzversagen gestorben war; und während der Chicago Convention hielt ich mich in Mexiko auf. Inzwischen hatte ich mich zu einem hauptamtlichen Radikalen gewandelt, und wo immer es Häuser zu besetzen gab, war ich dabei.» Nominell saß er an seiner Abschlußarbeit in Soziologie; tatsächlich interessierte es Mark aber sehr viel mehr zu malen, Plastiken herzustellen und Short-Stories zu schreiben. Nach vier Jahren verließ er das College ohne Abschluß. Als er zum Kriegsdienst eingezogen werden sollte, zahlte er fünfhundert Dollar an eine Anwaltsfirma in Los Angeles, die sich darauf spezialisiert hatte, Leute vor der Army zu bewahren. Um sich zusätzlich abzusichern, hatte Mark Freundschaften in Vancouver und anderen jenseits der kanadischen Grenze liegenden Städten geschlossen.

Die Eigengesetzlichkeit der revolutionären sechziger Jahre brachte es mit sich, daß Truitt von der Politik zu einem pastoralen Lebensstil überwechselte. Als Verwalter einer fünfzehn Hektar großen Avocado-Ranch kümmerte er sich um Bäume und arbeitete als Zimmermann. Er unternahm Trips nach Vancouver und legte unzählige Meilen in Autos und auf Motorrädern zurück, schoß die Küste hinauf und hinab, bis ihn eine überzählige Begegnung mit der Vergänglichkeit überzeugte, daß er als nächster dran war. Als Marks bester Freund eines Morgens früh um vier bei einem Unfall auf dem Highway 5, auf dem sie von Berkeley nach L. A. zurückkehrten, ums Leben kam, «rüttelte mich das völlig auf», sagte er. «Ich verschenkte mein Auto und gab danach das Autofahren ganz auf. Beim Bergsteigen und anderen leichtsinnigen Unternehmungen war ich mir immer unsterblich vorgekommen. Ich hatte es stets geschafft, allen Gefahren zu entrinnen und alles zu bewältigen. Aber das hier war die bei weitem nachhaltigste Erfahrung meines Lebens.»

Als Retterin in tiefer Not trat die sechs Jahre jüngere, in Santa Barbara geborene Wendy Tanizaki in Marks Leben. Sie war die Tochter japanischamerikanischer Eltern, und ein strahlendes, von Intelligenz und tieferem Wissen geprägtes Lächeln erhellte ihr Gesicht. Mark hatte ein größeres Stück organischen Gartens angelegt, und sie bauten gemeinsam Mais an. Als Wendy an der UC Santa Barbara zu studieren begann, verließ Mark die Avocado-Ranch und folgte ihr an die Küste, wo er sich durch Bluff Zugang zu einem Job als Restaurateur antiker Möbel verschaffte. «Ganz gleich, um was für eine Art Arbeit es sich auch immer handeln mochte, stets gab ich vor, ein Spezialist zu sein. Aber dies war kein alltäglicher Job. Es war eine Arbeit, die höchstes handwerkliches Können verlangte, etwa in der Art, ein größeres zusammenhängendes Projekt durchzuziehen oder Kunst zu machen.» Ein Perfektionist war Mark schon immer gewesen, aber als Möbelmacher in Santa Barbara verfeinerte er seine Fähigkeiten als Künstler und Handwerker – Kunstfertigkeiten, die er später bei der Konstruktion von Computern anwenden sollte, die für den Einbau in Schuhe vorgesehen waren.

Als Wendy ihre Studien an der UC Santa Cruz fortsetzte, folgte ihr Mark nach Norden und begann seine zweite studentische Laufbahn. Diesmal schrieb er sich für Umweltstudien ein. «Ich war besessen von Sonnenenergie», sagte er. «Dann ging Wendy als Austauschstudentin für zwei Jahre nach Italien. Ich kam völlig auf den Hund. Um mich zu trösten, wandte ich mich erneut meinem Physikstudium zu, und während sie weg war, tat ich Tag und Nacht nichts anderes.» Er belegte genügend Kurse, um Abschlüsse sowohl in Mathe als auch in Physik machen zu können. Talentsucher aus dem Silicon Valley begannen ihn am Ärmel zu zupfen, und Mark fing an, sich Gedanken darüber zu machen, ob «Elektronik eine annehmbare Karriere bieten mochte.»

Nachdem er einen Sommer lang Radioverstärker gebaut hatte, wurde ihm eine ganztägige Stellung am Stanford-Linearbeschleuniger angeboten. Aber er hatte abgesagt, um Wendy bei ihrer Rückkehr aus Italien zu heiraten und sein abschließendes Jahr in Santa Cruz zu absolvieren. Erst zu diesem Zeitpunkt, da er zunächst das Physikexamen ablegte, schaute er sich im Silicon Valley nach Arbeit um. «Ich wußte, daß ich jederzeit zu meinem Job als Möbelmacher zurückkehren konnte, und beschloß daher, es noch einmal mit der Wissenschaft zu probieren. Großen Schaden anrichten konnte das nicht, und vielleicht verdiente ich auch ein bißchen Geld.»

Zu seinem ersten Ausflug auf den Job-Markt nahm Mark den Bus von Santa Cruz zu Watkins-Johnson – einer der Elektronikfirmen, die aus Platzmangel aus dem Silicon Valley hinaus Richtung Küste geschoben worden waren. Die Santa Cruz Mountains bildeten eine natürliche Barriere zwischen dem technologischen Inneren und den einst beschaulichen Stränden der Monterey Bay mit ihren nebelverhangenen Redwood-Hainen, grünen Tälern und den Rosenkohlplantagen, die oberhalb schroffer, den Pazifik überblickender Felsen bewirtschaftet wurden. Dies war ein von Rentnern jeglichen Alters bevorzugtes Shangri-la, bis die beherrschende Kultur ihren ersten Einfall nach Santa Cruz machte, indem ein Zweig der Universität von Kalifornien errichtet wurde. Die Universität faßte Fuß, sorgte für neue Arbeitsplätze, und die Pendlerstrecken ins Landesinnere wurden, indem eine High-Tech-Firma nach der anderen über die Berge zog, um die UC Santa Cruz am Highway 17 zu treffen, immer kürzer. Wie kürzlich zu erfahren war, hat einer der Antonelli-Brüder seinen Begonien-Garten an den Gestaden des Pazifik verkauft, somit wird die Küste selbst dem Vordringen einer Chip-Fabrik zum Opfer fallen.

Auf den fünf Meilen Weg landeinwärts zu Watkins-Johnson traf Mark einen Studienkollegen aus Santa Cruz namens Rob Lentz, der sich für denselben Job interessierte. Sie hörten sich gemeinsam einen Orientierungsvortrag an und erfuhren, daß Watkins-Johnson sie für ein Intensivprogramm zum Bau von Radarstörgeräten für Air-Force-Bomber anheuern wollte. Das Gehörte verwirrte ihn, und Mark machte sich sofort aus dem Staub. Lentz blieb, der Job wurde ihm angeboten, und er schlug ein.

«Ich machte mich davon», sagte Mark, «weil ich wußte, daß ich Stunk gemacht hätte, wenn ich mich auf ein Gespräch mit dem Personaltypen eingelassen hätte. In der High-School hatte ich alle wissenschaftlichen Fächer sausen lassen, weil ich der Überzeugung war, daß das alles nur zum Bau von Waffen diente. Diese Idee hatte ich schließlich überwunden, und dann verlangen sie bei dem ersten Job, für den ich mich als diplomierter Physiker bewerbe, daß ich Radarstörgeräte baue. Ich war schockiert, und es ekelte mich an. Das elektronische Umfeld ist heutzutage unglaublich militaristisch. Machen wir uns nichts vor, die Regierung ist wie wild darauf aus, eine Menge ausgefallenen Elektronik-Schrotts zusammenzukaufen.»

Als er an jenem Nachmittag vor Mellis Market Norman in die Arme lief und dieser ihn nach Hause einlud, um sich den eudämonischen Computer anzusehen, kam es Mark vor, als hätte er als Physiker nur zwei Möglichkeiten: Für das Kriegsministerium Bomben und Bomber zu bauen oder bei Eudaemonic Enterprises gegen das Roulette zu spielen. Für die zweite Möglichkeit war Truitt spielend leicht zu gewinnen, da er sie faszinierender als die erste fand.

Magische Schuhe

Maschinen überraschen mich mit großer Häufigkeit.

Alan Turing

Es erfordert eigenartige Begabungen, um Computer zu bauen. Mathematische, elektronische Kenntnisse und Wissen in Design vorausgesetzt, braucht es auch einiges an Geduld, um träge Silikonstückchen zum Leben zu erwekken. Man muß die Maschinensprache sprechen – die nicht deutlicher ist als eine Reihe elektronischer, in Megahertz oder Millionstel von Sekunden durch eine Zentraleinheit telegraphierter Grunzlaute. Man muß sich auf die Ebene binärer Zahlen hinabbegeben und sie, immer zwei auf einmal, durch einen Irrgarten von Entscheidungen zwingen. Aber während man sich dort unten mit der Maschinensprache abmüht, muß man auch die höheren Ebenen des Computer-Denkens begreifen, was kein wirkliches Denken ist, sondern zu Logikschleifen zusammengefügte transistorisierte Silikonstückchen sind, die erst in der Iterationsdichte zu Denken *werden*.

Sind sie als denkende Maschinen erst einmal zum Leben erweckt, muß Computern wie Kindern Aufmerksamkeit beigebracht werden. Computer-Programme sind nichts anderes als Geräte, die Aufmerksamkeit auf sich ziehen. Je komplexer das Programm, desto größer die Spanne der Computer-Aufmerksamkeit. Diesen Maschinen Handfertigkeit zu lehren, erfordert zusätzliche Anstrengungen. Computer sind in der Lage, vielfältige Aufgaben zu erfüllen. Sie können Stoßstangen punktschweißen, Zündungen auslösen, Weckanrufe erledigen, Solenoiden surren lassen. Aber um sie dazu zu bewegen, über diese Aufgaben nicht nur nachzudenken, sondern wenigstens die einfachste von ihnen durchzuführen, erfordert, daß sie während der Interaktion von *Tausenden* von logischen Schritten aufmerksam sind.

Einen solchen Computer vollständig neu zu konstruieren, ihn darauf zu programmieren, Roulette zu spielen, ihm beizubringen, die Solenoiden zu bewegen, ihm die Fähigkeit zu verleihen, Radiosignale auszusenden, ihn in einen Schuh zu montieren und dann mit dem ersten Modell für Fußgänger aus dem Haus zu marschieren – das ist ein phantastischer Auftrag. Ihn auszuführen verlangt Fertigkeiten aus den Bereichen Physik, Mathematik, Elektronik, Informations-Theorie, schöne Künste und Schuhmacherei. Es war verblüffend, wie Mark Truitt alle diese Fähigkeiten entweder besaß oder bereit war, sie sich anzueignen. Mit dem Werdegang eines Menschen, der sich törichterweise in gefährliche Dinge einmischt, an die sich sonst nie-

mand heranwagt, war Mark wie geschaffen dafür, der Leonardo da Vinci des
Computer-Designs zu werden. Trotz aller seiner wissenschaftlichen Leistungen war das primäre Vergnügen, das Truitt sich im Rahmen des Roulette-Projekts gönnte, durchaus ein
ästhetisches. Ein Computer in einem Schuh bedeutete für ihn Perfektion in
technologischem Minimalismus. Es war das *mot juste* in Silikon. Er würde
Leinwand und Pigmente weit hinter sich lassen und aus gedruckten Leiterplatten und Chips Kunst machen. Er war überzeugt, daß das Medium der
Mikroprozessoren die Botschaft des zwanzigsten Jahrhunderts hervorbrin-
gen würde. Im Silikon sollten Leute, die auf der Suche nach dem zeitgenössischen Schönheitsbegriff waren, ihre Antwort finden. Die Gönner der neuen
Kunst waren die Intels und Hewlett-Packards in Sunnyvale, die Tausende
von Künstlern beauftragten, graphische Darstellungen von denkenden Maschinen, von stimm-aktivierten Maschinen, von sich selbst reparierenden
und sich selbst reproduzierenden Maschinen anzufertigen.
Neben seinem Künstlertemperament besaß Mark einen, wie er es nannte,
«natürlichen Rhythmus». Auch wenn dieser Rhythmus zur Folge hatte, nur
nachts zu arbeiten oder einen Computer in eine Schublade zu werfen und
ihn nur morgens beim Sockenanziehen von der Seite anzusehen, so wurden
seine Methoden von den anderen schon bald akzeptiert, weil sie funktionierten. Man gewöhnte sich daran, Mark zu den unmöglichsten Zeiten das
hintere Gartentor öffnen, den Garten durchschreiten und den Shop im Keller
entriegeln zu hören, wo er sich Träumen von Silikon-Cities hingab, die in
Schuhe eingebaut waren. Wie jeder andere Künstler, der eine große Arbeit
in Angriff nimmt, begann er Skizzen zu machen. Er zeichnete Dutzende von
Schaltplänen für die Ein- und Aus-Schaltung und die Solenoiden oder
Vibratorstifte, die ja die größten technischen Probleme darstellten, die von
ihm zu lösen waren, bevor er sich dem Computer selbst widmen konnte.
«Das Problem der Solenoiden löste ich praktisch auf Anhieb, und das war
sehr ermutigend. Ich entdeckte, daß sie durch eine direkte Spannung vom
Computer abgekoppelt wurden. Aber zuweilen verlor sich der Computer in
seinem Programm und geriet außer Kontrolle; das wiederum hieß, daß der
Solenoiden-Output in die Höhe schoß. Das brauchte die Batterien auf,
brachte die Kupferdrahtwindungen des Vibratorstifts zum Schmelzen,
machte die Transistoren kaputt und fügte den Spielern Brandmale zu. Die
Lösung war einfach. Ich fügte dem Solenoiden-Schaltkreis einen Kondensator hinzu, der dafür sorgte, daß dem Computer stoßweise und nicht fortwährend Energie entzogen wurde.»
Auf der Grundlage seiner «faserartigen» Denkvorgänge, die immer mehrere
Dinge gleichzeitig verfolgten, arbeitete Mark zusätzlich am Design des Ein-

und Aus-Schaltkreises, der erforderlich war, um den Computer, wenn er nicht Parameter setzte oder Voraussagen errechnete, «herunterzufahren». «Mit dem Auffinden und Beseitigen elektronischer Fehler war ich im Frühsommer fertig, und zur gleichen Zeit arbeitete ich an der Ein- und Aus-Schaltung, zwar noch nicht an der Hardware, aber immerhin an der Theorie. Anschließend vertiefte ich mich in das Problem, wie man das alles in einem Schuh unterbringen könnte. Ich wollte nicht an der Schaltung weiterbauen, nur um später herausfinden zu müssen, daß es immer noch nicht genügend Platz für sie gab. An diesem Punkt kam mir schließlich die Idee eines Computer-Sandwiches.»

Soviel Mark wußte, hatte bislang niemand einen Computer konstruiert, auf dem man gehen konnte. Für dieses so neuartige Problem entwickelte er eine einzigartige Lösung. Er würde die beiden grundlegenden Funktionen des Computers, Logik und Speicher, in separate Einheiten trennen, die eine dann umstülpen und auf die andere auflegen. Die eine Einheit würde ausschließlich im Bits-Bereich operieren, im Bereich der binären Zahlen, mit deren Hilfe Computer aus Silikon Speicher werden lassen. Diese Einheit würde den Mikroprozessor, die für das Handhaben des Roulette-Algorithmus nötigen EPROMs und RAMs enthalten. Die andere würde eine Uhr, fünf Logik-Chips sowie die Transistoren und Verstärker enthalten, mittels derer der Computer durch Zehenschalter sowie Radio- und Vibrator-Signale mit der Außenwelt in Verbindung treten sollte. «Ich hatte mir alle auf einer zweidimensionalen Oberfläche angeordneten Bauteile angesehen und fand, daß es zu viele waren, um in einem Schuh Platz zu finden. Genau da kam mir die Idee mit den zwei PC-Leiterplatten, die wie gefüllte Kekse aussehen. Man würde zwischen ihrer Dicke und der Gesamtgröße einen Kompromiß finden müssen. Aber ich war überzeugt, daß ich mich auf der richtigen Fährte befand.» Indem Mark knapp einhundert Dollar für Elektronik-Bauteile ausgab, sollte es ihm schließlich gelingen, ein Computer-Sandwich zuzubereiten, das, als es fertig war, knapp zwei Inch lang, vier Inch breit und ein halbes Inch dick war.

«Ich verfolgte alle diese Ideen auf eine verzettelte oder zumindest nicht logisch aufeinanderfolgende Art und Weise. So arbeitete ich an dem Design für das Computer-Sandwich, noch bevor ich mit dem Testen der Solenoiden fertig war.» Doyne sorgte sich, daß Mark sich in seiner unsichtbaren Silikon-Stadt verlaufen könnte, und kam Ende des Sommers von Los Angeles herauf. Im Laufe einer Woche ununterbrochener Arbeit lösten die beiden das Solenoiden-Problem, legten letzte Hand an den Entwurf der Ein- und Aus-Schaltung, schrieben das Computer-Programm um, damit es mit dem neuen Schaltkreis umzugehen wußte, und skizzierten die ersten vollständigen Bilder eines Computers in einem Schuh.

«Gegen Ende des Sommers 1980», sagte Mark, «arbeitete ich wie ein Pferd. Ich war vollkommen besessen davon.» Aber ein neues Problem war aufgetaucht, das einen Teil seiner Aufmerksamkeit für andere Belange abzweigte. Mark hatte Harry zwischen den Computern im Keller hervorgekramt. Er hatte den Schimmel entfernt und den Computer auf einer Werkbank im Shop aufgebaut. «Ich wollte ihn voll funktionsfähig wissen, bevor ich mich an den Bau der nächsten Maschinen-Generation machte. Aber als ich Harry testete, stellte ich fest, daß er sich immer wieder in seinem Programm verlor. Dies waren ernsthafte Beschwerden, weil die Folge davon war, daß der Computer entweder falsche Signale gab oder den ganzen Saft der Batterien verbrauchte.» Peinlich genau alle Drähte, Sockel, Komponenten und Chips auf elektrische Kontinuität untersuchend, brachte Mark mehrere Wochen mit dem Testen von Harrys Hardware zu. «Es gelang mir schließlich, die Fehlerrate von drei auf ein Prozent zu senken, was bedeutete, daß der Computer bei der Erledigung seiner Aufgaben in einem von hundert Fällen Mist bauen würde. Möglich, daß dies nicht mehr als einmal in der Stunde eintrat, aber es war immer noch nicht tolerierbar – so kann man einen Computer auf keinen Fall davonkommen lassen.

Ich war unglaublich frustriert. Nach allem, was ich inzwischen in das Projekt hineingesteckt hatte, wurde mir klar, daß der Computer immer noch nicht zuverlässig genug war. Mitte September sagte ich mir, ‹Zur Hölle damit. Ich weiß, daß ich nicht an diesem Programm herumpfuschen soll. Aber ich bin mißtrauisch, und ich halte es einfach nicht mehr aus.› Also holte ich das Programmier-Handbuch aus dem Keller und studierte es eine Woche lang. Das Handbuch war unterdessen auf hundertfünfzig Seiten angewachsen, und ich las es Zeile für Zeile. Dies war ein letzter Versuch. Was die Elektronik betraf, hatte ich alles versucht, was mir eingefallen war, und ich war soweit, aufzugeben.»

Am Ende der Woche fand Mark den Fehler. In der ersten Zeile eines Unterprogramms war ein einfacher, aber wichtiger Befehl vergessen worden, der dem Computer mitteilte, gefälligst aufzupassen. Dies war eines von jenen Dingen, auf die man etwas so Einfältiges wie diese Maschine aufmerksam machen mußte. Zieht man die Tausende von Instruktionen, die in ein Computer-Programm passen, in Betracht, wird die Aufgabe des Erinnerns, was eine jede von ihnen bedeutet, vereinfacht, indem man zusammenhängende Instruktionen in elektronischen Ablageordnern zusammenfaßt, die man mit «Wie man auf der Modus-Karte herumkutschiert» oder «unregelmäßige Roulettekessel» beschriften könnte.

«Beim Programmieren ist es allgemein üblich», sagte Mark, «aus vielen separaten Modulen zusammengesetzte Unterprogramme zu entwerfen. Dies dient der Platzeinsparung im Programm. Anstatt dieselben Instruktionen zehnmal zu schreiben, wenn der Computer eine bestimmte Aufgabe erfüllen soll, macht man einen blitzschnellen Abstecher in das Unterprogramm und wieder ins Programm zurück. Wenn ich Programme schreibe, geht es mir in erster Linie um die Unterprogramme. Das spart viel Mühe, wenn es darum geht, ein Set von Instruktionen für eine spezielle Aufgabe zu vervollkommnen.

Unser Roulette-Programm ist aus Unterprogrammen zusammengebastelt. Aber bei ihrer Benutzung gilt es, einen wichtigen Trick anzuwenden. Wenn der Computer in ein Unterprogramm hineingeht, muß er sich genau merken, wo er hergekommen ist. Andernfalls hat er, wenn er fertig ist, keine Möglichkeit, sich zu erinnern, wie er dort hingelangt ist. Unterprogramme können sich anderer Unterprogramme bedienen, die sich anderer Unterprogramme bedienen usw. Man kann endlose Reihen von ihnen unterbringen und hat am Ende eine ziemlich komplizierte Anordnung.

Bevor er sich in eines seiner Unterprogramme begibt, soll der Computer die notwendige Information in sein RAM schreiben. Also sollte die erste Zeile des Programms dem Computer befehlen: ‹Behalte die Unterprogramm-Adresse, zu der du gehst, und die, von der du gekommen bist.› Ich mußte das Programm eine Woche lang anstarren, bis ich begriff, daß dieser eine Befehl nicht darin enthalten war. Und weil er nicht darin enthalten war, würde der Computer beim Einschalten zuweilen zu einer anderen Adresse gehen und sich verlaufen.»

Bevor er mit der eigentlichen Konstruktionsarbeit des neuen Computers begann, entwarf Mark in einer weiteren Skizzenserie eine Radioverbindung zwischen dem Computer-Sandwich und seinem Modusschalter, der von dem Spielbeobachter im linken Schuh getragen werden würde. Mit dieser zweiten Radioverbindung wurden alle Leitungsdrähte eliminiert, die zuvor an den Beinen hinauf und hinab führten. Beim jetzigen Design würde der *Spielbeobachter* im linken Schuh einen Modus-Schalter und -Sender und im rechten einen Modus-Empfänger, ein Computer-Sandwich und einen Sender tragen. Der Sender im linken Schuh kommunizierte zwischen dem Modus-Schalter und dem Computer, während der Sender im rechten Schuh die Computer-Voraussagen an ein *weiteres* Sandwich übermittelte, das der *Spieler* in seinem rechten Schuh trug.

Als Mark mit den letzten Zeichnungen fertig war, wußte er, daß es möglich war, Computer-Sandwiches mit Mikroschaltern, Solenoiden, Radiosendern und -empfängern sowie Batterien zu bauen, die klein genug waren, um in drei magischen Schuhen Platz zu finden. Also wandte er sich den Solenoiden zu und kümmerte sich darum, daß sie problemlos funktionierten. Er vollen-

dete das Design des Ein- und Aus-Schaltkreises und überzeugte sich davon,
daß das Testen des Programms abgeschlossen war. Schließlich fertigte er
eine Musterzeichnung der gedruckten Leiterplatten an, die erforderlich waren, um die Computer-Sandwiches zu bauen. Und als alle diese Aufgaben
bewältigt waren, streikte er. Mark verschloß die Tür zum Shop und kam nicht
länger durch die hintere Gartenpforte.

«Eine Woche lang ließ ich die Arbeit am Projekt liegen. Es war eine Zeit der
Krise.» Die Krise wurde durch die Existenz jener durchlässigen, niemals
endgültig zu definierenden Grenze zwischen Hardware und Software her-
aufbeschworen. Außer während Doynes kurzen Besuchs hatte Mark den
ganzen Sommer lang als einziger Angestellter von Eudaemonic Enterprises
gearbeitet. Geduldig hatte er ein Problem nach dem anderen verfolgt, bis es
eines Tages unvermeidlich geworden war, ein paar Pannen bis ins Computer-Programm selbst nachzuspüren. Für das Programmieren des neuen Computers sollte an sich Doyne verantwortlich sein, während Mark mit dem
Design und dem Bau des Computers, also der Hardware, beauftragt worden
war. Diese Arbeitsteilung bei Computer-Konstrukteuren ist an der Tagesordnung, aber häufig schwer einzuhalten. Auf ihrem Wechsel von Hardware zu
Software überwinden Programmfehler Barrieren, die für sie willkürlich und
porös sind. Während Mark sie verfolgte, war er gezwungen gewesen, die
Grenze zwischen Hardware und Software ebenfalls zu überschreiten, und
indem er das tat, hatte sich ein Gespinst der Verantwortung sowohl für das
Programmieren wie für das Entwerfen und Bauen des Computers über ihn
gelegt. Folglich verlangte er Anerkennung für die neuen Verantwortlichkei-
ten und mehr Geld und weigerte sich, ohne dem mit der Arbeit fortzufahren.
Als sich im Spätherbst 1980 das gesamte Team zur jährlichen Halloween-
Party in Santa Cruz versammelte, steckten Doyne, Norman, Letty und Mark
die Köpfe zusammen, um zu besprechen, wie das Projekt wieder in Gang zu
bringen sei. «Es hatte so viel Frust gegeben, und es waren so viele Probleme
aufgetaucht», sagte Mark, «daß ich ernstlich erwogen hatte, den ganzen
Laden hinzuschmeißen. Dies war meine erste Begegnung mit Letty, und sie
und die anderen reagierten auf meine Sorgen auf einsichtige Weise. Grundsätzlich erkannten alle an, daß ich in eine Menge Sachen verwickelt war, die
eigentlich Doyne oder Norman erledigen sollten oder die als abgeschlossen
galten, es in Wirklichkeit aber nicht waren. Also brachten wir mehrere Tage
damit zu, neue Abmachungen zu treffen.»

Ein Teil dieser Abmachungen betraf Cash: Die versprochenen 2000 Dollar
waren sofort zahlbar. Die von Mark investierten Arbeitsstunden hatten die
errechnete Mindestlohnsumme bereits überschritten. Zu diesem Barvor-
schuß wurde ein auf zehn Dollar die Stunde veranschlagtes Gehalt, das aus

den zu gewinnenden Geldern, dem eudämonischen Kuchen, gezahlt werden sollte, hinzugezählt. Aber dieser Kuchen machte jetzt eine Umwandlung durch. Er bekam eine «Vorderseite», aus der Mark die Hälfte seines aufgeschobenen Gehalts beziehen sollte. Die zweite Hälfte würde wie der Gewinnanteil aller anderen auch aus dem alten, keilförmigen demokratischen Kuchen stammen. Vor allem für Doyne, der mittlerweile sagenhafte dreitausendfünfhundert Arbeitsstunden in das Projekt gesteckt hatte, war dieser Deal eine bittere Pille. Er gefährdete die Grundprinzipien des Kuchens und bewertete unlängst geleistete Arbeit höher als früher geleistete. Aber es blieb ihm keine andere Wahl, als die neue Abmachung zu akzeptieren. Ohne eine neue Computer-Generation und einen weiteren Sturm auf die Casinos würde der Kuchen – mit oder ohne Vorderseite – niemals serviert werden.

Allen Beteiligten wurde klar, daß das Projekt sich zu etwas so Komplexem entwickelt hatte, daß es kein einzelner des Teams hätte kontrollieren können. Doyne war noch immer Meister eines in hundert Unterprogrammen aufgeteilten Programms, während die Mysterien der Sender und Empfänger des Projekts in Normans Wissensbereich blieben. Letty stand als finanzielle Stütze hinter ihnen, und nun war Mark als leitender Ingenieur anerkannt, dem es oblag, den Computer selbst herzustellen. Sie bekräftigten den neuen Vertrag mit einem Händedruck, und Mark machte sich wieder an die Arbeit. Der Streik war vorüber, und die entstandenen Spannungen lösten sich in den Halloween-Lustbarkeiten auf.

Wie in den vergangenen Jahren stand auch diese Halloween-Party unter einem Motto. Es war politischer Natur, ein Hinweis auf den Fakt, daß Kommunen und kollektive Haushalte sich allmählich auflösten und sich wieder eher traditionelle Einheiten herausbildeten. Der Konservatismus war im Steigen begriffen. Ein Cowboy wurde live im Fernsehen von Hollywood ins Weiße Haus versetzt. Geld und Macht waren wieder in Mode gekommen. Strebepfeiler der neuen Ordnung war die alte Religion – eine aggressive Form des christlichen Fundamentalismus, die bereit war, Krieg gegen die Sünde zu führen. Und Sünde war nach dieser Definition ein Großteil dessen, was in Santa Cruz, Kalifornien, Teil des täglichen Lebens war. So luden die Riverside-Kommunarden im Geist des Karnevals, der sich das Dämonische zu eigen macht, jedermann ein, zu Halloween in «eurer bevorzugten Form religiöser Unterdrückung» zu erscheinen.

In jener Nacht herrschte im Riverside-Haus eine sündhaftere Atmosphäre, als Jerry Falwell sie in seinen packendsten Predigten über Höllenfeuer und Verdammnis hätte heraufbeschwören können. Bei dieser schwarzen Messe tanzten Transvestiten-Engel in den Armen roter Teufel. Das Haus selbst war in verschiedene geheiligte Stätten und Grotten verwandelt worden. Es gab dem Mystizismus, dem Wunderheilen, Handauflegen und anderen heiligen oder profanen Riten geweihte Räume. Eine Kammer beherbergte einen aus Photographien von Burt Reynolds und Dinah Shore, aus Anzeigen für Körperertüchtigung und den Umschlägen von Liebesromanen zusammengebastelten Sex-Rollen-Altar. Im Eßzimmer war ein Kreuz aufgerichtet worden, an dem die Gäste sich abwechselnd kreuzigen lassen konnten.

Lorna Lyons kam als heilige Agnes verkleidet, jener Jungfrau des vierten Jahrhunderts, die als Dreizehnjährige zur Märtyrerin gemacht wurde, nachdem sie einen zudringlichen Freier abgewiesen hatte. Sie trug ein weites weißes Gewand, einen Heiligenschein aus Wattebällchen und genug Make-up, «daß ich wie tot aussah. Die heilige Agnes war eine sehr schöne Frau, der die Männer nur so hinterher liefen. Aber sie weigerte sich, sich mit ihnen einzulassen», sagte Lorna. «Der erste Mann, der versuchte, sie mit Gewalt zu nehmen, wurde mit Blindheit und Stummheit geschlagen. Sie hatte Mitleid mit ihm und gab ihm das Augenlicht zurück. Aber jedermann war von ihrer Macht derart erzürnt, daß sie ihr die Brüste abschnitten. Daß ihr verdorrter Blick zerstörerisch wirken konnte, hat mich schon immer fasziniert.»

Jim Crutchfield kam als «Söldner des Herrn», er trug eine Green-Beret-Uniform, eine verspiegelte Sonnenbrille, Kampfstiefel und ein T-Shirt mit dem Aufdruck «Gott, Mutter und Vaterland». Norman erschien als Apfelbaum mit Schlange. Ingrid trat als Punk-Rock-Maria auf. Letty kam als Mrs. Money und war über und über mit Dollarnoten behängt. Doyne erschien als Mr. Selbst, die Apotheose der «Ich-Generation». Aber später am Abend wurde er im Eßzimmer ans Kreuz gehängt und unterzog sich einer symbolischen Kreuzigung und Wiederauferstehung. «Ich wurde zu einer Nicht-ich-Person gewandelt», sagte er. «Ich wurde geläutert und aus dem Elend des Immer-nur-ich-Seins erhoben, so daß ich mit einemmal die anderen um mich herum wahrnehmen konnte.»

Wenige Tage vor der Party hatte ich einen Anruf von Doyne erhalten. «Hättest du Interesse, Roulette zu spielen?» fragte er. «Wir planen unsern nächsten Trip, und ich denke, daß wir dich brauchen könnten.» Er wollte mich nicht einladen, mit einem Computer im Schuh Roulette zu spielen, sondern mich um einen Gefallen bitten. Doyne plante, das kommende Jahr an der University of Southern California in Los Angeles zuzubringen, während die übrigen Mitglieder der Chaos-Clique intensiv seltsame Attraktoren erforschten. Somit würde Mark ganz allein im Keller des Riverside-Hauses hocken und am Roulette-Projekt arbeiten. Würde es mir etwas ausmachen, ab und zu im Shop hereinzuschauen und Hallo zu sagen? Inmitten von

RAMs und ROMs und dem Geschnatter eines 150seitigen, auf Tonband gespeicherten Computer-Programms mochte Mark den menschlichen Kontakt zu schätzen wissen.

Doyne und ich waren Studienkollegen an der UC Santa Cruz gewesen. Dies ist in erster Linie eine Institution für Nicht-Graduierte mit so wenigen graduierten Studenten – insgesamt etwa dreihundert an der Zahl –, daß es nichts Ungewöhnliches ist, wenn Schriftsteller und Physiker miteinander reden. Von der Existenz des Projekts Rosetta Stone wußte ich seit Jahren, aber nichtsdestoweniger war ich überrascht zu erfahren, wie fortgeschritten und wie gut finanziert die neuesten Inkarnationen des Projekts waren. Doyne rief mich in einem Augenblick an, als ich an Dissertationitis in fortgeschrittenem Stadium litt. Von dieser Krankheit werden graduierte Studenten befallen, die sich auf der letzten Etappe ihrer Doktorarbeit befinden. Diese Erkrankung, die zum Tode führen kann, setzt sich aus Langeweile, Schlaflosigkeit und anderen Symptomen zusammen, die von Haarausfall bis zu Wollüstigkeit reichen. So ist es nicht verwunderlich, daß ich die Chance, mit einem Computer in meinem Schuh in Las Vegas Roulette zu spielen, beim Schopf ergriff. Doyne versicherte mir, daß es für mich kein Problem wäre, so gut zu werden, daß ich das System im Schlaf beherrschte. Natürlich wäre die Sache nicht völlig gefahrlos. Aber es wäre weitaus einfacher, dachte ich mir damals, der Mafia gegenüberzutreten als dem Dissertations-Komitee. Es könnte passieren, daß die Casino-Aufsicht mich mit ins Hinterzimmer nähme, um mir eine Menge ernsthafter Fragen zu stellen. Wenn es aber dazu kommen würde, daß man mit den Boys in Las Vegas reden mußte, sollte man auch unter Zwang so wenig Informationen wie möglich ausplaudern. Wie erfrischend! Mich entzückte die Aussicht, zu verstummen und in den Untergrund abzutauchen. Wenn es dazu käme, daß ich in diesem «film noir» eine Rolle spielen sollte, versicherte ich Doyne, dann könne er mit mir als zwielichtigen Charakter rechnen.

Bei der ersten mir sich bietenden Gelegenheit, einen Blick in das Haus an der Riverside zu werfen, fand ich Mark hinter dem Haus, wie er kupfer-beschichtete Fiberglasstückchen aus einem purpurnen Säurebad zog. «Ich stelle gedruckte Leiterplatten her», sagte er. «Sowas habe ich noch nie gemacht, und da dachte ich mir, es sei besser, erst einmal mit kleinen Stücken zu experimentieren.»

Wenn man einen Computer aus dem Nichts bauen will, wie Mark es im Begriff war zu tun, geht man in einen Laden und kauft ein paar Logik- und Speicher-Chips, eine Quartzuhr, ein paar Transistoren und andere Bauteile, die man dann zu einem Schaltkreis zusammenschaltet. Von den verschiedenen Methoden, diese Schaltkreise herzustellen, ist die einfachste die Drahtwickelmethode. Die Chips werden auf Sockel mit nadelähnlichen Füßchen montiert, auf eine Fiberglasplatte gesteckt und dann mit leitfähigen Drahtlitzen festgewickelt. Die ersten Projekt-Computer – Raymond, Harry, Patrick, Renata und Cynthia – waren mit der Drahtwickelmethode gebaut worden, aber diese Technik war zur Produktion von etwas so dicht Zusammengepacktem wie einem Computer-Sandwich zu sperrig. Folglich plante Mark, zu der wesentlich verfeinerten Technik gedruckter Leiterplatten überzugehen.

Eine fertiges PC-Board besteht aus Linien aus Kupferfolie, die auf eine Unterlage aus Fiberglas angebracht werden. In diese Karte aus Linien, die einen elektronischen Schaltkreis darstellen, werden Computer-Chips direkt, ohne Sockel oder Verbindungsdrähte, angeschlossen. Hewlett-Packard und IBM bestellen, sobald ihre Entwicklungs-Abteilungen mit einem funktionierenden Schaltkreis aufwarten, ihre PC-Boards millionenfach. Ihre Produktions-Anlagen sind weitaus effizienter, aber ihre Methoden zur Herstellung dieser Boards sind im wesentlichen dieselben wie die von Mark mit seinem Hinterhof-Säurebad: Zuerst kommt der Entwurf. Man sucht sich alle Komponenten zur Errichtung einer elektronischen Stadt zusammen – ihre Speicher-Banken, Daten-Bibliotheken, Busse und Zentraleinheiten – und stellt sich vor, sie dicht beieinander liegend zu verbinden. Dann folgt das Layout. Man schüttet die Chips auf ein elektronisches Terrain aus Mylar, schiebt sie hin und her und sinnt über das beste Highway- und Zufahrtsstraßen-System nach, um sie zu einer funktionierenden Metropolis zu verbinden. Schließlich kommt der künstlerische Teil. Man fertigt einen Schwarzweiß-Straßenplan an, der einem zeigt, wie die zukünftige Stadt aussehen wird, inklusive der die kupfernen Anschlüsse darstellenden Punkte, an die die Chips später angeschlossen werden. Danach folgt die phototechnische Verkleinerung sowie das Übertragen des Artworks auf das PC-Board. Am Schluß steht das Ätzen der Leiterplatte in Säure, damit, wenn der Großteil der kupfernen Oberfläche weggefressen ist, auf dem oberen Teil des Boards nur die strudelnden Linien eines auf ein Stück Glasfiber übertragenen Metall-Schaltkreises übrigbleiben. «Hat man es bis dahin geschafft», sagte Mark, «braucht man den Rest nur anzuschließen.»

Unmittelbar nach Halloween war Mark auf das, was er das PC-Problem nannte, gestoßen. Sehr wenige Computer-Hersteller produzieren ihre eigenen Leiterplatten. Diese Arbeit geben sie an kleinere Firmen weiter, die auf Entwurf, Layout, Artwork oder Photo-Ätzen von gedruckten Leiterplatten spezialisiert sind. Eudaemonic Enterprises hatte ebenfalls daran gedacht, andere Firmen mit der Produktion ihrer Boards zu beauftragen. Als Mark aber die Gelben Seiten studiert und ein Dutzend Firmen im Valley angerufen hatte, war er überrascht zu hören, daß sie allein für das Artwork 2000 Dollar verlangten und weitere 500 Dollar für eine Prototyp-Leiterplatte. Das war mehr, als das Team gewillt war auszugeben; folglich unternahm Mark das Entwerfen und Herstellen der Boards selbst. Mit Ausnahme der Innen-Bauteile war das Computer-Sandwich jetzt vollständig hausgemacht. Mark war drauf und dran, High Tech als Heimarbeit einzuführen.

Mit Bleistift und Papier bewaffnet machte er sich daran, einen Schaltkreis zu zeichnen. «Es ist, als suche man sich seinen Weg durch einen Irrgarten», sagte er. «Man hat es mit einem dreidimensionalen Gewirr von Linien zu tun, das man auf eine zweidimensionale Oberfläche bannen soll. Drüben im Valley gibt es ganze Layout-Abteilungen, die sich auf so ein Zeug spezialisieren. Sie haben sogar Computer-Programme, die das Irrgarten-Problem für sie lösen. Ein Computer kann mehr Versionen eines Schaltkreises erstellen, als ein Mensch verdauen kann. Als ich endlich fertig war, hat mich die Sache ziemlich angekotzt.»

Mark arbeitete an einem behelfsmäßigen Leuchttisch. Er benutzte Millimeterpapier, auf dem er Dutzende von Versuchsschaltkreisen für die Bauteile entwarf, die er übereinander montieren und miteinander verbinden mußte. Bei der großen Zahl von Linien, mit der man es zu tun hat, kann man nicht alle Probleme gleichzeitig lösen. Also bedient man sich vieler Versionen des Schaltkreises, und mit jeder Version löst man ein paar Probleme und führt neue ein. Zum Beispiel bringt man es fertig, drei Linien sauber miteinander zu verbinden, nur um herauszufinden, daß eine andere in der Falle steckt. Es geht einfach nicht, daß Linien sich kreuzen, weil es sonst einen Kurzschluß gäbe. So arbeitet man sich Einheit für Einheit durch einen Schaltkreis, und wenn mal ein Teil gut aussieht, kopiert man die Linien auf Millimeterpapier, bevor man eine weitere Sektion in Angriff nimmt, auf der ein fürchterliches Durcheinander herrscht.»

Nachdem Mark das Irrgarten-Problem gelöst hatte, begann er mit dem Artwork. Er benutzte dünnes schwarzes Klebeband, um einen Prototyp seines Schaltkreises auf ein Stück Mylar zu übertragen, das einer robusteren Version von Cellophan glich. Er arbeitete mit einer großen Vorlage und stellte eine Maske her, die später auf phototechnischem Wege um die Hälfte verkleinert wurde. Selbst in dieser größeren Fassung war das Klebeband nicht breiter als 0,08 cm. Nachdem Mark die Linien aufgezeichnet und sich überzeugt hatte, daß keine von ihnen eine andere berührte, befestigte er winzige Sticker, die die kleinen Kupferkringel darstellten, in die die Chips am Ende hineingesteckt wurden.

Als er mit dem Weben eines dichten Irrgartens aus Linien und Kringeln fertig war, brachte Mark sein Artwork in ein Photolabor zum Verkleinern. Dort fertigte man ein Negativ des Layouts in exakt derselben Größe wie das zukünftige Board an, nur daß die schwarzen Linien und Kringel des Originals jetzt als transparentes, auf einen dunkleren Untergrund gelegtes Filigran erschien. Das Übertragen dieses Negativs auf ein Board geschieht genau so wie das Herstellen eines Kontaktbogens in der Photographie. Licht wird durch das Negativ auf eine Oberfläche geworfen, die dann entwickelt, gewässert und fixiert wird. Aber anstatt Photopapier zu benutzen, werden elektronische Schaltkreise auf kupferüberzogene, ein Sechzehntel Inch dicke Oblaten aus Fiberglas «gedruckt».

Mark hatte mit dem Entwerfen des Schaltkreises einen Monat zugebracht; jetzt galt es, die Boards selbst zu produzieren. Er arbeitete in einem abgedunkelten Raum mit lichtempfindlichem Lack, einer 150-Watt-Glühbirne, einem Lösungsmittelbad, einer künstlichen Höhensonne und einer Ätzlösung aus Eisenchlorid und begleitete seine Materialien auf schonende Weise durch das halbe Dutzend Schritte, die erforderlich waren, um eine Negativ-Maske in die positive Zeichnung eines Computer-Schaltkreises umzuwandeln. Als Mark das erste PC-Board aus dem Säurebad zog, betrachtete er das Gewirr der Linien und dachte bei sich, daß alle Design-Probleme, die beim Bau eines Computers für einen Schuh bestanden, gelöst worden waren.

«An jenem Tag war ich völlig high. Als ich das erste Board aus dem Eimer zog, wußte ich: Es würde funktionieren.» Das Bohren, Laden und Löten eines derart kleinen Schaltkreises erforderte unglaubliche Mühe. Die angehängten Bauteile auf Fehler zu checken, würde äußerst schwierig sein. Mark stand noch bevor, sich zu überlegen, auf exakt welche Art und Weise er die Boards zu Sandwiches verbinden könne. Schließlich blieb noch das Problem, wie die Computer in Schuhe mit falschen Sohlen eingebaut werden sollten. Diese «untergeordneten technischen Details» zu lösen, würde ihn ein weiteres ganzes Jahr Arbeit kosten, aber was Mark anging, war das Roulette-Projekt bereits ein voller Erfolg.

Computer-Town

Unstetes Glück wird durch die Unparteilichkeit der Berechnung durchaus gemeistert.

Blaise Pascal

Die Akazienbäume blühten und die Luft war geschwängert vom Duft der Fresien und anderer Frühlingsblumen, als Doyne mich anrief und fragte, ob ich Lust hätte, mit ihm im Valley auf Shopping-Tour zu gehen. Er dachte dabei nicht an Kleiderkauf, sondern an einen anderen Artikel, der dort in Dutzenden von großen und kleinen Discount- und Deluxe-Läden zum Kauf angeboten wird. Er sprach vom Silikon-Chips-Shopping. Nachdem die hausgemachten Boards mit Löchern versehen und auf die richtige Größe getrimmt worden waren, lagen sie bereit, um mit einem Wirrwarr von RAMs, ROMs, Transistoren, Dioden und anderen Bauteilen geladen zu werden, aus denen Computer gemacht werden.

Doyne und ich verließen Santa Cruz eines frühen Nachmittags und fuhren durch die Redwood-Wälder den Highway 17 entlang und über die Santa Cruz Mountains nach San Jose. Diese Megalopolis verankert das untere Ende des Santa Clara Valley, heute besser bekannt als Silicon Valley. Wir fuhren den Highway 101 Richtung Norden und tauchten tiefer in den rosafarbenen Smog des eigentlichen Santa-Clara-Tals ein. Wir passierten die dicht beieinander liegenden Städte Sunnyvale, Mountain View und Palo Alto und legten Pausen ein, verließen den Highway und rollten über die breiten Straßen alter Farmer-Städte, die heutzutage zu Schlafgemeinden und Dienstleistungsstätten gleichgeschaltet worden sind. Hewlett-Packard, Intel, Memorex, Teledyne, Synertek, Siliconix und Dutzende anderer Unternehmen mit aus elektronischen Akronymen zusammengesetzten Firmennamen profitieren davon. Die Computer-Fabriken selbst sind in massiven, wegen der Air-Conditioning fensterlos gebauten Hallen untergebracht. Außer den Ziegeldächern und gläsernen Eingangshallen bieten sie dem Auge wenig mehr als mächtige Flächen von Spannbeton. Die Hallen werden mit von Landschaftsgärtnern angelegten Parkplätzen und Gitterzäunen mit Toren umgeben, die den Autofluß regeln. Abfahrende Autos halten an den Toren, während die in klimatisierten Logen postierten Pförtner herauskommen, um die Aktenkoffer der Fahrzeuginsassen, zuweilen auch die Kleidertaschen zu kontrollieren.

«Diebstahl im Valley ist ein Riesenproblem», sagte Doyne. «Eine Aktentasche voller Chips ist gut und gern dreißigtausend Dollar wert.»

Anstatt bei den großen Firmen anzuhalten, steuerten Doyne und ich auf den unbewachten Parkplatz von Halted zu, einem Elektronik-Discount in Santa Clara, der innen wie die Garage eines durchgedrehten Hackers aussah. Ausgeschlachtete Fernsehgeräte, Radios und Antennen säumten die Wände, während das übrige Gebäude mit grauen, bis zur Decke reichenden Metallregalen vollgestellt war, die bis zum Platzen mit Schachteln voller Elektronikteile gefüllt waren. Der Inhalt einer jeden Schachtel war handschriftlich angeschrieben. Spezifikationen waren in Ohm und Farad angegeben, wenngleich es auch viele Schachteln gab, auf denen «Verschiedenes» oder «?» stand.

Doyne reichte mir einen Karton «Verschiedene Widerstände» und bat mich, die kleinsten mit im Milli-Ohm-Bereich gemessenen Werten herauszusuchen. Die zylinderförmigen Widerstände sind in allen Regenbogenfarben kodiert, und was ich in den Händen hielt, sah aus wie miniaturisierte afrikanische Marktperlen. Doyne gab mir weitere Schachteln, die ich nach in Pico-Farad oder 10^{-12} gemessenen Kondensatoren durchsuchen sollte. Winzigen Zuckerstengeln mit Pappstielen ähnelnd, wurden die Kondensatoren ebenfalls in Grün-, Blau- und Purpurtönen kodiert angeboten. Nachdem wir zusätzlich mehrere Spulen haarfeinen Antennendrahts gekauft hatten, verließen wir den Laden mit Ware im Wert von 75 Dollar in eine Papiertüte gepackt, die nicht größer war als ein «Mars»-Schokoriegel.

Wir fuhren das Valley Richtung Norden hinauf und passierten ein Gelände, das einer riesigen Lagerfläche mit Dutzenden von zu vermietenden kleineren Gebäuden glich, bis ich von einem Schild ablas, daß es sich um eine Chip-Fabrik handelte. Wir fuhren weiter zu einer anderen Firma, deren Fassade aus mit luftgetrockneten Ziegeln gemauerten Bögen an eine meilenlange Niederlassung von McDonald's erinnerte. Nach Halted galt unser nächster Besuch Anchor Electronics, was sich als nichts anderes herausstellte als ein Lagerraum mit einer gläsernen Trennwand, durch die eine Angestellte Chips ausgab. Doyne hatte seine Bestellung telefonisch vormerken lassen, und die Frau wartete bereits mit einer Auswahl von CMOS-, RAM- und EPROM-Chips, die in zwei antistatischen, je anderthalb Fuß langen Plastikröhren verpackt waren. CMOS (complementary metaloxide semiconductor, komplementäre Halbleiter) ist der Gattungsname einer Chips-Familie, die für niedrige Spannung und den Einsatz unter extremen Bedingungen gedacht ist. Diese Chips eignen sich vorzüglich für Cruise Missiles und B-1-Bomber wie auch für in Schuhe eingebaute Roulette-Computer. Doyne benötigte weitere Kondensatoren und stand geschlagene zwanzig Minuten am Schalter, bis er mit seiner Checkliste durch war. «Wir suchen die kleinsten, die es gibt», wiederholte er ein ums andere Mal. Die Frau stellte weiter keine Fragen, gab aber für die Kondensatoren keine Plastikbeutel mehr dazu.

«Bei zwei Cent das Stück», sagte sie, «sind die Beutel einfach zu teuer, als daß wir sie unbegrenzt abgeben könnten.» Doyne zahlte mit einem auf Eudaemonic Enterprises ausgestellten Scheck, und mit zwei Plastikröhren Chips und einem Beutel Kondensatoren im Wert von insgesamt 187 Dollar verließen wir das Geschäft.

Wir versuchten einen Wettlauf mit der Ladenöffnungszeit und quälten den Blue Bus das Valley hinauf zu Zack Electronics in Palo Alto. Zack sah mit dem langen, eine ganze Wand einnehmenden Ladentresen wie eine normale Eisenwarenhandlung aus; aber die hier zum Verkauf angebotenen Muttern und Schrauben waren von der High-Tech-, der kostspieligen Art. Palo Alto ist eine Klasse-Gegend, und so ging Antennendraht, der bei Halted 2 Dollar kostet, hier für 11.99 Dollar über den Tresen. Doyne beschäftigte gleich zwei Leute, die in Kästen mit Bauteilen wühlten. Er kaufte einen Lötkolben mit extra-feiner Spitze, eine Rolle Antennendraht, vier Miniatur-Batterien mit 15 Volt und eine Handvoll Widerstände für zusammen 150 Dollar. Wir waren die letzten Kunden, reihten uns in den Berufsverkehr ein und fuhren über die Berge zurück nach Santa Cruz.

Als ich die Chips und die anderen Bauteile Wochen später wiedersah, waren sie zu einem «Breadboad» genannten Computer-Prototyp zusammengebaut. Dieser Begriff ist gleichzeitig ein Verb, und die peinlich genaue Arbeit, einen Computer zusammenzusetzen, kann man im Computer-Jargon als «breadboarding» bezeichnen. Eines Nachmittags kam Norman mich besuchen und trug etwas in der Hand, das wie eine Kodak-Photopapierschachtel aussah. «Ich schätze, es wird dich interessieren, dir das mal anzuschauen», sagte er, indem er den Deckel abnahm. «Dies ist ein breadboarded Computer, und alles, was du hier siehst, ist ungefähr das, was in einen dieser Apparate hineingehört.» Ich blickte in die Schachtel und sah zwei Scheiben weißes Styropor, in die eine Handvoll schwarzer Chips und vielfarbige Bauteile gesteckt worden waren. Sie erinnerten mich an entomologische Schaukästen in einem Naturhistorischen Museum, wo exotische Insektenarten gezeigt werden, die aus Mikro-Lebensräumen stammen, die sich von den unsrigen radikal unterscheiden. Was an Doynes Sammlung fehlte, waren die Namensschildchen, die hier durch Filigrane aus Draht ersetzt wurden, die von einem Spezimen zum anderen führen. «Sobald die Chips endgültig auf die PC-Boards geladen werden», sagte Norman, «braucht man diese Drähte nicht mehr. Das Board selbst wird sie zu einem Schaltkreis verbinden, und alles wird sehr viel dichter beieinander liegen.»

Die auf die beiden Styropor-Stücke gesteckten Bauteile waren entsprechend der Computer-Hälfte, die sie einnehmen würden, unterteilt. In Speicher- und

Logik-Chips getrennt war die erstgenannte Spezies die größere und eindrucksvollere der beiden. Der größte Chip von allen – offensichtlich die Königin der Sammlung – war ein Rechteck mit schwarzem Gehäuse und nicht weniger als vierzig Beinchen. «Das ist ein 6502-Mikroprozessor von MOS-Technology», sagte Norman. «Man könnte sagen, er bildet das Gehirn im Computerbetrieb.»

Der Mikroprozessor ist eine derart wichtige Komponente für den Betrieb eines Mikrocomputers, daß die Begriffe *Mikroprozessor* und *Mikrocomputer* praktisch zu Synonymen geworden sind. «Die Auswahl bei Mikroprozessoren ist gar nicht so groß», informierte Mark mich später. «Es mag zwanzig verschiedene Arten geben, aber die meisten sind Teil einer Komponenten-Familie. Von den fünf bedeutenderen Mikroprozessor-Familien spricht eine jede ihre eigene Sprache. Die größte Familie entstand aus dem von Intel gebauten 8080, aus dem Zilog in Cupertino dann den Z 80 entwickelte. Das ist eine der fünfzehn Firmen im Valley, die Exxon gehören. Unser Mikroprozessor ist Teil der als 6500 bekannten Serie. Ursprünglich von MOS Technology gebaut, wurde er von Mostek, einem Ableger von Texas Instruments nachgebaut, der wiederum von United Technologies geschluckt wurde.»

Würde man sein Plastik- oder Keramikgehäuse aufbrechen, würde der schwarze Brocken von einem Mikroprozessor – auch als CPU (Zentraleinheit) des Computers bekannt – unter einem Mikroskop ein graues Gitterwerk aus Silikon enthüllen. Welle um Welle dieses Gitterwerks bildet eine dicht geschlossene Reihe von sogenannten Verzeichnissen oder Speicherplätzen, von denen einige arithmetische und Kontrollfunktionen ausüben, während andere Speicherfähigkeit besitzen.

«Die Hauptaufgabe des Mikroprozessors besteht darin», sagte Norman, «Daten hin und her zu bewegen; dies bewerkstelligt er mit Hilfe dieser vierzig goldenen Nadeln. Jetzt stecken sie noch in Styropor, später werden sie dann zu einem Schaltkreis zusammengelötet. Jede Nadel hat eine unterschiedliche Funktion, obwohl die an ihr hinauf- und hinablaufenden Daten sich auf so wenig Kompliziertes wie 1 oder 0 beschränken. Eine Nadel vermag ein Informations-Bit zu tragen, das heißt, entweder ist sie ‹an› oder ‹aus›. Man kann die Bits aber auch zusammenfassen und Einer und Nullen in größerer Anzahl bewegen. Vier Einer und Nullen zusammen nennt man vier Bits. Acht Einer und Nullen heißen acht Bits usw. Jeder Mikroprozessor hat eine für ihn charakteristische Wort-Größe, die durch die Anzahl Bits, die er auf einen Schlag transportieren kann, bestimmt wird. Wir haben einen Acht-Bit-Mikroprozessor, das heißt, daß er Acht-Bit-Wörter bewegt. Andere Computer arbeiten mit Wörtern von unterschiedlichen Längen, und die

Wortlänge macht einen der Hauptunterschiede zwischen Mikrocomputern und größeren Maschinen aus. Der IBM 360 zum Beispiel benutzt Vierundsechzig-Bits-Wörter. Ein derartig langes Wort erfordert einen riesigen Rechenaufwand, und das ist auch der Grund, weshalb solche Maschinen niemals miniaturisiert wurden.»

Norman nahm das Styropor aus der Schachtel und zeigte auf ein paar kleinere Chips, die neben dem Mikroprozessor steckten. «Grundsätzlich besteht ein Mikrocomputer aus einem Mikroprozessor und ein paar zusätzlichen Speicher-Chips. Diese beiden schwarzen hier sind Harris-256-byte-CMOS-RAMs, die man sich als Merktafeln des Systems vorstellen kann. Weil sie RAMs sind, kann der Computer auf ihnen herumkritzeln, während er versucht, Gleichungen zu lösen, und sie dann wieder sauberwischen, bevor er das nächste Problem angeht. Diese Chips sind neu, arbeiten mit niedriger Spannung und sind schwer aufzutreiben. Offensichtlich geht es nur wenigen Leuten darum, hier und da ein Watt einzusparen. Der Name einer logischen Familie, die als Isolatoren und Leiter Metalloxyde verwendet, heißt CMOS, das sind zusätzliche Metalloxyd-Halbleiter. Bringt man diese Oxyde auf mehreren Silikonschichten an, bilden sie Transistoren. CMOS ist nur eine von verschiedenen logischen Familien. Die bekannteste ist TTL (*t*ransistor-*t*ransistor *l*ogic, Transistor-Transistor-Logik), während Hewlett-Packard SOS oder *s*ilicon *o*n *s*apphire verwendet.»

Norman lenkte meine Aufmerksamkeit auf einen anderen neben den Mikroprozessor gesteckten Chip und befingerte ein purpurnes Rechteck, das wie das Miniaturmodell eines kalifornischen Kleinbusses mit Sonnendach aussah. «Das ist der ROM. Er speichert das Computerprogramm im Festspeicher. Dies hier ist ein Super-Deluxe-Modell, ein 2532-EPROM von Texas Instruments mit viertausend Speicher-Plätzen, die sooft ‹neugebrannt› werden können, wie man will. In der vorangegangenen Computer-Generation benötigte man für das, was dieser eine vermag, drei Chips.» Er erklärte, daß das Sonnendach eigentlich ein Quartz-Fenster sei und daß man die elektrischen Ladungen, die die Einer und Nullen des Computer-Speichers ausmachen, löschen kann, wenn man ultraviolettes Licht hindurchscheinen läßt. Anschließend kann man den Chip neu programmieren, indem man eine neue Anordnung elektrischer Spannungen etabliert.

Der einfachste Speicher in der Computer-Speicher-Hierarchie ist im ROM fixiert. Auf der nächsthöheren Ebene der Computer-Intelligenz findet sich der PROM oder programmierbare Festspeicher. Aber der vielseitigste Speicher – der das nachahmt, was Freud als den mystischen Schreibblock des menschlichen Geistes bezeichnete – ist der EPROM, ein programmierbarer

Festspeicher, den man auch löschen kann. Er läßt sich, so lang er existiert, verändern und vergrößern. «In Hacker-Witzen geht es häufig um einen vierten, Nur-Schreibe-Speicher oder WOM genannten Speichertyp», sagte Norman. «Zwar kann man ihn mit Informationen füttern, aber er rückt sie nicht wieder heraus.»

Der Blick durch das EPROM-Fenster enthüllt eine graue Silikonmasse, die auf einer Platte aus golden schimmernden leitfähigen Linien ruht. «Die Linien auf dem äußeren Rand des Chips entschlüsseln und kontrollieren sein logisches Vermögen. Die gleichmäßig graue Fläche in der Mitte enthält die viertausend Speicher-Plätze. Wenn du den Kopf über dem Fenster ein wenig hin und her bewegst, wirst du Regenbogen sehen. Diese rühren von extrem winzigen Ätzungen auf dem Silikon her, die die eigentlichen Plätze ausmachen. Anders als beim EPROM sähe das Innenleben eines Mikroprozessors, schnitte man ein Fenster hinein, weitaus weniger uniform aus. Man würde die einzelnen Silikon-Bereiche für die Ausführung der verschiedenen Aufgaben erkennen. Die Komplexität dessen, was er tut, gestaltet die Struktur eines Mikroprozessors um sehr vieles komplizierter als die eines Speicher-Chips.

Tatsächlich könnte man aus einem Mikroprozessor einen Computer ohne irgendwelche externen RAMs oder ROMs bauen», sagte Norman. «Seine Fähigkeiten wären begrenzt, weil die Speicher-Chips nicht nur die Information speichern, die man bearbeitet, sondern auch die Anweisungen, um mit dem Computer zu arbeiten. Aber der Mikroprozessor selbst besetzt ein halbes Dutzend Speicher-Plätze, und dies reicht aus, um das simpelste aller Computer-Programme zu fahren, welches sagt, ‹Spring zurück zu dem Befehl, der sagt, spring zurück zu dem Befehl›. Der Mikroprozessor hockt da und springt in einer kleinen Schlaufe immer wieder zu demselben Befehl zurück. So unnütz das klingen mag, benutzen wir dies Programm recht häufig dann, wenn wir möchten, daß der Mikroprozessor zwischen den Signalen der Zehenschalter leerläuft.»

Nachdem Norman mir den EPROM gezeigt hatte, befestigte er ein wenig Klebeband auf dem Sonnendach. «Man muß das Fenster abdecken, weil das Programm durch Sonnenlicht gelöscht werden kann. Ultraviolette Strahlen lassen die elektrischen Kontakte im Chip zusammenbrechen und orientieren die Speicher-Orte alle in dieselbe Richtung. Das Programm, das in Tausenden von kleinen, zwischen Materialschichten aufgebauten elektrischen Spannungen gespeichert ist, läuft einfach aus. Zwar könnten wir den Chip immer wieder neu programmieren, obwohl das manchmal kniffliger ist, als es sich anhört. Den KIM-Computer haben wir mit einem speziellen Schaltkreis ausgestattet, der jeden einzelnen Speicher-Ort im EPROM anspricht, ihm einen elektrischen Impuls verpaßt und ihn mit jeder von uns gewünschten Spannung lädt. Aber man muß sehr vorsichtig sein, nicht die falsche Spannung anzulegen, damit nicht der ganze Chip in Rauch aufgeht. Wir haben einen Friedhof voll mit Dreißig-Dollar-EPROMs, die es erwischt hat.»

Neben dem Mikroprozessor, den zwei RAMs und dem EPROM steckt die schwarze Patrone eines Synertek PIAs (*p*eripheren *I*nterface-*A*dapters) im Styropor. Dies ist der fünfte und letzte für die untere Hälfte des Computer-Sandwiches bestimmte Chip. «Alle gängigen Computer bestehen aus einem Mikroprozessor und Speicher-Chips», sagte Norman. «Wenn der Computer aber mit der Außenwelt kommunizieren soll, benötigt man ein Interface.»

Während Norman seine Arbeitsweise erklärte, kam mir in den Sinn, daß der PIA wie die New York Port Authority des Computers funktioniert. Er stellt das Netz und die Fahrzeuge bereit, um die in die Millionen gehenden Bits von Chip zu Chip und darüber hinaus zu den peripheren Komponenten zu tragen. Der PIA transportiert die Bits in der Computer-Town in sogenannten Bussen hin und her. Die Busse kommen und gehen von Daten-Anlegeplätzen am Rande des PIA aus und fahren durch ein Gitter von gedruckten Schaltkreisen oder Drähten, die sich von der Zentraleinheit bis zur Peripherie des Computers erstrecken. In den Bussen sitzen von der Außenwelt in die Zentraleinheit und wieder zurück gesandte Signale. Auf der einen Seite des PIA befinden sich die blinkenden Lämpchen, die vibrierenden Solenoiden, Radio-Frequenzen, Tastenschläge und flimmernde Wörter, mittels derer Menschen mit Computern kommunizieren. Auf der anderen Seite ist nichts als das stille Hin und Her der mit einer Million oder mehr Zyklen pro Sekunde impulsweise durch Silikon-Tore gesandten Elektronen.

Norman zeigte auf ein Bündel leuchtend farbiger Drähte, die an den Daten-Anlegern sprießen. «Hier kommen zwei Arten von Bussen an», sagte er. «Es gibt Daten-Busse und Adreß-Busse. Ein Bit entscheidet, in den einen oder den anderen Bus einzusteigen, und zwar nach folgendem System: Sobald der Mikroprozessor mit dem Berechnen einer Roulette-Voraussage fertig ist, muß er die Neuigkeiten irgendwem mitteilen. Dies bewerkstelligt er, indem er sechzehn Bits oder zwei Bytes in den Adreß-Bus und ein weiteres Byte in den Daten-Bus setzt. Die Bytes im Adreß-Bus kommen als erste an und machen eine bestimmte Nadel am PIA darauf aufmerksam, daß eine Nachricht unterwegs ist. Danach kommt der Daten-Bus an, um ihm die Nachricht mitzuteilen. Dies wiederum veranlaßt den PIA, ein Signal von einem der Daten-Anleger auszusenden, und dieses abschließende Signal läßt ein Relais vibrieren, übermittelt eine Radio-Welle oder erledigt eine ganze Reihe anderer nützlicher Aufgaben.

Der Daten-Bus verkehrt in beide Richtungen, und der Vorgang für in den Computer eingegebene Information spielt sich genauso ab. Sagen wir, der Mikroprozessor muß irgendwas in seinem Speicher aufrufen. Wie wir uns erinnern, enthält der Speicher viertausend Bytes auf einem einzelnen Chip. Der Mikroprozessor möchte auf ein einziges dieser Bytes zugreifen; also schickt er auf dem Adreß-Bus eine Adresse aus, die dem Speicher-Chip mitteilt, welches Byte er möchte. Nachdem der Speicher-Chip die Adresse entschlüsselt hat, schickt er das gewünschte Byte mit dem Daten-Bus zurück.»

Norman legte den Mikroprozessor, die Speicher-Chips und den PIA beiseite und nahm das zweite Stück Styropor aus der Kodak-Schachtel. Auf dieses sind die für die obere Hälfte des Computer-Sandwiches bestimmten Bauteile aufgesteckt. Ist die untere Hälfte in erster Linie dem Speichern vorbehalten, so wird die obere Sandwich-Hälfte auf Logik spezialisiert. Fünf schwarze Rechtecke, ein jedes ungefähr so groß wie ein Fingernagel, sind mit ihren goldenen Beinchen an dem Styropor befestigt. «Dies sind die Logik-Chips», sagte Norman. «Sie teilen dem Mikroprozessor mit, wann er sich ein- oder ausschalten soll. Dies stellt sich als eine nicht-triviale Aufgabe heraus. Wie alles andere im Computer auch ist die grundlegende Informationseinheit für den Logik-Chip ein Bit. Ein Bit kann von einem Draht transportiert werden, der entweder mit einer niedrigen, einer Null entsprechenden Spannung oder einer hohen, einer Eins entsprechenden Spannung geladen ist. Die logischen Funktionen eines Computers werden von Tausenden dieser zu Schaltkreisen verbundenen Drähte abgewickelt, und die Schaltkreise selbst sind in unterschiedlichen Arten von logischen Bausteinen organisiert.»

Die «Drähte» und «Schaltkreise» in einem Logik-Chip sind tatsächlich nichts anderes als mikroskopische – logische Tore benannte – Orte, die zu Tausenden in die kristalline Struktur eines Silikon-Chips eingeätzt sind. Diese Miniatur-Schaltkreise kennen zwei Zustände: offen oder geschlossen. Die Art und Weise, wie diese beiden Möglichkeiten Binärzahlen gestatten, logische Probleme zu lösen, ist für das Verständnis der «Denkvorgänge» eines Computers unerläßlich. Die einfachen, auf der Ebene der logischen Tore durchgeführten Schritte stellen die Grundlage für die fortgeschrittenen Formen der Wahrnehmung eines Computers dar.

Ein Computer beginnt seinen Denkvorgang, indem er Beziehungen zwischen Zahlen in solche zwischen Aussagen überträgt. Die logischen Tore erledigen diese Aufgabe, indem sie Kombinationen aus Einern und Nullen in «wahr» und «falsch» übersetzen. Die mathematische Logik digitaler Schaltkreise – die Regeln, nach denen diese Übersetzung geschieht – wurde von dem Engländer George Boole, einem Zeitgenossen von Charles

Babbage, entwickelt. Diese als Boolesche Algebra bekannten Regeln berücksichtigen den Ausdruck von Beziehungen, die gleichzeitig mathematischer und logischer Natur sind.

Die Boolesche Algebra läßt sich am besten erklären, wenn man den eigentlichen Prozeß betrachtet, mit dem ein Computer seine logischen Tore handhabt und kontrolliert. Jedes einzelne Tor besteht aus einem elektronischen Schalter mit zwei in ihn hineinführenden Drähten und einem hinausführenden Draht. Ein Draht, in dem Spannung fließt, wird als «hoch» bezeichnet. Ein Draht ohne elektrische Spannung ist «niedrig». Die zwei Drähte und zwei Spannungen, die in das Tor hineinführen, erlauben vier verschiedene Kombinationen. Wie der Schalter diese verschiedenen Kombinationen interpretiert – und somit entweder eine hohe oder eine niedrige Spannung auf der anderen Torseite herausläßt –, ist in einer sogenannten Wahrheitstafel festgelegt.

Eine Wahrheitstafel kann einem Tor etwa befehlen, sich nur dann zu öffnen, wenn beide hineinführenden Drähte hoch sind. Oder die Wahrheitstafel könnte dem Tor sagen, daß ein hoher Draht zum Öffnen ausreicht. Ein nach der ersten Art der Wahrheitstafel funktionierender Schalter wird UND-Tor genannt, während der zweite Schalter ODER-Tor heißt. Die Formallogik hinter der Funktionsweise eines UND-Tors wird durch die Aussage ausgedrückt: «Genau dann, wenn A wahr ist *und* B wahr ist, ist auch ihre Kombination wahr.» Sobald die Wahrheitstafel von UND- und ODER-Toren in negative Behauptungen umgewandelt werden, ergeben sie NICHT-UND- und ODER-NICHT-Tore. Diese vier unterschiedlichen Tor-Arten bilden die logischen Bausteine, aus denen alle digitalen Computer konstruiert sind. Die Wahrheitstafel für ein UND-Tor wird an dieser Stelle wiedergegeben. A und *b* stellen die beiden in das Tor führenden Leitungen dar. *C* ist die hinausfüh-

Operator	Operanden		Resultat
	a	*b*	*c*
+	(↑ ,	↑) =	↑
+	(↑ ,	↓) =	↓
+	(↓ ,	↑) =	↓
+	(↓ ,	↓) =	↓

Abb. 2:
Die Wahrheitstafel für ein UND-Tor.

rende Leitung. Ein nach oben weisender Pfeil stellt eine höhere Spannung oder eine 1 oder ein «wahr» dar. Ein nach unten weisender Pfeil steht für eine niedrige Spannung oder eine 0 oder ein «falsch».

«Was der Output-Leitung eines Computers bei jedem nur möglichen Input passiert, kann man spezifizieren», informierte mich Norman. «Aus diesen elementaren logischen Geräten kann man weitaus kompliziertere Systeme bauen. Der Mikroprozessor selbst ist vollständig aus diesen logischen Bausteinen zusammengesetzt, der Speicher ebenfalls. Der Mikroprozessor enthält Tausende von Bausteinen, und jeder einzelne enthält wiederum mehrere Transistoren, die sich entweder als ‹ein› oder ‹aus› ausrichten lassen.

Von den fünf in unserem Computer verwendeten Logik-Chips wurden vier gänzlich aus NICHT-UND-Toren gemacht, aus ins Negative umgewandelten UND-Toren. Die Wahrheitstafel für ein NICHT-UND-Tor wird überall dort, wo die Wahrheitstafel eines UND-Tors eine Null aufweist, eine Eins haben. Bevor man sich in einen Laden begibt, um Chips einzukaufen, muß man sich überlegen, welche logischen Funktionen sie ausüben sollen. Will man UND-Tore oder NICHT-UND-Tore? Hat man sich für eine bestimmte Funktion entschieden, schlägt man in einem Datenbuch nach, um herauszufinden, welche Chips erhältlich sind, um diese Funktion zu erfüllen. Dann fährt man hinüber ins Valley, geht in einen Laden und sagt, ‹Könnte ich bitte einen 7400 oder einen CD 4001 haben?›, und der Verkäufer weiß genau, wovon man spricht.»

Am späten Nachmittag fuhr Norman mit seinen Erläuterungen fort: «Alles, was du sonst noch siehst, sind Widerstände und Kondensatoren, des weiteren Verstärker, Filter und eine Reihe von Sendern und Empfängern für die Signale von Schuh zu Schuh. Der einzige andere, wirklich wichtige Bestandteil des Computers ist dieser kleine Aluminiumbehälter. Er birgt die Uhr, die das Timing der Abläufe im Computer regelt. Diese Uhr braucht man, um den Computer durch die Abfolge seiner Aktivitäten zu führen. Unsere Uhr besteht aus einem Quartzkristall, das mit einem Megahertz schwingt, das heißt, die Uhr schickt eine kleine Rechteckwelle aus, die in der Sekunde einmillionenmal von 1 zu 0 wechselt. Während eines jeden Zyklus der Uhr ist der Mikroprozessor tätig. Es nimmt eine Anweisung an, führt einen Befehl aus oder setzt ein Byte in einen Daten-Bus.

Dies vermittelt dir einen Eindruck von der Geschwindigkeit, mit der das alles abläuft. Wie du siehst, geht es sehr schnell – viel schneller als die Zeitwahrnehmung des Menschen –, und das ist einer der Gründe, weshalb wir für die Roulette-Voraussage einen Mikroprozessor verwenden. Verglichen mit der Geschwindigkeit von Elektronen sind Menschen langsam und träge, wobei wir unsere Reflexe immerhin auf eine Zehntelsekunde genau

getrimmt haben. Das ist einhunderttausendmal langsamer als ein Mikroprozessor. Natürlich», sagte Norman und lehnte sich grinsend auf seinem Stuhl zurück, «sind wir in der Lage, Dinge zu tun, wozu ein Computer eine *lange* Zeit benötigen würde, wie beispielsweise eine Unterhaltung führen.»
Was in dieser Sammlung von auf Styropor gesteckten Chips und Bauteilen fehlt, sind mehrere für das Funktionieren des Computers unerläßliche Dinge, so die Batterien, um ihn zu betreiben, und die Solenoiden, um seine Voraussagen nach außen zu geben. Aber die Intelligenz des Unternehmens – die Tausende von in einem Computer-Programm zusammengefügten logischen Tore – liegt vor mir. «Im Grunde genommen ist das alles, was zu einem Mikrocomputer gehört», schloß Norman und machte den Deckel auf die Kodakschachtel. «Siehst du, wie einfach das ist? Eines der verblüffendsten Dinge an der Computer-Industrie ist, daß man Mikroprozessoren und Mikrocomputer benutzen kann – man kann sie bedienen, ihnen sagen, was sie tun sollen, und sie in Schaltkreise einbauen –, ohne einen blassen Schimmer davon zu haben, was ein Transistor ist oder was sich elektronisch auf einem Chip abspielt. Hat man einmal seine charakteristischen Eigenschaften bestimmt, braucht man nicht das geringste darüber zu wissen, wie ein Chip aufgebaut ist, auch nichts über die altmodische Elektronik. Man braucht nichts weiter zu tun, als Chips wie kleine schwarze Kästchen zu behandeln. Ja, es ist Magie, aber das einzige, was einen interessiert, ist, ob es funktioniert.»

Eines Abends erklomm ich als Gast zu Abendessen und Roulette die Eingangsstufen des Hauses an der Riverside 707. Ich stieß die wie immer unverschlossene Haustür auf und sah Norman auf dem Flurfußboden sitzen. Seine 1,84 m Körperlänge war über eine weiße Box gebeugt, die sich bei näherem Hinschauen als tragbarer Computer entpuppte: komplett mit Tastatur, einem Einzeilen-Sichtfenster und Modem, das ihn über Telephon mit dem Mainframe-Computer auf dem Campus verband. «Ich bin *on line*», sagte er, blickte auf und lächelte sein schiefes Lächeln. «Du weißt, wie es ist. Wenn die Muse ruft, muß man zur Stelle sein.»
Ich ließ ihn weiter Chaos-Gleichungen in die Maschine eingeben und ging ins Wohnzimmer, in dem Lorna, die Haare wie Jane Fonda frisiert und in schwarzen Stretch für ihren Jazzercise-Kurs gekleidet, *I walked with a Zombie* im Fernsehen sah. «Ein Film in der Art des französischen Expressionismus der dreißiger Jahre und unglaublich gut ausgeleuchtet», sagte sie. «Es gibt ein paar *großartige* Szenen in diesem Streifen.» Von ihrem Cockpit vor dem Bildschirm aus erledigte Lorna die meisten der täglichen Riverside-Angelegenheiten. Wollte man wissen, ob es in der Küche Kümmel gab,

fragte man Lorna. Wollte man wissen, wo die Telephonrechnung des letzten
Monats lag, fragte man Lorna. Und wollte man irgend etwas über die
Handlung irgendeines je auf eine Leinwand projizierten Films erfahren, so
fragte man Lorna.
Der Duft von Speisen lockte mich durchs Eßzimmer und weiter in die
Küche. An diesem Abend stand Jim Crutchfield am Herd, was auf exzellente
chinesische Küche hindeutete. Er war eifrig dabei, auf dem langen Tisch in
der Küchenmitte die Zutaten zu arrangieren. Ich sah geputztes Gemüse,
grüne Erbsen, Bambusschößlinge, Ingwerstücken und in Streifen geschnit-
tenen Fisch, der in einer Marinade aus Reiswein schwamm. Mit von der
Partie war Grazia Peduzzi, eine linksgerichtete Mailänderin, die an der Uni
Italienisch gab. Dunkelhäutig, mit einer Adlernase und blitzendem Lächeln
brach sie immer wieder in Gelächter aus, etwa als Crutchfield ihr zeigte, wie
man aus in ein Leinentuch gewickeltem Tofu das Wasser herausdrückt. Mit
vom Nachmittagslauf am Strand geröteten Gesichtern betraten Doyne und
Letty die Küche in abgeschnittenen Shorts und Jogging-Schuhen. Die letzte,
die, schwer beladen mit einem Video-Recorder und einem Kassengerät,
nach Hause kam, war Ingrid. «Ich drehe einen Streifen über Frauen, die
wissenschaftlich in Gruppen arbeiten», sagte sie. «Aber das kostet so viel
Zeit. Das Komische ist, daß ich mit drei anderen Frauen gemeinsam drehe
und wir uns über nichts einigen können.»
Für acht Personen gab es reichlich zu essen, und die Anrichteplatten flogen
nur so um den Tisch. Doyne und Norman waren legendäre Esser, die es in
den alten Tagen in Silver City fertigbrachten, beim Holiday-Inn-Eßwettbe-
werb jeder mehrere der gebratenen Vögel zu verdrücken. Grazia mußte
feststellen, daß sogar Eßstäbchen nichts ausrichteten, um sie zu langsame-
rem Essen anzuhalten, und brach erneut in Gelächter aus. Crutchfield aß mit
dem abwesenden Blick eines Küchenchefs, der seine Saucen kostet. Ingrid
nahm ein Exemplar der *Good Times* zur Hand und schlug nach, was es in
den Kinos gab. Lorna lieferte den spontanen Kommentar zu den angezeigten
Filmen, wußte alles über die Schauspieler, Regisseure und Handlungsfäden.
Was «sexistisch oder dämlich» war, hatte bei ihr keine Chance. Am Ende
entschlossen sich alle zum Besuch eines Programm-Kinos, in dem es zwei
Filme nacheinander gab: *Die Verdammten* und *Tod in Venedig*. «Das ist eine
gute Dosis zum Ausfreaken», sagte Ingrid.
Bis zum zweiten und dritten Nachschlag war die Unterhaltung längst in ein
Gespräch über Computer und Evolution hinübergeglitten. «In fünfzig bis
hundert Jahren werden wir uns daran gewöhnt haben, daß es sich selbst
reproduzierende Maschinen gibt», erklärte Doyne.

«Aber im Augenblick verfügen wir nicht einmal über sich selbst *reparierende* Maschinen», warf Ingrid ein.

«Der Schritt von sich selbst reparierenden bis zu sich selbst reproduzierenden Maschinen ist nicht groß. Bis sie sich selbst reproduzieren können, sind Computer nicht einmal so intelligent wie Amöben. Aber vom ersten, in den vierziger Jahren konstruierten Computer bis heute ist ein solch kurzer Zeitraum vergangen, daß ihre evolutionären Aussichten ungeheuerlich sind. Von Amöben über Schleimpilze und Frösche zum *Homo sapiens* könnten die nächsten Stufen auf der evolutionären Leiter der Maschine sein.»

«Und wir könnten die erste Spezies sein, die sich ihre eigenen Nachkommen maßschneidert», sagte Letty. «Die neue Spezies könnte entweder aus der Gen-Technologie oder aus sich selbst reproduzierenden Maschinen kommen. Aber noch verfügen wir nicht einmal über die Sprache, um diese Möglichkeiten auch nur zu erläutern. Unsere Begriffe für Maschinen und Spezies und Evolution sind viel zu sehr auf die alten Bedeutungen zugeschnitten.»

Nach dem Essen, und nachdem alle übrigen ins Kino gegangen waren, verließen Doyne und ich das Haus durch die Hintertür und stiegen die Stufen zum Garten hinab. Die Abendluft trug den süßen Duft von blühenden Magnolien und den sauren Geruch der auf ihrer jährlichen Laichwanderung in den Hafen ans Ufer gespülten Sardellen. Die Erde im Garten war frisch umgegraben. Über dem Zaun im Westen war der Himmel mit opalisierenden Rot- und Blautönen eingefärbt, als wären Ozean und Himmel im Begriff, die Plätze zu tauschen. Außer dem schaumigen Rauschen der am Strand auslaufenden Wellen und dem Bellen der Seelöwen vor dem Hafenkai der Stadt war der Abend völlig still.

Wir schlossen die Tür unter der Treppe auf und betraten den Shop. Die Stufen machten einen Teil der Decke aus, und es gab Lücken in der Wand, die groß genug waren, um den Sonnenuntergang zu betrachten. Die Luft war feucht und mit ätzenden Lötgerüchen geschwängert. Die die Wände säumenden Werkbänke und Regale standen voll mit elektronischem Gerät, zwei Oszilloskopen, dem KIM-Computer, breadboarded Schaltkreisen, dazu ganze Regalreihen von Plastik-Eisbechern mit Batterien und kleineren Bauelementen. Doyne machte das Radio an, suchte den örtlichen Country-Sender, und schon kam Willie Nelson mit einem Love-Song über den Äther.

Einen Großteil der Shop-Fläche nahmen die Werkbänke ein, eine Heath-Energieversorgung, eine Bohrmaschine und eine Bandsäge. Auch gab es ein Bücherregal mit einer kleinen Fachbibliothek aus Nachschlagewerken, Lehrbüchern, Mikroschalter-Katalogen, Casino-Broschüren und Romanen. Zwischen *Das Handbuch des Radio-Amateurs* und einem Band über Transistor-Transistor-Logik stand Joan Didions *White Album*. Während der größte Teil des Raums von der Wissenschaft eingenommen wurde, war die westliche Wand der Kunst vorbehalten. Daran hing ein auf einem Trophäen-Bord montierter lebensgroßer Büffelkopf aus gebranntem Lehm. Er überwachte den Raum aus roten Glasaugen und trug eine goldene Plakette unter seinem Kinnbart, auf der «Manifestes Schicksal» stand. Unter dem Büffel standen Stühle im Kreis um einen Tisch aus Hohlziegeln und einer Holzkiste herum. Auf der Kiste stand der von einem Gestell aus rostfreiem Stahl im Gleichgewicht gehaltene B.C.-Wills-Roulettekessel.

Doyne beugte sich über den Kessel und zeigte auf die Stelle, wo der Lack während der Tests von einem explodierenden Stroboskop angekokelt worden war. Er berührte das verchromte Drehkreuz und setzte den Rotor in Schwung. Selbst unter einer nackten Glühbirne verschmolzen die roten und schwarzen Nummern zu einem hypnotisierenden Wirbel eines im Spiel befindlichen Roulettekessels.

Aber alle paar Sekunden machte er ein dumpf pochendes Geräusch, bis Doyne ein Stück Sandpapier nahm und es an der Stelle zwischen Rotor und Stator schob, wo sie aneinander rieben. «Es ist nicht schön, das Gerät in einem solchen Zustand zu sehen», sagte er. «Den Winter über haben wir es unter der Treppe aufbewahrt, und als ich es im Frühjahr auspackte, fand ich eine Wasserpfütze mittendrin. Das Messingband um den Rotorrand ist mächtig verzogen. Eigentlich sollte ich das Spiel nach Reno schaffen und es überholen lassen, aber für den Augenblick muß es Sandpapier tun.»

Als der Rotor sich wieder drehte, ohne das Gehäuse zu berühren, legte Doyne das Sandpapier zur Seite und wischte den Staub vom Kessel und von der Mahagoni-Umrandung, die sich wie eine Stadionwand über ihn erhob. Dieses ehrwürdige, im Lauf der Jahre glattgeschliffene Stück Holz diente mit seiner Oberfläche den Teilen eines anderen Spiels als Halterung – einer Gegenkraft, einem Anti-Roulette –, welches in einem Intelligenz-Wettbewerb gegen den Kessel gespielt werden sollte.

Der eudämonische Computer stak immer noch auf den beiden Stücken Styropor. Vielfarbige Drähte führten wie die Ranken eines phosphoreszierenden Schlinggewächses über den Kesselrand zu verschiedenen Batterien, zwei Mikroschaltern und drei Solenoiden. Diese komplettierten das System mit einem Gehirn, mit Energie sowie Input- und Output-Vorrichtungen. Die auf Holzstücken befestigten Schalter wurden mit dem Zeigefinger bedient. In die Schuhe eingebaut, wurden sie später mit den Zehen betätigt. Die Solenoiden waren in einer Metallplatte montiert, die so gestaltet war, daß sie auf dem Bauch getragen werden konnten; aber auch sie wurden schließlich in einen Schuh eingepaßt. Doyne stöpselte die Batterien an den Computer an, und ich vernahm das typische Geräusch des aufstartenden Computers. Doyne setzte den Rotor in eine gleichmäßige Bewegung. Wie er sich jetzt auf seiner Stahlspindel lautlos drehte, waren wir bereit zu spielen. Mit einer geübten Bewegung aus dem Handgelenk drehte Doyne eine Kugel ab. Sie kreiste rasch, lief ein Dutzend Mal mit dem klirrenden Geräusch einer Münze auf einem Parkettfußboden an uns vorbei. Durch Reibung und Luftwiderstand bedingt, verlangsamte sie ihren Lauf, schien einen winzigen Augenblick lang zu zögern und ergab sich endlich dem Zug der Schwerkraft. Der Abstieg zu einem der achtunddreißig unter der Kugel kreisenden Nummernfächer ist bedeutungsschwer. Während die frei fallende Kugel sich unbehindert im Raum befand, war sie Zufallseinflüssen überlassen, und so lange sie sich gegen das Eingefangenwerden in einem der Nummernfächer wehrte, war das Spiel noch immer von Hoffnung durchzogen.

Die Kugel bahnte sich einen Weg durch die acht diamantförmigen Metallwiderstände, die den Stator besetzen. Sie wirbelte durch den lackierten Kessel, schlug an einen Metallsteg an, der zwei Nummernfächer voneinander trennt, hüpfte und blieb einen kurzen Augenblick hängen, bevor sie endlich ganz liegenblieb. Was eben noch allen Möglichkeiten offenstand, war jetzt auf die Endgültigkeit einer Nummer zwischen 00 und 36 festgelegt.

Immer wieder drehte Doyne die Kugel ab. Er bediente die Mikroschalter neben dem Computer mit seinem linken und rechten Zeigefinger und sah zu, wie die Kugel rollte und fiel.

«Der Schalter links dient dem Wechseln der Betriebsart», sagte er. «Ich benutze ihn, um auf der Modus-Karte herumzufahren. Der andere Schalter dient dem Eingeben von Daten. Er gestattet mir, Parameter zu verändern und feinzustimmen.»

Er zeigte über den Kessel nach oben auf die Wand mit dem Büffelkopf. An die Büffelnase angeklebt, hing dort eine Kopie der Modus-Karte, auf der nicht mehr zu sehen war als eine Reihe miteinander verbundener Schlaufen mit einem Schaltkode, der dem Wechsel von einer Schlaufe zur anderen diente. Die Schlaufen stellten Bereiche im Computer-Programm dar, und jeder Bereich war darauf spezialisiert, einen bestimmten Teil des Roulette-Algorithmus zu handhaben. Diese Unterteilung in Betriebsarten gestattete, daß man das Programm genau auf die charakteristischen Eigenheiten oder Bewegungs-Parameter abstimmen konnte, die von Kessel zu Kessel variierten.

«Ich benutze soeben den Modus Nummer fünf», sagte Doyne. «Das ist derjenige, mit dem man den Rotor-Parameter setzt. Wie alle anderen Modi auch, besitzt er einen festgelegten Standardwert, dem etwas hinzugefügt oder etwas abgezogen werden muß, je nachdem, was wir in den Casinos vorfinden. Heute abend beispielsweise verlangsamt sich der Kessel schneller als gewöhnlich. Also werde ich den Parameter verstellen, um ein Anwachsen der Reibungswerte zu berücksichtigen.

Die Kesselbedingungen können sich von einem Tag auf den anderen dramatisch verändern. Die Casinos können die Kugeln austauschen, den Kessel ölen oder ihn verschieben, um Staub zu saugen. Deshalb ist es wichtig, die Feineinstellung der Parameter erst kurz vor dem Spiel vorzunehmen. Andernfalls wird man mit seinen Voraussagen völlig daneben liegen. Es könnte vorkommen, daß der Computer empfiehlt, auf den Schatten zu setzen – jenen Teil des Rotors, wo die Kugel *fast niemals* landet, und in dem Fall wird man ausgenommen. Anstatt mit einem Vorteil von vierundvierzig Prozent zu gewinnen, *verliert* man mit diesem Wert.»

Doyne wendete sich wieder der Bedienung der Mikroschalter und dem Wechseln von Modus zu Modus zu. Ich verfolgte seinen Weg auf der an an der Büffelnase befestigten graphischen Darstellung. Während er die Unterprogramme durchging und Parameter justierte, stellte der Computer es zunehmend schlauer an, das Spiel zu verfolgen.

«Um die Modus-Karte einmal abzufahren, benötige ich ca. fünfzehn Minuten, aber manchmal gibt es auch Verwirrung; dann verlaufe ich mich und habe keine Ahnung, wo ich mich befinde, oder der Computer stürzt ab. Mitten in einem Casino kann man nicht die Modus-Karte aus der Tasche ziehen; also muß man die Instruktionen im Kopf haben. Ich bin inzwischen so weit, daß ich mich ohne große Probleme durchs Programm bewegen kann, aber wenn 's mal richtig ernst wird, mache ich ein totales Reset, welches ein Löschen der Parameter bewirkt und den Computer zurückschubst auf die Standard-Werte.»

Mit den geübten Fingern eines Profis steuerte Doyne den Computer durch die acht Unterprogramme seines Programms. Er tippte mit beiden Zeigefingern gleichzeitig einen Kode zum Eingeben, Feinstellen und Verlassen der Modi ein. Er berechnete die Verlangsamung des Rotors, indem er zwei Umdrehungen vor einem Fixpunkt maß. Er wiederholte den Vorgang für die Kugel. An wieder einem anderen Ort im Programm kalibrierte er den Zeitpunkt, an dem die Kugel die Rinne zu verlassen neigt. Fünf weitere Modi stellten Variablen für das Spiel auf flachen, gekippten oder leicht gekippten Kesseln auf.

«Heute abend sieht's nach Modus Vier aus», sagt Doyne, nachdem er die gesamte Modus-Karte abgefahren hat. «Mal sehn, wie sich das gegen den Kessel macht.»

Er drehte das Drehkreuz und setzte den Rotor in Bewegung. Er drehte die Kugel ab. War das Spiel erst einmal in Gang gesetzt, zählte jede Sekunde, wollte man seinen Ausgang durch eine Voraussage bestimmen und gewinnen. Doyne stoppte die grüne 00, als sie den Fixpunkt passierte. Das gleiche geschah mit der Kugel. Viermal die Tasten gedrückt ... und der Computer vermochte in *Mikro*sekunden ein Spiel zu Ende zu spielen, das in Wirklichkeit zehn bis zwanzig *Sekunden* für seinen Ablauf benötigte. Der Computer berechnete die Koeffizienten von Reibung, Luftwiderstand und Schwerkraft, die auf die Kugel einwirkten. Er rechnete die Verlangsamungsrate, die Position der Kugel und den Zeitpunkt, da sie aus der Rinne fiel, aus. Er kannte die Geschwindigkeit, die Distanz und den den Verlauf der Kugelbahn über die geneigten Statorwände nach unten im voraus. Er verfolgte die Geschwindigkeit und die relative Position des darunter kreisenden Rotors. Er bestimmte haargenau einen aus acht Nummernsektoren, die um die Peripherie des Kessels verteilt lagen, und verkündete, wenige Sekunden bevor es tatsächlich passierte, wo die Kugel auf der sich drehenden Scheibe landen würde.

Ich hörte das feine Summen eines Solenoiden unter Doynes Hemd. «Neun», sagte er und übersetzte ein Hochfrequenz-Vibrieren von Solenoid Nummer Drei in das Signal «Nicht setzen». «Ich muß zu spät geschaltet haben.»

Doyne drehte erneut die Kugel ab und maß ihren Lauf durch die lackierte Kesselrinne. Er konzentrierte sich auf die auf seinem Bauch befestigten Vibratorstifte und sah aus wie ein Yogi, der über eines der unteren Chakren meditiert, oder ein Kolitis-Opfer, das unter Blähungen leidet. «Sechs», gab er in singendem Tonfall an und bezog sich auf einen Hochfrequenzimpuls auf Solenoid Nummer Zwei. Der sechste Sektor im Kessel enthält die Nummern 30, 26, 9, 28 und 0. Doyne und ich warteten, bis die Kugel langsamer wurde, einen Augenblick zögerte, aus der Rinne fiel, in bogenförmigem Lauf den Kessel hinabrollte, über die Metallstege schlidderte und schließlich im Nummernfach 9 liegenblieb.

«Es sieht gut aus», sagte er. «Aber, wie es wirklich steht, weiß man erst, nachdem man in Hunderten von Versuchen ein Erfolgshistogramm erstellt hat. Das einzige, was uns interessiert, ist das Gesetz großer Zahlen.»

Ein Dutzend Mal ließen wir Kessel und Kugel kreisen. Doyne rief die auf seinen Bauch vibrierten Voraussagen auf, während ich ein Histogramm aus Datenpunkten aufzeichnete, die festhielten, ob die Kugel vor, hinter oder mitten in dem Bereich der vorausgesagten Nummern landete. Doyne bekam mit der Zeit einen Rhythmus, in dem er den Kessel drehte, die Kugel abdrehte, die Schalter bediente und das Vibrieren auf seinem Bauch entschlüsselte. Kesseldrehen, Kugelabdrehen, Schalterdrücken, Vibratorsummen. Sein Körper war vor Konzentration gespannt. Seine Reflexe waren perfekt abgestimmt, um die Bewegung des Kessels und der Kugel in die digitalisierten Befehle eines Computerprogramms zu übertragen. Während er gleichzeitig die Rollen des Croupiers und des Datennehmers spielte, sah er aus wie ein Athlet, wie ein Basketballspieler, der, allein auf nächtlichem Ballspielplatz, Korbbälle und Freiwürfe übt, sich immer wieder streckt und zum Korb hochspringt. Nach Jahren der Übung ist er außerordentlich gelenkig und gefaßt, stets aber auch kontrolliert und tadellos, was das Timing seiner Bewegungen betrifft. Kesseldrehen, Kugelabdrehen, Schalterdrücken, Vibratorsummen. Wir zeichneten einen Versuch nach dem anderen auf und sammelten Datenpunkte, die sich auf unserem Histogramm in Kolonnen über der x-Achse hoch auftürmten. Wenn ein Turm im Zentrum der graphischen Darstellung sich höher als die anderen erhebt, haben wir einen klaren Vorteil über die Casinos. Eigentlich sollten wir die Computer in unsere Schuhe packen und uns geradewegs nach Las Vegas aufmachen.

«Versuch du es mal», sagte Doyne und trat vom Tisch zurück. «Du spielst, und ich mache mit den Histogrammen weiter.»

Ich stellte mich an den Computer und merkte, daß ich eine Weile brauchen würde, bis ich den Bogen heraushatte. Der Datenschalter – ein Stückchen Stahlfeder über einem Kontakt – ließ sich leicht bewegen. Beim Versuch, ihn exakt dann niederzudrücken, wenn die Kugel den Fixpunkt passiert, drückte ich den Schalter mal zu früh, ein anderes Mal zu spät.

«Mach dir nichts draus, ob du zu früh oder zu spät drückst», sagte Doyne. «Bleib einfach nur dran. Irgendwann werden wir dich an den Reflexe-Tester hängen, damit du deine Hand-Auge-Koordination verfeinern kannst.»

Auch das Ablesen der Solenoiden erforderte eine gewisse Geschicklichkeit. Die kleinen Vibratorstifte wurden durch eine Schicht reißfesten Nylons in Position gehalten, und ich benötigte wiederum einige Zeit, um zwischen langsamen, mäßigen und schnellen Vibratorsignalen zu unterscheiden. Anstatt mir die Solenoiden unter den Gürtel zu schieben, fand ich es einfacher, die Signale von meiner Handfläche abzulesen. In magische Schuhe eingebaut, würden diese kleinen kitzligen Dinger irgendwann einmal unter meinen Fußsohlen losgehen.

Nach ein paar fehlgeschlagenen Versuchen fand ich langsam meinen Rhythmus. Ich lernte, das Tastendrücken nicht hastig auszuführen. Ich atmete ruhig und bestimmte das Tempo. Beim Entziffern der Vibratorsignale wie auch beim Übertragen in Zahlen wurde ich langsam besser. Unter einer nackten Glühbirne stehend, brachten Doyne und ich eine weitere Stunde über den Kessel gebeugt zu. Wir lauschten, wie die Kugel um die Rinne ratterte und mit klapperndem Geräusch in eines der metallenen Nummernfächer fiel. Wir waren mesmerisiert, so sehr ins Spiel vertieft, daß jemand, der uns überraschte, den Eindruck gewinnen konnte, er sei in ein illegales Lotteriespiel hineingeplatzt. Dies war meine Jungfernfahrt an der Steuerung eines Computers. Die Präzision der Maschine, der Rhythmus des Spiels, das Wirbeln der Nummern im Innern des hochpolierten Kessels und die an mir vorüberwischende Kugel, wie sie ein um das andere Mal ihrem Rendezvous mit dem Schicksal entgegenrollte, überwältigten mich.

Anstatt den Lauf der Kugel nur vorauszusagen, kam es mir so vor, als *lenkte* ich sie eigentlich. Ich brauchte die Steuerung des Computers nur leicht zu berühren, um die Kugel immer wieder neu glatt auf der Oberfläche des sich drehenden Rotors zu landen. Ich betätigte die Schalter, und die Kugel fiel aus ihrer Bahn, um im Zentrum des vorausgesagten Sektors niederzugehen. Es war, als würde ich den Ausgang des Spiels *kontrollieren*, die kleine weiße Kugel per Fernsteuerung durch den Newtonschen Kosmos eines Roulettekessels lenken, dessen Gesetze ich gemeistert hatte.

«Guck dir das mal an», sagte Doyne und zeigte mir das Histogramm des heutigen Spielabends. Eine einzige Kolonne erhob sich hoch über die x-Achse. Die beiden rechts und links flankierenden Kolonnen waren bedeutend kleiner. Dies war genau das, worauf wir aus waren – eine Häufigkeitsverteilung in der Form eines umgekehrten *V*. Die meisten Datenpunkte lagen exakt im Ziel: bei der Kongruenz von Voraussage und Ausgang, beim Jackpot, dem Gewinner-nimm-alles-und-spreng-die-Bank-Schönheitsfleck.

«Den Daten nach», verkündete Doyne, «wird der Computer sie niedermachen. Wir werden das Haus völlig erledigen.»

Ich stellte mir vor, wie sich die Jetons vor uns stapelten. Stapel, ganze Haufen von Jetons zum Herumwerfen wie Waffelplätzchen. In diesem Szenario erinnerte der Computer an eine Anti-Schwerkraftmaschine, eine Vakuum-Röhre, die Geld von der einen Seite des Tisches auf die andere saugt. Ich schnappte mir das Histogramm, um es mir aus der Nähe anzusehen, während Doyne sich die Solenoidenplatte unters Hemd stopfte und die Kugel abdrehte. Und wie er so dastand und den Computer in eine weitere Voraussage steuerte, lag ein gefährliches Lächeln auf seinem Gesicht.

Rebellion in der Wissenschaft

Nach Goliaths Niederlage verloren die Riesen ihre furchteinflößende Wirkung.

Freeman Dyson

Einige Monate nach unserer Roulette-Sitzung im Shop erhielt ich einen weiteren Telephonanruf von Doyne. «Das erste Paar magische Schuhe haben wir heute fertiggestellt. Ich trage sie in diesem Moment an den Füßen.»
«Wie passen sie denn?»
«Erst hatte ich Angst, sie anzuziehen. Wir wissen immer noch nicht, ob es mit dem Gehen auf einem Sandwich klappen wird. Aber ich wedle mit den Zehen über den Schaltern, und der Schuh fühlt sich gut an.»
Als der eudämonische Computer soweit gediehen war, daß man ihn in ein Sandwich packen konnte, wohnte ich längst nicht mehr in Santa Cruz. «Wie ist das Wetter bei euch?» fragte ich als zugezogener New Yorker, der sich nach seiner alten Heimatstadt erkundigt.
«Wir haben die ganze Zeit rund um die Uhr gearbeitet», sagte Doyne. «Es sieht ganz so aus, als würden wir uns bald zu einem Trip in die Wüste aufmachen. Hättest du nicht Lust, möglichst schnell auf einen Besuch 'rüberzukommen?» In Telephongesprächen wurde stets indirekt über das Projekt gesprochen, und in diesem von Küste zu Küste geführten ganz besonders.
Es brauchte ein paar Tage, um aus der City zu verschwinden und mich – in der Verkleidung eines Sonnenhungrigen, der in den Urlaub fährt – von einem New Yorker in einen Kalifornier zu transformieren. Eines Abends zur Essenszeit betrat ich in der Erwartung, jedermann bei einem der reichhaltigen Mahle um den Tisch sitzend zu finden, das Haus an der Riverside. Aber zu meiner Überraschung war die Küche ein Tummelplatz von Leuten, die wie in einer Snackbar Tortillas aßen und Milchshakes tranken. Das gesamte Haus war in Aufruhr. Nach einer allgemeinen Mobilisierung bereitete sich jeder auf den endgültigen Angriff auf die Roulettetische von Nevada vor. Mitglieder des Teams spazierten mit Computern an den Füßen im Haus umher. Der Eßtisch wurde von einem Tableau bedeckt. Aus dem Keller drang das klickernde Geräusch von Roulettekugeln herauf. Gespräche um Alltägliches waren der technischen Fachsimpelei um Batterie-Boote, Modus-Karten und Histogramme gewichen.
Von April an, den Sommer hindurch und bis in den Herbst 1980 hinein hatte sich das Team einen Weg durch das Dickicht technischer Probleme gebahnt.

Es herrschte Unstimmigkeit darüber, wem, wenn überhaupt, die Schuld an den Verzögerungen in die Schuhe zu schieben war. Doyne war zweigleisig gefahren, er hatte seine Dissertation abgeschlossen und seit Jahren seinen ersten Urlaub angetreten – eine sechswöchige Reise mit Letty durch Indonesien und Bali. Norman, der sich in seiner Freizeit mit den Schwierigkeiten der Kommunikation von Schuh zu Schuh geplagt hatte, war von der Chaos-Clique und seltsamen Attraktoren reichlich in Anspruch genommen worden. Mark war wieder einmal in Streik getreten und verlangte mehr Geld und ein größeres Stück vom eudämonischen Kuchen.

Außerdem war Mark verärgert darüber, daß Doyne nach dem Doktorexamen ein Stipendium für das Los Alamos National Laboratory in New Mexico angenommen hatte. Als Geburtsstätte von Little Boy und Fat Man – den auf Hiroshima und Nagasaki abgeworfenen Atombomben – hatte das LANL die meisten ihrer todbringenden Nachkommen entweder produziert oder entworfen. Auch wenn Doynes Stipendium für das Center for Nonlinear Studies galt, weit weg in den zurückgezogeneren und vermeintlich harmloseren Bereichen der theoretischen Abteilung, traute Mark dem Braten dennoch nicht. Es bestätigte nur seine Befürchtungen, alle Physiker würden auf diese oder jene Weise doch einmal Bomben bauen. Sein Ärger steigerte sich, als Norman ein NATO-Stipendium zugesprochen bekam, um ein Jahr lang am Institut des Hautes Etudes vor den Toren von Paris studieren zu können.

Mark verlangte, daß Doyne in Los Alamos anrufen und seine Ankunft um drei Monate verschieben sollte. Doyne begriff wie alle anderen auch, daß es galt, das Projekt jetzt oder nie zum Abschluß zu bringen, und stimmte zu. Nachdem sie Jahre damit zugebracht hatten, das Rezept zu verfeinern, war es jetzt an der Zeit, den eudämonischen Kuchen in den Ofen zu schieben. Das drohende Auseinanderbrechen der Firmen-Kommune verlieh ihrer Arbeit eine spezielle Dringlichkeit. Solange die Gemeinschaft zusammenhielt, blieb ihr Traum von wirtschaftlicher Unabhängigkeit am Leben. In letzter Minute konnte es ihnen immer noch gelingen, das Roulette zu schlagen und ordentlich abzusahnen. Dies würde ihnen die nötigen Geldmittel verschaffen, um sich von Universitäten und Regierungen zu lösen, im Küstengebiet gemeinsam Land zu kaufen, ihr wissenschaftliches Know-how in Werkzeuge für ein geselliges Leben umzuwandeln und ein Dutzend weiterer eudämonischer Projekte auszuhecken.

Das einzige, was zwischen ihnen und der Auflösung ihres Unternehmens stand, war ein kleiner Gegenstand: ein in einen Schuh eingebauter Mikrocomputer. Auf diesem schmalen Stück Fiberglas und Silikon ruhte ihre Hoffnung auf einen Aufschub in letzter Minute. «Ein romantisches Interesse am Roulette-Spiel habe ich nicht mehr», sagte Norman. «Ich habe genug

Zeit in Casinos zugebracht. Aber wenn wir zwanzigtausend Dollar im Monat machen könnten, würde es sich lohnen. Meinem NATO-Stipendium würde ich keine Träne nachweinen.»

Als ich am Morgen nach meiner Ankunft in Kalifornien in den Shop hinabstieg, fand ich ihn mit Gerätschaften und nicht weniger als fünf Leuten vollgepackt, die an Werkbänken saßen, Mikrocomputer zusammensetzten und sie ihn Schuhe einbauten. Norman, der dabei war, einen losen Draht aufzuspüren, führte die Kontakte eines Oszilloskops in einen der Radio-Empfänger ein. Als es ansprach, waberten Sinuskurven über den Bildschirm. Doyne schwang einen Lötkolben über einem PC-Board, auf das er eine Reihe RAMs und ROMs montierte. Er saß in einer Wolke aus harzigem Rauch und blinzelte auf die Chips und ihre Miniaturfüßchen. «Als ich sie gestern getestet habe, funktionierten sie ausgezeichnet», brummte er, «aber heute geben sie kein Lebenszeichen von sich.»

Letty stand unter dem Büffelkopf an der Wand. Sie hatte ein Stück Sandpapier in der Hand, lehnte sich über den Roulettekessel und lauschte auf das pochende Geräusch des gequollenen Rotors, der gegen den Stator schlug. Auf der anderen Seite des Shops stand Mark vor einer auf einem Holzblock montierten Elektrosäge. «Haltet euch die Ohren zu», rief er. «Gleich wird es unheimlich laut.» Mit einer Schutzbrille im Gesicht und Haare und Bart voller Fiberglasstaub verursachte er, indem er die Kanten eines Boards zusägte, einen Höllenlärm. Rob Lentz, seit Herbst 1981 als Vollmitglied aufgenommen, saß in der Mitte des Shops an einer Werkbank, die übersät war mit Batterien, Antennendraht, Steckern, Widerständen und Plastikschachteln, die wie Schuhabsätze aussahen.

Lentz mit seiner kräftigen Figur in einem roten Overall war ein Südkalifornier mit blauen Augen, der sich bester Gesundheit erfreute Er trug einen Schnurrbart und mittellanges, in der Mitte geteiltes und hinter die Ohren gestrichenes braunes Haar. Mit seinen kräftigen Armen und einer gleichmäßig über seinen Körper verteilten Schicht Fett sah er wie ein frischgewaschener Surfer aus, der seine Strandtaufe gerade hinter sich hat.

Trotz der zehn Jahre Altersunterschied, hatten Lentz und Truitt an der UC Santa Cruz zusammen studiert. Doyne war Lentz' Lehrassistent in einem Seminar über mathematische Physik, und Rob Shaw war sein Berater für eine wissenschaftliche Arbeit gewesen, mit der er akademische Auszeichnungen zu ergattern suchte. Als Mark sich zu seinem Anstellungsgespräch bei Watkins-Johnson begab, war es sein Studienkollege Rob Lentz, den er dort traf. Und als Mark erfuhr, daß es sich bei dem Job um einen militärischen Auftrag handelte, und empört von dannen zog, war es Lentz gewesen, der den Posten eingeheimst hatte. Rob blieb anderthalb Jahre bei Watkins-

Johnson und arbeitete sich nach oben, bis er Projekt-Manager für einen
21-Millionen-Dollar-Vertrag mit Raytheon über Bauteile für Sparrow-Raketen wurde. Dann war *er* es, der empört von dannen zog.

«Als ich erwähnte, daß ich kündigen würde, luden mich die großen Bosse
zum Mittagessen ein und flehten mich an. ‹Rob, wir verstehen das einfach
nicht. Dies ist unser bester Auftrag. Willst du mehr Geld? Mehr Leute?› Sie
überschlugen sich fast, um herauszubekommen, weshalb ich den Laden
verließ. Ich arbeitete in der Abteilung VCO, der am schnellsten wachsenden
Abteilung der Firma. VCO steht für *v*oltage *c*ontrol *o*scillator oder Span-
nungs-Kontrolloszillator. Hierbei handelt es sich um Hochfrequenz-Kurz-
wellen-Radargeräte – dieselben Dinger, die wir für unser Projekt verwendeten. Naja, aber bei Watkins-Johnson lief alles ziemlich schludrig. Als sie mir
das Raketenprogramm übertrugen, waren sie damit bereits zwei Jahre im
Rückstand. Wir erfüllten Aufträge für militärische Hardware, und das bedeutete, daß wir ebensoviel Zeit für die Entwicklung wie für die Ausführung
dieser Klamotten aufwenden mußten. Dies war das typische, mittelgroße
und mittelmäßige Elektronik-Unternehmen. Aber der Laden war ein einziges
Durcheinander: Wenn das die Art und Weise ist, wie es im Elektronik-Ge-
schäft zugeht, dann will ich nichts damit zu tun haben.

Im Laufe jenes Mittagessens erzählte ich meinen Bossen rundheraus: ‹Ich
arbeite nicht gern fürs Militär. Mit der moralischen Frage will ich mich gar
nicht erst aufhalten, aber die Dreckarbeit soll ein anderer machen. Das alles
führt doch nur zu einem Armageddon.› Vieles an scheinbar guter Arbeit in
der Physik landet in den falschen Händen; so denke ich daran, aus der
Wissenschaft auszusteigen und mich der Kunst zuzuwenden. Mein Gehirn
verfügt über eine rechte Hemisphäre, die in keiner Weise ausgelastet ist.»

Rob erwog, Medizin zu studieren oder Graduiertenkurse zu besuchen oder
sich auf eine Reise nach Mexiko zu begeben. Er tüftelte an einigen Patent-
Ideen herum und besuchte als Gasthörer Rob Shaws Vorlesungen über
Chaos-Theorie. Eines Nachmittags wollte er eben Surfen gehen, da begeg-
nete er Doyne auf dem Flur des Physik-Gebäudes. Sie schwatzten ein paar
Minuten miteinander, bis Doyne auf einmal sagte: «Da du keinen Job hast,
hätte ich vielleicht was, das dich interessieren könnte.» Sie fuhren in die
Stadt, um im Café «Domenica» einen Espresso zu trinken, und Doyne weihte
Rob in das Roulette-Projekt ein.

«Die Story hörte sich unwahrscheinlich an. Also gingen wir über die Brücke
zur Riverside. Als ich den Shop inspizierte und den Roulettekessel und die
Computer sah, dachte ich: ‹Das ist ja ein tolles Ding. Dasselbe Zeug, wofür
ich mich bei Watkins-Johnson abgemüht habe, nur daß es hier anti-atomare
Physik ist, High-Tech für Zivilisten.› Das war genau, was ich suchte, und es

kam im richtigen Augenblick – eine Gelegenheit zur Rebellion in der
Wissenschaft.»

Rob stieg voll ein. Ohne Bezahlung und mit nichts weiter als einem noch
ungewissen Stück des eudämonischen Kuchens als Entlohnung. Für den
Augenblick hatte er genug Geld. An den Nachmittagen konnte er die Arbeit
unterbrechen und sich sein Surfbrett schnappen. Es ging ihm einzig und
allein darum, sein Wissen auf andere Tätigkeiten anzuwenden, als Komponenten für Sparrow-Raketen zu bauen. Sein freundliches Auftreten im Shop
verlieh dem Projekt einiges an Auftrieb. Mission Control hatte ihnen uner-
warteterweise einen weiteren guten Mann hinaufgeschickt, um dem bereits
in einer Umlaufbahn befindlichen Team unter die Arme zu greifen.

Eineinhalb Jahre waren vergangen, seit Doyne und Norman erstmals darauf
gekommen waren, einen Computer für einen Schuh zu bauen. Seit Mark
hinzugestoßen war, hatten die drei beharrlich an dem neuen Gerät gearbeitet,
das endlich soweit gediehen war, daß man es installieren konnte. Was sie
ausgetüftelt hatten, war ein dreifüßiges System, in dem der Spielbeobachter
einen Modusschalter und einen Niederfrequenz-Radiosender unter dem
Spann des linken Fußes trug. Im rechten Schuh trug er einen Daten-Schalter,
einen in ein Computer-Sandwich geklemmten Mikroprozessor, drei Solenoiden, mehrere Batterien und einen Sender, der in der Lage war, einem bis zu
zehn Fuß entfernt stehenden Spieler Voraussagen durchzugeben. Der Schuh
des Spielers – der dritte Fuß des Systems – enthielt ein Mikroprozessor-
Computer-Sandwich, einen Radioempfänger und die dazugehörige Antenne,
Batterien und drei Solenoiden, die wie beim Spielbeobachter unter dem
Spann und der Hacke vibrieren sollten.

Um die Sender und andere Komponenten auf derart begrenztem Raum
unterbringen zu können, hatte man sie in spezielle, wie Sohlen und Absätze
von Schuhen geformte Behälter eingelassen. Diese für das Einführen in und
Herausnehmen aus doppelten Schuhsohlen zugeschnittenen Moduleinheiten
vereinfachten das Laden der Batterien, das Testen des Systems und das
Einpassen des Computers für einen bequemen Sitz.

Als Mark seine Silikon-Skulpturen fertig hatte, betrachtete er diese neue
Form von Kunst am Mann und erklärte: «Die einzelnen Komponenten, vor
allem der Computer selbst, sind so solide und für unsere Zwecke derart gut
geeignet, daß sie auch ästhetisch gefallen können. Sie besitzen Charakter.
Ich betrachte sie und frage mich: ‹Gibt es eine bessere Methode, dieses
Problem zu lösen?› und ich sehe, es gibt sie nicht.»

Sobald Mark erst einmal einen Prototyp des Systems gebaut hatte – komplett
mit Modus-Schalter, Computer-Sandwich und Batterie-Einheiten –, blieb

eigentlich nur noch die topographische Aufgabe, einen Schuh zu entwerfen, der geräumig genug war, alles aufzunehmen. Nach seiner Rückkehr von Bali erkundigte sich Doyne nach einem Schuhmacher in der Stadt, der auf Bestellung arbeitete. Das Projekt war ein streng gehütctes Geheimnis, besonders in diesem heiklen Stadium der Unternehmung. Folglich nahm Doyne zu seinem Treffen mit dem Schuhmacher nicht die Computer samt Zubehör mit, sondern auf Maß zugeschnittene Holzklötze. Über ihren Verwendungszweck wollte er kein Wort verlieren.

Als Doyne in Rio Del Mar ankam, war er überrascht, einem Mann Anfang dreißig zu begegnen – hochgewachsen, von der Sonne gebräunt und offensichtlich ebenso aufgeschlossen wie viele der anderen Handwerker in der Monterey Bay. «Ich brauche ein paar Schuhe mit doppelten Sohlen», sagte Doyne. «Sie verstehen schon, nichts Illegales.»

Der Mann schritt zur Ladentür, drehte den Schlüssel um und zog die Jalousie herab. Er führte Doyne in ein Hinterzimmer und fragte, was seine Vorstellungen wären. Doyne zog die Holzklötze aus der Tasche und sagte: «Die Einzelheiten können wir beiseite lassen; ich möchte nur gern mit diesen Dingern in einem Schuh herumlaufen. Das große Stück soll vorn hinein unter die Zehen, das andere Stück unter die Hacke. Sollten Sie das fertigbringen, wird es Ihnen keine Mühe machen, diese kleinere Einheit im linken Schuh unterzubringen.»

«Damit wir uns verstehen», antwortete der Schuhmacher, «ich bin nicht im geringsten daran interessiert, in welchen Geschäften Sie tätig sind. Drogen, Edelsteine, das ist mir völlig egal. Ich stelle keine Fragen, Sie geben mir keine Antworten. Auf diese Weise behalten Sie Ihren Kram für sich, und ich habe von nichts gewußt.

Schauen Sie sich diese mal an», sagte er und nahm ein Paar Straßenschuhe vom Regal. «Sie sehen wie ganz normales Schuhwerk aus, nicht? Nichts Besonderes, es sei denn, sie heben die Brandsohle hoch.» Doyne warf einen Blick hinein. «Stimmt», bestätigte der Schuhmacher noch einmal, «da ist 'ne Menge Laderaum drin. Es gibt zwar einiges zu leimen und zu nähen, aber ansonsten ist das ein relativ einfacher Job. Man braucht nur loszugehen und das richtige Paar Schuhe zu kaufen – Schuhe, die ich auseinandernehmen und wieder zusammenfügen kann, ohne daß man sieht, daß einer daran herumgebastelt hat. Sie könnten natürlich auch Maßarbeit verlangen und sich einen Schuh anfertigen lassen. Aber das wird teuer; deshalb empfehle ich Ihnen, sich für Konfektionsschuhe zu entscheiden.»

Nachdem sie handelseinig waren, tauschten sie einen Händedruck und verabredeten, sich am folgenden Tag in Santa Cruz zu treffen. Als Gegenleistung für eine Führung durch die örtlichen Schuhgeschäfte verlangte der

Schuster ein Mittagessen im «Hilary's», dem teuersten Restaurant der Stadt. «Ich bin sicher, er hatte keine Ahnung, was wir im Schilde führten», sagte Doyne. «Wahrscheinlich dachte er, wir würden Drogen schmuggeln; einmal machte er so eine Bemerkung, es würde ihm nichts ausmachen, brächten wir ihm von unserem Trip gelegentlich ein kleines ‹Geschenk› mit.

Es stellte sich heraus, daß der Bursche eine ziemlich große Nummer in der Gemeinde war. Zum Mittagessen erschien er mit einer breiten Krawatte und einem Sportmantel. Die Kellnerin mußte wochenlang geübt haben, um ein so perfektes Lächeln zur Schau zu tragen. Immer wieder kamen Leute an unseren Tisch und sagten: ‹Hi. Wie läuft's denn so? Eigentlich würd' ich morgen gern mal bei dir hereinschaun und dir was zeigen.›»

Nach dem Essen schlenderten der Schuhmacher, Rob Lentz und Doyne durch das Pacific-Garden-Einkaufszentrum. Sie blieben vor einem Dutzend Schaufenster stehen, während der Schuster die Beschaffenheit der verschiedenen Schuhmodelle laufend kommentierte. «Penney's ist auf mit Schleifen verzierte Tennisschuhe für Damen und Krankenhausschuhe spezialisiert. Gallenkamp's, vor allem von Wohlfahrtsempfängern bevorzugt, bietet Plastik-Modelle für acht Dollar achtundneunzig an. Bei Morris Abrams erhält man Padmores und Florsheim-Schuhe mit echten Kreppsohlen und Preisschildern über sechzig Dollar. Diese anderen Läden hier führen Spaghetti-Western-Boots, hochhackige Mokassins, Wüsten-Stiefel, Birkenstock-Sandalen und Gucci-Slipper. Wenn ihr euch aber mal umseht, werdet ihr feststellen, daß viele Leute sich gesagt haben: ‹Zum Teufel mit dem ganzen Zeug.› Und jetzt marschieren sie halt barfuß durch das Einkaufszentrum.»

Sie blieben vor Herold's Schuhgeschäft stehen, das im Schaufenster feste Schuhe mit sechs Ösen und Pat-Boone-Slipper stehen hatte. Sie entdeckten auch Kreppsohlen-Schuhe von Dex and Drifter mit den breiten Zehenpartien, die im Laufe der Bewegung für gesundes Gehen in den sechziger Jahren populär geworden waren. Einige der flotteren, von Nike beeinflußten Modelle sahen wie Entenfüße mit Rallye-Streifen aus. Sie gingen hinein, und der Schuhmacher wählte ein Dutzend verschiedene Modelle aus den Regalen und ließ sich mitten im Laden, von Schuhen umgeben, nieder.

«Worauf es in erster Linie ankommt, ist eine starke Sohle. Also solltet ihr euch für Krepp oder eines der besseren Synthetikmaterialien entscheiden. Auf diese Art von Waffelmuster ist besonders zu achten», demonstrierte er Doyne und Rob, indem er eine Sohle mit eingearbeiteten Luftlöchern zusammenbog. «Die Sohle ist nicht solide genug; wenn man hineinschneidet, fällt sie auseinander. Man kann Schuhe mit einem Absatz oder einem geraden Keilabsatz kaufen, aber in beiden Fällen solltet ihr auf die Brandsohlen achten. Damit meine ich diese dünne Schicht zwischen der Sohle und dem Oberleder. Ohne diese Sohle ist es unmöglich, den Schuh wieder zusammen-zunähen.

Das meiste, was hier angeboten wird, ist Schrott», sagte er, bog hie und da ein paar Laschen zurück und blinzelte hinein. «Anstatt echte Schuhe mit Brandsohlen und richtigen Nähten zu machen, legen sie das Leder einfach um und leimen es fest. Den Rest könnt ihr euch selber denken», schloß er und bog einen Schuh in der Mitte zusammen. «Wählt was Flexibles, aber Solides mit viel Platz für die Zehen und ohne Metallgelenk oder sonst einem Hindernis.»

Eine Verkäuferin, die in der Nähe herumstand und immer wieder die Stirn runzelte, fragte schließlich: «Kann ich Ihnen behilflich sein?» Sie war sichtlich nervös und behielt die drei im Auge. Der Schuhmacher war mit Sportmantel und breiter Krawatte bekleidet, Doyne trug ein balinesisches Batik-T-Shirt, Shorts und an den Absätzen abgelaufene Jogging-Schuhe. Rob, der Dritte im Bunde, hatte Büffelgras-Sandalen an den Füßen und eine rote Latzhose an und sah wie ein aus Maisbrot und Cannabis gekreuzter Farmerjunge aus.

«Wir sind in der Stadt, um einen Film zu drehen», informierte Doyne die Verkäuferin. «Und es gibt da ein paar Szenen, für die wir Schuhe mit Spezialeffekten brauchen.»

Sie erstanden ein Paar Bass-Schuhe und ein weiteres Paar von Clarks. Drei Tage später tauchten die Schuhe an der Riverside wieder auf; offensichtlich hatten sie nur neue Keilsohlen bekommen. Von außen sahen sie völlig normal aus. Nur wenn man die Einlegesohlen anhob und ins Innere peilte, entdeckte man Höhlungen, die Raum genug für eine größere Lieferung aus Kolumbien boten – oder für Modus-Schalter, Batterie-Boote und Computer-Sandwiches.

In der Woche vor Halloween steigerte das Team seine Arbeitsgeschwindig-keit. Letty gab ihre Stelle auf und zog nach Santa Cruz zurück. Doyne rief in Los Alamos an und teilte seinem neuen Arbeitgeber mit, er käme drei Monate später. Rob Lentz verzichtete auf das nachmittägliche Surfen. Mark Truitt schlug sich die Nächte mit der Feinabstimmung des Systems um die Ohren. Norman schob seine Dissertation ins Regal und fuhr mit dem Testen der Radiosender fort. Rob Shaw spielte die Hintergrundmusik auf dem Klavier und Grazia Peduzzi kochte für alle Pasta. Lorna bezahlte die Rechnungen und betreute den Garten. Wendy Tanizaki bewerkstelligte drei Jobs auf einmal, damit Mark sich nicht länger um Geld sorgen mußte. Jeder bediente sich nur noch der Sprache des Computers. Die Unterhaltungen waren knapp und taktischer Natur. Bei den Versammlungen um den Eßzimmertisch wurden die dringlichsten Aufgaben verteilt, zuweilen drei oder vier auf einmal: Chips auf PC-Boards befestigen, Batterie-Boote bauen, Empfänger einsatzbereit machen, den Kessel ölen, den Schuhmacher besuchen, im Valley Chips einkaufen, am Reflexe-Tester trainieren, Garderobe für Las Vegas schneidern. Es ging zu wie kurz vor einer Theater-Premiere hinter den Kulissen, es herrschte eine Atmosphäre voller Spannung und nervösen Humors.

Um die Computer und die Spieler so bald wie möglich nach Las Vegas zu schaffen, erwog das Team einen Angriff in zwei Wellen – eine Gruppe sollte unverzüglich nach Las Vegas fahren und die zweite sollte folgen, sobald mehr Ausrüstung einsatzbereit war. Daß Doyne den Schuh des Spielbeobachters ausfüllen und mit der ersten Welle aufbrechen sollte, war nicht weiter verwunderlich. Ich aber war überrascht, als man mich als zweiten Mann im Team, der in die Rolle des großen Spielers schlüpfen sollte, aufstellte und wählte.

«Wir werden dich in ein Cowboy-Hemd mit Schnurschlips stecken», sagte Doyne. «Mit der breiten Redeweise des Südwestens wirst du dich großartig machen. Du wirst aussehen, als wäre eine Menge Geld in der Familie.»

«Aber», gab Letty zu bedenken, «hütet euch vor Orten wie ‹Caesars Palace›. Wenn die ihre Leute auf euch hetzen, kann es schnell brenzlig werden.» Sobald man beim Roulette zu gewinnen beginnt, erregt man jede Menge Aufmerksamkeit. Schon steht rechts und links jemand, der einen an den Ellenbogen berührt. Und wenn die Spannung weiter steigt, wird man Äußerungen von Besorgnis bis hin zu Drohungen hören. Spätestens dann beginnt ein Drahtseilakt hoch über einem Abgrund potentieller Gefahren. Aber die Fähigkeiten, die erforderlich sind, um mit einem Computer im Schuh in Las Vegas Roulette zu spielen – Ausdauer, Verstand und rasend gute Reflexe, die Ausdruck perfektionierter Technik sind –, sind dies nicht auch Fähigkeiten, die einem Schriftsteller abverlangt werden? Dieser närrische Gedanke erinnerte mich daran, daß ich eine Story über mich selbst erfinden mußte, eine Story, die die Croupiers in Las Vegas mit größtem Interesse lesen würden. Für eine derart scharfsinnige Leserschaft mußte ich eine Erzählung bereithalten, die sich von Anfang bis Ende ohne Stocken abspulen ließ.

«O.K.», gab ich zur Antwort und sprach meine Kollegen zum ersten Mal offiziell an. «Gebt mir ein Paar unserer magischen Schuhe und ich werde die Rolle des großen Spielers übernehmen. Aber, wir müssen die Geschichte noch einmal überdenken. Texanische Schnurschlipse habe ich noch nie gemocht. Wie wär's, wenn wir den durch ein Goldkettchen und einen Ring am kleinen Finger ersetzten?»

Bevor wir uns endgültig für die Aktion in zwei Gruppen entschieden, verabredeten wir eine weitere Versammlung für den folgenden Abend. Nach dem Abendessen gingen Doyne, Letty, Norman, Rob Lentz und ich die rückwärtigen Stufen hinab, durch den Garten und verließen das Grundstück durch das hohe hölzerne Tor. Wir kamen an der zur Riverside gehörenden Scheune heraus, wo eine einfache Zufahrtsstraße zu einer Reihe verstreut liegender Bungalows führte, die gleich hinter dem Deich des San Lorenzo River errichtet worden waren. Wir gingen ein Stück die Straße entlang, bogen um eine Ecke und standen vor Mark und Wendys Häuschen.

Mit Hartholzböden und weißen Wänden waren ihre zwei Zimmerchen sparsam eingerichtet. Im vorderen Zimmer standen eine Anrichte, ein Tischchen, ein eingetopfter Farn, ein mit einer Steppdecke geschmücktes Bett, an der Wand hing eine Lithographie von Goines, «Die Büchse der Pandora». In einem Bücherregal standen Lehrbücher, deren Themen von Biologie bis Optik reichten, eine *Encyclopaedia Britannica*, eine Science-fiction-Sammlung, eine Öllampe und ein Krug mit Malpinseln. Wir ließen uns auf Bett und Boden nieder, und das kleine Zimmer war voll. Doyne nahm einen Schreibblock aus gelbem Papier zur Hand und ging zur Tagesordnung über.

«Bevor wir losfahren können, gibt es noch eine lange Liste von Dingen, die erledigt werden müssen. Ich meine, wir sollten die anfallenden Arbeiten aufteilen und jeweils unsere Initialen danebenschreiben. Auf diese Art und Weise sehen wir, wer mit was betraut worden ist.» Mark meldete, daß er noch drei Tage brauchte, um die ersten zwei Computer-Sandwiches fertigzustellen. Rob berichtete, dreißig bis vierzig Arbeitsstunden gingen noch mit den Batterie-Booten drauf. Letty war mit den guten Fortschritten beim Zusammensetzen der Solenoiden zufrieden, und Norman zeigte sich optimistisch, was das Testen der Empfänger anging. Doyne verpflichtete sich, den Modus-Sender zum Funktionieren zu bringen. Ich selbst übernahm die Aufgabe, mich mit dem Tableau und den Wettmustern vertraut zu machen. Am Ende der Diskussion ging Doyne die Liste noch einmal durch. «Es kommen eine Menge Stunden zusammen», sagte er. «Wahrscheinlich um die vier, fünf Tage.»

«Vergiß nicht Murphy's Gesetz», gab Rob zu bedenken. «Wenn was schiefgehen kann, wird es auch schiefgehn.»

«Wir haben noch vierzig oder fünfzig Stunden Training hinter uns zu bringen», sagte Doyne. «Ich finde, wir sollten den Reflexe-Tester aufbauen und Histogramme erstellen. Außerdem möchte ich analysieren, welcher Vorteil sich für die neuen Computer ergibt, wenn ein Kessel sich sehr schnell dreht; es könnte ja sein, daß wir in Las Vegas einem solchen begegnen.»

«Warum kannst du unseren Vorteil nicht aus den während der Trainingssitzungen erstellten Histogrammen errechnen?» fragte Letty.

«Weil es in der Physik am besten ist, wenn man sich einer Frage wie dieser aus beiden Richtungen nähert. Man will die Antwort auf dem empirischen *und* theoretischen Weg finden.»

Eine lange Diskussion über die Zahl der Computer, die nach Las Vegas mitgenommen werden sollen, schloß sich an. Doyne wollte zwei Computer für ein vollständiges System und zwei weitere als Ersatz-System. Mark drängte, das Team solle mit nur einem Computer-Set losfahren. «Ohne Ersatz nach Nevada zu gehen, finde ich bedenklich», entgegnete Doyne. «Solange er auf dem Tisch liegt, funktioniert der Computer. Sobald ich aber darauf herumlaufe, fängt er an zu spinnen. Und wenn ich die Tasten bediene, gibt er mir Geistersignale und sonstigen Schrott.»

«Man könnte sich auch fragen», sinnierte Norman, «ob es im elektronischen Umfeld von Las Vegas irgend etwas gibt, was den Computer unglücklich machen könnte. Wo, glaubst du, ist das System verletzbar?» fragte er an Mark gerichtet.

«Eine Software-Sicherung gegen störendes Rauschen haben wir nicht», antwortete er. «Es könnte in Las Vegas jede Menge Frequenzen geben, die entweder den Computer oder die Radio-Übermittlung stören könnten.»

«In der Vergangenheit haben wir immer wieder Engpässe erlebt», sagte Doyne. «Selbst wenn wir mit zwei oder drei Geräte-Sets unterwegs waren, wurden wir jedesmal auf nur ein funktionierendes System zurückgeworfen. Die Folge war, daß alle nervös herumsaßen und jeder Schichtwechsel zu einem großen Durcheinander führte.»

Die Frage, wie viele Computer dem ersten Team mitzugeben seien, blieb offen, und Doyne wendete sich anderen Tagesordungspunkten zu. «Irgendwer sollte sich mal Gedanken darüber machen, wieviel Geld wir als Spielkapital mitnehmen sollen. Wir brauchen einen Satz Werkzeuge für Reparaturen. Wir müssen Kostüme nähen. Und dann bleibt die Frage des Transports. Lettys Fiat ist ein Prachtstück, aber wir brauchen ein zweites Auto, und das ist ein Problem. Was meint ihr? Sollen wir den Blue Bus nehmen?»

«Das ist keine gute Idee», meinte Rob. «Mit dem orangefarbenen Sticker ‹Stellt Autoritäten in Frage› vorn darauf transportiert der Bus nicht unbedingt das Image, mit dem wir vor ‹Caesars Palace› vorfahren wollen.»

Als Doyne ans Ende seiner Liste kam, war Mitternacht bereits vorüber. «Und dann sollten wir sobald wie möglich eine Kostümprobe anberaumen», schloß er.

«Ich werde den Herrn von der Casino-Aufsicht verkörpern», sagte Mark. Norman bot seine Dienste als Croupier an. Doyne meldete sich freiwillig als

Datennehmer. Rob sagte, er werde als Cocktail-Kellnerin einspringen. «Ich werde die Kasse übernehmen», sagte Letty. «Und du, Thomas», fügte sie hinzu und wendete sich lächelnd zu mir, «du wirst der Roulette-Spieler sein, der uns das Geld vor der Nase wegschnappt.»

Als ich früh am nächsten Morgen den Shop betrat, fand ich bereits alle bei der Arbeit versammelt; von Computer-Sandwiches wurden Breadboards hergestellt, Batterie-Boote zusammengesetzt und der Roulettekessel wurde in Schwung gehalten. In einem nicht einmal zwanzig mal zwölf Fuß großen Raum mit teils unverputzten, teils mit Silberfolie bedeckten Wänden wurde jeder verfügbare Quadratzentimeter von zwei die Deckenbalken tragenden Pfosten, drei Werkbänken, einem Elektrobohrer, einer Schleifmaschine und dem auf dem Tisch aufgebockten Roulettekessel eingenommen. Zur Einrichtung neu hinzugekommen war ein an den Dachsparren aufgehängter Taucheranzug und ein unter dem Büffelkopf an die Wand gelehntes Surfbrett.

«Das ist für die Zeit, wenn wir erst einmal in Biarritz spielen», sagte Rob und zeigte auf das Surfbrett. «Wenn wir nicht am Roulettetisch stehen, können wir ein wenig die Brandung genießen.»

Mir fiel auf, daß der Raum ordentlicher aussah als sonst. Die die Regale füllenden Plastik-Eisbecher waren neu beschriftet worden; ich las MSC-CHIPs, LEDs, MSC-WIDERSTÄNDE, TRANSISTOREN, BUCHSEN UND STECKER usw.

«Das ist Robs guter Einfluß», sagte Doyne. «Er bringt es sogar fertig, daß wir am Abend die Werkzeuge wegräumen.»

Doyne saß an einer Werkbank, auf der ein Tektronix-Oszillograph, ein Signal-Generator zur Feinabstimmung der einzelnen Bauteile und ein Transformator zum Umspannen von Wechselstrom zu Gleichstrom und zum Transformieren auf die dürftigen 5 oder 10 Volt, mit denen Computer laufen, herumstanden. Mitten dazwischen lag ein Prototyp eines Modus-Schalters.

«Gestern hat er bestens funktioniert», sagte er, «aber heute gelingt es mir nicht, auch nur ein deutliches Signal herauszukriegen.» Er fummelte mit an den Oszillographen angeschlossenen Nadeln zwischen den einzelnen Komponenten herum. Anstatt gleichförmiger Wellen huschten scharf gezackte Wellenlinien über den Monitor. Doyne versuchte sie zu glätten und drehte an ein paar Knöpfchen, aber dies verzerrte sie um so heftiger.

«Macht die Schotten dicht», rief Rob. Er hatte seine grüne Schutzbrille über die Augen gezogen, beugte sich über den Bohrer und bohrte drei kleine Löcher in den Rand eines Batterie-Bootes. Jedes dieser Boote war dazu bestimmt, als Energieversorgung und Radio-Einheit für ein Computer-Sandwich in einen Schuh zu passen und enthielt verschiedene Batterien, eine Antenne, zwei Solenoiden sowie einen Radiosender und -empfänger.

«Das Bohren ist eine knifflige Angelegenheit», kommentierte Rob, nachdem er die Bohrmaschine wieder abgestellt hatte. «In diese Dinger sind hundertvierzig Windungen Antennendraht eingebettet. Eine falsche Bewegung mit dem Bohrer, und schon kann man eine Woche Arbeit in den Abfallkübel schmeißen.»

Die Batterie-Boote sehen nicht nur wie richtige Boote aus, sondern werden auch so hergestellt. Als erstes wird eine Gipsform gemacht, um deren äußeren Rand der in Schlaufen zusammengelegte und zusammengebundene Antennendraht befestigt wird. Nachdem mehrere Schichten gesponnenes Glas zur Verstärkung über den Draht gelegt wurden, wird die Form mit flüssigem Gußharz aus einem Laden für Schiffszubehör ausgefüllt. Innerhalb einer halben Stunde hat das Harz die Konsistenz von Gelatine, und am Ende des Tages ist es so fest, daß ein Elefant, zumindest aber ein Mensch darauf gehen kann.

Nachdem die Bootsteile aus den Gipsformen gebrochen worden sind, werden sie geschliffen, innen bearbeitet, poliert, gebohrt und mit Bauteilen beladen. Schließlich befördern sie eine Fracht aus Widerständen, Kondensatoren, Dioden, Batterien, Solenoiden, Antennen – kurz alles, um einen Computer zu betreiben sowie Signale einzugeben, zu empfangen und weiterzuleiten. Sind die Boote dann erst einmal getestet, werden sie mit einem durchsichtigen Plastikdeckel versehen, aus dem zwei der drei Solenoiden des Systems herausragen. Um deren Signale auf verschiedenen Teilen der Fußoberfläche empfangen zu können, ist der dritte Vibratorstift weiter vorn auf dem Sandwich angebracht.

«Dies ist kein herkömmliches Plastikmaterial», erklärte Rob und hält einen der Bootdeckel ins Licht. «Es handelt sich um Polykarbon oder Lexan. Ein Viertelquadratmeter kostet neun Dollar, und es ist dasselbe Zeug, aus dem Gefängnisfenster gemacht werden.»

Komplett mit aus dem Heck hängenden Flachkabel sieht ein fertiges Boot wie ein Biologie-Lehrmodell aus – vielleicht eine millionenfach vergrößerte Samenzelle. Das am Spann des Fußes entlangführende Flachkabel verbindet das Boot mit seinem Computer. Am Kabelende befindet sich eine achtzinkige Steckhülse mit Stiften, die entweder 5 oder 0 Volt (zum Betreiben des Computers) oder 20 Volt (für den Radiobetrieb und die Solenoiden) liefern können.

«Diese Steckhülsen sind eigentlich für Modellflugzeuge gedacht», sagte Rob. «Sind hübsche kleine Dinger. Aber die Modellflugzeugstecker ans Kabel zu löten, ist das Widerwärtigste beim Boote-Bau überhaupt.»

Letty hielt eine Ölkanne und ein Kugellager aus dem Inneren des Mechanismus und stand über den Roulettekessel gebeugt. «Gestern hatten wir
lausige Voraussagen», sagte sie. «Der Rotor hat im Winter Regen abgekriegt
und sich seither verzogen. Also nehme ich ihn auseinander, schleife seinen
Rand und öle das Kugellager.»

«In Santa Cruz ist es einfach zu feucht», bemerkte Doyne. «Dem Kessel
würde es besser gehen, wenn wir ihn nach Las Vegas zurückschafften.»

«Nach allem, was wir ihm angetan haben», sagte Rob, «frage ich mich, ob
der Kessel uns überhaupt noch mag.»

«Er hat ein aufregenderes Leben als die meisten Roulettekessel gehabt»,
meinte Letty. «Wir haben ihn aus den Casinos befreit und hierher gebracht,
um ihn für eine viel interessantere Sache einzusetzen. Ich bin mir sicher, daß
der Kessel uns noch mag.»

Das Radio war auf KFAT eingestellt, und Dolly Parton sang die Titelmelodie
aus *Nine to Five*. Mark Truitt kam mit zerzaustem Bart und Haaren in den
Shop gestürmt. «Gewachst und bereit zum Einsatz», rief er aus. «Nach
einem Spaziergang zum Einkaufszentrum und zurück läuft der Computer
immer noch ausgezeichnet.»

Mark hielt ein an einem Ende sich verjüngendes Fiberglas-Rechteck in der
Hand. Nicht größer und wenig dicker als eine Schuhsohle war der Computer
opalisierend grau und ein bißchen durchsichtig, so daß man, gegen das Licht
gehalten, innen die Handvoll kleinerer schwarzer Rechtecke, die in diesem
aus RAMs, ROMs und einem Mikroprozessor konstruierten elektronischen
Sandwich übereinandergeschichtet wurden, unterscheiden konnte.

Der Akzent bei Marks Feststellung lag in der Tatsache, daß dieses spezielle
Sandwich robust genug war, um darauf gehen zu können. Nachdem Mark
eine neue Methode zum Bau von Computern mit übereinandergeschichteten
Chips gefunden hatte, wartete er mit einer weiteren originellen Idee auf, um
diese Komponenten in einem Prozeß, den er Sandwich-Wachsen nannte, zu
verankern. Da er den Einfall hatte, bevor er die Materialien entdeckte, um
ihn in die Tat umzusetzen, hatte er sich vorgestellt, daß es irgendwo auf der
Welt eine Substanz geben mußte, die beim Erhitzen flüssig und nach dem
Abkühlen fest wurde und die man zwischen die Hälften eines Computer-
Sandwiches füllen konnte. Dieses wunderbare Material würde, nachdem es
den Mikroprozessor umflossen hatte, abkühlen und mit einer in ihrem Innern
eingelassenen Zeitkapsel wie Beton erhärten. Die einzigen Computerteile,
die herausragen würden, wären ein durch die Zehen zu bedienender Mikro-
schalter, ein Solenoid, ein Batteriestecker und die Rückseiten zweier PC-
Boards. Als Ober- und Unterteil des Sandwiches wären die Boards mit den
Lötstellen eines im übrigen unergründlichen Schaltkreises übersät.

Was für Marks Idee des Sandwich-Wachsens sprach, war die Einfachheit, mit der sich dies bewerkstelligen ließ. Es ermöglichte einen gebrauchsfertigen Computer in einem Stück. Sollte er in Las Vegas jemals in die falschen Hände fallen, wäre es nur wahrscheinlich, daß der Computer als unidentifizierbarer Gegenstand durchgehen würde, den nicht einmal ein Spezialist auseinandernehmen und nachbauen könnte. Aber die Tatsache der Unumkehrbarkeit sprach gegen Marks Idee, den Computer zu wachsen. Einmal versiegelt würde es schwierig, wenn nicht gar unmöglich sein, das System auf Fehler zu testen und ausgebrannte Komponenten auszutauschen.

Die Frage wurde anläßlich mehrerer Arbeitssitzungen hin und her diskutiert. Doyne war dafür, das Sandwich offen zu lassen und ein Metallgehäuse zu bauen, während Mark den Computer mit einer Füllung Kunstharz für alle Ewigkeit versiegeln wollte. Als Mittelweg fanden sie eine dritte Lösung. Nachdem in den Zwischenraum zwischen dem oberen und dem unteren Board ein Stück Lexan eingepaßt worden war, würde das Computer-Sandwich mit mikrokristallinem Wachs ausgefüllt werden. Dies war die magische Substanz, die Mark gesucht hatte. Ein dem Plastik verwandtes Petroleumderivat, ist mikrokristallines Wachs hart, widerstandsfähig und spröde – außer bei 150 Grad Celsius, bei der Temperatur, bei der es die Konsistenz von Melasse annimmt.

«Es ist schon eine gewagte Sache», sagte Mark und reichte mir den frisch gewachsenen Computer. «Man hat einen funktionierenden Mikroprozessor und innerhalb einer Stunde wird es verdammt schwierig, ihn zu reparieren, wenn er versagt.»

Mark erläuterte den Vorgang des Wachsens und berichtete, wie er fast die ganze Nacht auf den Beinen war und versuchte, den Gasherd auf genau 150 Grad Celsius zu heizen. «Für unsere Chips ist das die absolute Obergrenze ihrer Lagertemperatur. Also wollte ich kein Risiko eingehen. Ich hatte ein Thermometer im Ofen, aber es war kompliziert, die Backofentür einen Spalt offenzuhalten, damit ich es ablesen konnte. Nachdem ich schließlich jede mögliche Zugluft aus der Küche verbannt und die richtige Temperatur erreicht hatte, schob ich den Computer eine Stunde lang in den Ofen. Bevor ich damit anfing, das Wachs ins Sandwich zu gießen, wollte ich den Computer anwärmen. Das Wachs hatte ich auf dem Herd in einem Doppelkocher, in dem ein Bonbon-Thermometer steckte, erhitzt. Schließlich war es flüssig genug und ich tröpfelte es mit einem Trichter in das Sandwich, um es dann noch ein paar Minuten im Backofen garen zu lassen. Danach nahm ich es heraus und ließ es abkühlen. Sobald es ging, machte ich mich mit dem Oszilloskop darüber her und betete, es möge noch alles intakt sein. Wären irgendwelche Probleme aufgetreten, hätte ich den Computer theoretisch in den Ofen zurückwerfen und das Wachs herausschmelzen können. Allerdings haben wir dies noch nie ausprobiert.»

Ich betrachtete das Sandwich in meiner Hand. Die einzigen noch deutlich sichtbaren Computerteile waren die auf die Innenseite der PC-Boards aufgetragenen Kupferspuren und die Lötzinnpünktchen, mit denen die Rückseite dieser Platinen getüpfelt waren. Diese Pünktchen zeigten an, wo unter dem Fiberglas die goldenen Nadeln lagen, die zu den im Innern eingelassenen Silikon-Boxen führten, winzige Boxen, die möglicherweise für immer in einen durchsichtigen See aus mikrokristallinem Wachs versenkt wurden. Mark zeigte auf die fein gebogenen Linien im Innern des Sandwiches. «Für einen Computer-Schaltkreis ist dies eine außergewöhnliche Architektur. Du siehst, keine der Linien ist gerade.»

«Und weshalb?»

«Weil ich sie ohne Lineal gezogen habe.»

«Liebe Mitglieder»

Den Tierkreis kann man als einen immensen Roulettekessel betrachten,
in den der Schöpfer eine sehr große Anzahl kleiner Kugeln geworfen hat.
Henri Poincaré

In jener Nacht – oder besser gesagt in den Morgenstunden des darauffolgenden Tages – fand ich Doyne und Norman am Küchentisch stehen und Ingwerkekse knabbern. Vor ihnen lagen über den Tisch verstreute Blätter Millimeterpapier, auf dem Hunderte von Datenpunkten eingezeichnet waren.

Doyne zeigte auf die graphischen Darstellungen und sagte: «Die machen mich ganz schön nervös. Letty hat den ganzen Tag lang Daten gesammelt. Aber sie scheinen mir mehr vom Zufall bestimmt als sonst. Ich denke, ich werde die alten Histogramme nochmal hervorkramen und beides vergleichen. Auch werde ich den KIM an Stelle der Schuhe agieren lassen. Wenn wir den Computer einsetzen, um unsere Zehenbewegungen zu simulieren, sollte es möglich sein herauszufinden, ob die statistischen Fluktuationen auf menschliches Versagen zurückzuführen sind. Was mich aber mißtrauisch macht, ist die Tatsache, daß irgendein Hansel von der Straße beim Bedienen der Schalter geschickter sein könnte.»

Norman steckte einen weiteren Ingwerkeks in den Mund und zupfte sich am Bart. «Hat irgendwer ins Programm hineingepfuscht?» fragte er.

«Mark hat ein paar Veränderungen vorgenommen, damit der Rotor nur bei jedem zweiten Passieren des Fixpunktes gestoppt wird. Diese Methode ist exakter. Außerdem hat er an ein, zwei anderen Stellen ein wenig Hausputz gemacht.»

«Hat Mark irgendwelche theoretischen Vorstellungen von dem, was sich abspielt? Denkt er über derartige Probleme nach?»

«Ja, er denkt darüber nach. Aber in diesem Stadium wäre es mir lieber, es gäbe gar keine Theorien. Wir sollten mehr Testläufe machen und das Programm in den KIM eingeben.»

«Wenigstens hast du einen Mitstreiter in den Software-Kriegen. Früher warst du ganz alleine.»

«Ich wollte, ich wäre es noch», sagte Doyne. «Über die kürzlich erfolgten Programmänderungen existiert keine Dokumentation, und das heißt, es gibt Strecken im Programm, über die *kein Mensch* Bescheid weiß.»

Einige Zeit später, nach dem Frühstück, räumte Doyne das Geschirr vom Tisch und wendete sich mir zu. «Heute Nachmittag holen wir deine Schuhe

vom Schuster. Bis dahin wirst du deine Finger benutzen müssen, aber ich
finde, es ist an der Zeit, daß du mit dem Roulette-Training beginnst.»
Er breitete vor mir das eudämonische Tableau aus. Aus einer alten Zigarrenschachtel nahm er ein paar Casino-Jetons aus Plastik heraus und verstreute
sie über das Tuch. «Es entspricht zwar nicht ganz der Wirklichkeit», sagte
er, «aber du bekommst schon mal ein Gefühl, worauf es ankommt.»
Als nächstes plazierte er ein Computer-Sandwich mit Batterie-Boot auf dem
Tisch. Eines dicht ans andere geschaltet, sahen die beiden Einheiten aus wie
ein maßgeschneiderter Schuh für einen Klumpfuß mit Watschelgang. Um
darauf zu gehen, würde man sich einige Zeit eingewöhnen müssen. Doyne
glättete das Flachkabel zwischen dem Boot und dem Computer. «Sobald du
den Stecker ins Sandwich steckst, ist der Computer eingeschaltet. Die
Batterien sollten für mehrere Stunden reichen, achte aber trotzdem darauf,
daß der Stecker gezogen ist, wenn du nicht spielst.»
Doyne stellte neben die Zigarrenschachtel mit Jetons einen zweiten, größeren Behälter aus grünem Plastik. «Dies ist die Roulette-Übungsbox», sagte
er und nahm den Deckel ab. «Drinnen gibt es eine LED-Anzeige, ein paar
Batterien und zu einem elektronischen Schaltkreis verbundene Chips.»
Ich blinzelte ins Innere der Box. «Das ist Harry da drin», sagte Doyne und
meinte den alten Roulette-Computer. «Es tat mir im Herzen weh, aber Mark
meinte, wie sollten ihn ausschlachten.»
Doyne erklärte mir, wie die Wettübungsbox funktioniert. «Sobald du diesen
Knebelschalter umlegst, fängt Harry an, Signale auszusenden, die stark
genug sind, um deine Solenoiden auf eine Entfernung von fünfzehn Fuß
vibrieren zu lassen. Für den Schaltkreis habe ich ein spezielles Zufallszah-
lenprogramm entworfen, somit gibt es kein Muster für die Signale.»
Ein tingelndes Geräusch drang von dem Computer und dem Batterie-Boot
an mein Ohr. Einer der drei Solenoiden begann auf und ab zu zucken. Doyne
legte seine Hand darüber und dämpfte das Geräusch gegen seine Handfläche. Der eine aus dem Sandwich ragende Solenoid und die beiden aus dem
Boot lagen innerhalb weniger Zentimeter voneinander aufgereiht. Ich hörte
das *ting, ting, ting* unter seiner Hand hervordringen.
«Das ist eine Eins», sagte er. «Ein Niederfrequenz-Surren des vorderen
Solenoiden.» Ich blickte auf die LED-Anzeige im Innern der Übungsbox
und sah eine rote «Eins» in Computerschrift aufleuchten. Ein zweites,
eindringlicheres Summen ertönte unter Doynes Hand. «Hochfrequenz vom
vorderen Solenoiden», sagte er. Die Dioden in der Box zeigten eine leuchtende «Drei» an. Ein weiteres Surren aus der Nähe von Doynes Mittelhand-
knochen. «Hochfrequenz, mittlerer Solenoid.» Eine rote «Sechs» glühte aus
der Box.

«Die Box gleicht einer computerisierten Zeigetafel», erläuterte er. «Die Box habe ich entworfen, um während der Fahrt nach Las Vegas Spieler zu trainieren. Indem du an diesem Schalter spielst, kannst du die Geschwindigkeit der Signalabfolge regeln, wie du willst. Nachdem du dann die Signale auswendig kannst und schneller geworden bist, kannst du ans Trainieren des Wettmusters gehen.

Du mußt dir die Zahlen eines jeden Kesselsektors merken, plus eine oder zwei Nummern auf jeder Seite. Dies gestattet dir, dein Wettmuster zu verändern und jeden zu verwirren, der deinem System auf die Schliche kommen will. Zwar wirst du, je nach deinem Bank-Einsatz-Verhältnis, nur auf drei oder vier Zahlen auf einmal setzen, aber du brauchst auch eine gewisse Bewegungsfreiheit. Angenommen, der Tisch ist vollbesetzt und du stehst an einem Ende des Tableaus und hast Mühe, alle Zahlen zu erreichen. Wenn du beispielsweise nicht an die 30 herankommst, setze auf die 11, die im Kessel daneben liegt, auf dem Tableau aber weiter oben. Du mußt es mit verschiedenen Strategien dieser Art versuchen, um so schnell wie möglich zu setzen. Deine Bewegungen sollten dabei automatisch ablaufen. Der Computer läßt den mittleren Solenoiden mäßig vibrieren. Sektor fünf. Die Zahlen 12, 8, 19, 31 und 18. Zack. Du setzt auf 8 und 12, weil sie auf dem Tableau nebeneinanderliegen, und dann setzt du auf 18 und 19. Aber die 31 läßt du links liegen, weil sie sich weit weg am entgegengesetzten Tischende befindet.»

Doyne ließ mich im Eßzimmer allein, gebeugt über ein mit roten und schwarzen Nummern bemaltes Tischtuch. Ich legte meine Handfläche über Computer und Batterie-Boot. Der vordere Solenoid kitzelte mit seinem Auf und Ab meine Lebenslinie. *Ting, ting, ting.* Ein Niederfrequenz-Sirren. Sektor Nummer eins. Ich blickte in die Wettübungsbox und wartete, daß die Dioden-Anzeige mit einer eckigen Computerzahl aufleuchtete. Als ich sah, wie die elektronische Zeigetafel mir ein rotes «Recht so!» entgegenstrahlte, lächelte ich zufrieden vor mich hin.

Ich verlor mich im Roulette-Spiel und nahm kaum wahr, wie den Tag über ein Gewitter nach dem anderen vom Pazifik her über uns hereinbrach. Als ich am späten Nachmittag durch den Garten ging, kündigten ein heftiger Wind und aufquellende Haufenwolken das nächste Gewitter an. Ich trat in den Shop und fand Letty, Rob und Doyne um den Roulettekessel versammelt. Jeder Quadratzentimeter der lackierten Oberfläche dieses mystischen Symbols war von Drähten und wissenschaftlichen Instrumenten überzogen, eine Handvoll von auf die Kugel weisenden Optronen eingeschlossen. Hierbei handelte es sich um lichtempfindliche Infrarot-Transistoren – hübsche kleine Dinger, die die Position und Geschwindigkeit eines in Bewegung befindlichen Gegenstands mittels Infrarot-Strahlung messen. Ich schaute Letty beim Betätigen der Mikroschalter zu und blickte dann auf die auf der Anzeige des KIM aufleuchtenden roten Zahlen.

«Wir trainieren Letty mit dem Hand-Auge-Koordinationsprogramm», sagte Doyne. «Es ist das alte Mensch-gegen-Maschine-Experiment, bei dem aufgezeigt wird, wie spastisch man beim Kugelstoppen im Vergleich mit einem Optron ist. Letty macht gute Fortschritte, trotzdem ist irgendwas faul an der Geschichte, und wir wissen einfach nicht, was. Wir setzen die Parameter, und die Voraussagen sehen vielversprechend aus. Aber eine halbe Stunde später stehen wir da, und die Kugel fällt einen oder zwei Sektoren früher aus ihrer Bahn. Aus irgendeinem Grund verschieben sich die Voraussagen auf unerklärliche Weise.»

Die ganze Woche hindurch herrschte von Westen her heftiger Wind. Mal schien die Sonne, dann versteckte sie sich wieder hinter den über der Bucht heranstürmenden Wolkengebilden. Es war ein ständiger Wechsel zwischen einem unentschlossen aufklarenden Himmel und weiteren das Tal des San Lorenzo hinaufjagenden Wolkenschüben, die wie durchnäßte Zelte in den Redwood-Bäumen hingen. Die Wellen überspülten Hafenanlagen und liefen auf der Strandpromenade aus, während draußen in der Steamer Lane nur die besten der Surfer die Brandung nutzen konnten. Eingeleitet durch einen kräftigen Donnerschlag und begleitet von prasselndem Regen, brach ein weiteres Gewitter los.

Mark stieß die Tür zum Shop auf. Er war nur mit einem T-Shirt und einer Hose bekleidet, Regenwasser tropfte aus seinem Bart, und er schüttelte sich wie ein Hund. «Ich hab's», rief er aus. «Ich habe das Problem gefunden. Schaut euch das mal an.» Er nahm ein halbes Dutzend Roulettekugeln in die Hand und stellte sich neben dem Kessel auf. In rascher Reihenfolge drehte er alle Kugeln hintereinander ab. Sie unterschieden sich in ihrer Form und Größe und in dem Geräusch, das sie beim Umkreisen der Rinne verursachten – vom hellen Klang von Plastik bis zum weicheren Ton von Elfenbein auf Holz. Auch in ihrer Geschwindigkeit waren sie verschieden. Die Schnellen stießen mit den Langsamen zusammen, sprangen zurück und holten die Trödelnden wieder ein.

«Bei der größten Streuung», sagte Mark, «verlangsamt sich die Teflon-Kugel um hundert Prozent schneller als die aus dem Material von Billardkugeln. Das vermittelt eine Vorstellung davon, wie empfindlich diese Dinge sind. Wir setzen die entsprechenden Parameter für die verschiedenen Kugeln, aber die Kugeln selbst verändern sich. Das Problem ist die Luft. Luft ist nicht einfach Luft. Jeder, der an einem nebligen Tag Fahrrad fährt, wird das bemerken. Ich habe Rob und Letty heute morgen beim Erstellen der Histogramme zugesehen. Alles lief wie geschmiert, bis sie eine halbe Stunde später bemerkten, daß ihre Voraussagen sich verlagerten. Je länger sie spielten, desto weiter lief die Kugel. Ich ging nach Hause, um darüber nachzudenken und kehrte dann am Mittag wieder zurück, um ein kleines Experiment durchzuführen. Draußen schien die Sonne, und ich ließ die Shop-Tür offen. Die Parameter für die Kugeln begannen zu driften. Ich schloß die Tür, und schon gingen sie um einen Sektor zurück. Es war völlig klar: Stand die Tür offen, rollte die Kugel weiter.

Ich kehrte abermals nach Hause zurück und rief Bill Burke an der Universität an. Ich wußte, daß er Billard spielte, und dachte mir, er könne uns möglicherweise sagen, was mit unseren Kugeln los war. Mit diesem Problem, sagte er, sei ein jeder vertraut, der mit den ursprünglichen Elfenbeinkugeln Billard gespielt hätte. Sobald sich der Luftdruck ändert, verändern sie ihre Form und sind nicht mehr so rund; früher wurden Turniere verschoben, bis der Luftdruck sich stabilisierte. Unser Problem stellte sich ein wenig anders dar, da wir es mit Azetaten und Plastik zu tun haben, aber er dachte doch, daß das, was wir feststellten, durch Veränderungen des Luftdrucks und der Viskosität der Luft verursacht wird. Ich schätze, wir haben es mit einer fünf- bis zehnprozentigen Verschiebung pro Stunde zu tun. Daß unterschiedliche Kugeln sich auf unterschiedliche Weise verlangsamen, wußten wir von Anfang an, aber niemand kam darauf, daß die *Luft* sich so rasch verändern konnte.»

«Draußen in der Wüste sollte es besser sein», überlegte Letty. «Ich denke mir, daß die Casinos, klimatisch gesehen, stabiler sind.»

«In *Fools Die* spricht Mario Puzo von einem Casino-Besitzer, der ein bißchen Bewegung in den Laden bringen will», sagte Doyne. «Also pumpt er jeden Morgen um drei ein paar Tanks reinen Sauerstoff in die Spielsäle. Wer weiß, mit welchen Driftbewegungen man es dann zu tun bekäme?»

*

Als das Gewitter vorüber war und die Sonne wieder durch die Wolken brach, sagte Doyne zu mir: «Komm, laß uns unsere Endorphine auffrischen.» Wir zogen unsere Jogging-Schuhe an und liefen den Flußdeich des San Lorenzo River entlang. Das Wasser floß rasch und war schlammig. Vor uns wurde eine Wolkenbank gegen das Gebirge gedrückt. Wir nahmen eine Abkürzung über den städtischen Friedhof und liefen, indem der lange Aufstieg in die Hügel begann, langsamer. Die Luft war schwer vom Duft der Eukalyptus-

und Lorbeerbäume. Als wir die Nebelgrenze erreichten, wo Nebelschwaden durch die Redwood-Stämme trieben, kehrten wir um in Richtung Pazifik. Oberhalb des Überschwemmungsgebietes des San Lorenzo lagen die Häuser von Santa Cruz. Von den wichtigsten Wahrzeichen erkannten wir die Mission Church, die nach einem Brand im Maßstab drei zu vier wiedererbaut worden war, das über der Strandpromenade sich drehende Riesenrad und das mächtige, vom Dach des «Dream Inn» leuchtende «D». Am Stadtrand gegen Norden, gegen die Wälder und die darin verstreuten Universitäts-Einrichtungen lagen dunkel die Rosenkohlfelder. Ein Tupfer roten Neons leuchtete vor den Fischhallen am Pier. Der Leuchtturm warf sein Licht auf die Surfer in der Steamer Lane, die die letzten Wellen des Tages ritten. Direkt vor uns erstreckte sich der die Bucht säumende Uferstreifen, der in einen Haken auslief, an dessen anderem Ende bei Nacht die Lichter von Monterey funkelten. Als wir auf dem Flußdeich nach Hause eilten, brach die Wolkendecke auf und gab den Blick auf ein Stück blauen Himmels frei, während draußen in der Bucht Bündel von Sonnenstrahlen die Fischerboote beleuchteten, die ihr Kielwasser in den Hafen zurückschleppten.

Zum Abendessen hatte Grazia Pasta und Hühnerbrust in Rahmsauce bereitet. An diesem Abend gab es große Aufregung um Norman, der sein Debüt als Sänger in einem Konzert mit Renaissance-Musik gab. Lorna war eifrig mit seiner Kleidung beschäftigt. «Packard, es ist schon erstaunlich, was du unter cool verstehst», äußerte sie zu seinem ersten Kleidungsversuch. «Mit cool hat das absolut nichts zu tun.» Als er wieder auftauchte, trug er schmale schwarze Hosen und ein beigefarbenes, am Kragen offenes Hemd. Lorna legte ihm einen Schal um den Hals. Wir beeilten uns mit dem Essen und begleiteten ihn zur Tür.

Die Kirche war bis auf den letzten Platz gefüllt, als Norman die Bühne betrat. Er sah wie ein Chorknabe aus, der eine verlängerte Adoleszenz durchmacht, als er den Ton und das Tempo für das das Programm eröffnende Madrigal angab. Sein Tenor war wohlklingend, aber noch nicht warm genug, um durch die ganze Halle zu tragen. Ein von einem kleinen Orchester aus Lauten, Kornetten, Zugposaunen, Violen, Gamben und einer kleinen Orgel begleiteter Chor und Solostimmen brachten, wie es im Programmtext lautete, «Musik aus der heiteren Republik» zur Aufführung. Die Musik war eine Zusammenstellung von kirchlichen und weltlichen Liedern, die im Venedig des siebzehnten Jahrhunderts komponiert worden waren und eine Ordnung und einen Zusammenhalt zum Ausdruck brachten, die seit langem aus der Welt verschwunden waren. Grazia, die neben mir saß, wechselte ins Italienische über. *«La stella»*, rief sie über den Sopran aus. *«Brava! Brava!»* Dies war die Musik eines freien Volkes, führte der Programmtext aus, eines

Volkes, das weit genug von dem Zentrum des römischen Reiches entfernt lebte, um eine eigene ästhetische Feinfühligkeit und Kultiviertheit zu pflegen. «Ich glaube, die beschreiben Santa Cruz», sagte Grazia und lachte. «Weit weg von Washington und New York ist dies das Venedig des amerikanischen Reiches.» Und tatsächlich war der Musik eine Resonanz und Leichtigkeit zu eigen, die mit dem Liebreiz eines milden Abends an den Gestaden der Bucht von Monterey perfekt übereinstimmte.

Gleich früh am nächsten Morgen fanden sich Doyne, Norman, Mark, Letty, Rob und ich zu einer Besprechung im Eßzimmer ein. Norman gähnte noch in seinen roten Morgenmantel gewickelt. Mark hatte ein langärmeliges T-Shirt, Chino-Hosen und Nike-Schuhe an und hockte auf dem Fensterbrett. Letty steckte in Blue jeans und einem Wollhemd mit aufgekrempelten Ärmeln. «Letzte Nacht träumte mir, daß Kaugummi im Kessel hing und in die Kugellager hineinschmolz, wo er die Mechanik verklebte», sagte sie. «Mein Gott, war das schrecklich.» Rob Lentz führte seinen neuen Haarschnitt und seinen frisch gestutzten Bart vor. «Ich richte mich für Las Vegas her», meldete er.

Doyne trug weite Hosen und einen isländischen Wollpullover, sein Haar war noch immer vom Duschen naß. Er eröffnete die Sitzung, indem er Photokopien von «Die Voraussagen beim Roulette» verteilte, das fünfundzwanzig Seiten umfassende Handbuch über das Thema, wie man Roulette mit Computern schlägt. «Ihr habt dies zwar schon gesehen», sagte er, «aber einigen von euch fehlten ein paar Seiten. Ich habe mir außerdem eine hilfreiche Verbesserung für das Programm ausgedacht, eine Methode, um einen der Parameter, während wir spielen, automatisch feinzustimmen. Allerdings würde es ein paar Tage kosten, das in die Tat umzusetzen, und ich weiß nicht, ob wir so lange darauf warten wollen.»

An die Eßzimmertür war eine Tafel genagelt, die Doyne mit Gleichungen füllte, während er ein Mini-Seminar über die Physik beim Roulette startete. Lange Ketten von Variablen entrollten sich zwischen den Klammern logarithmischer Funktionen. Deltas tauchten vor einstellbaren Parametern auf. Parenthesen grenzten meßbare Verhältnisziffern und Perioden ab. Preset-Werte und «Nonsens-Faktoren» wurden durchgehend sparsam eingesetzt. Als Doyne mit dem Anschreiben der letzten von drei multifunktionalen Gleichungen an die Tafel fertig war, wirbelte Kreidestaub durch das in schrägen Bahnen durchs Fenster eindringende Sonnenlicht. «Dies sind die zwei Bewegungsgleichungen für die Kugel und den Rotor», schloß er, «und dies ist die Lösung – ein Algorithmus, der diese Gleichungen kombiniert und sie löst.» Nachdem Rob die Gleichungen in sein Notizbuch geschrieben hatte, blickte er auf und kraulte seinen Bart. «Doyne», fragte er, «muß ich dies alles wirklich wissen? Ich meine, solange die Hardware funktioniert, will ich nichts weiter als in die Casinos und sie anwenden.»

«Einen Moment mal», sagte Mark und wippte auf seinen Füßen hin und her. «Mich macht das wirklich verrückt. Jedesmal, wenn einer davon erzählt, das System habe Macken, wird der Fehler auf die Hardware geschoben. Aber wenn etwas schiefging, lag es ebenso oft an der Software.»

«Junge, was bist du heute empfindlich», sagte Rob. «Ich hab' dir nichts in die Schuhe geschoben. Ich habe Doyne gefragt, ob ich Roulette ohne physikalisches Fachwissen spielen kann. Ich würde das ja *gerne* alles wissen, dachte aber, wir wollten so schnell wie möglich aus der Stadt heraus.»

«Dem stimme ich zu», sagte Letty, die sich in einen Bohnensack-Sessel in der Ecke gekuschelt hatte. «Viel von dem habe ich ohnehin nicht kapiert. Was wir dringend brauchen, ist ein wohlwollender Diktator. Warum sagst du uns nicht, was wir tun sollen, und wir machen es?»

«Ich finde, zwei Mann sollten so rasch wie möglich nach Las Vegas aufbrechen», beharrte Mark, «ohne das Programm zu verändern und ohne abzuwarten, bis die nächsten Computer-Sandwiches gewachst sein werden. Ich weiß, du willst ein Reserve-System», wendete er sich an Doyne. «Aber innerhalb weniger Tage kann ich ein Set Sandwiches fertigbauen und euch hinterherschicken. Das Extra-Training mit dem Feedback-Gerät solltest du dir aus dem Kopf schlagen und einfach losfahren.»

«Aber es ist ein paar Jahre her, daß wir eine vollständige Versuchsreihe der Augen-Zehen-Koordination durchgeführt haben», sagte Doyne.

«Ich weiß», pflichtete Mark ihm bei, «aber wie sehr hat sich dein Nervensystem seit damals verschlechtert?»

Ich trug ein Paar voll beladener magischer Schuhe, als ich im Keller stand und aus der Wettübungsbox vibrierende Signale empfing. Es waren Clarks, hübsch aussehende Laufschuhe, an denen außer dem Computer, der meine rechte Fußsohle kitzelte, nichts Ungewöhnliches war.

Dies war die letzte Anprobe, um meine Magnetspulen mit den Vibratorstiften korrekt anzupassen. Letty war zu einer Expertin im Anfertigen der Metallstifte geworden, die in den Solenoiden auf und ab fuhren. Als letzte Stufe in diesem Arbeitsprozeß brachte sie die Stahlstifte auf Paßform, indem sie sie spitz zufeilte. Es erforderte einiges an Geschicklichkeit, einen Computer in den Schuhen zu tragen. Man will ganz normal gehen, muß aber zaghaft auf dem Mikroprozessor unter den Sohlen schreiten. Hebt sich die Hacke geringfügig, fangen die Stifte an wie Popcorn zu hüpfen, ein wenig Druck auf die Fußwurzel kann die Solenoiden völlig zum Verstummen bringen.

Doyne schritt in seinem eigenen Paar um den Roulettekessel herum. «Mein Computer hat sich abgemeldet, habe gerade eine Neun empfangen», sagte er und meinte das Nicht-setzen-Signal, einen hohen Impuls von dem hinteren Solenoiden. «Sobald ich die Schuhe anziehe, funktionieren sie nicht mehr.»

«Riechen deine Füße etwa?» fragte Rob. «Ich habe schon daran gedacht, mit dem Computer Geruchtests durchzuführen.»

Doynes Gesicht verzog sich zu einem schiefen Lächeln. «Yeah», pflichtete er bei. «Wir sollten alles testen.»

Im übrigen neigten alle eher dazu, die Schuld auf die Hardware anstatt auf die Software zu schieben, obwohl Mark in einem recht hatte. Ein Fehler im Programm – der einem umherirrenden Elektron in einer von einer Million Rechenoperationen gestattet, durch ein logisches Tor zu schlüpfen – kann die Schaltkreise ebenso ruinieren wie eine schlechte Lötstelle. Trotzdem war es angesichts durchgebrannter Transistoren häufig schwierig, ihren beklagenswerten Zustand auf ein logisches Mißgeschick zurückzuführen. Der Witz dabei war, daß Probleme mit dem System fortan nicht mehr als solche identifiziert werden konnten. Statt dessen würde man sie als «Anwender-Unregelmäßigkeiten» bezeichnen.

Den Nachmittag verbrachte ich mit Training an der Wettübungsbox. Während unter Spann und Hacke meines Fußes Solenoiden losgingen, empfing ich eine Reihe von Signalen von eins bis neun. Ich übersetzte sie in Zahlenmuster auf dem Tableau und verteilte Jetons auf dem Stoff. Am Eßzimmertisch stehend, empfing ich ein Signal nach dem anderen. Ich lernte, die Solenoiden zu unterscheiden. Ich beherrschte die verschiedenen Frequenzen. Ich lernte die Zahlen aller Sektoren des Roulettekessels auswendig. Wie ich über den Tisch gebeugt stand, entwickelte sich eine Art gedankenloser Präzision, und ich konzentrierte mich auf meine Aufgabe, wie ein Schauspielschüler, der versessen darauf ist, der Marlon Brando der Roulette-Voraussage zu werden.

Doyne hatte immer noch das zweite Paar Schuhe unseres Sets an den Füßen, als er das Zimmer betrat. «Laß uns mal die Reichweite testen», sagte er und simulierte, indem er die Mikroschalter mit seinen Zehen bediente, das Eingeben von Modus und Daten während eines Roulette-Spiels. Zum ersten Mal wurden die Signale, die in meinem Schuh vibrierten, so wie es später in Las Vegas sein sollte, von seinem Computer zu meinem gefunkt. Wir stellten ein Dutzend Versuche an, während Doyne sich Schritt für Schritt weiter von mir entfernte.

«Das war eine Acht», sagte er und meinte ein mittleres Surren des hinteren Solenoiden.

«Dito», bestätigte ich, als ich das Signal empfing.

«Fünf.»

«Fünf.»

«Noch eine Acht.»

«Nein, ich hab' eine Neun.»

«Das ist die äußerste Grenze. Über neun oder zehn Fuß hinaus wirst du nur Nicht-setzen-Signale empfangen.» Er schaltete die Wettübungsbox ein und schaute mir zu, wie ich Signale in Zahlen übersetzte und Jetons auf das Tableau warf. «Du hast die Sache schon ganz gut im Griff», sagte er, «aber an deiner Technik hapert es noch. Als großer Spieler solltest du lernen, wie man mit seinen Jetons umgeht.»

Er nahm einen Stapel und setzte doppelt so schnell wie ich. «Anstatt beide Hände zu benutzen und Jetons wie Karten auszugeben, mußt du sie in eine Hand nehmen und sie wie ein Münzspender durch die Finger gleiten lassen. Indem du das tust, ohne dein Handgelenk zu bewegen, schaffst du es in der Hälfte der Zeit.»

Er trat einen Schritt zurück und sah mir beim Üben der neuen Technik zu. «Noch etwas: Wenn du sonst alles unter Kontrolle hast, entspann' dich. Wenn Spielen deine einzige Tätigkeit ist, erwartet man, daß du Spaß daran hast.»

Letty kam durch die vordere Tür herein. «Seid ihr soweit?» fragte sie und zog eine Rolle Banknoten aus ihrer Handtasche. «Hier ist das Wettkapital, zweitausendfünfhundert Dollar in Cash. Bei der Bank war man überrascht, als ich es abheben wollte. ‹Ohne vorherige Absprache zahlen wir Beträge in dieser Höhe normalerweise nicht aus›, klärte der Manager mich auf. ‹Sie werden es mir abnehmen müssen›, erwiderte ich, ‹aber die Umstände sind tatsächlich alles andere als normal.›»

Im Laufe der letzten Besprechung hatten wir uns darauf geeinigt, in zwei Gruppen nach Las Vegas zu fahren. Doyne und ich wollten direkt in Lettys blauem Fiat starten. Sobald ein zweites Set magischer Schuhe fertiggestellt sein würde, würden Rob und Letty uns in seinem Plymouth Duster folgen. Mark beabsichtigte, in Santa Cruz zu bleiben. Er hat immer noch Angst und wollte nicht nach Las Vegas fahren. Entweder würden die Computer funktionieren, wie er es sagte, oder sie funktionierten nicht. Konnten wir ihm trauen? Was seine Paranoia betraf, so hatte Letty ihn zu überzeugen versucht, daß die Glücksspiel-Statuten von Nevada das Mitsichführen von Voraussage-Geräten in den Casinos nicht ausdrücklich verboten. Nichtsdestoweniger malte Mark sich aus, wie ihn Mafiosi, so groß wie Watussi-Krieger im Hinterzimmer des «Caesars Palace» in die Mangel nahmen oder ihm das letzte Möbelstück aus seinem ohnehin bescheiden eingerichteten Häuschen pfändeten.

Gegen Abend ging ich durchs Gartentor und fand Doyne im Blue Bus. Die Motorhaube war abgenommen, und er machte sich mit verschiedenen Schraubenschlüsseln an den Zylindern zu schaffen. Einen Monat lang war der Bus nicht gelaufen und stand so lange vor dem Haus geparkt, bis die Polizei auftauchte und ihn abzuschleppen drohte. Da dies der erste Las-Vegas-Trip war, zu dem man den Bus nicht benötigte, hatte Doyne gesagt, er würde ihn in die Scheune schieben. Folglich überraschte es mich, ihn ölverschmiert zwischen Maschinenteilen anzutreffen. «Was machst du denn da?» fragte ich.

«Es hat mit Psychologie zu tun», erwiderte er. «Ich weiß nicht warum, aber irgendwie ist mir wohler, wenn der Bus fahrbereit ist. Ich möchte nicht gern aus der Stadt gehen, bevor er nicht ein Lebenszeichen von sich gegeben hat.»

Während des Abendessens wurden zwei Dinge herumgereicht. Das eine war ein Zeitungsausschnitt aus dem *San Francisco Chronicle*. Unter der Datumszeile Carson City, Nevada, stand zu lesen: «Während der drei Sommermonate wurden in den Casinos von Nevada 688,3 Millionen Dollar verspielt, das bedeutet einen Zuwachs von 8,1 Prozent im Vergleich zum Vorjahr. Wie ein Bundesbeamter mitteilte, ist das angesichts der herrschenden Rezession ein gesundes Ergebnis.»

«Wer hätte gedacht, daß es so viele Idioten gibt auf der Welt?» sagte Letty.

Das andere war ein zehn Seiten langer Brief. «Ich wüßte gern eure Meinung hierzu», sagte Doyne. «Ich habe vor, allen Aktionären von Eudaemonic Enterprises eine Kopie davon zu schicken. Wo wir jetzt über eine neue Geräte-Generation verfügen, sollte ein jeder, der Anspruch auf ein Stück des eudämonischen Kuchens hat, im Bilde sein, was läuft.»

«Liebe Mitglieder» überschrieben, begann der Brief so: «Nun, da die Taufe des entscheidenden Paars magischer Schuhe unmittelbar bevorsteht, ist die Zeit mehr als reif, um einen Lagebericht zu geben. Darin enthalten ist eine vorläufige Aufteilung der zu erwartenden Gewinnanteile mitsamt einer gründlichen Überarbeitung und Erweiterung der ursprünglichen Übereinkunft. Das beigelegte Photo des ‹Sandwiches› und des ‹Bootes› sollte euch einen Eindruck vom derzeitigen Stand der Roulette-Technologie vermitteln. Das abgebildete Sandwich ist ein kompletter Computer zum Datennehmen, und das Boot enthält alle Batterien, Antennen und zwei von drei Fuß-Massagegeräten (das letzte befindet sich auf dem Computer).»

Der Brief beschrieb unsere bevorstehende Expedition «nach Nevada mit seinem Dollarsegen», wo die Ausrüstung während «eines Monats der hohen Einsätze» getestet werden sollte. Der Brief gab des weiteren Aufschluß über kürzlich vorgenommene Veränderungen des eudämonischen Kuchens, insbesondere über sein neues «Vorderteil», und schlug die folgende generelle

Aufteilung des Kuchens vor, aus dem sich die individuellen Stücke eines
jedes Team-Mitglieds ergaben.

Erforschung und Entwicklung (Labor)	80%
Kapitalinvestition	19%
Grundlegende Entwicklung	1%

«Bevor ich mich in den Einzelheiten der revidierten Eudämonia-Charta ver-
liere», hieß es in dem Brief weiter, «mag es interessieren, die derzeitige
Aufstellung von Zeit und Geld, die in den Roulette-Wahn investiert wurden,
in Augenschein zu nehmen.» Dort, wo Doyne die Aufstellung machen wollte,
war die Seite leer. Bei seinen vielen anderen Projekten blieb ihm dafür einfach
keine Zeit. Hätte er aber die Zeit dazu gefunden, hätten sich die Höhepunkte
der eudämonischen Bilanzaufstellung so gelesen: Eine Kapitalinvestition
von insgesamt 15000 Dollar – ein Großteil davon von Doyne und Letty,
zuzüglich einiger tausend Dollar von Norman, Tom Ingerson, Dan Browne
und anderen. Von dieser Summe gingen 8500 Dollar als Vorschuß auf Marks
Gehalt für eineinhalb Jahre lang geleistete Überstunden. Das restliche Geld
wurde für Computer-Chips und andere Komponenten ausgegeben. Ein sepa-
rater Fonds für Wett-Kapital schloß als Projekt-Banker Rob Shaw, Tom Ingerson, Letty sowie Doynes Eltern ein. Aber die wirklich verblüffendsten Angaben auf dieser Kassenübersicht hätte die Aufstellung unter der Rubrik «Good-
will» gezeigt. Obenan auf der Liste derjenigen, die über sechs Jahre des
Roulette-Wahns hinweg kostenlos Arbeitskraft und Ideen zur Verfügung
stellten, standen Doyne mit dreitausendfünfhundert Stunden Guthaben am
eudämonischen Kuchen, Mark mit dreitausend und Norman mit zweitausend.
Spätabends traf ich Mark im Shop. Sein Gesicht wurde von dem grünen
Schimmern der über das Oszilloskop rollenden Sinus-Wellen beleuchtet. Vor
ihm lagen Büschel von vielfarbigen elektrischen Leitungen, die vom KIM-
Computer zu einem der Sandwiches führten. «Ich teste das System», sagte
er. «Der KIM steuert das Sandwich durch ein Zyklus-Programm. Indem er
den Computer Schritt für Schritt durch seine Voraussagen geleitet, funktioniert er wie ein menschliches Wesen – nur daß der KIM keine Fehler macht
und es ihm niemals langweilig wird; er kann dasselbe Ergebnis tausendmal
hintereinander produzieren.
Ich will sichergehen, daß der Computer keinen Schritt ausläßt. Das mag eine
Weile dauern», sagte er. «Vielleicht die ganze Nacht.»

Bei der Vorbereitung für die alljährliche Zusammenkunft von Eudaemonic
Enterprises waren die Mitglieder, Physik-Schamanen und Freunde seit früh

morgens damit beschäftigt, das Haus für die Halloween-Fete zu transformieren. Aus der Küche drang der Duft von Obstkuchen und Kakaoplätzchen herüber. Doyne trug einen Behälter mit Stickstoff herein und demonstrierte, wie die Flüssigkeit bei ca. −130°C veranlaßt werden kann, über den Fußboden zu jagen und in einer Dampfwolke aufzugehen. «Man kann es auch aus dem Mund pusten», sagte er und führte etwas vor, was wie umgekehrtes Feuerschlucken aussah. «Den Physik-Schamanen wird das gut gefallen.» Ingrid verwandelte gerade Normans Goldfischgläser in mit Trockeneis gefüllte Punsch-Gefäße. Letty arbeitete an der Umgestaltung der Schlafzimmer in taktile und Meditationskammern. Mit Hilfe eines geliehenen professionellen Sound-Systems mit fünf Fuß hohen Boxen richteten Norman und Rob Shaw im Wohnzimmer eine quadrophonische Disco mit Silberfolie an den Wänden und einer selbstgebastelten Lightshow ein. Nachdem Jim Crutchfield im ganzen Haus TV-Monitore installierte, wandelte er den ehemaligen Projekt-Raum in ein komplettes Fernsehstudio um, mit Make-up-Tisch, Spiegel, Fernsehmonitor und Video-Kamera. Eines der Themen bei der diesjährigen Halloween-Party sollte «Feedback» heißen. Kamera und Bildschirme wurden so angebracht, daß die Leute im ganzen Haus beobachten konnten, wie sie sich beobachten.

Trotz aller Bemühung war die Atmosphäre in diesem Jahr gedämpft. Das unmittelbar bevorstehende Auseinandergehen der Gruppe lag in der Luft; ein Käufer für das Haus wurde gesucht; seine jetzigen Bewohner sollten wie Samenkörner aus ihrer Hülse geschleudert werden: Doyne nach Los Alamos, Norman nach Paris, Ingrid nach San Rafael, wo sie bei Lucas Films arbeiten würde. Und Letty entweder mit Doyne nach New Mexico oder nach San Francisco, um sich auf eigene Faust durchzuschlagen. So hatte man denn der allgemeinen Stimmung bei der diesjährigen Zusammenkunft Rechnung getragen, offiziell hieß sie «Die letzte Halloween-Party».

Die kostümierten Gäste ließen nicht lange auf sich warten. Die mit der Video-Kamera in der Eingangshalle gekoppelten Bildschirme lieferten eine Nonstop-Show. Vor dem Make-up-Spiegel saß eine Frau, die sich einen falschen Bart anklebte. Eine andere Frau, die man mit Nancy Reagan verwechseln könnte, demonstrierte, wie sie ihre Beine übereinanderfaltete und wieder entfaltete. Ein Mädchen führte Turnübungen vor. Ein Ungeheuer verzehrte einen Pfadfinder. Über den Bildschirm und ins Haus hinein flimmerten eine Prozession von Clowns und Märchenprinzessinnen, ein mit Gucklöchern ins Glas gekratzter Spiegel, ein Rubik-Würfel, Götter des Waldes, arabische Scheichs und Überlebenskünstler aller Schattierungen. Ich erkannte Rob Lentz in einem Burnus aus Samt. Jim Crutchfield schwebte in purpurfarbenen Stretchhosen und mit Sonnenbrille vorüber. Die wie ein

herausquellendes Großhirn sich wölbende grüne Modelliermasse auf Lornas
Stirn wirkte so überzeugend, daß ich sie als Frankenstein kaum wiederer-
kannte. Wendy in grün und gold lackiertem hautengem Gewand tanzte mit
einem Affen mit behaarter Schutzbrille im Gesicht. Der Affe war Mark.
Letty war mit schwarzer Perücke, Sarong und Sandalen als balinesische
Touristin verkleidet. Norman kam in weißen Schuhen, schwarzen Hosen,
einem schwarzen Hemd, einem weißen Schlips und hochaufragendem Kopf-
putz aus schwarzem und weißem Kreppapier. «Ich bin die grundlegende
Integration», verkündete er. «Wie in der Mathematik?» fragte ich. «Nein»,
erwiderte er. «Wie in Schwarz und Weiß. Wie ein Ausblick auf die Zukunft.»
Um Mitternacht leerte sich das Haus, und man zog gemeinsam hinab zum
Parkplatz des neuen China-Restaurants. Rob Shaw, in langen Unterhosen
und einer Platin-Perücke, brannte ein selbstgemachtes Feuerwerk ab. Die
Menge brach in Begeisterungsrufe aus, als Raketen und Leuchtkugeln am
Himmel zerplatzten: «Eins zu Null für Nicaragua. Ein bißchen weiter nach
Osten, Rob. Vielleicht können wir Washington erledigen.»
Zurück im Haus ging es erst richtig los: Dröhnende Musik und unter Laser-
strahlen und Spiegelkugeln herumwirbelnde Tänzer. Zwei Märchenprinzessinnen tanzten Wange an Wange. Ein Jesuitenpater mit Fangzähnen machte
sich an eine bärtige Nonne heran. Das dritte Geschlecht war unübersehbar,
doch schien es in diesem Jahr eine kulturelle Spaltung zwischen Dekadenz
und Punk zu geben – zwischen geschlechtsumwandelndem Transvestiten-
Look und dem herkömmlich-schwarzen Nihilismus. Ingrid erschien als
Hell's Angel, sie trug Motorradstiefel, ein abgeschnittenes T-Shirt und hatte
ihr Haar zu einem Entenarsch pomadiert. Vorn auf ihrem T-Shirt stand:
«Mustache fährt immer noch», und hinten:

Auf einem Gipfel geboren,
In einer Höhle erzogen,
Für mich gibt es nur eines:
Motorräder und Sex!

Doyne mit seinen Damenstrümpfen und hochhackigen Schuhen neigte eher
dem dekadenten Ende des Spektrums zu. Er trug Make-up, Armreifen,
goldne Ohrringe, ein Korsett und einen mit Spielgeld gespickten BH. Eine
blonde Perücke umschwebte sein Haupt und verlieh ihm das zottelige,
aufgedonnerte Aussehen eines verlebten Las-Vegas-Callgirls.
Das ganze Haus rockte zum Sound von Xene, die «Johnny Hit and Run
Pauline» zum besten gab. Flüssiger Stickstoff waberte am Fußboden entlang. Auf den Bildschirmen begann es wüst zu wirbeln und zu pulsieren. Ich

entdeckte Ralph Abraham mit der Video-Kamera in der Hand, und er richtete sie genau auf einen der Bildschirme. «Das ist eine Feedback-Schlaufe», sagte er und zeigte auf die über den Bildschirm pulsierenden Lichtgebilde. «In einer endlosen Regression zeichnet die Kamera ein Bild von sich auf, wie sie sich aufzeichnet. Das Bild ist unbeständig, weil es beim Fokussieren eine Bruchteile von Sekunden während Verzögerung gibt. Somit hat man es mit *kontinuierlichem* Feedback zu tun. Es handelt sich dabei um eine Art sensorischer Überbeanspruchung.» Die pulsierenden Sonnen und Halbmonde führten einen kaleidoskopartigen Elektronentanz auf. Auf dem Bildschirm entstanden und vergingen Lichtmuster, die sich niemals wiederholten. «Das System ist derart überlastet, daß es sich nicht zu einem stabilen Muster aufzulösen vermag», sagte Ralph. «Ein perfektes Beispiel für seltsame Attraktoren.»

Spät am folgenden Morgen behandelten wir unseren Katzenjammer auf der Sonnenterrasse von «Aldo's Restaurant» mit Krabbensalat und blinzelten auf die blauen Wellen und die im Hafen vertäuten Jachten. Mark stocherte in seinem Essen herum und vermied es, in die Sonne zu blicken. Ingrid entschuldigte sich und verließ die Veranda, um sich in ein Eiskrautbeet zu legen. «Ich habe den Eindruck, daß die Party eine Rückkehr zu den alten Tagen war», sagte Norman. «Es war eher eine dekadente als eine Punk-Party, und Dekadenz ist aus der Mode gekommen.»

«Mein Eindruck ist, daß eine Ära zu Ende ging», sagte Doyne, «daß dies möglicherweise wirklich die letzte Party gewesen ist. Wie dem auch sei», fügte er hinzu und drehte sich zu mir, «es war eine gute Verabschiedung. Laß uns die Koffer packen und der Stadt den Rücken kehren.»

Kleopatras Kahn

Verzweifelt, aber nicht weiter ernst.

Adam and the Ants

Am selben Nachmittag luden Doyne und ich zwei Paar magische Schuhe und Socken in den Fiat und fuhren los Richtung Las Vegas. Außerdem hatten wir zweitausendfünfhundert Dollar Cash und eine ansehnliche Kollektion Bügelfaltenhosen und Hawaii-Shirts dabei. Wir nahmen die Route 101 nach Süden und fuhren durch die Weinberge und das Weideland oberhalb der Bucht von Monterey, als Doyne plötzlich sagte: «Weißt du, weshalb wir das Computer-Sandwich Sandwich tauften?»

«Nein.»

«Mark dachte, daß wir es, wenn wir mal richtig in die Klemme kämen, aufessen könnten. Ein Bestandteil, den wir den Schuhen hinzuzufügen gedachten, waren eingebaute Ketchup-Päckchen. Allerdings hätte uns die Montage der Ketchup-Behälter große Probleme gemacht.»

Doyne kramte in einer Papiertüte herum und förderte ein von der Party übriggebliebenes Kakaoplätzchen hervor. «Ich wünschte, ich wäre in diesem Augenblick in einem Casino. Was nicht heißen soll, daß ich mich nicht auf Bakersfield freue.»

Bei Paso Robles bogen wir nach Osten in die Ausläufer der Diablo Range ab, auf deren Rückseite Bakersfield lag und der steilere Anstieg in die Sierra Nevada begann. Die Orte Boron, Barstow, Baker und die durch die Mojave-Wüste führende flache Ebene nach Las Vegas würden wir erst erreichen, nachdem wir den Tehachapi Pass hinter uns gebracht hätten.

Plötzlich geriet das Auto ins Schleudern. Doyne verrenkte den Hals, um aus dem Rückfenster zu blicken. «Hast du die Tarantel gesehen?» rief er.

«Ich habe gar nichts gesehen», entgegnete ich, wendete den Kopf und sah nichts als die hinter uns zurückbleibende Straße.

«Ein Riesenvieh. So groß wie ein Taschenkrebs. Aber vielleicht war es auch eine Fledermaus. Oder ein Vampir», sagte er, und wir fingen beide an zu lachen.

Als wir die Paßhöhe in den Diablos erreichten, blickten wir über das Central Valley nach Osten in die hohe Sierra. Die untergehende Sonne ließ die schneebestäubten Gipfel rot aufleuchten. Wir kreuzten den Highway 5, die wichtigste Trucker-Route für den Nord-Süd-Verkehr, und fuhren durch tristes Tiefland, in das Reihe um Reihe Baumwollfelder geritzt waren. Außer-

halb von Wasco, wo Obst und Nüsse angebaut werden, trafen wir auf eine
überraschend große Menge von 57er Chevies auf dem Highway. Ein über
die Hauptstraße gespanntes Transparent machte Reklame für das Wasco-
Truthahn-Schießen, und wir hörten von den Feldern Gewehrschüsse her-
überhallen.

«Unser Explorer Post hat auch einmal ein Truthahn-Schießen veranstaltet»,
erzählte Doyne. «Damit haben wir versucht, Geld für einen Südamerika-Trip
zu beschaffen.»

Dan Hicks and His Hot Licks ertönten aus dem Radio und spielten ihre
spezielle Sorte hawaiianischer Tutti-frutti-Musik. «Sollte ich jemals zu Geld
kommen», meinte Doyne, «würde ich mir eine Stereo-Anlage und Platten
kaufen. Anfangen würde ich mit dem frühen Jazz, mit dem Besten aus den
zwanziger und dreißiger Jahren – Louis Armstrong, Nat King Cole, Django
Reinhardt, Stéphane Grapelli, Mike Lovell France. Denen konntest du alles
vorsetzen, von ‹Sweet Sue› bis zu ‹Swanee River›, und sie machten eine
Musik daraus, zu der man tanzen konnte. Dazu ein paar Scheiben von Fats
Waller, Willie Maybaum und anderen, die in den frühen fünfziger Jahren
Blues-Piano spielten. Und die in Jazz- und Swing-Gesang unübertroffenen
Boswell Sisters. Von Hank Williams würde ich alles kaufen und von Dan
Hicks ebenfalls, zumindest seine frühen Aufnahmen. Dann hätte ich gern
noch eine anständige Portion Cream für Augenblicke jenes *creamy feelings*
und natürlich die frühen Beatles und Stones, plus die Kinks und Buffalo
Springfield. Um die Liste abzurunden noch die Coasters – in jedem Fall die
Coasters. Und, beinahe hätte ich's vergessen, den kompletten Chuck Berry.»

Der Tehachapi Pass war OPEN, wie die aufleuchtenden Straßenschilder
mitteilten. Wir reihten uns hinter die schweren Lastzüge ein und schnürten
in Dieselwolken gehüllt übers Gebirge. Wir rollten bergab in die Stadt
Mojave und passierten das «Bel Aire Motel», das mit einem Neonschild für
Wahrsagen warb. «Ich würde ja anhalten und mir aus der Hand lesen lassen»,
sagte Doyne, «aber jetzt, wo wir in der Wüste sind, sollten wir besser
weiterfahren.»

Durchsichtige Nacht senkte sich um uns herab und die Sterne funkelten wie
Edelsteine auf dem Samt eines Juweliers. Ein gedrungener Mond ging auf.
Wir leerten die letzte Papiertüte mit Äpfeln und Plätzchen, passierten
schwirrendes Neonlicht an der Landesgrenze und tauchten erneut ein in die
blaue Hülle der Wüstennacht.

Vierzig Meilen außerhalb von Las Vegas wurde der Himmel hell. In dem
Verkehrsstrom mitgerissen, rollten wir einer unnatürlichen Morgendämme-
rung entgegen, die von gebranntem Umbra zu Pink überging, bis wir plötzlich
unter uns in einem von Osten und den Spring Mountains herführenden Tal den

ganzen Glanz dieses in der Wüste strahlenden Vergnügungsdoms wahrnahmen. Gigantische Lichtbündel brachen hervor und mutierten zu Zeitrafferaufnahmen von auf- und verblühenden Neonblumen. Silbrige Venen erstreckten sich weit in die Wüste hinein, während der City-Organismus unter uns in einer durch Licht hervorgebrachten Bewegung blinkte und kreiselte.

Wir verließen die Interstate und bogen auf den Las Vegas Boulevard South ein, sonst auch als Strip bekannt. Der Verkehr schob sich gemächlich von einer Farbenexplosion zur nächsten dahin. In diesem Neongarten reichten die von Scheinwerfen beleuchteten, die Casinos dekorierenden Springbrunnen, die Gipsstandbilder, die persischen Kacheln und romanischen Bögen, die Porticos und Loggien stilistisch von, wie Robert Venturi es ausdrückte, Miami-marokkanisch und Hollywood-orgasmisch zu Niemeyer-maurisch, römisch-orgiastisch, arabisch-Tudor und Bauhaus-hawaiianisch. Kaskaden von Sterne sprühenden und Aluminium-Palmen illuminierenden Lichtexplosionen beleuchteten die riesigen, sieben Stockwerke hohen Tafeln, die die Attraktionen des Abends ankündigten. «Wayne Newton tritt heute abend im ‹Aladdin› auf», intonierte Doyne mit der gekünstelten Begeisterung eines Touristenführers. «Seinerzeit war das ‹Aladdin› ein finsterer Schuppen. Inzwischen hat man jedoch ein Neon-Schild angebracht, das so groß wie alle anderen ist. Die Dinge ändern sich.

Hier sehen Sie das ‹MGM Grand›, nach dem großen Brand wiederaufgebaut, und den ‹Jockey Club›, ein neues Casino. Zur Rechten haben wir das ‹Barbary Coast›, das ‹Maxim› und das ‹Flamingo Hotel›, wo Bugsy Siegel das Ganze startete. Zur Linken sehen Sie den einem Triumphbogen nachempfundenen Eingang zu ‹Caesars Palace›. Die hochangelegten Fußgängerbänder sorgen dafür, daß man aus dem Himmel in die Casinos hinabsteigt. Die Skulpturen wurden, wie sie leicht feststellen können, anatomisch übertrieben.» Die Neon-Tafel von «Caesars Palace», die mit Standbildern von Zentauren und Dampfbad-Boys geschmückt war, kündigte an, daß Cher im «Circus Maximus» auftreten würde, während Pupi Campo und Bruce Westcott «Kleopatras Kahn» zum Rocken bringen würde.

«Wir nähern uns der Wild World of Burlesque im ‹Holiday Casino›, und drüben rechts sehen Sie den ‹Imperial Palace› für orientalische Lustbarkeiten. Wie geblendet stehen wir vor dem ‹Nob Hill Casino›, dem ‹Sands› und dem ‹Castaways›, das ebenfalls eine der neuen Attraktionen der Stadt darstellt.» Teenager in Low-Riders ließen die Kupplungen schleifen und die Hörner spielen, während wir gemeinsam am «Frontier», dem «Desert Inn» und dem «Stardust» vorüberuhren.

«Dort steht das für sein Neunundneunzig-Cent-Frühstück bekannte ‹Silver Slipper› – auch wenn es, wie ich auf der Tafel lese, auf einen Dollar neunundzwanzig aufgeschlagen hat. Und hier ist das ‹Silver City Casino›, der Schauplatz unseres ersten großen Abzockens, bei dem Ingrid innerhalb von dreißig Minuten Spielzeit fünfhundert Dollar einstrich. Blicken Sie nach rechts, und Sie sehen den ‹Landmark Tower›, und links fahren wir auf das für einen Besuch mit der ganzen Familie geeignete ‹Circus Circus› zu. Wie Sie wissen, war dies Casino Schauplatz vieler erfolgreicher Roulette-Sitzungen. Gleich nebenan im ‹Stardust› haben wir zu Ihrer Unterhaltung ‹Die brandneue Lido-Show aus Paris, Les Bluebells Girls, gleich hundert Stück auf einmal›.»

Weiter unten beleuchtete ein Bild von Loretta Lynn die Fassade des «Riviera». «Sieht gut aus», sagte Doyne. «Die sollten wir uns vielleicht einmal ansehen.» Wir fuhren am «Silverbird» und der Candle-Light-Hochzeitskapelle vorbei, die ankündigte: «Eheschließungen rund um die Uhr. Alle Schecks OK», und bogen am «Foxy's Firehouse Casino» rechts ab und in die Sahara Avenue ein und dann gleich wieder links in die Paradise Road. «Hier haben wir schon mal gewohnt», sagte Doyne und hielt vorm «Brooks Motel». «Eine bessere Lage findet man nicht, und es ist billig.» Der Hotelmanager kassierte eine Woche im voraus, und wir kurvten zum Entladen unseres Fiats ums Gebäude herum nach hinten. Fernseher flimmerten durch die Fenster, und man vernahm Schüsse und Pferdegewieher. Wir betraten einen engen Innenhof, der von einem Swimming-Pool und einer Palme ausgefüllt wurde, und stiegen eine Treppe zu unserem Apartment hinauf, das ein Schlafzimmer und ein von der Küche durch eine niedrige Zwischenwand abgetrenntes Schlafzimmer hatte. Den Balkon mit Blick auf den Swimming-Pool erreichte man durch eine Schiebetür.

«Ein Ort, wie ihn Einbrecher sich wünschen», warnte Doyne und machte eine Kopfbewegung gegen den Balkon. «In Las Vegas fließt eine Menge Geld aus dunklen Geschäften durch die Taschen der Leute, und die Leute, von denen ich spreche, helfen, daß es weiterzirkuliert. Wenn du also bei offenem Fenster zu schlafen beabsichtigst, ist es ratsam, die Schuhe anzubehalten.» Ich fragte mich, ob er Schuhe mit oder ohne Computer meinte? Es war ein Uhr früh, und wir waren müde. Aber wir waren auch aufgedreht, weil wir in Las Vegas waren. Also schlossen wir das Apartment ab und fuhren zur Fremont Street. Hier gelangten wir zu den drei Häuserblocks mit Casinos, die das bilden, was Las Vegas seine «Downtown» nennt. Wir trennten uns und spazierten die Neon-Korridore entlang. Ich schlenderte durch das «Mint» und das «Golden Nugget» und blieb hier und da stehen, um die Action an den Roulettetischen zu checken. In ein kleines – von Eudaemonic Enterprises ausgegebenes – Notizbuch trug ich Angaben zu den Croupiers ein und skizzierte einen Lageplan der Tische. «Die Las-Vegas-

Kessel sind gekippt wie eh und jeh», erklärte Doyne, als wir uns später am Auto trafen. «Ich würde sagen, es sieht gut aus. Sehr gut.»

Am nächsten Morgen wachten wir spät auf. Es war bereits heiß, und der Tag wickelte uns in trockene Luft ein wie in einen Kleidersack. Ich trat auf den Balkon hinaus. Die Hotelmanagerin füllte den Coca-Automaten neben dem Swimming-Pool mit rot-weißen Dosen auf. Als wir gestern abend eincheckten, hatte sie uns ein Photo von Melvin Dumar gezeigt. Die «Dem ‹Brooks Motel› mit den besten Grüßen» gewidmete Photographie zeigte einen Mann mit scheitellos nach hinten gekämmtem Haar und Schmollmund. «Mr. Dumar ist Erbe des Howard-Hughes-Vermögens», sagte die Frau, «aber derzeitig arbeitet er an einer Elvis-Nummer. Wenn Mr. Dumar in der Stadt ist, steigt er immer im ‹Brooks› ab.»
Vom Balkon aus betrachtete ich die Las Vegas einrahmenden Gebirgszüge. Die Spring Range erhob sich gegen Westen und der Sunrise Peak gegen Osten. Was ich von Las Vegas selbst sehen konnte, war unter anderem das Dach von «Foxy's Firehouse Casino», wo ein riesiges Schild sich ein- und ausschaltete und mit KOSTENLOSE HAMBURGER, KOSTENLOSE DRINKS, KEINE LIMITS warb. «Foxy's» gegenüber erhob sich das Hochhaus, das sich im Swimming-Pool des «Sahara Hotels» spiegelte, während die Aussicht zu meiner Linken die Paradise Road und Frauenfrisuren von oben umfaßte, deren Haar an den Wurzeln dunkel, aber weiter unten, wo es um die Schultern wippte, goldblond war. Die Frauen blinzelten durch ihre Sonnenbrillen auf eine Auswahl von Ladenfronten, die einen Akupunkteur, eine Abtreibungsklinik und einen Spezialisten für kosmetische Busenoperationen und Silikon-Implantate einschlossen.
Doyne und ich fuhren zu einem Frühstück aus blassen, in zerlassenem Schinkenspeck schwimmenden Eiern ins «Golden Gate». Noch einmal spazierten wir die Fremont Street entlang und hielten im «Golden Nugget» an, um beim Ausrichten eines Roulettekessels zuzusehen. Ein Croupier kontrollierte die Luftblase in einer quer über den Kessel gelegten Wasserwaage. Ein Angestellter nahm das Gehäuse um den Kessel ab, und der Croupier bückte sich, um Schraubgewinde an den Tischfüßen zu regulieren.
«Zuverlässig ist diese Methode nicht, will man den Kessel in der Waagerechten haben», sagte Doyne mir später. «Mich überrascht, wie grob die dabei vorgehen.»
Den Nachmittag verbrachte ich im Motel. Ich breitete das Tableau und die Jetons auf unserem Kaffeetisch aus und zog ein Paar unserer magischen Schuhe an, um ein wenig mit der Wettübungsbox zu trainieren. Doyne rückte seine Solenoiden-Stifte zurecht und schnitt Löcher in seine Socken. Er

kaufte bei «Radio Shack» Batterien und schlief ein bißchen. Nach einem Abendessen aus Tortillas frisch aus der Mikrowelle in «Carlos Murphy's Irish Mexican Café» steuerten wir die Fremont Street und unsere erste Nachtschicht an.

Wir fuhren ins Parkhaus hinter «Benny Binion's Horseshoe Club» und kurvten die Rampe hinauf zur dritten Etage. Wir stellten den Fiat ab und wechselten in unsere Spieler-Schuhe. Doyne gab per Mikroschalter Daten in seinen Computer ein. Ein Sekunde später empfing ich eine in meinen Schuh gesurrte Voraussage.

«Was war das?» fragte er.

«Eine Drei.»

«Gut. Und dies?»

«Eine Neun.»

«O.K. Und dies hier?»

«Eine Fünf. Vielleicht eine Sechs.»

«Merkwürdig. Ich hab' eine Neun. Eigentlich sollten wir über eine Entfernung von zehn Fuß von Schuh zu Schuh senden können. Aber die undeutlichen Signale besagen, daß wir nicht über sechs Fuß hinauskommen. Also solltest du am Spieltisch in meiner Nähe bleiben.»

Doyne reichte mir eine Rolle Hundert-Dollar-Scheine und ging zum Aufzug. Bevor ich ihm in die Glitzerschlucht folgte, ließ ich fünf Minuten verstreichen. Nachdem ich durch die Casinos geschlendert war und mich gründlich umgesehen hatte, erreichte ich eine halbe Stunde später das «Sundance». Die Kartenspielzimmer ließ ich aus und begab mich in den hinteren Teil des Casinos. Von dort aus beobachtete ich Doyne an einem der zwei im Spiel befindlichen Roulettekessel. Ich ließ ihm beim Einstellen der Parameter Zeit und ging einmal am Tisch vorbei. Bei meiner zweiten Runde machte er einen Nebeneinsatz auf die geraden Nummern: Mein Signal, mich in das Spiel einzukaufen.

Links von mir saß ein Mann mit einem Schnurschlips und einem Stetson. Rechts von mir rauchte ein Filipino seine Zigarre. «Mal sehn, wie mir Lady Luck heute gesonnen ist», sagte ich und machte meinen ersten Einsatz. «Für November ist's ganz schön warm», seufzte der Mann mit dem Hut.

Ich empfing ein Signal unter meinem Fuß und machte mühelos meine Einsätze auf dem Tableau. Ich redete vom Wetter und verspürte, als die Kugel den von mir gewählten Sektor traf, ein plötzliches Wohlgefühl im Bauch. Bei einer Auszahlung von fünfunddreißig zu eins war dies ein zärtlicher Augenblick. Ich fühlte, wie Größenwahn langsam in mir aufstieg. Ich stellte mir vor, wie mir das Geld aus den Taschen rieselte, während ich den Vergnügungen schneller Pferde und Frauen, karibischer Refugien, der

Entenjagd im Ural und Ballonflügen mit Malcolm Forbes nachging. Es würde mehr als genug übrigbleiben, um hier und dort für einen guten Zweck zu spenden. Ich nahm mir vor, den seltenen Fall eines netten Kerls abzugeben, der reich wird und nett bleibt. Die Bank zu sprengen, sollte mir nicht zu Kopf steigen, es sollte mir lediglich die Taschen füllen. Während der Croupier mir einen Stapel Jetons hinschob, drehte ich mich um und bestellte bei der Kellnerin einen Drink.

Aber dann fiel mir bei den Computersignalen etwas Komisches auf. Es schien ein Problem mit den Solenoiden zu geben. Alle paar Sekunden begannen sie, offenbar zufällig, mit verschiedenen Frequenzen zu surren. Ich fing bei einem bestimmten Signal mit dem Setzen an und setzte, während ich noch dabei war und ein weiteres Signal empfing, anders. Oder ich wartete, daß es unter den Sohlen vibrierte, und nichts passierte. Ich überlegte, daß ich vielleicht aus dem Sendebereich war und ging dichter an Doyne heran. Während ich die guten von den schlechten Signalen zu unterscheiden suchte, ertappte ich mich dabei, wie ich wahllos mit den Jetons umging, um meine Verwirrung zu verbergen.

Der Computer unter meinem Fuß tingelte und tangelte von einer Voraussage zur nächsten. Sogar wenn die Kugel nicht rollte, spürte ich Solenoiden vibrieren. Die Signale kamen wie Schnellfeuer, eines auf das andere. Zuweilen waren sie eindeutig und klar zu empfangen. Andere fühlten sich wie Zufall an – das schwache mechanische Stottern eines Computers, dem es peinlich war, wie schlecht er funktionierte. Immer mehr Signale kamen von nirgendwo, und mein Schuh fühlte sich an wie ein Amok laufendes Fußmassage-Gerät – als müßte ich einen zehnwöchigen Akupunktur-Kurs in einer einzigen Nacht absolvieren. Ich machte meine Einsätze wahllos und wartete auf ein Zeichen von Doyne. Mr. Schnurschlips wurde abserviert, und der Filipino verlor das Feingefühl. Er saugte an seiner Zigarre und verteilte Jetons auf dem Tableau. Ein Stapel auf die Nummer siebzehn gesetzter Jetons fiel um und mußte von dem Croupier wieder aufgerichtet werden. Die Stirn gereizt in Falten gelegt, stand Doyne neben mir und dem Kessel. Er setzte das Haus-Minimum auf Pair oder Impair.

Ich tat mein Bestes, um die chinesische Fußmassage zu entziffern. Um nicht vor dem Wahrscheinlichkeitsgesetz zu kapitulieren, wonach auch ein Spieler mit 40 Prozent Gewinnvorteil über das Haus die Chance hat, alles zu verlieren, hatte man mir eingeschärft, so lange zu spielen, bis ich das Signal zum Aufhören empfing. Ich war auf dem besten Weg, den letzten Heller zu verlieren, als Doyne einen Jeton auf die 00 setzte. «Mein Glückstag scheint's gerade nicht zu sein», sagte ich an den Croupier gewandt. Er klatschte in die Hände und ein Casino-Angestellter kam herbei, um zuzusehen, wie meine Roulette-Jetons wieder in Casino-Währung umgewechselt wurden.

Ich ging zur Kasse und dann hinaus auf die Fremont Street. Kurze Zeit später im «Golden Nugget» setzte Doyne sich im rückwärtigen Teil des Cafés neben mich. Er war vor Müdigkeit ganz grau im Gesicht. «Mein Computer ist pausenlos abgestürzt», sagte er, «was aber das Allerschlimmste ist, sind die Zufallssignale. Wir werden von einem störenden Rauschen überschwemmt.» *Rauschen* ist ein Elektronikbegriff und steht für Signale ohne Funktion. Über die kommenden Tage hinweg sollte ich eine Menge über Rauschen erfahren.

Am nächsten Morgen wachte ich spät auf und ging hinaus auf unseren Balkon. Über die zentrale Oase mit ihrem Swimming-Pool und ihrer Palme hinweg blickte ich in das gegenüberliegende Apartment und sah einen Mann mit einer Zipfelmütze. Er saß auf einem gegen die Wand gekippten Stuhl und rauchte eine Zigarette. Eine Frau in einem Bademantel reichte ihm einen Teller mit Spiegeleiern und Ketchup, wie es aussah. Unter uns fischte die Hotelmanagerin mit einem Käscher leere Cola-Dosen aus dem Swimming-Pool. Der Tag war blendend hell und trocken. Selbst im November könnte einen die Wüste austrocknen.

In der Paradise Road waren die Schilder über der Abtreibungsklinik, dem Akupunkteur und dem Spezialisten für kosmetische Brustchirurgie beleuchtet. Frauen stellten ihren Wagen hinter dem Gebäude ab und zögerten einen Augenblick, bevor sie ausstiegen. In der gegenüberliegenden Richtung, am Neon-Summen von «Foxy's Firehouse Casino» vorbei, erkannte ich die wie gedruckte Schaltungen angeordneten Straßen und Wohnblocks. Jenseits der Kupferschüssel der Stadt zogen sich die roten Hügel des Las Vegas Range hin.

Ich ließ die Vorhänge zugezogen und trat in unsere Wohnung zurück, in unsere zwei Zimmer mit Küche und Eßecke. Allerdings war der Eßtisch unter Computer-Sandwiches, Batterie-Booten, Krokodilklemmen, Ohmmetern, Lötzeug und Isolierband begraben. Überall flogen Schaltpläne, Data-Handbücher und Schuhe, aus denen die Einlegesohlen heraushingen, herum. Doyne lag in einem Schlafsack mit dem Rücken auf dem Fußboden. Dies war eine prophylaktische Maßnahme gegen Rückenschmerzen. Daunenfedern hingen in seinem Haar, als er den Kopf zum Schlafsack herausstreckte und gähnte. Sein verknittertes und unscharfes Gesicht hatte sich noch nicht zu Wahrnehmungsfähigkeit geordnet.

«Ich hab' was Sonderbares geträumt», sagte er. «Ich befand mich in einem Casino, in einem von den größeren, vielleicht im ‹MGM Grand› oder in

‹Caesars Palace›. Aber es war gleichzeitig eine Kirche mit brennenden Kerzen und Weihrauch und gregorianischen Gesängen, die aus Lautsprechern kamen. Es gab Nonnen und Priester, die in einem ganzen Raum voller Altäre einen Gottesdienst abhielten. Alle waren ins Gebet vertieft, und es schien ein sehr religiöser und heiliger Ort. Wenn man aber näher heranging, sah man, daß die Nonnen nackte Beine hatten. Die Priester waren richtige Croupiers, und die Andächtigen waren Blackjack- und Roulette-Spieler, die das heilige Sakrament in Form von Casino-Jetons und Bloody Marys einnahmen.»

Nach dem Frühstück rief Doyne in Santa Cruz an, um sich mit Mark zu beraten. In der Wohnung hatten wir kein Telefon, also benutzte er den Münzapparat auf dem Hof, gleich neben dem Swimming-Pool. Ein langes Gespräch, das immer wieder für Stetigkeits-Tests und andere elektronische Experimente in der Hardware unterbrochen wurde. Die Tests erbrachten keine Ergebnisse. Schlimmer noch, sie spürten kein Problem auf. Zufällige Computerfehler, die mal auftauchen und mal nicht, sind am schwersten aufzufinden und zu beseitigen. Es ist unmöglich, einen Programmfehler aus einem Computer zu schütteln, bevor er sich bemerkbar macht.

Doyne stieg nach seinem letzten Anruf in Kalifornien die Treppe herauf. «Mark verlangt von uns einen Realitätstest. Er denkt, wir wären hier draußen in der Wüste durchgedreht. Wir sollen in die Casinos zurückgehen und einen Reichweite-Test durchführen.»

Also luden wir Computer und Batterien in unsere Schuhe und fuhren um den Block herum zum Strip. Große weiße Schwingen flimmerten über dem «Silverbird». Am «Circus Circus» ging eine riesige Clownsnase an und aus. Über dem «Stardust» stob ein Neonfirmament in die Luft. Ein massives rotes *R* winkte die Leute am «Riviera» herbei. Wie wir den Boulevard hinabrollten, fegte ein nachmittäglicher Sandsturm über die unbebauten Grundstücke. Die Luft war nur noch Staub und Sand. Bündelweise wurden Steppenhexen über die Straße geweht, und die Stricherinnen suchten Zuflucht hinter Reklametafeln. Nachdem wir auf den Parkplatz des «Stardust» eingebogen waren, reichte Doyne mir eine Plastiktüte, in die er die Wettübungsbox gesteckt hatte. «Laß mir fünf Minuten Vorsprung», ordnete er an. «Schalte dann die Box an und komm' hinterher ins Casino.»

Die ursprünglich für annullierte Schecks bestimmte Box sah von außen unauffällig aus. Hob man jedoch den Deckel, entdeckte man einen kleinen Computer, Bündel von Batterien, einen Radiosender und eine LED-Anzeige, die die Zahlen von eins bis neun aufleuchten ließ. Konstruiert, um Zufalls-Solenoiden-Signale herauszuschmettern, wurde sie nun zum Dienst als tragbarer Sender gepreßt. Meine Aufgabe war es, Doyne durch die Casinos zu folgen, während er die starken Signale aus der Box mit den von dem Computer-Sandwich in seinem Schuh erzeugten verglich.

«Für den Fall, daß mich irgendwer fragt», erkundigte ich mich, «was trage ich da eigentlich mit mir herum?» Erst kürzlich hatte ein Erpresserring «Harvey's Casino» in Lake Tahoe in die Luft gejagt, und die Bombe war, als Computer getarnt, durch Radiosignale zur Detonation gebracht worden. «Du könntest sagen, daß du einen Film drehst, und dies hier ist die Fernbedienung für deine Kamera.» Bevor ich Doyne daran erinnern konnte, daß das Filmen in den Casinos ebenfalls verboten ist, war er bereits aus der Tür. Ich wartete fünf Minuten und schaltete die Box an. Als ich das «Stardust» betrat, zögerte ich einen Augenblick, damit meine Augen sich an das Licht gewöhnen konnten. Sah man von der allgemeinen Plüschatmosphäre und dem Funkeln der Glühbirnen im Sparrenwerk ab, so konnte es diese höhlenartige Halle durchaus mit dem Cleveland Convention Center oder einem Teil des Flughafens von Newark aufnehmen. Die einzigen Spieler an den Tischen waren ein paar Unentwegte. Doyne entdeckte ich am anderen Ende des Saals und ging langsam an ihm vorüber. Während er unter dem Auge im Himmel herumspazierte, folgte ich ihm wie ein Schatten.

«Ich konnte die Signale ganz gut empfangen», berichtete er später im Auto. «Dies galt aber nur für eine Distanz von sechs oder sieben Fuß.»

Wir fuhren auf dem Strip Richtung «Caesars Palace» und die wirklich großen Casinos weiter und bogen auf den Parkplatz des «Silver Slipper» ein. «Ich werde wiederum hineingehen», sagte Doyne. «Diesmal werde ich aus dem Schuh senden und den empfangenden Computer in der Hand tragen.» Er packte mein Computer-Sandwich in die Kunststoffhülle unseres Kassetten-Recorders und hielt es an sein Ohr. «Was meinst du?» fragte er. «Sieht das so aus, als würde ich Radio oder sowas hören?»

Er lud den sendenden Computer und frische Batterien in seinen Schuh, stemmte sich gegen den Wind und verschwand durch den Haupteingang des «Silver Slipper». Ein paar Minuten später folgte ich ihm nach und trug die Wettübungsbox wieder in meiner Plastiktüte herum. Doyne und ich waren in Sachen experimentelle Physik unterwegs. Sobald die Theorie keine Antwort zu geben vermag, hat ein Wissenschaftler keine andere Wahl, als sich ins Feld zu begeben und Daten zu sammeln. Ich blieb nahe beim Eingang stehen, um die Rennbahn-Resultate auf der großen Anzeigetafel aufleuchten zu sehen, und begab mich anschließend in den Spielsaal.

Ich traf Doyne mit dem Computer ans Ohr gedrückt vor den Craps-Tischen stehend. Er trug Blue jeans und ein gestreiftes Baumwollhemd und sah wie ein Farmerboy aus, der sich für einen Besuch in der örtlichen Sears-Filiale herausgeputzt hatte. Aber wenn das, was er an sein Ohr drückte, ein Radio sein sollte, war es seltsam, daß keine Töne aus ihm herausdrangen. Es gab kein Fingerschnalzen, kein Kaugummikauen, Bebop oder irgendein anderes Zeichen auf Doynes Gesicht, außer totaler Benommenheit. Das bedeutete, daß er mit seinen Zehen die Modus-Karte abfuhr. Indes war ich nicht der einzige, dem er verdächtig vorkam.

Einer der Herren des Aufsichtspersonals stand auf einem erhöhten Podium hinter den Craps-Tischen. An seinem Telephon leuchtete eine rote Lampe auf. Von überall her blickte das Aufsichtspersonal zu seinem Pult. Ein halbes Dutzend Männer in braunen Anzügen strebte auf Doyne zu, der wie ich, so schnell es mit seinen Spezialschuhen nur möglich war, den Ausgang zu erreichen suchte. Wir liefen zum Auto, und als die braunen Herren den Parkplatz erreichen, gewannen wir mit quietschenden Reifen das Weite.

«Zum Glück gibt es noch genügend andere Casinos», sagte Doyne, «aber in diesem hier werden wir bestimmt nie wieder spielen.»

«Es gibt zwei Möglichkeiten, wie wir weitermachen», erläuterte Doyne, indem er den Stecker des Lötkolbens in die Küchensteckdose steckte. «Wir können noch ein paar Jahre zubringen und den Computer nach den Ursachen für das Rauschen absuchen, oder wir versuchen eine Reparatur im Schnellverfahren. Mark schlägt vor, ich solle mir mal den oberen Teil des Sandwiches vornehmen und die Ein- und Aus-Schaltung neu löten. Das ist ein verzwicktes Unterfangen, so als wolle man nachsehen, ob das Lenkrad mit dem Auto verbunden ist. Anschließend werde ich einen weiteren Kondensator an die Schaltung des empfangenden Computers anlöten. Das sollte seine Leistung erhöhen und die Solenoiden-Signale verstärken. In der Vergangenheit haben wir uns ständig Gedanken darüber gemacht, sie möglichst leise zu halten, aber im Augenblick interessiert mich einzig und allein, ein Signal herauszuschmettern. Warum soll ich mir Sorgen machen, ob die Mafia unsere Schuhe mithören kann, wenn man überhaupt nicht spielen kann?»

Doyne betrachtete das Computer-Sandwich vor sich und suchte die winzigen Kupfer-Sackgassen, die die Ein- und Aus-Schaltung bildeten. Unter den Lötpunkten dieses Teil des PC-Boards lag der Mikroprozessor, dem die Ein- und Aus-Schaltung als Tor diente, das den Zugang zur ZE überwachte. «Dies ist etwas, was ich am meisten hasse», knurrte Doyne vor sich hin und stocherte mit einem Ohmmeter an dem Sandwich herum. «Es scheint, als würde ich die meiste Zeit dieser Trips mit dem Flicken unserer Ausrüstung zubringen. Normalerweise sind es fünf oder sechs Leute, die darauf warten, daß ich Wunder vollbringe. Wenigstens sind wir diesmal nur zu zweit.»

Ich saß auf der Couch und blätterte in alten Ausgaben der *Gambling Times*.

Mir gegenüber war ein Fernseher an der Wand befestigt. «Kurznachrichten», verkündete ein Mann, der auf dem Bildschirm erschien. «William Holden, der Schauspieler, der stets den guten Amerikaner verkörperte, ist tot. Holden, der romantische Held in *Die Brücke über den River Kwai* und *Sunset Boulevard*, war 1952 Trauzeuge bei der Vermählung von Nancy und Ronald Reagan. Als Präsident Reagan vom Ableben seines Freundes erfuhr, äußerte er Betroffenheit und tiefe Trauer.»

Ich stand auf und kurbelte die Senderwahl durch eine Seifenoper, eine Wiederholung aus der Serie *I Love Lucy* und ein PBS-Special, «Das sich ausdehnende Universum». Während ich die Senderwahl drehte, fiel mir etwas Seltsames auf. Auf dem Kaffeetischchen zwischen Couch und Fernseher lagen einer unserer Computer und ein Batterie-Boot. Jedesmal, wenn ich den Knopf weiterdrehte, fingen die Solenoiden an zu zucken wie mexikanische Springende Bohnen. Ich zerquetschte den Ton und ließ den Knopf durch Fernseh-Schnee wirbeln. Ich rief Doyne herbei, und gemeinsam sahen wir den zuckenden Solenoiden zu.

«Das ist es», sagte er. «Du hast das Problem gefunden. Das Himmelsauge ist nichts anderes als eine gigantische Fernseh-Installation. Kein Wunder, daß uns das Rauschen fertigmacht. Genauso wie die Russen, die die ‹Voice of America› stören. Sie schicken so viele Signale aus, daß nur Schrott durchkommt.»

Die Casinos waren ein Sumpf elektronischer Störgeräusche. Diese rührten von dem Überwachungssystem her, aber auch von der Niederfrequenzstrahlung, die die Neon-Schilder und Spielautomaten ausstrahlten. Wie Claude Shannon es definierte, ist Information die Menge der Überraschung in einem System. Rauschen ist in diesem Fall eine unangenehme Menge von Überraschungen, deshalb entschied Shannon sich auch dafür, sie im Sinne von Entropie zu messen. Wie in der Grand Central Station bei Feierabendverkehr, wenn das Gesicht, das man in der Menge der unter der Uhr Stehenden herauszufinden sucht, sich weigert, Gestalt anzunehmen, ist Rauschen das Zuviel von dem, das sich gleichzeitig abspielt. Rauschen ist die hörbare Spur eines von der Ordnung in das Chaos abgleitenden Systems. Schlechte Trips, Statik, Psychosen und das Zufallssurren von Solenoiden – das alles sind Beispiele für Informationsüberschuß.

«Wir können unsere Radiofrequenz ändern und die Ausrüstung neu stimmen», sagte Doyne. «Der Computer ist bereits so konstruiert, um über den Umgebungsgeräuschen zu schweben. Wir brauchen ihn lediglich noch ein wenig höher schweben zu lassen.»

Am späteren Nachmittag wurden die neu gelöteten und gestimmten Sandwiches in unsere Schuhe verstaut. Wir fuhren etwas essen und anschließend

Downtown. Doyne steuerte das Auto mit einer Hand und benutzte die andere, um einen Schuh an sein Ohr zu halten. «Ich will den Solenoiden lauschen. Ich frage mich, ob das Neon sie zum Zucken bringt.» Als wir an der Kreuzung Las Vegas Boulevard South und Flamingo Road abbremsten, hielt ein Schwarzer in einem Cadillac neben uns. Er ließ die Scheibe herunter und zeigte auf den Schuh. «Ich kann's hören, Mann», rief er Doyne zu. «Wenn das nicht ein *funky* Beat ist.» Der Mann lachte schallend, gab Gas und fuhr mit den Fingern schnippend davon.

Bevor die Spieler der Wintersaison eintreffen, ist in der Glitzerschlucht an einem kühlen Novemberabend nicht viel los. Das Neon singt über den Köpfen, und die Schlepper auf den Trottoirs scheinen sich gegenseitig als Kunden zu werben. Ich spazierte vom «Mint» zum «Union Plaza», das auf der Fremont Street hockte und die Schlucht am anderen Ende abschloß. Ich betrachtete die im Spiel befindlichen Kessel und machte Notizen zu ihren Kippwinkeln. Im «Golden Gate» bahnte ich mir einen Weg durch die Menge um die Craps-Tische und fand Doyne am einzigen Roulettekessel, an dem gespielt wurde. Er machte einen Einsatz auf Rot, das Zeichen für mich, einen Fünf-Minuten-Spaziergang zu machen.

Ich setzte mich vor das Keno-Glücksrad, knabberte an meinem Bleistift und tat so, als würde ich Wettzettel ausfüllen. Als die Solenoiden in meinen Schuhen ein Zufallsmuster zuckten, wußte ich, daß es schlecht aussah. Störendes Rauschen hatte uns erneut heimgesucht. Jedesmal, wenn ich zum Roulettetisch hinüber schlenderte, setzte Doyne auf Rot. Es wurde eine lange Nacht aus Fünf-Minuten-Spaziergängen.

«Wir haben ein neues Problem», sagte Doyne, als wir uns später im Café des «Golden Nugget» treffen. «Mein Computer stürzt immer wieder ab. Ich empfange Warnsignale von den Solenoiden, viele Neunen, und dann steigt das System aus. Es sieht aus, als würde der Computer nach Belieben aufstarten und sich wieder abschalten, als verirrte er sich in seinem Programm und wüßte nicht mehr, wohin. Schließlich setzte er vollständig aus. Ich habe sämtliche Batterien ausgetauscht und alle Leitungen überprüft, aber es nützt nichts. Er hockt da in meinem Schuh und macht keinen Mucks.»

Doyne sah blaß aus. Seine Finger spielten am Platzgedeck. «Es ist erst Mitternacht», sagte ich im Versuch, ihn ein wenig aufzumuntern. «Hast du Lust, noch was zu unternehmen? Vielleicht mal richtig Zocken? Wir könnten es an den Spielautomaten im ‹Jolly Trolly› versuchen und einen kostenlosen Hamburger gewinnen. Vielleicht könnten wir es auch noch bis zur letzten Show des ‹Lido de Paris› schaffen und bis zu einem Steak-und-Eier-Frühstück für einen Dollar neunundzwanzig auf dem Strip durchmachen.»

Statt uns an die Spielautomaten im «Jolly Trolly» zu stellen, riefen wir Len
Zane an. «Wir benötigen ein Oszilloskop», sagte Doyne am Telephon.
«Kannst du uns aushelfen?» Als Direktor der Physikalischen Fakultät der
University of Nevada liebte Zane Kesselflicker im allgemeinen und Doyne
im besonderen. «Kommt doch einfach bei mir vorbei», sagte er, «und wir
werden sehen, was ich für euch tun kann.»

Zane versorgte uns für die Nacht mit einer Werkbank, komplett mit Lötkolben, einer Multi-Volt-Energieversorgung für Gleich- und Wechselstrom und
einem beeindruckenden Tektronix-Oszilloskop mit zahlreichen Skalen.
Doyne schloß zwei nadelspitze Sonden an das Oszilloskop an und zögerte
einen Augenblick, bevor er sich an das vor ihm liegende Sandwich machte.
Da die Chips zwischen den Sandwich-Hälften untergebracht waren, waren
die einzigen sichtbaren Teile des Computers die Rückseiten seiner PC-Boards, die überall dort, wo ein Chip montiert wurde, ein Gittermuster aus
Lötmetall aufwiesen. Die Lötstellen schimmerten wie Blechdächer auf den
unter ihnen verborgenen Silikon-Hütten, und diese silbrigen Pünktchen
waren Doynes einzige Orientierung, um zu orten, was sich im Computerin-
nern befand. Allein indem man Sinus-Wellen sondierte, ließ sich diagnosti-
zieren, ob es dort drinnen Leben gab.

Dieses heikle Unterfangen war einem Elektroenzephalogramm vergleichbar.
Es gab keine Möglichkeit, das Computer-Sandwich zu öffnen, außer das
Wachs zum Schmelzen zu bringen, ebenso wie es keine einfache Methode
gab, die Schädeldecke eines Menschen abzuheben. Das einzige, was man
tun konnte, war, elektronische Unstetigkeiten zu suchen, nach Spitzen in
sonst regelmäßigen Wellen, die eine lockere Verbindung oder einen ausgebrannten Chip anzeigen. Das Überprüfen eines Computers von außen, Stiftchen für Stiftchen, war eine langwierige Angelegenheit. Eine Arbeit, die
überdies die Hände eines Chirurgen verlangte, weil schon ein einziges
unbeabsichtigtes Ausgleiten der elektronischen Sonde eine Komponente
zerstören konnte.

In den frühen Morgenstunden entdeckte Doyne eine Unterbrechung in einer
der Leitungen. Er lötete das Stiftchen neu, und auf einmal war die Hölle los.
Wo das Oszilloskop zuvor noch gleichmäßige Wellen zeigte, flimmerte jetzt
eine Gegenströmung aus Wellenkämmen und -tälern über den Bildschirm.
Doyne lötete die Stelle ein weiteres Mal und fuhr mit der Sonde von einem
Teil des Sandwiches zum anderen. Er fand nichts als heftiges Rauschen,
alarmierte Mark in Kalifornien, schilderte ihm das Problem und bat ihn,
zurückzurufen, sobald er über die Sache nachgedacht hatte. Mark simulierte
das Problem zu Hause in Santa Cruz, und so grübelten sie die ganze Nacht
hindurch über «den offen geschalteten 56-Ohm-Widerstand, das hochtourige

Online oder das in den Verstärker gekickte Rauschen», bis Doyne schließlich gezwungenermaßen eingestand: «Es herrscht überall Chaos.»
Er hing den Hörer ein und sah mich an. «Jetzt sitzen wir endgültig in der Klemme. Ich telephoniere mit dem einzigen Menschen, der weiß, wie dieser Computer in Gang zu bringen ist, und er sitzt fünfhundert Meilen weit weg.»
Die erste Schicht von Arbeitern rollte bereits über die Highways, als Doyne ein letztes Mal in Kalifornien anrief. «Ich gebe auf», sagte er zu Mark. «Ich möchte, daß du ein zweites Set Computer wachst und sie so schnell wie möglich mit Letty und Rob zu uns schickst. Wenn wir arbeiten sollen, brauchen wir Gerät.»
Doyne und ich verließen die Werkstatt im Morgengrauen. Nach einer kalten Wüstennacht mit Temperaturen, die bis auf null Grad abfielen, waren die Berge in strähnige Wolken gehüllt, die sich erst am frühen Nachmittag auflösen würden. Bis dahin würden die Temperaturen auf etwa achtzehn Grad angestiegen sein, und der Wind würde erneut damit beschäftigt sein, den Staub von den unbebauten Grundstücken zwischen den Casinos und Wohnhochhäusern fortzublasen. Während wir darauf warteten, daß unsere Bestellung von Computer-Sandwiches fünfhundert Meilen entfernt zubereitet würde, blieb das Wetter für uns das einzige Thema.

Um mir bis zur Ankunft des zweiten Teams aus Kalifornien die Zeit zu vertreiben, spazierte ich durch die Downtown-Casinos, behielt die Kessel im Auge, zeichnete mir Tableaus auf und kehrte zum Motel zurück, um Doyne am Küchentisch sitzend wiederzufinden, wo er mit der Sonde eines Ohmmeters an einem Computer-Sandwich herumstocherte. Am Nachmittag unternahm ich einen Spaziergang zum Strip. Senkrecht zu den haushohen Werbetafeln auf dem Las Vegas Boulevard South verliefen kleinere Plastik-Arterien, die in Richtung Wüste in Schotterwegen ausliefen, wo gerade die neonrote Sonne hinter die Spring Range sank. Während um mich herum Lichtröhren in der Form von Bumerangs und Sternenexplosionen aufblitzen, wirkte der Sonnenuntergang auf dem Strip wie eine weitere, die anderen überlagernde Lightshow.
So gedungen sich das anhören mag, Las Vegas war auch ein Geheimnis oder wenigstens eine Anhäufung von Paradoxa. Das Glücksspiel im Casino gehörte einst zu den Vergnügungen der Könige und Aristokraten, und das Geniale an Las Vegas bestand darin, daß es jedermann in den Adelsstand erhoben hatte. «Caesars Palace» war für das Volk geöffnet, und im «Sahara» konnte ein jeder einen Tag lang Scheich sein. Aber Freizeit in Las Vegas war eine Luftspiegelung, ein durchkalkuliertes Bravourstück der Marktstrategen. Die Casinos boten ein perfekt kontrolliertes Umfeld an, das anscheinend frei

zugänglich, kostenlos und gefährlich war, in Wirklichkeit aber war alles, vom Glücksspiel bis zum Sex, in eine Maschine eingepaßt, die der Gewinnmaximierung diente.

Da Waren im herkömmlichen Sinn nicht vorhanden waren – wie Schweinefleisch oder Geflügel –, war Las Vegas selbst zu einer Ware geworden. Um dahin zu gelangen, mußte die Stadt sich selbst in einen Fetisch und ein Trugbild des Vergnügens verwandeln. Unter den Fetischen in der modernen Welt ist Las Vegas einer der überzeugendsten. Wer käme nicht darauf, Las Vegas mit exzessivem Vergnügen in Zusammenhang zu bringen?

*

Von ihrer nächtlichen Durchquerung der Wüste in einem Auto ohne Heizung durchgefroren, kamen Letty und Rob früh am nächsten Morgen an. Letty trug zwei Computer-Sandwiches in unser Apartment. «Das B-Team meldet sich zur Stelle», sagte sie lächelnd.

Zerknautscht, aber herzlich folgte Rob mit einem tragbaren Oszilloskop und einer Werkzeugtasche. Er begrüßte Doyne mit einer kurzen Umarmung. «Wo geht hier die Post ab?» fragte er. «Ich bin zu jedem noch so verrückten Abenteuer bereit.» Dann verkündete er, ohne eine Miene zu verziehen: «Bei Testläufen funktionieren die neuen Computer ausgezeichnet. Bevor wir das Auto bestiegen, haben wir sie fünf Minuten lang auf Herz und Nieren getestet.»

«Um die Computer zu wachsen, mußte Mark ein paar zusätzliche Stunden opfern», berichtete Letty. «Jedesmal, wenn man ihn anrief, nahm er sie schnell aus dem Ofen, aus Angst, sie könnten zu heiß werden. Dann kam der nächste große Schreck, als er befürchtete, er habe die Sandwiches falsch herum zusammengesetzt. Schließlich stellte sich heraus, daß er es richtig gemacht hatte. Aber die Panik war groß, bis er es herausgefunden hatte!»

«Es ist schön, euch zu sehen», sagte Doyne. «Warum schlaft ihr nicht ein wenig? Nachher können wir immer noch spielen gehen.»

Aber anstatt sich schlafen zu legen, steuerte Rob den Küchentisch an. «Wo steckt denn das Problem?» fragte er und untersuchte unsere funktionsgestörten Computer. «Soviel ich weiß, leiden eure Sandwiches an störendem Rauschen. Stimmt das? Für gewöhnlich machen wir keine Hausbesuche. Aber, wie Sie uns mitteilten, ist die Lage verzweifelt.»

Er nahm den Schutzdeckel von dem Oszilloskop und die nadelfeinen Sonden in seine großen Hände. Während er die Computer durchcheckte, hingen ihm Verbindungsschnüre aus dem Mund. An Doyne gerichtet, murmelte er etwas von Unstetigkeiten in der Adressen-Leitung. «Frag mich nicht, warum das so ist; es sei denn, dein PIA ist durchgeschmort.» Er schloß den Lötkolben an und wartete, bis er heiß wurde. Doyne saß neben ihm und studierte Schaltpläne. «Erklär's mir noch einmal», sagte Rob. «Was soll bei der Hoch- und Herunterschaltsequenz passieren?»

Als der Tag sich seinem Ende zuneigte, lagen Sandwiches und Boote über den Tisch verteilt wie Kriegstote, die an die Angehörigen übergeben werden sollen. Doyne prüfte die Diagramme, auf denen eingezeichnet war, wo in dem mikrokristallinen Wachs die unsichtbaren Chips verborgen waren. Der Monitor des Oszilloskops flimmerte grün leuchtende Störimpulse auf Doynes Gesicht. Rauch hing in der Luft, dazu der bittere Geruch von Lötmetall.

Doyne und Rob führten Versuche zur Bestimmung der Reichweite durch. Sie unterbrachen Leitungen und stimmten Komponenten neu ein. Ganze Tage vergingen mit dem Testen und Löten. Die Langeweile wurde nur durch Fehl- alarme durchbrochen, bei denen jeder sich beeilte, die magischen Schuhe anzuziehen. Doch all diese Sitzungen mußten wegen der Anfälle von Rau- schen immer wieder abgebrochen werden. Solenoiden gingen los. Computer gurkten beliebig in ihren Programmen herum, verirrten sich und machten die Batterien leer. Die Maschinen litten unter zunehmender Schwäche und gaben kaum noch Lebenszeichen von sich. Am deprimierendsten war die Tatsache, daß es den neuen Computern nicht besser als den alten ging. Als hätten sie sich eine ansteckende Krankheit zugezogen, waren auch sie jetzt mit Störanfällig- keit behaftet. Theorien und Mutmaßungen multiplizierten sich ebenso schnell wie die Störimpulse auf dem Oszilloskop. Hatte ein leckgeschlagenes Boot die ganzen Computer auf dem Gewissen? War schon der Entwurf mangelhaft, etwa mit einem Fehler in der Ein- und Aus-Schaltung? Oder war die Umge- bung in Las Vegas einfach zu feindselig?

«Vielleicht waren wir viel zu strikt, was die Anforderungen an das Design betrafen», sagte Doyne, der sich allmählich philosophischen Betrachtungen hingab. «Vielleicht ist es zuviel verlangt, einen Computer in einen Schuh zu packen. Es gibt so viele verschiedene Dinge darin, die sich gegenseitig fertigmachen können. Machen wir uns nichts vor: Einen Computer zu bauen, auf dem man gehen kann, ist ein schwieriges Problem.»

Doyne betrachtete das gegenwärtige Dilemma als einen vorübergehenden Rückschlag und spekulierte bereits, was Eudaemonic Enterprises als näch- stes tun konnte. «Wenn ich's mir recht überlege, sollte es uns möglich sein, den Fehler zu beseitigen – was immer es ist, was unser System anfällig macht. Ich hatte genau vor Augen, wie die nächste Geräte-Generation aus- sehen würde, wenn wir rückwärts vorgehen und das Design de-evolutionie- ren würden. Ich würde den Computer aus dem Schuh herausnehmen und ihn

mir zusammen mit einem kleinem Strumpfhalter für die Solenoiden ans Bein
schnallen. Die Batterie-Versorgung würde ich auf der anderen Seite des
Computers oder unten im Solenoiden-Strumpfband unterbringen. Dann würde ich einen Schuh mit einer kräftigen Antenne und einem Zehenschalter
versehen. Es gibt keinen Grund, den Modus-Sender nicht, so wie er ist, in
dem anderen Schuh zu lassen. Damit haben wir keinerlei Probleme gehabt.
Anders als früher, als wir von den Zehen bis unter die Achseln mit Drähten
behangen waren, würde das neue System über eine einzige Energieversorgung verfügen, die vom Schuh bis in Oberschenkelhöhe reicht. Einen neuen
Computer zu bauen ist keine große Sache. Im Grunde genommen stelle ich
mir nichts anderes vor, als das System über das Bein zu verteilen.»
«Großer Gott», stöhnte Letty, «das hört sich an, als würde die ganze Sache
von vorn beginnen. Ist dies der erste Schritt auf dem alten Weg?»
«Du hast recht», räumte Doyne ein. «Über eine neue Generation von Roulette-Computern nachzusinnen, ist möglicherweise reine Zeitverschwen-
dung. Dann bliebe nur eine Schlußfolgerung: Das Roulette-Projekt ist ge-
storben.»
«Und was willst du nun machen?»
«Wir haben drei Alternativen», sagte Doyne. «Wir könnten erstens, wenn
wir unsere gesamte Freizeit opfern, eine neue Geräte-Generation konstruieren.»
«Das ist eine ganz schlechte Idee.»
«Gut, das ist also eine schlechte Idee. Es gibt zwei andere Möglichkeiten.
Wir könnten Investoren suchen und einen professionellen Techniker aus dem
Silicon Valley einstellen. Fünfundzwanzigtausend Dollar und wir könnten
mit jemand Brauchbarem rechnen.»
«Das bedeutet, noch mehr Leute, die ein Stück von unserem Kuchen erwarten würden.»
«Die dritte Möglichkeit wäre, ganz auszusteigen. Einen statistischen Sieg
haben wir bereits errungen. Wir haben bewiesen, daß wir die Casinos mit
einem erheblichen Vorteil schlagen können. Also denken wir nicht länger
daran, die Einsätze zu erhöhen und eine Menge Kohle zu machen. Wir
machen noch schnell ein paar Photos, damit wir unseren Enkelkindern etwas
zeigen können, und Schluß.»
Es war Samstagabend und wir hockten vorm Fernseher, verdrückten «haus-
gemachte» Betty-Crocker-Dattelriegel und hörten Peter Ustinov zu, wie er
in der PBS-Sendung «Einsteins Universum» Geschichten erzählte.
«Hey, Albert», sprach Doyne das Gesicht auf dem Bildschirm an. «Was
würdest du an unserer Stelle tun?»
Rob ging zum Küchentisch hinüber und stocherte ein letztes Mal am Com-

puter herum. «Meine neueste Theorie besagt, daß wir ein RAM-Problem haben.»

«Das ist das einzige, über das wir uns noch nicht den Kopf zerbrochen haben», sagte Doyne, «und das könnten wir noch versuchen.»

«Es ist nicht die ZE. Es ist nicht der PIA. Es ist nicht der EPROM.»

«Es ist auch nicht die CIA», spöttelte Letty. «Und es ist nicht die NCR.»

«Vielleicht ist's das FBI», sagte Doyne. Er nahm Robs Gitarre zur Hand, zupfte ein paar Akkorde und begann in seinem besten New-Mexico-Tonfall «Me and My Uncle» zu singen.

«So, und nun hört mal alle her», sagte Letty. «Es ist Samstagabend. Wir sollten in die Stadt gehen und Spaß haben.»

«Das finde ich auch», stimmte Rob zu. «Ich bin zu jung, um mich in einen Wissenschaftspuper zu verwandeln.»

«Wir wissen ja, wo was los ist», meinte Doyne und drehte sich zu mir. «Was meinst du? Sollen wir denen mal zeigen, wie man sich in Las Vegas so richtig amüsiert?»

«Also machen wir uns zurecht», schlug Letty vor. «Ich will die ganze Show, mit magischen Schuhen an den Füßen, mit Computern und allem Drum und Dran. Ob sie funktionieren oder nicht, ist mir schnuppe. Ich will einfach wissen, wie es ist, mit einem Computer in meinem Schuh in Las Vegas herumzulaufen. Nur dies eine Mal möchte ich das Haus verlassen und selber fühlen, wie es ist, aufgestartet und spielbereit zu sein.»

«Genau das sollten wir heute abend tun», sagt Rob. «Das ganze Zeug in unsere Schuhe packen und einen draufmachen.»

«Wir werden so tun, als wären wir große Roulette-Spieler», ergänzte Letty. «Wir können uns untereinander mit bedeutungsvollen Blicken verständigen.»

Wir stiegen alle vier in unsere Spieler-Ausrüstung, komplett mit Computer-Sandwiches und Batterie-Booten. Außer gelegentlichen Zufallssignalen funktionierte nichts. Letty trug eine dunkle Hose, ein Hemd aus Baumwollstoff und eine Sumba-Jacke aus Bali. Ich hatte eine Krawatte und den leichten Mantel eines französischen Restaurateurs angezogen. Rob sah in seinem Hawaii-Hemd mit den drei offenen Knöpfen am Hals aus, als wäre er gerade auf der letzten Welle von Waikiki angereist. Doyne hatte eine weiße Hose und ein schwarzes Hemd an. «Das hat mir meine Mutter gekauft», sagte er. «Als sie erfuhr, daß ich im Sinn hatte, in Las Vegas Roulette zu spielen, wollte sie, daß ich passend angezogen bin. Es ist ein Disco-Anzug, deshalb fehlt auch das Jackett.»

Wir verzehrten eine große Portion mexikanischer Enchiladas, die wir mit Margaritas herunterspülten. Wir fuhren den Strip hinauf und hinunter, bewunderten die Neon-Reklamen und steuerten dann auf den Parkplatz von «Caesars Palace» zu.

Letty drehte sich um zu Rob. «Bist du startklar?»

«Meine Zehen zucken wie verrückt», antwortete Rob. «So gut wie diese haben mir schon lange keine Schuhe gepaßt.»

«Kannst du irgendwelche Signale empfangen?»

«Nein. Nicht ein einziges.»

«Gut», sagte sie. «Dann mal los.»

Wir glitten über den hoch angelegten Himmelspfad in das Casino, vorbei an überdimensionalen Zentauren und Nymphen, während wir aus den Decken-lautsprechern eine Tonband-Nachricht über «den Glanz, den Rom ausmachte» hörten. Das Fließband kippte uns in eine Halle voll mit Spielautomaten und Münzwechslerinnen, und wir bahnten uns einen Weg einen Korridor entlang, der zum Hauptspielsaal führte. Auf dem Weg dorthin kamen wir an mehreren Souvenir-Shops und Diskotheken vorbei, unter anderem an «Kleo-patras Kahn», einer Holzkonstruktion, die an eine in einem Becken mit gechlortem Wasser schwimmende Kreuzung zwischen einer Triere und einem Helikopter-Landeplatz erinnerte. Pärchen in Disko-Anzügen und Par-ty-Kleidern schritten über einen Landungssteg, um auf dem Kahn, auf dem die Bruce Westcott Band einen Medley aus Soft-Rock spielte, zu tanzen.

Wir drängelten uns auf dem Korridor weiter nach hinten, bis wir in den Hauptspielsaal gelangten. Der Raum war kreisförmig angelegt, und von seiner kuppelartigen Decke funkelte Ersatz-Sternenlicht. Die Menge drängte sich um die Tische herum. Über den Filz rollte Geld in Form von Silberdol-lars und Jetons. Hostessen mit ausgestopften BHs, durchsichtigen Togen, goldenen Kronen und Haarersatzstücken, die ihnen wie Pferdeschwänze weit in den Rücken baumelten, zirkulierten mit Cocktail-Gläsern, die auf silbernen Tabletts leise klingelten. Die Männer, die in diesem Saal spielten, trugen Gucci-Schuhe, Ringe an den kleinen Fingern und bis zum Bauchna-bel offene pastellfarbene Hemden. Die Frauen tänzelten auf Pfennigabsätzen und in halterlosen, rückenfreien Gewändern herum, oder sie trugen an den Fesseln zusammengebundene und bis zum Oberschenkel geschlitzte Ha-remshosen. Ihr Haar war zu aufwendig gekämmter Konfektionsware ge-bauscht, zu Rattenschwänzchen geflochten, glasiert, gefärbt, gesträhnt und hoch auf die Häupter getürmt oder zu Barbra-Streisand-Locken gekräuselt. Die Frauen lehnten sich beim Lachen weit zurück, was ihren Hals zur Geltung brachte. Die Männer ließen Zähne blitzen und bissen Zigarren ab.

Wir zogen weiter und reihten uns zu viert in die die Roulettetische umste-hende Menge ein. Drei asiatische Geschäftsleute, die als Konsortium zusam-menspielten, gewannen beträchtlich. Ihre Hände zitterten, als sie zwanzigtausend Dollar in Jetons befingerten. Hastig kritzelten sie was auf die Rückseite einer Postkarte und berieten sich flüsternd. Ein Hausangestellter rollte ein Wägelchen mit Fünfhundert-Dollar-Jetons heran, für den Fall, daß die Gentlemen sich entschließen sollten, sich aus dem Spiel zu kaufen. Andere Spieler kauften sich mit großen Scheinen in das Spiel, die der Croupier mit einem hölzernen Râteau durch einen Schlitz in die Cagnotte schob. Eine Menge weiterer Spieler saßen am Tableau, gingen ungeschickt mit ihren Jetons um, addierten die Zahlenkolonnen ihrer Systeme, und versuchten im übrigen die Verlegenheit zu verbergen, die das Ausgenommenwerden durch das Haus mit sich bringt.

Wir schauten eine Stunde zu, wie die Roulettekessel sich drehten. Die Computer in unseren Schuhen waren leblos, trotzdem stoppten wir automatisch die Rotoren und setzten Parameter in unseren Köpfen. Diese Kessel waren wirkliche Knüller – mit vorzüglichen Kippwinkeln und Schatten, mit gleichmäßig laufenden Rotoren und flinken Kugeln in der Rinne. Die Croupiers könnten das Glück gar nicht williger darbieten.

«Gehen wir», sagte Doyne und riß sich von den Tischen los. Wir gingen quer durch den Saal und den Korridor entlang bis zu «Kleopatras Kahn» zurück, stiegen über den Landungssteg und tanzten zum Soft-Rock-Sound der Bruce Westcott Band. «Habt ihr vorhin die Kessel gesehen?» fragte Doyne mit dem Ausdruck von Abscheu auf dem Gesicht. «Wir hätten sie erledigen können.» «Du hast recht», stimmten wir zu. «Wir *hätten* sie erledigen können.»

Epilog

DAS INTERGALAKTISCHE INFANDIBULUM
Es mag lächerlich erscheinen, daß ich soviel von dem Roulette erwarte,
aber noch lächerlicher ist meiner Ansicht nach der landläufige,
von allen akzeptierte Standpunkt, daß es dumm sei,
überhaupt etwas von dem Spiel zu erwarten.
Fjodor Dostojewski

Nach einer Woche heftigen Regens und Schnees in der Wüste bricht die Wolkendecke auf, hier und da wird blauer Himmel sichtbar, von dem eine warme und einschmeichelnde Sonne scheint. Die Gipfel der Sangre de Cristo Mountains glitzern im Schnee. Unten in Santa Fe und dem nahegelegenen Jacona, wo eine Handvoll Häuser aus luftgetrockneten Ziegeln sich an den Ufern des Pojoaque River ausbreiten, nicht weit vor dem Zusammenfluß mit dem Rio Grande, hat der erste Frühlingstag im März 1983 einen dichten Teppich aus Lupinen, Mohn, Malven und anderen kurzlebigen Wüstenpflanzen ausgebreitet. Der die Wasserläufe säumende Oleaster treibt Blätter. Weiter südlich, gegen das rote Tafelland, auf dem Los Alamos gelegen ist, knospen die Feigenkakteen und die Robinien mit ihren süßlich duftenden weißen Blüten.

Im Innenhof eines alten, aus luftgetrockneten Ziegeln erbauten und von Ulmen beschatteten Hauses umringen – von den Küsten des Atlantiks und des Pazifiks oder aus den zwischen Idaho und Silver City sich erstreckenden Gebirgszügen zusammengetrommelt – fünfzig von uns Doyne und Letty in einem Halbkreis. Doyne trägt ein mexikanisches Hochzeitshemd mit einer am Kragen befestigten Rosenblüte. Letty ist in ein weißes, um die Taille mit einer Schärpe gebundenes Gewand mit aufgenähten Satinstreifen und Spitzenbändern an den Ärmeln gekleidet. Zwischen den beiden steht Dave Miller, ehemaliger Mitstreiter des Explorer Post und Motocross-Champion von New Mexico. Der vom Ingenieur zum Sozialarbeiter gewandelte Miller befindet sich bei dieser an den Gestaden des Pojoaque River versammelten Gemeinde in seiner Eigenschaft als anerkannter Prediger der Universal Life Church. «Ich bin lediglich hier, um die Urkunden zu unterzeichnen», sagt er nervös. «Dies ist das erste Mal, daß ich überhaupt so etwas tue.»

Norman Packard und Lettys Schwester, Margaretta, stehen als Trauzeugen neben Doyne und Letty. Mit einem koboldartigen Lächeln auf dem Gesicht durchwühlt Norman seine Taschen und tut so, als hätte er die Schachtel mit den Ringen verloren. Als sie schließlich auftaucht, lachen alle. Die Eltern der Braut und des Bräutigams geben ihren Segen. Prediger Miller nimmt die Trauung vor und öffnet dann, während alle dichter heranrücken, ein kleines silbernes Messer und reicht es Letty.

«Eigentlich waren Letty und ich», sagt Doyne mit einer von Emotion ergriffenen und vom Wind im Innenhof bewegten Stimme, «vom ersten Augenblick an die besten Freunde, und diese Freundschaft hat alles, was uns bislang widerfuhr, überdauert. Auch wenn wir im Begriff sind, Eheleute zu werden, so beabsichtigen wir doch, auch weiterhin die besten Freunde zu bleiben. Darum scheint es angemessen, daß wir den Traditionen des Ehestandes eine andere, althergebrachte hinzufügen – und nicht nur Mann und Frau, sondern auch Blutsbruder und -schwester zu werden. Wenn mir nun Letty einen Tropfen Blut entnehmen kann, ohne mir die Hand abzuschneiden, und ich ihr auf ähnliche Weise ebenfalls einen Tropfen Blut entnehme, werden wir als Sinnbild für die zwischen uns bestehenden engen Bande ein wenig Blut austauschen. Dies soll auch ein Symbol sein auf unserem Weg, eine Familie zu werden: So wie unser Blut sich hier vermischt, soll es sich auch in den Adern unserer Kinder vermischen, die zumindest teilweise eine Synthese aus uns beiden sein werden.»

Während des Aderlasses herrscht tiefe Stille ringsumher; nachdem es vollbracht ist, sieht man Tränen und lächelnde Gesichter. Nachdem die Zeremonie ihren Abschluß gefunden hat, gehen wir in einen zweiten, einen Swimming-Pool umgebenden Innenhof, um uns an dem Hochzeitsmahl, Enchiladas aus Blaumais-Tortillas, schadlos zu halten. Am späten Nachmittag, nachdem alle verbliebenen Gäste inzwischen zu viel Champagner und mexikanisches Bier intus haben, ziehen sich die Braut und der Bräutigam sowie die restlichen Gäste splitternackt aus, um beschwingt Wasser-Polo zu spielen. Als die Nacht anbricht, fährt ein Dutzend von uns auf der Taos Road in die Sangre de Cristos. Wir stellen unsere Autos unter den Tannen oberhalb der Schneegrenze ab und arbeiten uns mühsam den Berg hinan zu einer «Zehntausend Wellen» genannten Mineralquelle. Ein zweites Mal legen wir die Kleider ab und laufen durch den Schnee, um dann bis zum Hals in heißes Wasser zu tauchen. Dichter Wasserdampf steigt über uns auf und verdunstet unter einem Sternenbaldachin, während wir uns leise miteinander unterhalten und Neuigkeiten über die Mitglieder des Teams austauschen.

Der nach wie vor mit leichtem Gepäck reisende Tom Ingerson befindet sich auf dem Weg zurück zu seinem Observatorium in Chile, um den Nachthimmel der südlichen Hemisphäre nach Seyfert-Galaxien abzusuchen. Immer noch die gleiche «synergetische Persönlichkeit» mit denselben durchdringenden blauen Augen und der gebieterischen Stimme, sieht er, rotwangig und herzlich, wie der ewige Pfadfinderführer aus. Mit einem Schlafsack und ein paar in einen Rucksack gestopften Wollhemden ist er immer noch darauf aus, die akademische Welt zu verlassen und seine Ideen im Kreis von Freunden auszuwerten. «Ich versuche dem Spaltungsdruck der Gesellschaft, die Tatsache, daß sie Menschen und berufliche Karrieren beliebig verstreut, zu umgehen. Wenn es einem gelingt, den kapitalistischen Buckel zu überwinden, muß es eine Möglichkeit geben, seine Freunde um sich zu versammeln und eine ausreichend große Organisation aufzubauen, um seine Ideen zu verfolgen.» An die Idee, eine Gesellschaft zu gründen, ist in Ingersons Kopf eine zweite gekoppelt, nämlich die, eine Familie zu gründen. Nachdem er sich selbst die Aufgabe übertragen hat, sich eine Frau zu sichern, löst er das Problem mit der ihm eigenen Fähigkeit des vernunftmäßigen Schlußfolgerns. «Ich bin Hochtechnokrat», sagt er. «Ich bewege mich an vorderster Front der Technologie. Aber das ist nicht das Gebiet, wo meine Vorlieben liegen. Ich mache mir nichts aus Städten, und die Zivilisation liebe ich auch nicht besonders. Ich würde es hassen, immer nur in der Welt der Physik zu leben, und würde ich keinen weiteren Computer mehr programmieren, wäre mir das auch recht. Der Explorer Post in Silver City war eine Zeitlang eine Ersatzfamilie für mich. Ich lebte in einem riesigen Klubhaus. Aber wie hätte ich jemals ein Mädchen zu mir nach Hause einladen können, wenn auf dem Eßzimmertisch auseinandergenommene Motorräder herumlagen? Die mit Norman und Doyne und den anderen Jungs gemeinsam verbrachte Zeit möchte ich nicht missen, aber sie taten sich an jenen Jahren meines Lebens gütlich, die ich normalerweise damit zugebracht hätte, mich niederzulassen, um eine Familie zu gründen.

Ich mag zwar ein Technokrat sein, aber als ich darüber nachdachte, wurde mir klar, daß mein gefühlsmäßiges Schwerkraftzentrum den *Mother Earth News* näher war. Daraus erwuchs schließlich die Idee, auf der Suche nach einer Frau in der Rubrik Persönliches dieser Zeitung zu annoncieren. Abgesehen von ihrem Hang zum Anti-Intellektualismus hege ich immerhin eine gewisse Sympathie für alternativ lebende Leute. Das Leben in Häusern mit Solarzellen auf dem Dach und das Verzehren biologisch einwandfreier Nahrungsmittel spricht meine grundlegenden häuslichen Instinkte an. Allerdings suchte ich niemanden, der mir Vorträge über ihre Vorurteile gegen die aufsteigende Venus halten würde oder mir versuchte vorzuschreiben, am fünften Dienstag nach der Sommersonnenwende keine Eier zu essen. Als ich mich also daran machte, den Anzeigentext aufzusetzen, dachte ich lange nach, wie ich mich am besten charakterisieren könnte. PHYSIKER klang zu furchterregend. Ich wollte nicht, daß ein bedrohliches Wort in Großbuchstaben dort stehen würde. ASTRONOM war mir zu dicht an ASTROLOGIE. Ich suchte nach etwas,

was eine rationale Sicht der Dinge ohne besonderes Interesse an Göttern implizierte, und der Begriff, auf den ich stieß, war: WISSENSCHAFTLER. Beim Formulieren des Anzeigentextes, bei der Beschreibung der drei Dinge, die ich zu tun beabsichtigte, gab ich mir die größte Mühe: Ein unterirdisches Haus bauen, die Welt umsegeln und ein paar Kinder haben. Ich war völlig verblüfft, als ich zweihundertfünfundsiebzig Zuschriften erhielt. Lange Briefe, die ‹Lieber Wissenschaftler› überschrieben waren und in denen man mir das ganze Leben erzählte. Es war fast peinlich, welche Reichtümer mir da anvertraut wurden. Eine Zeitlang führte ich eine derart ausgedehnte Korrespondenz, daß sie meine Hauptbeschäftigung wurde. Ich wußte nicht, wo mit meiner Wahl zu beginnen. Ich erhielt Briefe von überallher, dachte aber, ich sollte mich auf den Nordwesten und Kalifornien beschränken und eine kleine Rundreise machen.»

«Und wie ging das aus?»

«Ich besuchte fünfundzwanzig Briefeschreiberinnen und schloß mehrere wunderschöne Freundschaften. Aber, aus welchem Grund auch immer, die passende Frau fand ich nicht. Ich bin immer noch auf der Suche.»

Was die anderen Team-Mitglieder und deren Suche nach einem aktiven, einsichtigen Leben angeht, so hat Jim Crutchfield seine Computer-Hexerei nach New Mexico verlegt. Dort arbeitet er mit Doyne als Haus-Hacker im Center for Nonlinear Studies, wo sie gemeinsam ein analog-digitales System zusammengeschustert haben, wie es eines in Santa Cruz gegeben hatte. Diese zwei Überbleibsel der Chaos-Clique befinden sich derzeit auf einer heißen Spur zu einem Durchbruch im Bereich der Chaos-Theorie.

«Ich hätte durchaus Interesse, die Arbeit am Roulette-Projekt wieder aufzu-nehmen», sagt Crutchfield. «Die Technik ist so weit fortgeschritten, daß man denselben Computer heute mit der Hälfte der Chips bauen könnte. Das würde die Zahl der Anschlüsse von derzeit einhundertzwanzig wesentlich senken, was unter den Schaltungen, den PC-Boards und allem übrigen gründlich aufräumen würde. Was die Physik betrifft, steht das Projekt gut da, aber das Assemblieren des Programms und das Neuschreiben in einer Programmiersprache, zum Beispiel C, bedeutet eine Menge Arbeit. Im Augenblick existiert das meiste davon in Doynes Kopf. Niemand sonst ist in der Lage, alle seine Bleistiftnotizen zu verstehen. Erst nachdem wir uns jedes Detail einzeln vorgenommen und einer objektiven Betrachtung unter-zogen haben, kann das Projekt neu angegangen werden, und dazu müßte sich Doyne rigoros den Kopf freimachen.»

Abgesehen von dem Wasserdampf, der über uns aufsteigt, um auf den Tannennadeln zu Eiszapfen zu kondensieren, ist die Nacht kristallklar. Ich

treibe am Rand des Quellbeckens dahin und mache die Runde bei meinen eudämonischen Freunden. Wo sind wir gewesen? Wo gehen wir hin? Wann werden wir uns das nächste Mal versammeln? Rob Shaw, bärtig und witzig, ist der letzte von der Chaos-Clique, der in Santa Cruz ausharrt. «Einer mußte ja die Stellung halten und ein Leitstern für Wahrheit und Gerechtigkeit sein», sagt er. Immer noch in seine beiden großen Leidenschaften, Physik und Musik, vernarrt, ist Rob mit all seinem Hab und Gut, einschließlich eines elektrischen Klaviers, in das Physik-Gebäude gezogen, wo er Tür an Tür mit seinem Analog, dem NOVA, und seinen anderen Computern lebt. «Wenn ich mein Stipendium in *diesem* Jahr nicht erhalte», spöttelt er, «werde ich den NOVA stehlen und in meinem Kofferraum verstecken. Dann sollen sie mal sehen, was man mit einer mobilen Einheit alles machen kann.»
Grazia Peduzzi ist auf dem Weg zurück nach Italien. Die heitere Republik von Santa Cruz hatte sie auf die freundlichste Art willkommen geheißen, aber für sie hat die Stunde geschlagen, sich wieder der Heimat zuzuwenden. Ingrid Hoermann, die unbesungene Heldin so mancher Glücksspielsitzung auf dem Strip und in der Schlucht, arbeitet, nachdem sie für die Spielzeug-abteilung der Lucas Films Memorabilia aus dem Film *Star Wars* verkauft hat, als Radio-Technikerin in Berkeley. Marianne Walpert, die rothaarige Bacchantin von der Riverside Street, ist in einem speziell für Frauen einge-richteten Physik-Graduierten-Programm an der Northeastern University ein-geschrieben. Nachdem sie genug Geld gespart hatten, um sich in Nordkali-fornien Land zu kaufen und ein Haus zu bauen, haben Charlene Peterson und ihr Freund sich getrennt. Er arbeitet jetzt in der Computeranimation; sie beschäftigt sich mit Zen-Buddhismus. Alix Youmans, Spielerin der ersten Stunde, lebt in San Diego mit einem Neurochirurgen zusammen. Dan Browne schreibt, nachdem er sich von der Physik ab- und den Sozialwis-senschaften zugewandt hat, an einer Dissertation zur Anthropologie des Spielens in japanischen Tempeln. Und indem er im Oxford Card Room in Missoula, Montana, und anderen beliebten Schlupfwinkeln entlang der nordwestlichen Pazifikküste zusätzliche Feldstudien betreibt, hält Browne seinen Ruf aufrecht, ein nicht zu unterschätzender Pokerspieler zu sein. Nachdem Len Zane von einem Angestellten des «Sahara» darauf aufmerksam gemacht worden war, daß er aus der Reihe tanzte, hat er das Kartenzählen aufgegeben und ist an die University of Nevada zurückgekehrt, um die Abtei-lung Physik zu leiten. Bruce Rosenblum, Bill Burke und George Blumenthal haben noch immer ein Auge auf die vielversprechenden Graduierten, die sich an der UC Santa Cruz nach oben arbeiten. Rob Lentz hat einen neuen Job in der Elektronik-Industrie – der neue hat nichts mit der Konstruktion von Waf-fen zu tun. Mark Truitt und Wendy Tanizaki sind in Santa Cruz umgezogen.

Sie bringt ihre College-Studien zum Abschluß. Er sucht Arbeit. Wie Mark in einem Brief an Doyne seine letzte Erfahrung bei der Job-Suche beschrieb, «hilft meine Aufzählung dessen, was ich bislang machte, aus mehrerlei Gründen nicht bei der Einstellungsprozedur. Den Firmen, die ich anspreche, mag der Verdacht kommen, daß ‹Mikrocomputer-Anwendungen bei Eudaemonic Enterprises› etwas mit Pac-Man-Video-Games auf der Uferpromenade zu tun haben könnten. Ich bin davon überzeugt, daß Empfehlungsschreiben von Dir und Norman, auf offiziellem Briefpapier verfaßt, meine Glaubwürdigkeit erhöhen könnten.»

Jonathan Kanter pendelt immer noch hinüber ins Silicon Valley, um Ideen zu verkaufen. Neville Pauli arbeitet als Investment Banker in San Francisco. John Boyd, Drop-out der Graduierten-Schule, lebt in Seattle. Jack Biles hat einen akademischen Titel in experimenteller Physik erlangt und einen Job am Oregon Museum of Science and Industry angetreten. John Loomis lebt als Architekturstudent an der Columbia University in New York City. «Zehen-Stevie» Lawton, der inzwischen seine Haare verliert, sich im übrigen aber bester körperlicher Gesundheit erfreut, betreibt in Aptos, Kalifornien, einen Buchladen, dessen Regale er speziell mit utopischer Literatur bestückt. Alan Lewis, Forschungsdirektor einer Investment-Firma in Newport Beach, Kalifornien, ist immer noch dabei, auf dem Aktienmarkt nach sinnreichen Anwendungsmöglichkeiten der Physik zu suchen. Ralph Abraham schreibt eine Serie von Büchern, die von Chris Shaw vielfarbig illustriert werden. Der erste Band einer neuen, von Abraham «visuelle Mathematik» genannten Gattung, ein Buch über seltsame Attraktoren, verkauft sich ausgezeichnet. Edward Thorp, der sich selbst den «sechsten Platz in der Weltrangliste» der Aktien-Glücksspieler zuspricht, arbeitet an einem neueren, verbesserten System. «Einst war ich der beste Blackjack-Spieler der Welt, und zu meiner eigenen Befriedigung wäre ich gern der beste Gambler in Geldsachen auf der Welt.» Er räumt ein, daß er hier und da in ein Casino geht, um Kartenzählen zu üben. «Aber in erster Linie bin ich am Aktien-Spiel interessiert. Die Möglichkeiten dort sind einfach wesentlich größer.»

Norman Packard und Big L, wie er Lorna Lyons liebevoll nennt, machen immer noch gemeinsame Sache. Während Norman vor den Toren von Paris als NATO-Stipendiat arbeitete, lebten sie in Europa zusammen. Jetzt, da Norman eine Stelle am Institute for Advanced Studies in Princeton angenommen hat, verpflanzen sie sich an die Ostküste. Seine derzeitigen Überlegungen im Bereich der Chaos-Theorie drehen sich um etwas, das sich «Raum-Entropie» nennt. Norman beschreibt sie als eine Ausweitung der ursprünglichen Formel Claude Shannons, die Information mit Überraschung gleichsetzte. Norman ist einer von mehreren Mitgliedern des eudämonischen Teams, für

die sich das Computer-Konstruieren im Keller als ausgezeichnetes Training
für die fortgeschritteneren Gefilde der Theoretischen Physik erwies.
Auch nachdem Letty Belin von Los Angeles in Richtung Norden nach San
Francisco aufgebrochen ist, übt sie nach wie vor den Beruf einer Anwältin des
öffentlichen Rechts aus. Sie vertritt Naturschützer und setzt sich für Minder-
heiten ein und beabsichtigt, trotz ihrer Heirat mit unverändertem Namen ihren
Beruf auszuüben. Doyne Farmer macht sich als Angestellter am Center for
Nonlinear Studies am Los Alamos National Laboratory intensiv Gedanken
über die, wie er es nennt, «Informations-Dimension». Hierbei handelt es sich
um ein handliches Werkzeug zum Messen der Chaos-Menge in einem Sy-
stem. Als Oppenheimer-Stipendiat in Los Alamos verfügt er nun zum ersten
Mal in seinem Leben über genügend Geld, um sich ein paar frühe Dan-Hicks-
Schallplatten und den kompletten Chuck Berry zu kaufen.
Ich paddle näher an Doyne heran und befrage ihn zu seinen neuesten
Gedanken zu Eudaemonic Enterprises. «Der eudämonische Kuchen ist wie
Luft», erwidert er. «Jedem von uns gehört davon so viel, wie wir atmen.»
Bei der Beschreibung der Evolution des Kuchens im Laufe der Lebenszeit
des Roulette-Projekts ist er weniger kryptisch. «Wie jeder andere Kuchen
auch sollte er in Stücke geschnitten werden. Die Größe des jeweiligen
Stückes hängt davon ab, wieviel Zeit jeder einzelne für das Projekt aufge-
wendet hat. Ganz gleich, was für tolle Ideen auch eingebracht wurden, es
geht nur um die Zeit. Das Investitionskapital war insgesamt dafür gedacht,
eine bestimmte Portion an Kuchen zu verzehren. Doch im Laufe der Zeit
wurde klar, daß der Arbeitsaufwand (gelinde gesagt) wesentlich größer als
erwartet war. Als aber immer mehr Kapital erforderlich wurde, wurde das
Stück vom Kuchen, daß jeder als Gegenwert für einen eingesetzten Dollar
bekommen konnte, immer kleiner. Auf Drängen von Jack Biles gab es
anfänglich darüber hinaus eine weitere Sektion des Kuchens, der der
‹Grundlagenforschung› vorbehalten war, das heißt Kapital für jenen Sommer, den Jack und Norman in Las Vegas mit dem Aushecken der Idee
verbrachten, die uns auf diesen verrückten Trip schickte. Aber im Laufe der
Zeit wurde auch von diesem Stück des Kuchens ein beträchtliches Stück
abgezwackt. Dann tauchte Mark auf der Bildfläche auf und wollte eine
zusätzliche große Portion, das ‹Vorderteil›. Wie es zur Zeit steht, gibt es eine
große Anzahl von Leuten, die sehr kleine Stückchen des Kuchens besitzen.
Doch der Kuchen insgesamt wird immer leichter und beginnt, im luftleeren
Raum zu schweben: Unser Kuchen befindet sich derzeitig in einer Umlauf-
bahn irgendwo zwischen hier und dem intergalaktischen Infandibulum.»
Doyne denkt immer noch an das Roulette-Projekt und fragt sich, ob nicht
Investoren zu finden wären, die an einer neuen Computer-Generation Inter-

esse hätten. Was seine früheren Ideen betrifft – eine Firma zu gründen und Freunde zusammenzutrommeln, um ein wohlgefälliges, von der Vernunft geleitetes Leben voller Glück zu führen –, so «ist das, als würde man einen Berg besteigen», führt er aus. «Man erreicht einen gewissen Punkt und wird dann zur Umkehr gezwungen. Man denkt, man hätte eine gute Route gefunden, und fängt wieder von vorn an. Aber beim zweiten Mal schafft man es ebenfalls nicht, und man ist wirklich frustriert, weil man meinte, *diesmal* hätte man wirklich den Weg zum Gipfel gefunden.»

Für uns alle, die wir unter einem sternenübersäten Himmel im Wasser paddeln, ist der glückseligmachende Kuchen als Idee noch immer greifbar. Aus dünner Luft hervorgezaubert, existiert er überall dort, wo Gleichgesinnte zusammenkommen, um von ihm zu sprechen. Die Stories von dem Roulette-Projekt, Erinnerungen, scherzhafte Bemerkungen und Pläne für eine weitere Computer-Generation – all das ergibt ein ganzes Blech voll Glückskuchen, daß einem das Wasser im Mund zusammenläuft. Auch gibt es eine tiefere, von uns allen geteilte Erkenntnis, die darum kreist, daß das Glück kein im Leben zu erreichendes Ziel ist, kein Telos. Statt dessen ist es ein Prozeß. Wir haben diesen wohlgefälligen, von der Vernunft geleiteten Prozeß des Glücks bereits kennengelernt, und für uns existierte er in der bloßen Tatsache der Verfolgung des Projekts. Das Glück war in der gemeinsam gemachten Erfahrung des Zusammen-Wohnens und -Arbeitens gegenwärtig. Es hatte großartige Träume gegeben, die Bank in Las Vegas zu sprengen, um unabhängig von Universitäten und Jobs zu leben. Träume, Land in Washington oder Oregon zu kaufen, um eine Kommune aufzuziehen. Wir träumten vom Reisen, vom Bau von Luftschiffen und Luftschlössern, träumten von Zell-Automatisierungen. Aber das Träumen selbst war das Glück während der gemeinsam verbrachten Jahre in 707 Riverside.

Im Anschluß an den letzten Trip nach Las Vegas versiegelte Mark Truitt unseren Roulettekessel in seiner Versandkiste. Er suchte den KIM, den EPROM-Brenner, die Computer-Sandwiches und die Boote, die Wettübungsbox, das Auge-Zeh-Koordinierungsgerät und alle magischen Schuhe zusammen und packte sie in eine Truhe, die er vollständig mit schwarzem Isolierband umklebte. Der eingepackte Kessel und die Truhe verschwanden unter einer Kollektion von Surfbrettern, Taucheranzügen, alten Fernsehgeräten, Gartenwerkzeugen, Motorrad-Vergasern und schlummern still in den Gefilden des Riverside-Kellers.

Niemand weiß, ob und wann der Computer wieder hervorgeholt werden kann, um «Caesars Palace» einen weiteren Besuch abzustatten, aber eine Wiederbelebung ist im Gespräch. Im Oktober 1983, sechs Monate nach der

Zusammenkunft in Santa Fe, läßt Doyne in der *Gambling Times* folgende
Anzeige abdrucken:

INVESTOREN

für ein Computer-System

GESUCHT!

Unter Zuhilfenahme voraussagefähiger physikalischer Prinzipien wird der Computer das
Roulette schlagen.
Es handelt sich nicht um ein Wett-System.
Klein-Computer sagt annähernd voraus, wo Kugel landen wird. Prototyp hat 20–40%igen
Vorteil in Casinos bewiesen.
Kapital wird benötigt für endgültige Hardware-Entwicklung. Anfragen an:

Es folgen Doynes Adresse und seine Telephonnummer in Los Alamos.
Doyne erhält eine Unmenge von Zuschriften. Ein Anwalt aus Miami will
zehntausend Dollar beisteuern. Ein System-Programmierer aus dem Silicon
Valley ruft an und erzählt, wie er es selbst versucht hatte und gescheitert
war, einen eigenen Roulette-Computer zu bauen. Er will zwischen fünf- und
siebentausend Dollar investieren, je nachdem wie seine Poker-Gewinne in
den nächsten paar Wochen ausfallen werden. Ein Mann namens Earl aus Las
Vegas schildert, wie er und eine Gruppe von Freunden über mehrere Jahre
hinweg als Blackjack-Zähler verborgene Computer benutzt haben. Das Geschäft war lukrativ, sagt er. Da die Casinos ihnen unterdessen aber auf die
Schliche gekommen sind, müßten Earl und seine Kollegen auf ein anderes
Spiel ausweichen. Sie haben bereits hunderttausend Dollar beisammen, um
einen Roulette-Computer zu konstruieren.
Ein anderer über die Anzeige vermittelter Kontakt heißt Keith Taft. Taft
operiert aus dem Silicon Valley heraus, wo er, wie Doyne es beschreibt,
«einen Glücksspiel-Computer-Supermarkt» betreibt. «Als ich am Telephon
mit ihm sprach, konnte ich kaum fassen, was er mir erzählte. Taft ist auf
Computer-Systeme für Kartenzähler spezialisiert. Es sind dies kleine per
Zehen-Mikroschalter zu bedienende, in Stofftaschen eingenähte und an den
Körper geschnallte Maschinen. Die Computer sind um Z-80-Mikroprozes-
soren gebaut, die sich für Roulette leicht umprogrammieren lassen. Von Taft
einen dieser Computer zu kaufen, ist wie eine Pizza zum Mitnehmen zu
bestellen. Man ruft einfach an und sagt: ‹Hi, hier ist Doyne Farmer in Santa
Cruz. Ich möchte gern drei Z-80-Mikroprozessoren, vier Paar Dingo-Stiefel
mit eingebauten Mikroschaltern sowie drei Kommunikations-Systeme zum
Mitnehmen. Die Blackjack-Software legen Sie mir bitte zurück.›

Für die Software verlangt er sechstausend Dollar, was sie zum teuersten
Artikel auf der Liste macht. Dies kommt mir sonderbar vor, zumal jeder, der
einen PROM-Brenner besitzt, den Computers eines Freundes borgen und eine
Raubkopie des Programms herstellen könnte. Aber seine übrigen Preise sind
einfach verblüffend. Im folgenden gebe ich mal eine Auswahl dessen, was
man in diesem Glücksspiel-Versandhaus alles kaufen kann. Artikel: Ein Z-80-
Mikroprozessor in einem Kunstharzgehäuse mit zwei freiliegenden 2764-
PROM-Buchsen (achttausend Bytes pro Stück) und zweitausend Bytes-
RAM. Dies Baby ist kleiner als eine Zigarettenschachtel und wird von einer
Größe-C-Lithium-Batterie elf Stunden lang mit Strom versorgt. Preis: Zweitausendfünfhundert Dollar. Artikel: Ein Paar Dingo-Stiefel komplett mit halt-
baren Mikroschaltern und Solenoiden. Preis: Fünfhundert Dollar. Artikel:
Kommunikations-System, bestehend aus einem den Z-80 verbindenden Sender sowie einem passiven Empfänger, um die in den Schuh montierten Solenoiden zu betreiben. Preis: Eintausend Dollar. Auf die Systeme gibt es eine
lebenslange Garantie, und sie werden komplett mit Computertasche und einem von Schuh zu Schuh führenden Leitungsharnisch geliefert. Die Bestel-
lungen werden innerhalb von zwei Wochen ausgeführt. Alle Kreditkarten der
größeren Geldinstitute werden akzeptiert. Taft arbeitet überdies an der Entwicklung eines neuen CMOS-Modell-Computers, der kleiner zu sein und
ohne Batteriewechsel länger zu laufen verspricht. Allerdings kann er eine
Lieferung vor Einsetzen des Weihnachtsgeschäfts nicht garantieren.»
Schließlich meldet sich Len Zane aus Las Vegas. «Eben kam gerade jemand
in mein Büro», sagt Len, «und erzählte mir, er organisiere ein Team von
Wissenschaftlern und Investoren, um einen Computer zu bauen und damit
Roulette zu schlagen. ‹Warten Sie einen Augenblick›, sagte ich. ‹Ich kenne
den richtigen Mann für Sie.› Der Typ ist hier in meinem Büro und weiß vor
Begeisterung nicht wohin. Er will Geld hinter dir her werfen. Er sagt, es
stamme von einer Dame mit drei Millionen Dollar, eine Spielernatur, die nur
zum Spaß in einen Roulette-Computer investieren will.»
«Es hat den Anschein, als käme der Roulette-Wahn wieder über uns», sagt
Doyne, als ich ihn anrufe. «Was hälst du davon, nach Las Vegas zurückzukehren? Bist du bereit, es mit den Casinos aufzunehmen?»
«Du kannst hundert Prozent mit mir rechnen. Immerhin steht mir eines
schönes Tages ein Stück vom großen Kuchen zu.»
«Ich muß gestehen», räumt Doyne ein, «das Roulette-Fieber hat mich erneut
gepackt.»

Nachwort

Am 30. Mai 1985 erhob der Gouverneur von Nevada die Senate Bill 467 durch seine Unterschrift zu einem Gesetz, demzufolge es ein mit bis zu zehn Jahren Gefängnis und einer Geldstrafe von 10000 Dollar zu ahndendes Verbrechen ist, ein «Gerät» in ein Casino mitzunehmen, das in der Lage ist, «den Ausgang des Spiels zu projizieren». Schließt dies Bleistift und Papier mit ein? Wenn ein Croupier einen Stift zum Ausrechnen der Quoten reicht, ist er dann ein Helfershelfer? Es ist offenkundig, daß die Casinos mit den Computern Schritt zu halten versuchen; sie wissen nur nicht, wie sie sie nennen sollen.

Das einzige Teammitglied, das bislang hinter Gittern landete, ist Edward Thorp. Thorps Aktienmarkt-System wuchs in seiner Blütezeit zu einem 350-Millionen-Dollar-Hedge-Fund, der von je einem Büro an der Ostküste, in Princeton, New Jersey, und an der Westküste, in Newport Beach, Kalifornien, aus gemanagt wurde. Princeton/Newport Partners waren auf computerisierten Handel mit in Eurodollar konvertierbaren Währungen, Junk Bonds und anderen Papieren mit exotischen Börseneigenschaften spezialisiert. «Wenn man bei einer Konvertierungs-Operation auch nur um dreißig Sekunden zu langsam ist», sagte Thorp, «hat es überhaupt keinen Zweck zu spielen.»

Thorp verdiente auf dem Aktienmarkt immerhin genug, um den Lehrberuf an den Nagel zu hängen und sich hoch über dem Pazifik ein Haus mit zehn Badezimmern zu bauen. Sein Partner war Besitzer einer Pferdefarm mit 225 Morgen Land in New Jersey, aber offensichtlich entsprach dies nicht dem Ehrgeiz dieses Mannes. Nachdem die P/NP-Büros von fünfzig Beamten der Bundespolizei in schußsicheren Westen durchsucht worden waren, wurden Thorps Partner und vier Angestellte – aber nicht Thorp selbst – des Insider Trading bei einigen der größten Takeover-Deals der Wall Street überführt.

Uns übrigen war das Schicksal freundlicher gesonnen. Rob Shaw zum Beispiel leitet, nachdem ihm ein «Genie-Stipendium» zugesprochen wurde, von seinem Haus in Santa Cruz aus das The Pocket Institute für die Erforschung chaotischen Verhaltens.

Im Juni 1989 versammelten sich viele der ehemaligen Team-Mitglieder im italienischen Cannobio an den Ufern des Lago Maggiore, um der Hochzeit von Norman Packard und Grazia Peduzzi beizuwohnen. Die Fresken in der Familienkapelle waren aus diesem Anlaß restauriert worden. «Ich hätte eins zu einer Million wetten können, daß Grazia von einem Priester im alten Haus getraut werden würde», sagte ihre Schwester. Den letzten Neuigkeiten zufolge unterrichtete Grazia Philosophie in einem Gymnasium in Mailand, und Norman, Professor für Chaos an der University of Illinois, machte unter Verwendung seltsamer Attraktoren Musterentwürfe für italienische Stoffe, indem er seinen NeXT-Computer an die Webstühle des Peduzzi-Familienunternehmens anschloß.

Letty Belin, Doyne Farmer und ihre drei Kinder leben immer noch in New Mexico, wo Letty die Colorado-River-Indianerstämme vertritt, darunter die Mojave, Hopi, Navajo und Chimehuevi. «Ich habe die Opposition in die Flucht geschlagen», berichtet sie über einen Fall um indianisches Landeigentum, den sie kürzlich vor dem Bundesgericht gewann. Zur Zeit kämpft sie darum, die Konzessionen japanischer Nutzholzunternehmen zu blockieren, die die Nadelwälder des amerikanischen Südwestens dem Erdboden gleichzumachen drohen.

Doyne wurde zum Gruppenführer in der theoretischen Abteilung des Los Alamos National Laboratory befördert. Er achtet darauf, nicht in militärische Forschungsprojekte verwickelt zu werden. «Ich bin ein Hansdampf in allen Gassen geworden. Ich versuche den großen Überblick zu erlangen», sagt er über seine Arbeit an Themen wie Robotik, Spiele-Theorie, Bevölkerungs-Biologie und menschliches Immunsystem – alles Bereiche, die, wie er meint, durch eine gemeinsame chaotische Struktur miteinander verbunden sind.

«Ich habe auch ein paar neue Projekte im Sinn», berichtete er mir vor kurzem. «Vielleicht irgendwas mit der Erschaffung von künstlichem Leben, von Robotern. Die NASA sucht jemanden, um selbst-reproduzierende Module zum Abbau von Aluminium zu bauen, die auf dem Mond stationiert werden sollen.»

Was Roulette betrifft, so schätzt Doyne, daß seit den frühen Tagen von Eudaemonic Enterprises etwa fünfzehn Gruppen zu spielen begonnen haben. Ein Team experimentierte mit Video-Kamera-Inputs, die so groß wie Hemdknöpfe waren. Ein anderer Typ behauptet, ein visuelles System erdacht zu haben, das in der Lage sei, den Kessel im Kopf zu stoppen. Aber die meisten Teams verwenden immer noch die alte Technologie der mit Mikroschaltern ausgerüsteten magischen Schuhe. Gelegentlich erhält Doyne Postkarten von exotischen Orten und Briefe, die von großen, unter den Augen des Casino-Personals eingeheimsten Gewinnen berichten. «Sicher», beantwortet er meine hypothetische Frage, «wenn mich jemand für ein Wochenende nach Monte Carlo einladen und mir 100000 Dollar prophezeien würde, könnte ich mich verführen lassen, wieder mal Roulette zu spielen.»

Thomas A. Bass